Introduction to Basic Physics

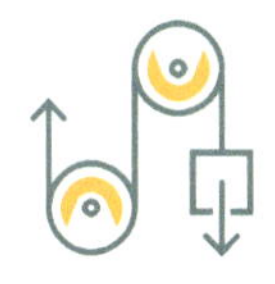

基礎から学ぶ 物理学

北林照幸 Teruyuki Kitabayashi
藤城武彦 Takehiko Fujishiro
滝内賢一 Kenichi Takiuchi

講談社

まえがき

書名にある**基礎から学ぶ**とは，**高校で学ぶ力学の復習からスタートする**ことを意味しています．ただし，本書は大学生向けの教科書ですので，**微分・積分を用いた大学での物理学のスタイル**で，高校の力学の内容を復習します．物理学には力学，熱力学，電磁気学，量子力学，相対性理論，宇宙物理学，素粒子物理学などのさまざまな分野があります．このなかで力学は，あらゆる物理学の基礎となる学問です．速度，運動量，力，エネルギーなど，物理学のどの分野でも登場する基本的な専門用語の多くを力学で学びます．また，振り子やロケット，天体などのイメージしやすい物体の運動を扱いながら，力学を通じて物理学的な考え方や手法に慣れていくことができます．**すべての物理学の序論でもある力学を基礎から学ぶ**ことで，**無理なく高校から大学の物理学へと，みなさんの幅を広げていく**ことが可能です．そして最終的にはみなさんに，**大学中級レベルの力学，熱力学，電磁気学をマスター**していただくことが本書の目標です．

はじめに学ぶ**力学では高校レベルと大学レベルが 1：2** ぐらいの割合です．次に学ぶ**熱力学では高校レベルと大学レベルが 1：3** 程度になり，大学レベルの物理学の割合が増えています．そして最後は**ほとんど大学レベルの電磁気学**です．高校で習う電磁気学の内容も書かれてはいますが，微分や積分をたくさん使った一段上の電磁気学になっています．

このように本書は，高校レベルの力学からスタートし，**力学，熱力学，電磁気学と進むにつれて大学レベルの内容が多く含まれていく**ように構成されています．最初の力学には多めの章末問題も用意しました．物理学の序論としての力学の問題をたくさん解いてから，熱力学，電磁気学へと進んでください．中盤からは難しく感じることも多くなるかもしれませんが，わからないところはじっくりと読み返してみてください．「学問に王道なし」という言葉もあるとおり，急がず飛ばさず地道に学んで行きましょう．本書を読み終えれば，**理工系の専門分野を学ぶために必要な力学，熱力学，電磁気学の基礎知識**を得ることができます．

本書は，**理工系の大学 1，2 年生**向けに書かれていますが，大学で学ぶ物理学に触れてみたい**高校生**や，大学で学んだ物理学を復習したい**社会人**の方々にも，ぜひ手にとっていただけたらと思っています．

最後になりますが，出版をすすめてくださり，とても丁寧な編集をしてくださった講談社サイエンティフィクの横山真吾氏のお力により本書を生み出すことができました．横山氏の熱意とご尽力に心より感謝いたします．

2018 年 6 月

著者を代表して　北林　照幸

目次

第1章 物理量と運動学

§ 1.1 物理量と有効数字

「物」の動きや存在の「理由」を調べ解明する学問が「物理学」である．物体はどのように落下するのか，なぜ宇宙が存在するのかなどを物理学では調べている．物体の動きのルール（法則）がわかると，それを使って人類に役立つ機械をつくることもできる．したがって，物理学はあらゆる工学の基本ともなる．

物体の動きや性質を表すために用いられる量を**物理量**という．物体の長さ，重さ，温度などは物理量の例であり，物理量は数値と単位でできている．たとえば，ある人の身長が 170 cm であるとすると，170 が数値であり，cm が単位である．この 170 cm という物理量は，どれぐらい正確なのだろうか．物理量の正確さを表すために，物理学では**有効数字**が用いられる．

有効数字とは，最小桁に誤差を含む数値である．たとえば，0.0332 m＝3.32 cm＝33.2 mm の場合はもっとも右側にある「2」に誤差が含まれている．これらの数値は「有効数字 3 桁である」という[*1]．有効数字の桁数は，m，cm，mm などの単位のとり方によらない．有効数字の桁数を小数点以下の桁数と混同してはならない．

有効数字の加減乗除の結果は，何桁の有効数字になるのだろうか．一般に，乗算や除算の結果は，用いた有効数字のもっとも少ない桁数の有効数字となる．たとえば，有効数字 3 桁の数値と 2 桁の数値との計算結果は，有効数字 2 桁となる[*2]．しかし，加算や減算には，有効数字に関する規則性はなく，有効数字の桁数は増えたり減ったりする場合がある．加算や減算の結果として得られる有効数字の桁数は，有効数字がその最小桁に誤差を含む表し方であることを考慮し，実際に計算して求めるしかない[*3]．

小さい数値や大きい数値を表す場合には，10 のべき乗を用いるのが便利であり，科学的な数値の表記法として用いられている．たとえば，$5400 = 5.400 \times 10^{3}$ や $0.0025 = 2.5 \times 10^{-3}$ などである．このような表記法は，有効数字とも関係している．たとえば，5.400×10^{3}，5.40×10^{3}，5.4×10^{3} は，それぞれ有効数字が 4 桁，3 桁，2 桁の数値を表している．

[*1] 最初の 0 は桁数に含めない．

[*2] たとえば乗算では，① 4.12×3.16(＝13.0192)＝13.0，② 4.12×0.43(＝1.7716)＝1.8 となる．①は有効数字が 3 桁と 3 桁の乗算であり，計算結果も 3 桁である．②は 3 桁と 2 桁の乗算であり，結果は 2 桁である．
また除算の例は，③ 412÷214(＝1.925)＝1.93，④ 513÷23(＝22.3)＝22，⑤ 45.2÷11.3＝4.00 である．⑤で 4 としてはいけないことに注意しよう．

[*3] 加算の例は，① 1.25＋4.373(＝5.623)＝5.62，② 6.42＋4.37＝10.79 である．①では 1.25 の 5 と 4.373 のもっとも右側の 3 に誤差が含まれているので，5.623 の 2 と 3 に誤差が入っている．②では 6.42 の 2 と 4.37 の 7 に誤差が含まれているので 10.79 の 9 に誤差が入っている．
また減算の例は，③ 4.373－1.25(＝3.123)＝3.12，④4.37－4.25＝0.12 である．

解いてみよう!
1.1 〜 1.3

§ 1.2 単位

❶ SI 基本単位

SI 単位系（**国際単位系**）では，以下の 7 個の単位を**基本単位**とする．

時間：[s]（秒）　長さ：[m]（メートル）　質量：[kg]（キログラム）
電流：[A]（アンペア）　温度：[K]（ケルビン）
物質量：[mol]（モル）　光度：[cd]（カンデラ）

❷ SI 組立単位

基本単位の乗除のみで導かれる単位を **SI 組立単位**という．いくつかの例を挙げておく．

解いてみよう！ 1.4

力：[N]（ニュートン）＝$[\mathrm{kg \cdot m/s^2}]$
周波数：[Hz]（ヘルツ）＝[1/s]
圧力：[Pa]（パスカル）＝$[\mathrm{kg/(m \cdot s^2)}]=[\mathrm{N/m^2}]$
エネルギー，仕事，熱量：[J]（ジュール）＝$[\mathrm{N \cdot m}]=[\mathrm{kg \cdot m^2/s^2}]$
仕事率，電力：[W]（ワット）＝$[\mathrm{J/s}]=[\mathrm{kg \cdot m^2/s^3}]$

❸ SI 接頭語

SI 単位の 10 の整数乗倍を表すのに **SI 接頭語**を用いる（表 1.1）．SI 接頭語は，SI 単位と組み合わせてさまざまな物理量を表す．

表 1.1　SI 接頭語

大きさ	10^{30}	10^{27}	10^{24}	10^{21}	10^{18}	10^{15}	10^{12}	10^{9}	10^{6}	10^{3}	10^{2}	10^{1}
読み	クエタ	ロナ	ヨタ	ゼタ	エクサ	ペタ	テラ	ギガ	メガ	キロ	ヘクト	デカ
記号	Q	R	Y	Z	E	P	T	G	M	k	h	da
大きさ	10^{-30}	10^{-27}	10^{-24}	10^{-21}	10^{-18}	10^{-15}	10^{-12}	10^{-9}	10^{-6}	10^{-3}	10^{-2}	10^{-1}
読み	クエクト	ロント	ヨクト	ゼプト	アト	フェムト	ピコ	ナノ	マイクロ	ミリ	センチ	デシ
記号	q	r	y	z	a	f	p	n	μ	m	c	d

§ 1.3 直交座標系と極座標系

物体の運動を表すためには基準となる座標系を決める必要がある．いろいろな座標系があるが，ここでは，通常よく使う**直交座標系**（**デカルト座標系**）と回転を表すときに便利な**極座標系**を紹介する．

❶ 直交座標系（2次元）

直交座標系では平面上の1点を表すために，x座標とy座標を用いる．たとえば 図1.1 中の点Pは，そのx座標x_{P}とy座標y_{P}の2つの値で表す．

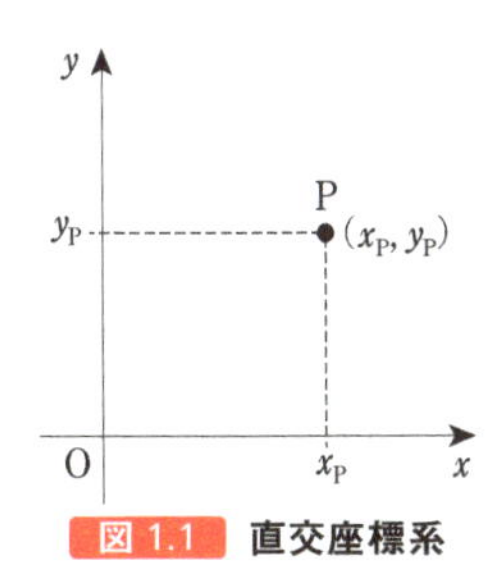

図1.1　直交座標系

❷ 極座標系（2次元）

平面上の1点を表すためのもう1つの簡単な座標系として，極座標系がある．極座標系では原点からの距離（r座標）と，rとx軸とのなす角（θ座標）を用いる．たとえば 図1.2 中の点Pは，そのr座標r_{P}とθ座標θ_{P}の2つの値で表す．

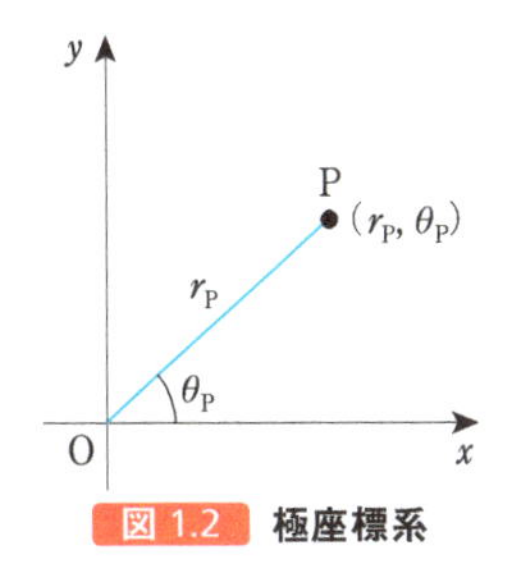

図1.2　極座標系

❸ 直交座標系と極座標系の関係

点Pを表すのに直交座標と極座標のどちらを用いるかは，まったく自由であり，便利なほうを用いればよい．どちらの座標を用いるにしても，同じ点を表しているのだから，互いの関係を知っておく必要がある．

直交座標で表した点Pの座標(x, y)を極座標(r, θ)で表すためには，三角関数を用いて

$$\begin{cases} x = r\cos\theta & (1.1) \\ y = r\sin\theta & (1.2) \end{cases}$$

とすればよい．逆に，極座標(r, θ)を直交座標(x, y)で表すこともできる．式（1.1），（1.2）の両辺を2乗して足すと，$x^2+y^2=r^2(\sin^2\theta+\cos^2\theta)=r^2$となることから，

$$r=\sqrt{x^2+y^2} \tag{1.3}$$

となる（三平方の定理）．また，$\tan\theta=\dfrac{y}{x}$から，角度θは**逆三角関数**を用いて以下のように表せる．

$$\theta=\tan^{-1}\left(\frac{y}{x}\right) \tag{1.4}$$

解いてみよう！ 1.9

逆正接関数$\tan^{-1}$はアーク・タンジェントと読み，正接関数$\tan$の逆関数である．すなわち，タンジェントの値がy/xとなる角度を表している．

❹ 3次元極座標

3次元極座標では，通常 図1.3 のように，rとz軸とのなす角をθ，rのxy平面への射影とx軸とのなす角をϕとする（2次元の場合はrとx軸とのなす角をθととることが多い）．

図1.3より3次元直交座標(x, y, z)と3次元極座標(r, θ, ϕ)の関係は，

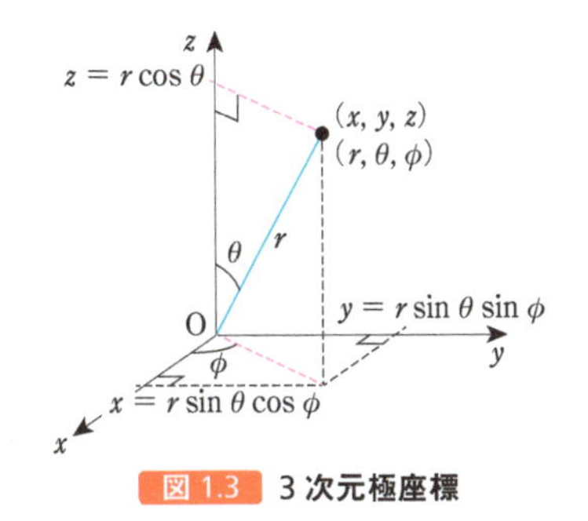

図1.3　3次元極座標

$$\begin{cases} x=r\sin\theta\cos\phi & (1.5) \\ y=r\sin\theta\sin\phi & (1.6) \\ z=r\cos\theta & (1.7) \end{cases}$$

となる．この関係を用いて (r, θ, ϕ) から (x, y, z) を求めることができる．なお，この関係式を逆に解くと，(x, y, z) から (r, θ, ϕ) を求める次式が得られる．

$$r=\sqrt{x^2+y^2+z^2},\quad \cos\theta=\frac{z}{\sqrt{x^2+y^2+z^2}},\quad \tan\phi=\frac{y}{x} \tag{1.8}$$

解いてみよう! 1.10

§ 1.4 変位，速度，加速度

❶ 変位

物体が位置 x_i から Δx 離れた位置 x_f に移動するとき，物体の位置の変化を**変位**（**変位ベクトル**）といい（図 1.4），$\Delta\vec{x}=\vec{x_f}-\vec{x_i}$ と定義する．単位は [m] である．変位は物体の移動を表すからベクトル量（大きさと向きがある*）であり，スカラー量（大きさのみ）である距離とは区別する必要がある．また，x_i や x_f についている添え字の i，f は，それぞれ運動のはじめ initial と終わり final を意味する．

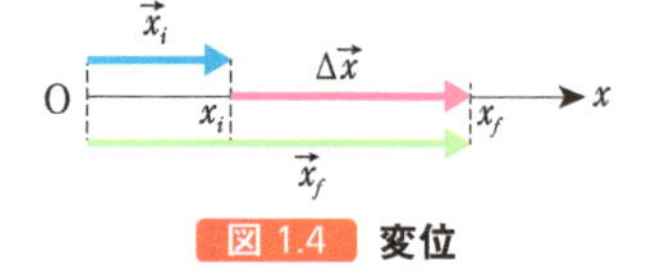

図 1.4 変位

* 複数の「向き」を合わせたものが「方向」である．たとえば，東向きと西向きを合わせたものが東西方向である．

❷ 平均速度と瞬間速度

時刻 t_i に位置 $\vec{x_i}$ にある物体が，Δt 後の時刻 t_f に位置 $\vec{x_f}$ に移動するとき，**平均速度** $\vec{\bar{v}}$ は変位（変位ベクトル）を用いて，

$$\vec{\bar{v}}(t)=\frac{\Delta\vec{x}(t)}{\Delta t}=\frac{\vec{x_f}(t)-\vec{x_i}(t)}{t_f-t_i} \tag{1.9}$$

と定義される．単位は [m/s] である．

時間の間隔 Δt を限りなく小さくする（$\Delta t \to 0$）ことによって，ある瞬間の速度，すなわち**瞬間速度**を次のように定義する（図 1.5）．

$$\vec{v}(t)=\lim_{\Delta t\to 0}\vec{\bar{v}}(t)=\lim_{\Delta t\to 0}\frac{\vec{x}(t+\Delta t)-\vec{x}(t)}{\Delta t}=\frac{d\vec{x}(t)}{dt} \tag{1.10}$$

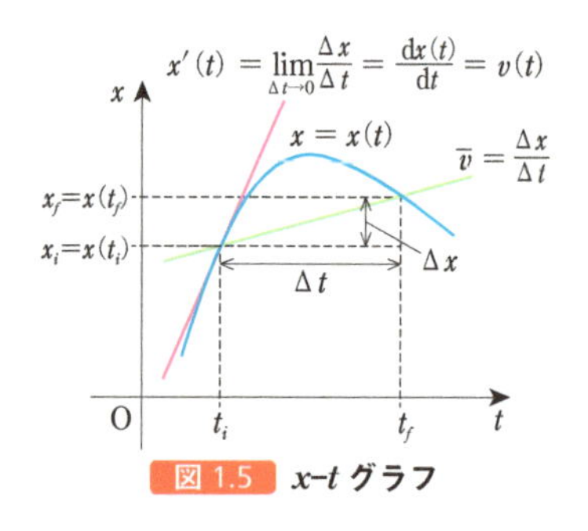

図 1.5 x–t グラフ

これは微分の定義にほかならないので，瞬間速度は，物体の位置の時間微分である．通常は特に断らない限り，瞬間速度のことを単に**速度**という．速度の大きさ $|\vec{v}|$ が**速さ**である．速度はベクトル量であり，速さはスカラー量である．

解いてみよう! 1.11

❸ 平均加速度と瞬間加速度

時刻 t_i に速度 $\vec{v_i}$ である物体が，Δt 後の時刻 t_f に速度 $\vec{v_f}$ になったとするとき，**平均加速度**は

$$\vec{a}(t)=\frac{\Delta\vec{v}(t)}{\Delta t}=\frac{\vec{v_f}(t)-\vec{v_i}(t)}{t_f-t_i} \tag{1.11}$$

と定義される．単位は [m/s²] である．

時間の間隔 Δt を限りなく小さくする（$\Delta t \to 0$）ことによって，**瞬間加速度**を定義できる（図 1.6）．すなわち，瞬間加速度は，物体の速度の時間微分である．さらに，先に示した速度を代入すると，

$$\vec{a}(t)=\frac{\mathrm{d}\vec{v}(t)}{\mathrm{d}t}=\frac{\mathrm{d}}{\mathrm{d}t}\left(\frac{\mathrm{d}\vec{x}(t)}{\mathrm{d}t}\right)=\frac{\mathrm{d}^2\vec{x}(t)}{\mathrm{d}t^2} \tag{1.12}$$

となり，加速度は位置の時間に関する 2 階微分で与えられる．なお，通常は特に断らない限り，瞬間加速度のことを単に**加速度**という．

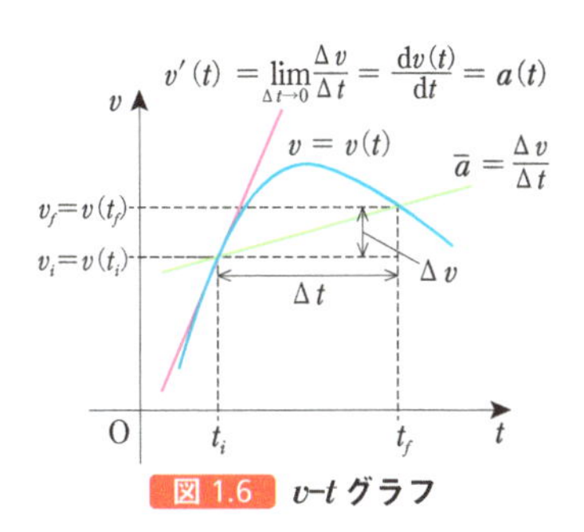

図 1.6　v-t グラフ

解いてみよう! 1.12 ～ 1.13

§ 1.5　等加速度運動

❶ 等加速度

加速度が一定であることを**等加速度**という．この場合，一定の割合で物体の速度が増えたり減ったりしている．

等加速度運動では，平均加速度と加速度（瞬間加速度）が等しい．どの瞬間でも加速度が等しいのだから，平均しても等しいからである．

速度 $\vec{v}$ や加速度 $\vec{a}$ はベクトルである．しかし，本書では 1 次元の運動のように向きが明確な場合，$\vec{v}$ や $\vec{a}$ のかわりに，その大きさ v，a を速度，加速度とよぶこともある*．

* 本書では，ベクトル $\vec{A}$ の大きさ（スカラー成分）を矢印なしの A で表す．

❷ 運動学的方程式

x 軸上を等加速度で運動する物体がしたがう方程式を導こう．加速度の定義式 $a=\frac{\mathrm{d}v}{\mathrm{d}t}$ は微分を含んだ方程式（**微分方程式**）である．a が定数（等加速度）であることに注意して，両辺を時間 t で積分すると，

$$\int\frac{\mathrm{d}v}{\mathrm{d}t}\mathrm{d}t=\int a\,\mathrm{d}t \longrightarrow v=at+C \quad (C\text{ は積分定数}) \tag{1.13}$$

となる．ここで，$t=0$ のとき $v=v_0$ であれば（初期条件），$C=v_0$ となり，時刻 t での物体の速度

$$v=v_0+at \tag{1.14}$$

が求まる．次に，速度の定義式 $v=\frac{\mathrm{d}x}{\mathrm{d}t}$ に式（1.14）の結果を代入すると，$v_0+at=\frac{\mathrm{d}x}{\mathrm{d}t}$ となる．これも微分方程式であり，v_0，a が定数であるから，両辺を時間 t で積分すると，

$$\int\frac{\mathrm{d}x}{\mathrm{d}t}\mathrm{d}t=\int(v_0+at)\mathrm{d}t \longrightarrow x=v_0t+\frac{1}{2}at^2+C \tag{1.15}$$

となる．ここで，$t=0$ のとき $x=x_0$ であれば（初期条件），$C=x_0$ となり，

時刻 t での物体の位置

$$x=x_0+v_0t+\frac{1}{2}at^2 \tag{1.16}$$

が求まる．

まとめると，物体が x 軸上を運動しているとき，物体の初速度を v_0，物体の最初の位置を x_0，一定の加速度を a とすると，時刻 t での物体の速度と位置 v，x は

$$v=v_0+at \tag{1.17}$$

$$x=x_0+v_0t+\frac{1}{2}at^2 \tag{1.18}$$

に従う*．式（1.17）は速度 v が時間 t の1次関数，式（1.18）は位置 x が時間 t の2次関数であることをそれぞれ表している．また，両式を連立して時間 t を消去すると，

$$v^2={v_0}^2+2a(x-x_0) \tag{1.19}$$

が導ける．これは等加速度運動する物体の移動距離と速度の関係を知ることができる便利な関係式である．式（1.17），（1.18），（1.19）などの，物体の位置，速度，加速度の関係を示す方程式を（等加速度運動の）**運動学的方程式**という．

* 1次元の運動を考えているので，$\vec{v}_0$，$\vec{x}_0$，$\vec{a}$ と書かずに v_0，x_0，a とした．

解いてみよう! 1.14 〜 1.17

解いてみよう! 1.19 〜 1.20

表 1.2　ギリシア文字

大文字	小文字	読み	大文字	小文字	読み
A	α	アルファ	N	ν	ニュー
B	β	ベータ	Ξ	ξ	グザイ
Γ	γ	ガンマ	O	o	オミクロン
Δ	δ	デルタ	Π	π	パイ
E	ε	イプシロン	P	ρ	ロー
Z	ζ	ゼータ	Σ	σ	シグマ
H	η	イータ	T	τ	タウ
Θ	θ	シータ	Υ	υ	ウプシロン
I	ι	イオタ	Φ	ϕ，φ	ファイ
K	κ	カッパ	X	χ	カイ
Λ	λ	ラムダ	Ψ	ψ	プサイ
M	μ	ミュー	Ω	ω	オメガ

≪ 章 末 問 題 ≫

1.1 基礎 有効数字の桁数

次の数値の有効桁数を書け.

(1) 2.56

(2) 2.560

(3) 0.256

(4) 0.10

1.2 基礎 有効数字

有効数字を考慮して，次の計算せよ.

(1) 3.25×3.2

(2) 3.25×3.20

(3) $16.7 \div 3.34$

(4) $0.67 \div 1.34$

(5) $2.375 - 1.21$

1.3 基礎 べき乗

次の数値を 10 のべき乗で表せ．ただし，有効数字はいずれも 3 桁とする.

(1) 299792458

(2) 0.0000000000667

(3) 602213670000000000000000

(4) 0.000000000000000000160

(5) 273

1.4 基礎 単位換算

単位を換算し，右の単位で表せ.

(1) 1.0×10^{-5} [g/cm^3] → [kg/m^3]

(2) 100 [km/h] → [m/s]

(3) 9.80×10^5 [g·cm/s^2] → [kg·m/s^2]

(4) 10.13 [g/(cm·s^2)] → [kg/(m·s^2)]

1.5 発展 アボガドロ数個の点

人間は 1 分間にどのくらいの数の点を打てるだろうか？　ひたすらたくさんの点をノートに書いてみよう（ちなみに筆者は 380 個の点が打てた）．人間がアボガドロ数個（6×10^{23} 個）の点を打つためには，何年かかるかを概算せよ.

ヒント アボガドロ数は 1 mol の ^{12}C 原子が厳密に 12 g をもつような原子の個数と定義され，任意の元素（または化合物）1 mol はアボガドロ数 $N_A = 6.02 \times 10^{23}$ 分子/mol(6.0221367×10^{23}) に等しい分子からなる.

1.6 発展 宇宙の年齢

宇宙の年齢は約 137 億歳（4.3×10^{17} s）である．大学生の平均年齢を約 20 歳（6.3×10^8 s）だとすると，宇宙の年齢は大学生の年齢の何倍かを概算せよ.

1.7 発展 アボガドロ数個の米粒

筆者が調査したところによると，米 1 kg に含まれる米粒の数は $53000 = 5.3 \times 10^4$ 粒であった．アボガドロ数個（6×10^{23} 個）の米粒は何 kg になるかを概算せよ．また，日本の米の生産量は年間約 1000 万トン（10^{10} kg）である．アボガドロ数個の米粒を生産するのに何年かかるかを概算せよ.

1.8 発展 銀河への旅

地球からもっとも近い大銀河であるアンドロメダ大銀河（M31）までの距離は約 2.0×10^{22} m である．今，この瞬間に地球を出た光が，アンドロメダ大銀河に到達するのは何年後かを概算せよ．ただし，光速を $c = 3.00 \times 10^8$ m/s とする.

1.9 基礎 2 次元極座標

直交座標系で座標 $(x, y) = (2\sqrt{3}, 2)$ にある点を極座標 (r, θ) で表せ.

1.10 基礎 3次元極座標

3次元極座標 $(r, \theta, \phi)=(2, 30°, 45°)$ にある点を直交座標 (x, y, z) で表せ．

1.11 基礎 平均速度と瞬間速度

ある物体が x 軸に沿って運動しており，時刻 t での座標は $x=2\,[\mathrm{m/s^2}]t^2-4\,[\mathrm{m/s}]t$ である．

(1) 1 s から 3 s の間の変位を求めよ．

(2) 1 s から 3 s の間の平均速度を求めよ．

(3) 2 s における速度（瞬間速度）を求めよ．

1.12 基礎 平均加速度と瞬間加速度

ある物体が x 軸に沿って運動しており，時刻 t での速度は $v=10\,[\mathrm{m/s}]-2[\mathrm{m/s^3}]t^2$ である．

(1) 1 s から 3 s の間の平均加速度を求めよ．

(2) 3 sにおける加速度（瞬間加速度）を求めよ．

1.13 基礎 平均加速度

100 km/h で走行している車がブレーキをかけ，1.8 s 後に停止した．この車の平均加速度を求めよ．

1.14 基礎 速度と加速度

ある物体が x 軸に沿って運動しており，時刻 t での座標は $x=2\,[\mathrm{m/s^2}]t^2+10\,[\mathrm{m/s}]t$ である．2 s における速度および加速度を求めよ．

1.15 基礎 初速度 0 の等加速度運動

信号待ちをしている車が，信号が変わり一斉にスタートし，一定の加速度 4.0 $\mathrm{m/s^2}$ で加速した．

(1) 3.0 s 後の車の速度を求めよ．

(2) 車の速度が 28 m/s になる時間を求めよ．

(3) 10 s 間に車が進む距離を求めよ．

1.16 基礎 初速度のある等加速度運動

20 m/s で走っている車が，一定の加速度 5.0 $\mathrm{m/s^2}$ で加速した．

(1) 2.0 s 後の車の速度を求めよ．

(2) 車の速度が 35 m/s になる時間を求めよ．

(3) 3.0 s 間に車が進む距離を求めよ．

1.17 基礎 初速度のある等加速度運動

直線状の道をドライブしている．運転を開始してから 400 m 走ったときの速さは 20 m/s であった．その直後，アクセルをさらに踏み込み，一定の加速度で加速したところ，運転を開始した地点から 500 m の地点での速さが 30 m/s になった．このときの加速度を求めよ．

1.18 発展 斜面上の等加速度運動

斜面上に物体を置き静かに手を離すと，物体は一定の加速度 4.9 $\mathrm{m/s^2}$ で斜面上を滑り降りた．手を離してから物体が斜面上を距離 0.50 m だけ滑り降りたときの速さを求めよ．

1.19 基礎 微分方程式

次の微分方程式の一般解を求めよ．

(1) $\dfrac{\mathrm{d}y}{\mathrm{d}x}=2x$　(2) $\dfrac{\mathrm{d}y}{\mathrm{d}x}=2xy^2$　(3) $\dfrac{\mathrm{d}y}{\mathrm{d}x}=2xy$

1.20 基礎 微分方程式：自由落下

微分方程式 $\dfrac{\mathrm{d}v}{\mathrm{d}t}=-g$（$g$ は定数）の一般解を求めよ．また，条件「$t=0$ のとき $v=v_0$」を満足する解を求めよ．

第2章 運動の法則

§ 2.1 力と加速度

物体に力が加わると，その物体の運動状態が変化し，加速度が生じる．

たとえば，落下する物体には重力 $\vec{W}$ がはたらき，その結果として**重力加速度** $\vec{g}$ が生じる．その物体の質量を m とすると（2.3 節参照），重力の大きさ W は重力加速度の大きさ g を用いて $W=mg$ と表される[*1]．

なお，日常生活で使う体重というのは人の**重さ**（**重量**）のことであり，「重さ」とは重力 $m\vec{g}$ のことである．月の重力加速度の大きさは地球の 1/6 程度であり，月での体重は地球での体重よりも軽い．このように重力加速度が小さい場所に行けば，労せずして体重は減る．これに対して，質量は場所によって変化することはない（2.3 節参照）．

物理学では質量をもつ大きさのない物体を考えることも多い．このような物体を**質点**という．

[*1] 重力加速度の大きさは，特に断らない限り $g=9.8\,\mathrm{m/s^2}$ とする．また，重力加速度はベクトルであるので正しくは $\vec{g}$ と記す必要があるが，本書では $\vec{g}$ を g と書く場合もある．

§ 2.2 力のつり合い

多くの場合，物体に力がはたらくと加速度が生じて速度が変化するが，力がはたらいているにもかかわらず物体の加速度が 0 である場合もある[*2]．このときは，物体に力がはたらいていないのと同じであり，その物体にはたらいている力はつり合っているという．**力のつり合い**のもっとも簡単な例は，大きさが同じで反対向きの力がはたらいている場合である（図 2.1）．たとえば綱引きでは，同じ大きさの力が反対向きにはたらいてつり合っていると綱は動かない（加速度 0）．どちらかの力が大きくなると，その向きに綱は動く（加速度が生じる）．

[*2] 加速度はベクトルであるので，正しくは $\vec{0}$ である．

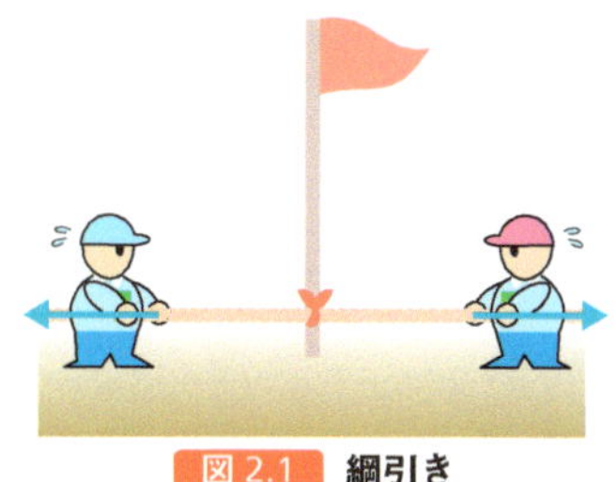

図 2.1 綱引き

また 図 2.2 のように，天井からつり下げられたおもりは，つり合いの状態にある．おもりには，重力 $m\vec{g}$ が下向きに，**張力** $\vec{T}$ が上向きにはたらき，この 2 つの力の大きさが同じで向きが反対になるためである．すなわち，つり合う条件 $T-mg=0$ が成り立っている．

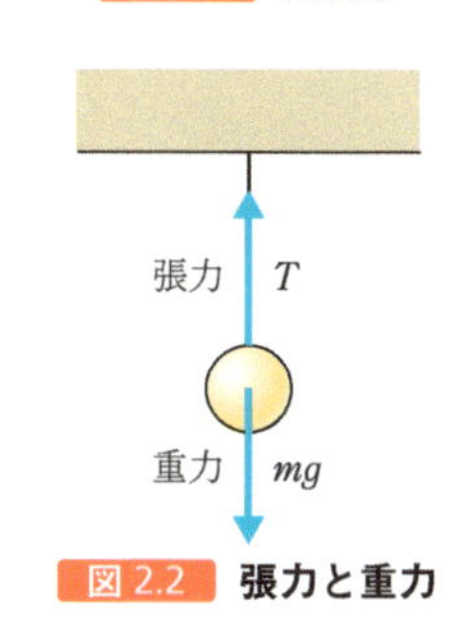

図 2.2 張力と重力

複数の力がはたらいている場合には，力を成分に分解し，そのつり合いを考えればよい．図 2.3 のように 3 つの力 $\vec{F_1}$，$\vec{F_2}$，$\vec{F_3}$ がつり合っているとき，$\vec{F_1}$，$\vec{F_2}$ を成分に分解すると，つり合う条件は

解いてみよう! 2.1

$$
\begin{cases}
F_1 \cos\theta_1 + F_2 \cos\theta_2 - F_3 = 0 & (2.1) \\
F_1 \sin\theta_1 - F_2 \sin\theta_2 = 0 & (2.2)
\end{cases}
$$

となる．

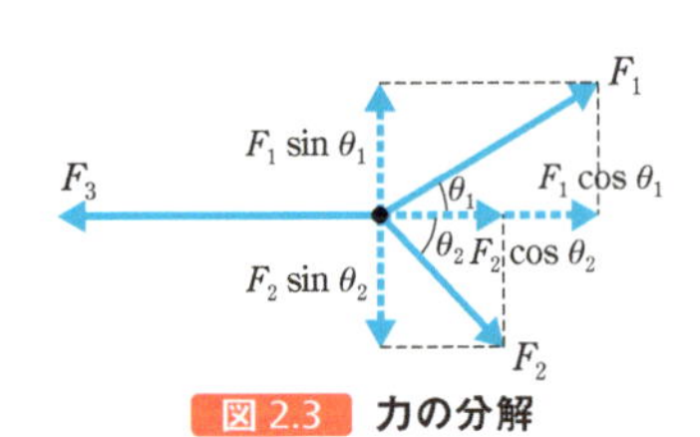

図 2.3　力の分解

§ 2.3 運動の3法則

物体の運動を支配する**ニュートンの運動の 3 法則**を紹介しよう[*1]．法則の具体的な使い方は章末問題を通じて学んでほしい．

*1　サー・アイザック・ニュートン（Sir Isaac Newton，1643～1727）　イギリスの物理学者・天文学者・数学者．1687 年の大著『プリンキピア（自然哲学の数学的原理）』に，今日私たちが学んでいる力学の基礎が記されている．晩年は錬金術や神学の研究もおこなった．

(1)　運動の第 1 法則

「外力を受けない限り，静止している物体は静止し続け，運動している物体は等速直線運動し続ける」．これを，**運動の第 1 法則**もしくは**慣性の法則**という．

このように物体には，「動いている」「静止している」という運動状態を変えないで保持しようとする性質がある．この性質を慣性という．動いている車でブレーキをかけても急には止まれないのは，車という物体が慣性をもっているからである．

物体がもつ慣性の大きさを表す物理量が**質量**（単位は kg）である[*2]．すなわち，質量が大きい物体ほど運動状態を変えずに保持しようとする．野球のボールはグローブで受け止めることができても，そのボールと同じ速さで走っている車を手で受け止めることがとてもできないのは，ボールよりも車の質量が大きく，慣性も大きいからである．

*2　質量には慣性質量と重力質量の区別もあるが，両者は等価であることが知られている．

(2)　運動の第 2 法則

「物体にはたらく外力は，その物体に生じた加速度に比例し，その比例係数は質量である」．これを**運動の第 2 法則**という．数式を用いると，次のように簡潔に表せる．

$$\vec{F} = m\vec{a} \qquad (2.3)$$

この方程式は**運動方程式**とよばれ，物理学でもっとも重要な方程式の 1 つである．ここで左辺の $\vec{F}$ は外力の和である．力の単位は N（**ニュートン**）で表し，力 [N]＝ 質量 [kg]× 加速度 [m/s^2] より，N=kg·m/s^2 となる．

(3) 運動の第 3 法則

「物体に力（作用）をおよぼすと，物体から大きさが等しく反対向きの力（反作用）を受ける」．これを，**運動の第 3 法則**もしくは**作用・反作用の法則**という（図 2.4）*．数式を用いると，作用 $\vec{F}_1$ と反作用 $\vec{F}_2$ の関係を次のように表せる．

$$\vec{F}_1 = -\vec{F}_2 \tag{2.4}$$

* 運動の第 3 法則は「作用に対する反作用が必ずあり，作用と反作用は大きさが等しく向きが逆である」とも表現できる．

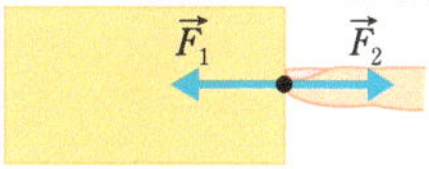

およぼす力（作用）　およぼされる力（反作用）
$\vec{F}_1$　$\vec{F}_2$

図 2.4　作用・反作用の法則

たとえば，図 2.5 のようにテーブルの上に物体が置かれているとしよう．地球が物体に重力 $\vec{W}=m\vec{g}$ をおよぼすとき（作用），地球は物体から反作用 $\vec{W'}$ を受ける．

一方，物体はテーブルに支えられている．面が物体を支える力を**垂直抗力**とよぶ．垂直抗力は作用する面に対して必ず垂直に物体にはたらく．垂直抗力 $\vec{N}$ の反作用は物体がテーブルにおよぼす力 $\vec{N'}$ である．

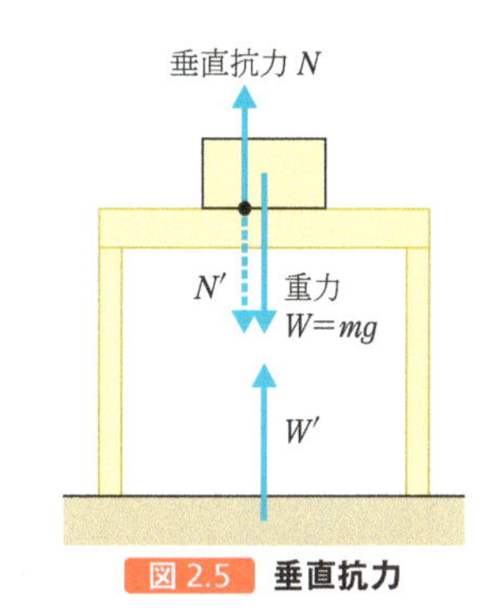

図 2.5　垂直抗力

解いてみよう！
2.2 〜 2.4

§ 2.4　斜面上の物体の運動

物体の運動を調べるためには，運動方程式を立てればよい．このとき，必要に応じて力を水平方向や鉛直方向などに分解するとよい．斜面上を物体が運動する場合には，物体が運動する斜面に平行な方向と垂直な方向に力を分解し，それぞれの方向の運動方程式を立てるのが便利である．

図 2.6 のように水平面と角度 θ をなす滑らかな斜面上に質量 m の物体が置かれている．物体にはたらく力は重力 $m\vec{g}$ と垂直抗力 $\vec{N}$ である．垂直抗力は面に対してつねに垂直である．

重力 $m\vec{g}$ を斜面方向とそれに垂直な方向に分解する．このとき重力と斜面に垂直な方向とのなす角が θ となる．

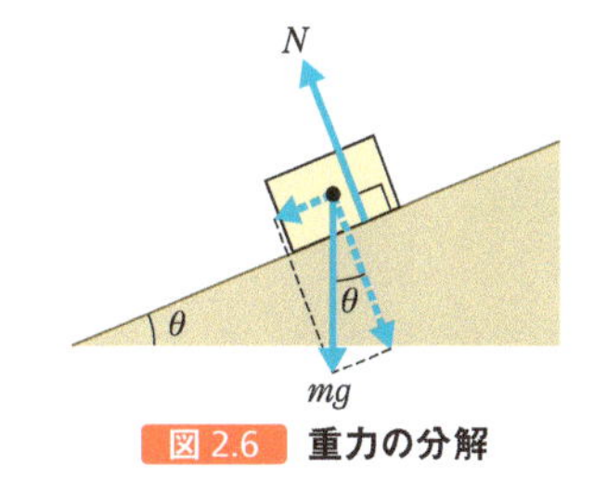

図 2.6　重力の分解

斜面上の物体は，重力の斜面方向の成分 $mg\sin\theta$ を受けて，斜面下方に運動する．斜面方向の加速度の大きさを a とすると，運動方程式は

$$\begin{cases} \text{斜面に平行な方向の運動方程式} \quad mg\sin\theta = ma & (2.5) \\ \text{斜面に垂直な方向の運動方程式} \quad N - mg\cos\theta = 0 & (2.6) \end{cases}$$

となり，物体は $a=g\sin\theta$ という等加速度で斜面下方に運動する．$\sin\theta \leq 1$ より，物体は自由落下時の加速度の大きさ g よりも小さい加速度の大きさ $g\sin\theta$ で運動する．

解いてみよう！
2.8 〜 2.9

§ 2.5 摩擦力がはたらく運動

一般に物体が運動するとき，物体は抵抗力を受ける．抵抗力は物体の運動を妨げる向きにはたらく．抵抗力には，**空気抵抗力**，**粘性抵抗力**，**摩擦力**などがあるが，ここでは摩擦力を紹介する．

面上に置かれた物体は，その接触面から摩擦力を受ける．物体が右向きに運動している場合には摩擦力は左向きにはたらき，左向きに運動している場合には摩擦力は右向きにはたらく（図 2.7）．このように，摩擦力の向きは，物体の運動する向きによって決まる．

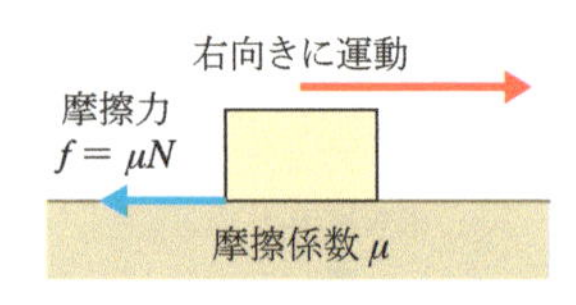

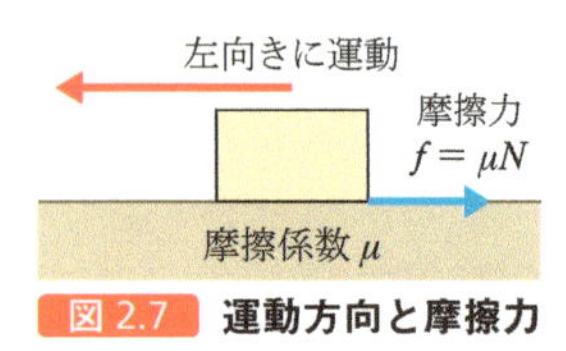

図 2.7　**運動方向と摩擦力**

解いてみよう! 2.12 〜 2.14

(1) 静止摩擦力

静止している物体を引きずって動かそうとする場合，はじめは強い力が必要だが，動き出してしまうとそれほどの力は必要ではなくなる．これは物体が動き出す瞬間に摩擦力が最大となるためである．物体が静止しているときの摩擦力を**静止摩擦力**とよぶ．静止摩擦力 $\vec{f_s}$ の大きさは

$$f_s \leq \mu_s N \tag{2.7}$$

で与えられる*．ここで，μ_s は**静止摩擦係数**，N は垂直抗力である．μ_s や f_s についている添え字の s は，static friction（静止摩擦）を意味する添え字である．

* このように，物体が静止しているとき，物体にはたらいている摩擦力は一定であるとは限らない．静止物体を動かそうとする力を大きくしていくと，その力とつり合って物体を静止し続けようとする静止摩擦力も大きくなっていく．そして，外力に耐え切れずに物体が動いた瞬間の摩擦力が最大静止摩擦力（大きさ $\mu_s N$）である．

(2) 動摩擦力

運動中の摩擦力（**動摩擦力**）$\vec{f_k}$ はほぼ一定であり，その大きさは

$$f_k = \mu_k N \tag{2.8}$$

で与えられる．ここで，μ_k は**動摩擦係数**である．通常，速さによる動摩擦係数の変化は無視できる．μ_k や f_k についている添え字の k は，kinetic friction（動摩擦）を意味する添え字である．

解いてみよう! 2.17

≪ 章 末 問 題 ≫

2.1 基礎　力のつり合い

質量 10 kg のおもりを天井から，$\theta_1=60°$，$\theta_2=30°$ となるようにつるすと，ちょうどつり合った．

(1) 運動方程式（つり合いの方程式）を書け．

(2) 張力 T_1，T_2 を求めよ．

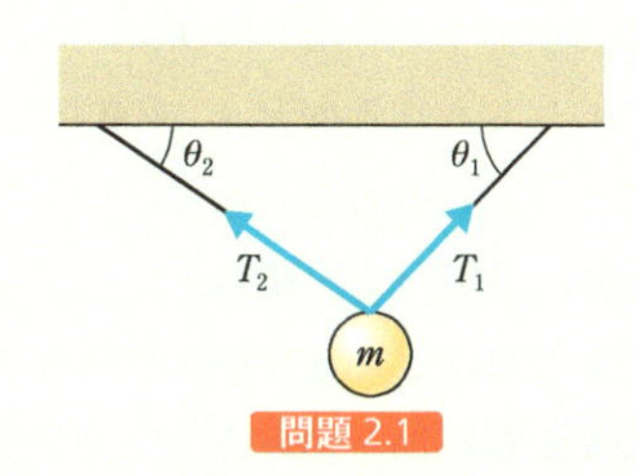

問題 2.1

2.2 基礎　摩擦がない面上の運動

滑らかな水平面上に置かれた質量 $M=10$ kg の物体を水平に $F=15$ N の力で右方に引いた．

(1) 物体に生じた加速度を a とするとき，運動方程式を書け．

(2) 加速度と垂直抗力を求めよ．

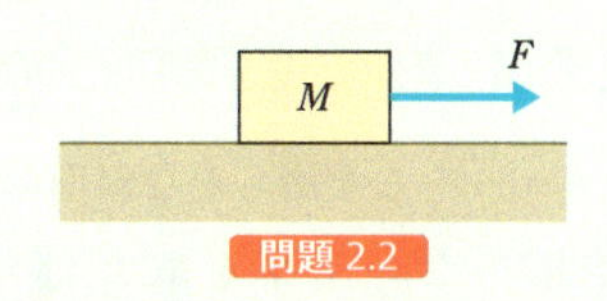

問題 2.2

2.3 基礎　摩擦がない面上の運動

滑らかな水平面上に置かれた質量 $M=10$ kg の物体を水平面と $\theta=30°$ をなす力 $F=15$ N で右方に引いた．

(1) 物体に生じた加速度を a とするとき，運動方程式を書け．

(2) 加速度と垂直抗力を求めよ．

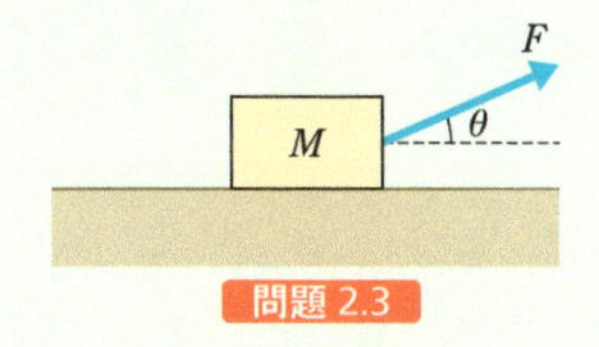

問題 2.3

2.4 基礎　摩擦がない滑車（アトウッドの器械）

軽くて摩擦のない滑車に質量 $m_1=2.0$ kg，$m_2=5.0$ kg の 2 つの物体をつるして，静かに手を離した．

(1) 上方を正として，物体に生じた加速度を a，張力を T とするとき，それぞれの物体の運動方程式を書け．

(2) 加速度と張力を求めよ．

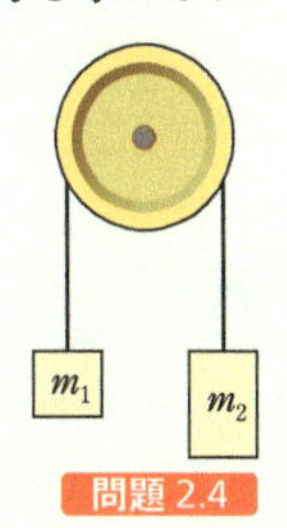

問題 2.4

ヒント 2 つの物体が 1 本のひもで連結されているとき，2 つの物体それぞれにはたらく張力の大きさは等しいことに注意せよ．

2.5 発展　摩擦がない 2 物体の連結

滑らかな水平面上に置かれた質量 $m_1=5.0$ kg の物体を軽くて摩擦がない滑車を通して質量 $m_2=2.0$ kg の物体と連結し静止させた．質量 m_1 の物体を静かに離すと，m_1 の物体が左方へ運動した．

(1) 物体に生じた加速度を a，垂直抗力を N，張力を T とするとき，それぞれの物体の運動方程式を書け．

(2) 垂直抗力，加速度，張力を求めよ．

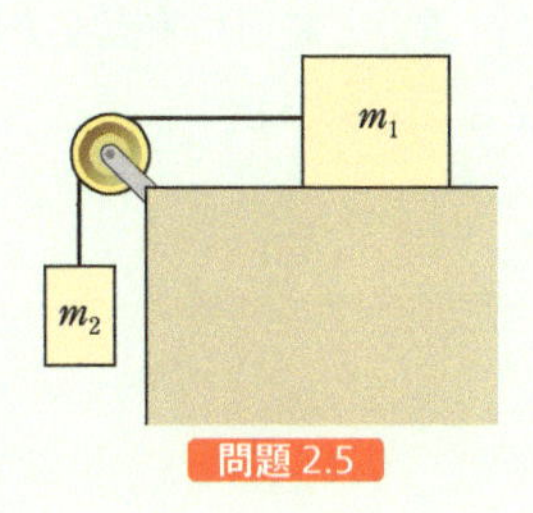

問題 2.5

2.6 発展 摩擦がない2物体の連結

滑らかな水平面上に置かれた質量 $m_1=5.0\,\mathrm{kg}$ の物体を軽くて摩擦のない滑車を通して質量 $m_2=2.0\,\mathrm{kg}$ の物体と連結し静止させた．質量 m_1 の物体を力 $F=100\,\mathrm{N}$ で右方に引っ張ると，m_1 の物体が右方へ運動した．垂直抗力，加速度，張力を求めよ．

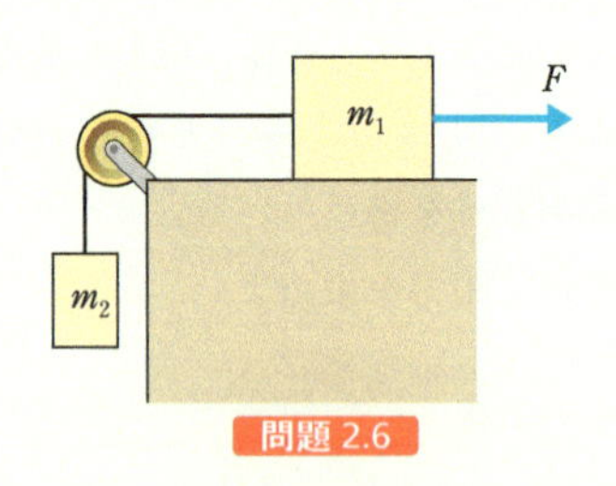

問題 2.6

2.7 発展 摩擦がない2物体の連結

滑らかな水平面上に置かれた質量 $m_1=5.0\,\mathrm{kg}$ の物体を軽くて摩擦のない滑車を通して質量 $m_2=2.0\,\mathrm{kg}$ の物体と連結し静止させた．質量 m_1 の物体を水平面と $\theta=45°$ をなす力 $F=10\,\mathrm{N}$ で右方に引っ張ると，m_1 の物体が左方へ運動した．垂直抗力，加速度，張力を求めよ．

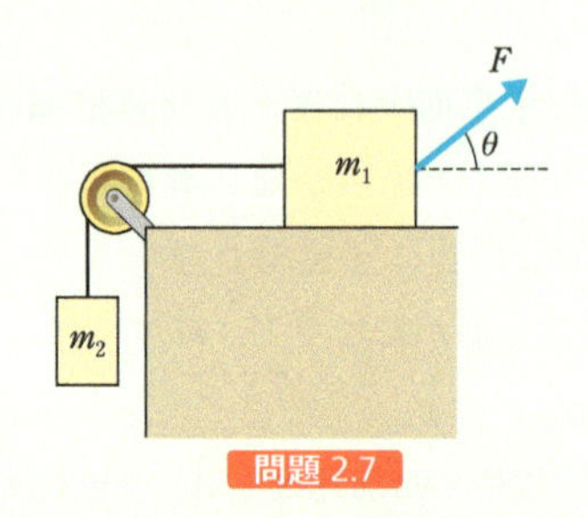

問題 2.7

2.8 基礎 斜面上の重力の分解

重力 mg を斜面に平行な方向と垂直な方向に分解するとき，重力と斜面に垂直な方向とのなす角が θ となることを示せ．

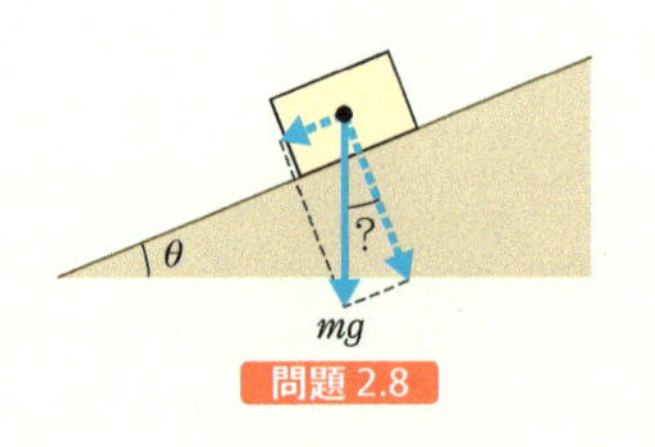

問題 2.8

2.9 基礎 摩擦がない斜面上の運動

質量 $m=10\,\mathrm{kg}$ の物体を，水平面と $\theta=30°$ をなす滑らかな斜面上に置いた．静かに手を離すと，物体は斜面下方に滑り降りた．

(1) 物体に生じた加速度を a，垂直抵抗を N とするとき，運動方程式を書け．

(2) 加速度と垂直抗力を求めよ．

(3) 物体が斜面上を距離 $1.0\,\mathrm{m}$ だけ滑り降りるのにかかる時間を求めよ．

(4) 物体が斜面上を距離 $1.0\,\mathrm{m}$ だけ滑り降りたときの速さを求めよ．

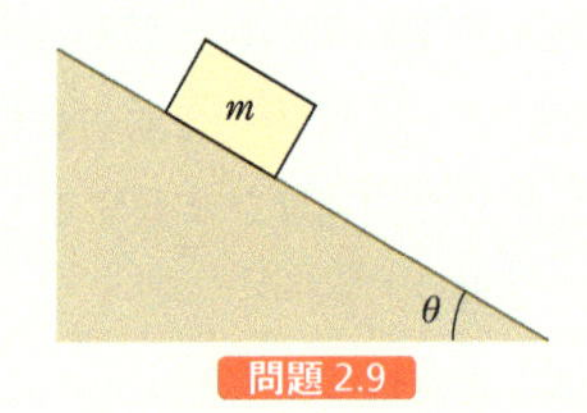

問題 2.9

2.10 発展 摩擦がない斜面上の連結

水平面と $\theta=30°$ をなす滑らかな斜面の上端に，軽くて摩擦のない滑車を取り付け，質量 $m_1=20\,\mathrm{kg}$，$m_2=2.0\,\mathrm{kg}$ の2つの物体をつるして，静かに手を離すと，質量 m_1 の物体が斜面下方へ運動し，質量 m_2 の物体は上昇した．

(1) 物体に生じた加速度を a，垂直抵抗を N，張力を T とするとき，それぞれの物体の運動方程式を書け．

(2) 垂直抗力を求めよ．

(3) 加速度を求めよ．

(4) 張力を求めよ．

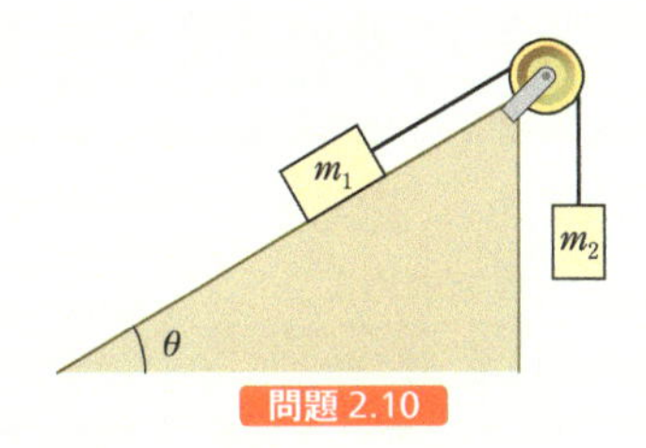

問題 2.10

2.11 発展　摩擦がない斜面上の運動

水平面と $\theta=30°$ をなす滑らかな斜面上に置かれた質量 $m=10$ kg の物体に斜面に平行な一定の力を加え，斜面上を押し上げた．

(1) 斜面を押し上げるために必要な力の条件を求めよ．

(2) 99 N の力を加えたとき，物体に生じた加速度を求めよ．

(3) 30 N の力を加えたとき，物体に生じた加速度を求めよ．

(4) (3)のとき，物体が斜面上を距離 2.0 m だけ滑り降りるのにかかる時間を求めよ．

(5) (3)のとき，物体が斜面上を距離 1.0 m だけ滑り降りたときの速さを求めよ．

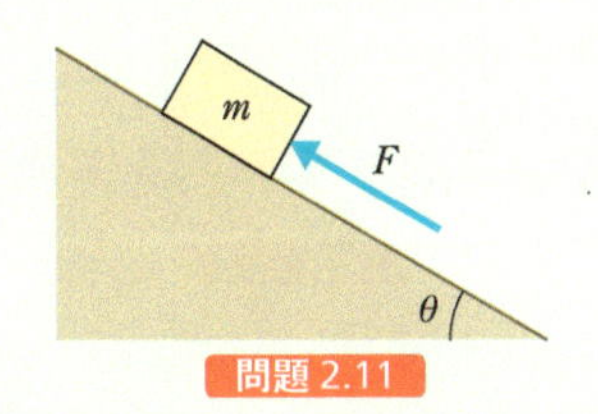

問題 2.11

2.12 基礎　摩擦がある面上の運動

粗い水平面上に置かれた質量 $m=10$ kg の物体を力 $F=100$ N で右方へ引いた．ただし，動摩擦係数を 0.50 とする．

(1) 垂直抗力を求めよ．

(2) 物体に生じた加速度を求めよ．

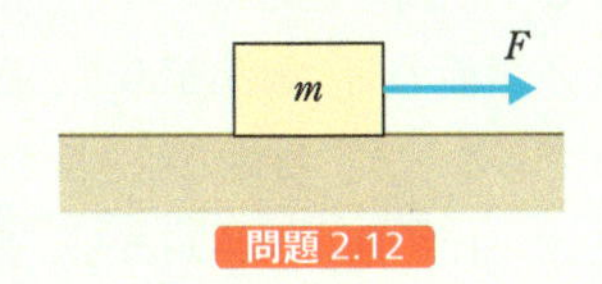

問題 2.12

2.13 基礎　摩擦がある面上の運動

粗い水平面上に置かれた質量 $m=10$ kg の物体を水平面と $\theta=30°$ をなす力 $F=50$ N で引いた．ただし，動摩擦係数を 0.50 とする．

(1) 垂直抗力を求めよ．

(2) 物体に生じた加速度を求めよ．

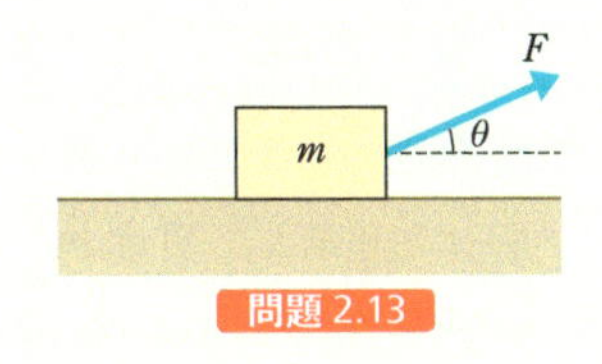

問題 2.13

2.14 基礎　摩擦がある斜面上の運動

水平面と $\theta=30°$ をなす粗い斜面の上に質量 $m=5.0$ kg の物体を置き，手を離すと，物体は斜面下方へ運動した．ただし，動摩擦係数を 0.50 とする．

(1) 垂直抗力を N，物体に生じた加速度を a とするとき，運動方程式を書け．

(2) 垂直抗力と加速度を求めよ．

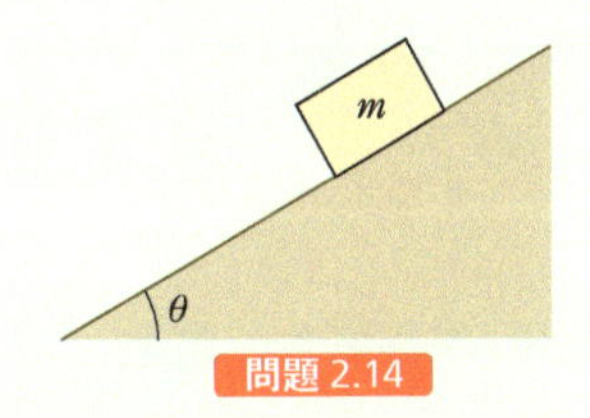

問題 2.14

2.15 発展　摩擦がある斜面上の連結

水平面と $\theta=30°$ をなす粗い斜面の上端に，軽くて摩擦のない滑車を取り付け，質量 $m_1=20$ kg，$m_2=1.0$ kg の 2 つの物体をつるすと，質量 m_1 の物体が斜面下方へ運動した．ただし，動摩擦係数を 0.50 とする．

(1) 張力を T，垂直抗力を N，物体に生じた加速度を a とするとき，それぞれの物体の運動方程式を書け．

(2) 垂直抗力，加速度，張力を求めよ．

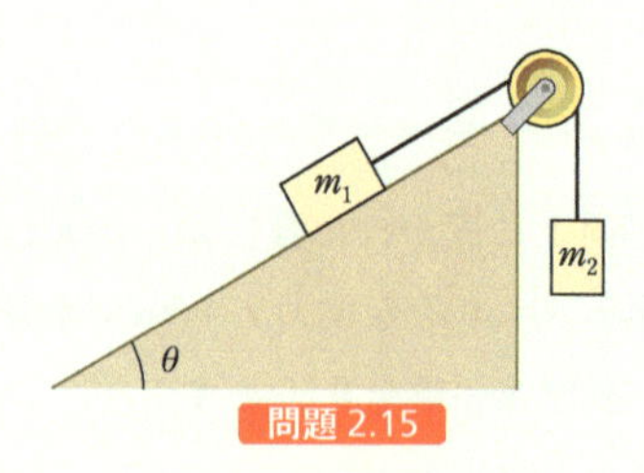

問題 2.15

2.16 発展　摩擦がある面上の連結

粗い水平面上に置かれた質量 $m_1=5.0$ kg の物体を軽くて摩擦のない滑車を通して質量 $m_2=2.0$ kg の物体と連結し，質量 m_1 の物体を水平面と $\theta=45°$ をなす力 $F=50$ N で右方に引いた．ただし，動摩擦係数を 0.50 とする．

(1) 張力を T，垂直抗力を N，物体に生じた加速度を a とするとき，それぞれの物体の運動方程式を書け．

(2) 垂直抗力，加速度，張力を求めよ．

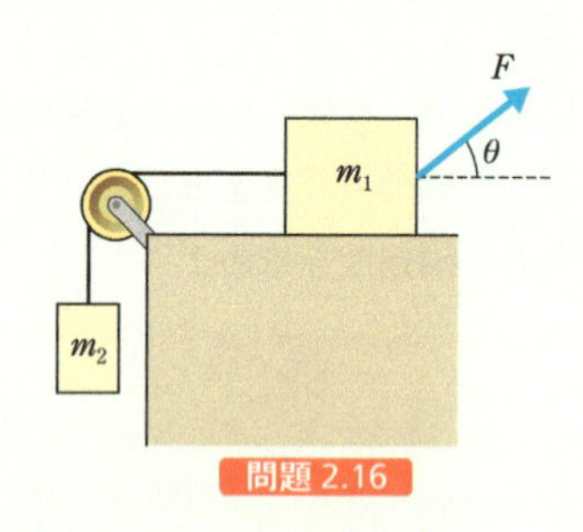

問題 2.16

2.17 基礎　摩擦係数の測定

質量 m の物体が粗い斜面上に置かれている．この斜面の角度 θ は自由に変えることができる．まず，角度 θ を徐々に大きくしていくと，物体が斜面上を滑り出す．この滑り出す直前の角度は θ_s であった．

(1) 垂直抗力を N，静止摩擦係数を μ_s とし，物体が滑り出す直前の運動方程式を書け．

(2) 静止摩擦係数を求めよ．

次に，物体が滑っている状態で，角度 θ を徐々に小さくして，物体が等速度で運動するようになったところで角度を固定する．このときの角度は θ_k であった．

(3) 垂直抗力を N，動摩擦係数を μ_k とし，物体が等速度で滑り降りているときの運動方程式を書け．

(4) 動摩擦係数を求めよ．

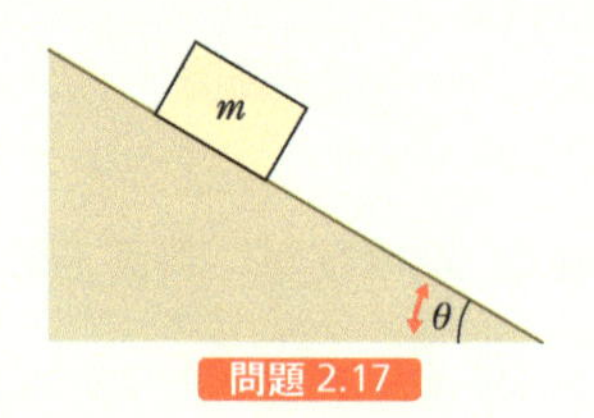

問題 2.17

2.18 発展　重ねた物体の運動

水平な床の上に質量 m_A の物体 A があり，その上に質量 m_B の物体 B が重ねて置かれている．下にある物体 A を水平に力 F で引いたところ，物体 A と物体 B は別々に動いた．このとき，物体 A の加速度 a_A と物体 B の加速度 a_B を求めよ．ただし，物体 A と床との間の動摩擦係数を μ_A，物体 A と物体 B の間の動摩擦係数を μ_B とする．

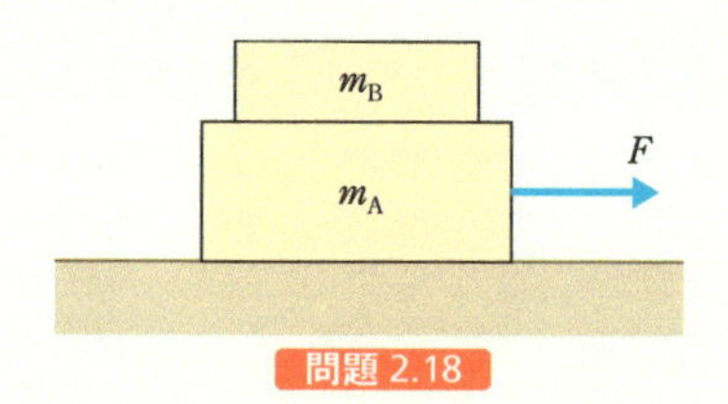

問題 2.18

2.19 発展　連結された物体の運動

水平面上に同じ質量 m の 3 つの物体 A，B，C が軽いひもで連結されている．物体 A に水平な力 F を加え右方に引いた．

(1) 物体と水平面の間に摩擦がないとき，物体の加速度を求めよ．

(2) 物体と水平面の間に摩擦がないとき，AB 間および BC 間の張力をそれぞれ求めよ．

(3) 物体と水平面の間に摩擦があり，動摩擦係数が μ であるとき，物体の加速度を求めよ．

(4) 物体と水平面の間に摩擦があり，動摩擦係数が μ であるとき，AB 間および BC 間の張力をそれぞれ求めよ．

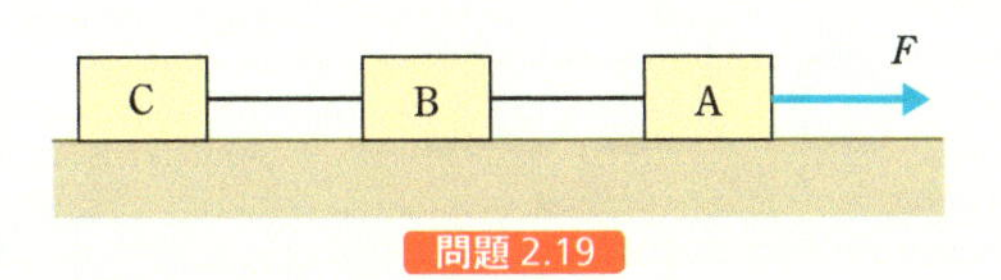

問題 2.19

ヒント① (1)(3)は物体A，B，Cのそれぞれについて運動方程式を立てて解くのもよいが，加速度を求めるだけなら，A，B，Cを1つの物体と見なして運動方程式を立てればよい．

ヒント② (2)(4)は物体A，B，Cのそれぞれについて運動方程式を立てて解く．その際，AB間とBC間の張力が異なることに注意せよ．

第3章 重力による運動

§ 3.1 重力による運動

地表付近にあるすべての物体は，一定の加速度（**重力加速度**）$\vec{g}$ で落下する．このような運動を**自由落下運動**という．この事実はガリレイによって発見された[*1]．

重力加速度の大きさは，赤道上でもっとも小さく，緯度が高くなるにつれて大きくなる．また，同じ緯度では標高が高いほど小さい（表 3.1）．このように重力加速度は場所によって異なるので**標準重力加速度** $g=9.80665\ \mathrm{m/s^2}$ が定義されている（1901 年　国際度量衡総会）．

[*1] ガリレオ・ガリレイ (Galileo Galilei, 1564～1642)　イタリアの物理学者・天文学者．数々の偉業があるにもかかわらず，天動説を否定し地動説を支持したため，当時の宗教観と合わずに宗教裁判によって幽閉された．だが，牢獄の中でも科学者であり続け，1636 年に『新科学対話』を出版した．

表 3.1　**重力加速度の実測値**

地　名	緯　度	標高 [m]	g [m/s^2]
昭和基地（南極）	69°00′	14	9.8252560
札幌	43°04′	15	9.8047757
東京	35°38′	28	9.7976319
京都	35°01′	59.78	9.7970768
鹿児島	31°33′	5	9.7947118
那覇	26°12′	21.09	9.7909592
パナマ	8°58′	9	9.7822670
エクアドル	0°13′	2815.1	9.7726319

（出典：理科年表　平成 21（2009）年）

y 軸を鉛直上方にとると[*2]，自由落下運動を表す運動学的方程式は，加速度 a を下向きの重力加速度 $-g$ に置き換えれて，

[*2] 1 次元の運動を考えるので，ベクトル量である $\vec{a}$ などを単に a と表記する．

$$v=v_0+at \longrightarrow v=v_0-gt \tag{3.1}$$

$$y=y_0+v_0t+\frac{1}{2}at^2 \longrightarrow y=y_0+v_0t-\frac{1}{2}gt^2 \tag{3.2}$$

$$v^2={v_0}^2+2a(y-y_0) \longrightarrow v^2={v_0}^2-2g(y-y_0) \tag{3.3}$$

となる[*3]．

[*3] y 軸を鉛直下方にとるときは $a\to g$ である．

自由落下運動は，次の 4 つのパターンに大別できる．

(1) 自由落下運動（自然に落下する．初速度が 0 である）
(2) 投げ下ろし運動（下方に初速度を与える）

(3) 投げ上げ運動（上方に初速度を与える）

(4) 放物運動（斜めに初速度を与える）

§ 3.2 自由落下運動

❶ 自由落下運動

物体が自然に落下する自由落下運動の初速度は $v_0=0$ であるので（図3.1），y 軸を鉛直上方にとると，運動学的方程式は以下となる．

$$v=-gt \tag{3.4}$$

$$y=y_0-\frac{1}{2}gt^2 \tag{3.5}$$

$$v^2=-2g(y-y_0) \tag{3.6}$$

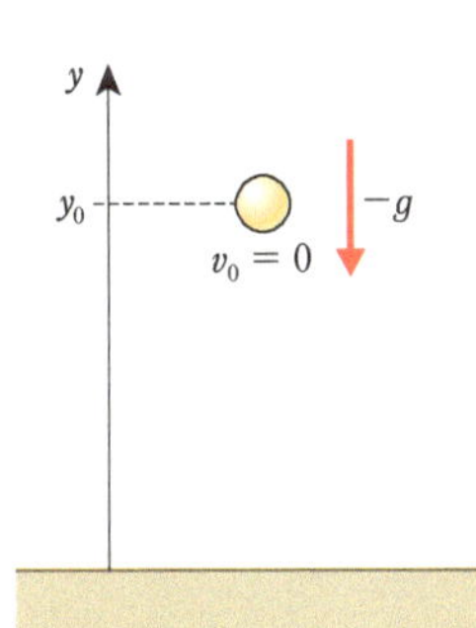

図3.1　初速度0の自由落下

解いてみよう！ 3.1 3.2 3.4

❷ 投げ下ろし運動

投げ下ろし運動は，下方に初速度を与えたときの自由落下運動と考えればよい．ここで，初速度 v_0 は負である（図3.2）．y 軸を鉛直上方にとると，運動学的方程式は以下となる．

$$v=v_0-gt \tag{3.7}$$

$$y=y_0+v_0t-\frac{1}{2}gt^2 \tag{3.8}$$

$$v^2=v_0{}^2-2g(y-y_0) \tag{3.9}$$

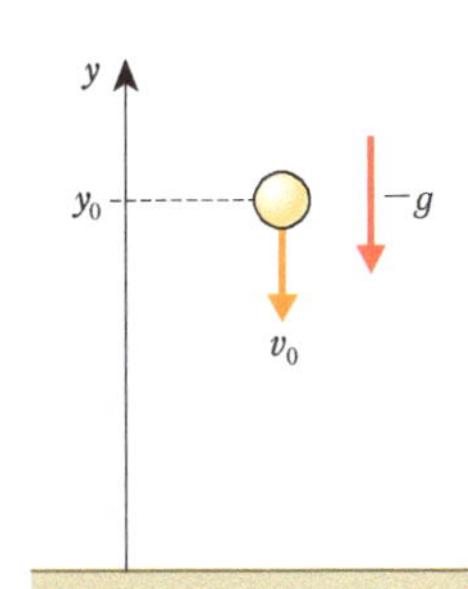

図3.2　初速度 v_0 の自由落下

解いてみよう！ 3.3

❸ 投げ上げ運動

投げ上げ運動は，鉛直上方に初速度を与えたときの自由落下運動と考えればよい（図3.3）．すなわち，はじめ鉛直上方に運動し，最高点で速度の向きが反転し（最高点では $v=0$），その後下方に自由落下運動をするのが投げ上げ運動である．この運動は，次に学ぶ放物運動を理解するためにも重要である．y 軸を鉛直上方にとると，投げ上げ運動の運動学的方程式は，投げ下ろし運動の場合と同じ形であるが初速度 v_0 は正であり，以下となる．

$$v=v_0-gt \tag{3.10}$$

$$y=y_0+v_0t-\frac{1}{2}gt^2 \tag{3.11}$$

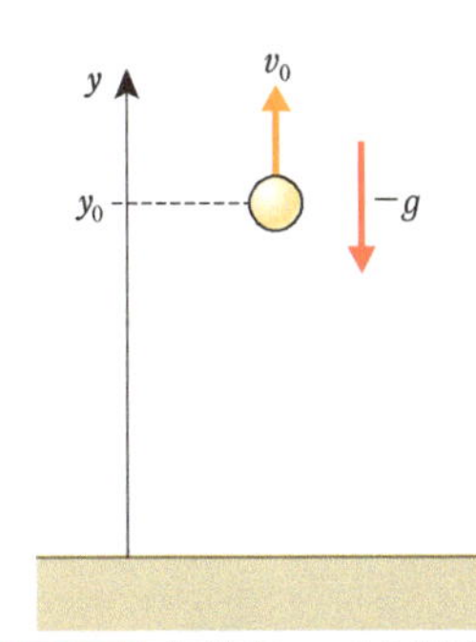

図3.3　初速度 v_0 での投げ上げ

解いてみよう! 3.5 〜 3.8

$$v^2 = v_0{}^2 - 2g(y - y_0) \tag{3.12}$$

❹ 放物運動

物体に斜め（水平方向と角 θ をなす方向）の初速度を与えると物体は放物線を描いて運動する．このような運動を**放物運動**という．放物運動は，鉛直方向に上昇もしくは落下しながら水平方向に進む運動であるから，運動を鉛直方向と水平方向に分けて考えるのが便利である．速度を x，y 方向にそれぞれ分解してみよう（図 3.4）．

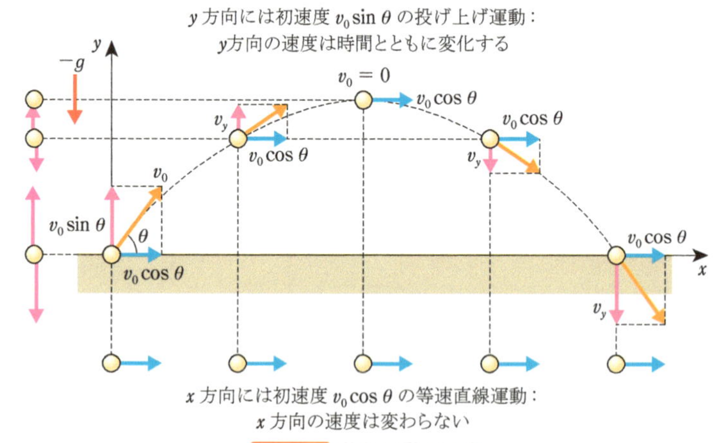

図 3.4　**放物運動の特徴**

簡単のために物体は原点から打ち出されるとする（$x_0=0$，$y_0=0$）．x 方向（水平方向）の運動は初速度 $v_{0x}=v_0\cos\theta$ の等速直線運動だから，x 方向の運動学的方程式は以下となる．

$$v_{0x}=v_0\cos\theta,\quad x_0=0,\quad a=0 \tag{3.13}$$

$$v_x=v_{0x}+at \longrightarrow v_x=v_{0x}=v_0\cos\theta \tag{3.14}$$

$$x=x_0+v_{0x}t+\frac{1}{2}at^2 \longrightarrow x=v_{0x}t=(v_0\cos\theta)t \tag{3.15}$$

$$v_x{}^2=v_{0x}{}^2+2a(x-x_0) \longrightarrow v_x{}^2=(v_0\cos\theta)^2 \tag{3.16}$$

y 方向（鉛直方向）の運動は初速度 $v_{0y}=v_0\sin\theta$ の投げ上げ運動だから，y 方向の運動学的方程式は以下となる．

$$v_{0y}=v_0\sin\theta,\quad y_0=0,\quad a=-g \tag{3.17}$$

解いてみよう! 3.9 〜 3.13　3.19

$$v_y=v_{0y}+at \longrightarrow v_y=v_0\sin\theta-gt \tag{3.18}$$

$$y=y_0+v_{0y}t+\frac{1}{2}at^2 \longrightarrow y=(v_0\sin\theta)t-\frac{1}{2}gt^2 \tag{3.19}$$

$$v_y{}^2 = v_{0y}{}^2 + 2a(y - y_0) \longrightarrow v_y{}^2 = (v_0 \sin\theta)^2 - 2gy \quad (3.20)$$

§ 3.3 抵抗力

抵抗力の一種である摩擦力は，運動中は一定であった（2 章参照）．ここでは，運動中に変化する抵抗力（空気抵抗など）を紹介する．

❶ 抵抗力がはたらかない場合（自由落下）

まずは，抵抗力がはたらいていない場合から紹介しよう．自由落下（図 3.5）する物体にはたらく力が mg のみであるとき，運動方程式は，鉛直下方を正とすると $mg = ma$ となる．この式に $a = \dfrac{\mathrm{d}v}{\mathrm{d}t}$ を代入すると，微分方程式 $\dfrac{\mathrm{d}v}{\mathrm{d}t} = g$ を得る．変数を分離して，$\int \mathrm{d}v = \int g\mathrm{d}t$ を実行すると

$$v = gt + C \text{（C は積分定数）} \quad (3.21)$$

となる．初期条件として $t=0$ で $v=0$ とすると，$C=0$ となるから，物体は任意の時刻 t に速さ $v=gt$ で落下することがわかる．

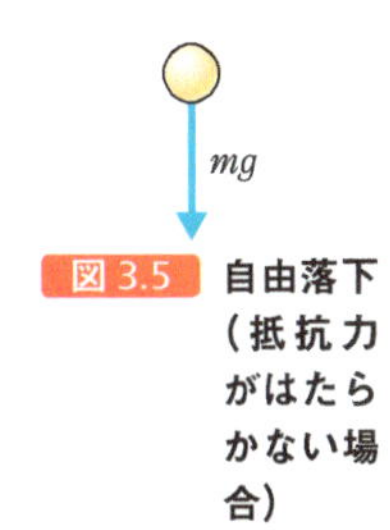

図 3.5 自由落下（抵抗力がはたらかない場合）

❷ 速度に比例する抵抗力がはたらく場合

速度に比例する抵抗力がはたらく場合を考えよう（図 3.6）．比例定数を b とすると，物体にはたらく抵抗力は bv である．鉛直下方を正とすると，運動方程式は，$mg - bv = ma$ となり，$a = \dfrac{\mathrm{d}v}{\mathrm{d}t}$ を用いて，

$$\frac{\mathrm{d}v}{\mathrm{d}t} + \frac{b}{m}v = g \quad (3.22)$$

と書ける．この微分方程式を解くことによって，任意の時刻 t における速度 v が求まる．変数を分離して

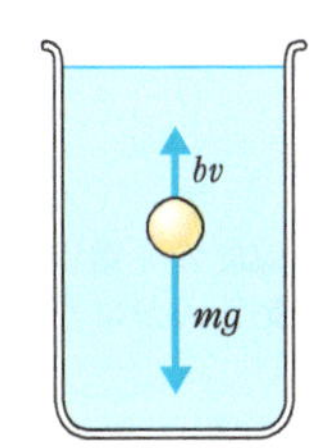

図 3.6 速度に比例する抵抗力がはたらく場合

$$\int \frac{1}{g - \frac{b}{m}v}\mathrm{d}v = \int \mathrm{d}t \quad (3.23)$$

とし，積分を実行すれば

$$\log_e \left| g - \frac{b}{m}v \right| \times \left(-\frac{m}{b} \right) = t + C \text{（C は積分定数）} \quad (3.24)$$

となる．両辺に $-\dfrac{b}{m}$ をかけて，$\mathrm{e}^{\log_e x} = x$ の性質を用いて対数をはずすと

$$g - \frac{b}{m}v = \mathrm{e}^{-\frac{b}{m}t - \frac{b}{m}C} \quad (3.25)$$

となり，さらに変形して

$$v = \frac{m}{b}\left(g - \mathrm{e}^{-\frac{b}{m}t - \frac{b}{m}C}\right) \quad (3.26)$$

となる．初期条件として $t=0$ で $v=0$ とすると，

$$0=\frac{m}{b}\left(g-\mathrm{e}^{-\frac{b}{m}C}\right) \tag{3.27}$$

である．よって，$\mathrm{e}^{-\frac{b}{m}C}=g$ より，任意の時刻 t における速さは

$$v=\frac{m}{b}\left(g-\mathrm{e}^{-\frac{b}{m}t-\frac{b}{m}C}\right)=\frac{m}{b}\left(g-g\,\mathrm{e}^{-\frac{b}{m}t}\right)=\frac{mg}{b}\left(1-\mathrm{e}^{-\frac{b}{m}t}\right) \tag{3.28}$$

となる．なお $t\to\infty$ では $\mathrm{e}^{-\frac{b}{m}t}\to 0$ より，$v\to\dfrac{mg}{b}$ となる．すなわち，速度に比例する抵抗力がはたらく場合，時間が充分に経過すると速度 v は一定値（**終速度**もしくは**終端速度**）$v_t=\dfrac{mg}{b}$ になる．

ここで，$t=\dfrac{m}{b}=\tau$ とすると

$$v=v_t\left(1-\mathrm{e}^{-\frac{b}{m}\times\frac{m}{b}}\right)=v_t(1-\mathrm{e}^{-1})=0.632v_t \tag{3.29}$$

となるので（e=2.718…はネイピアの数），$\tau=\dfrac{m}{b}$ は終速度 v_t の 63.2 %に達するまでの時間を表している．この τ は**時定数**とよばれ，終速度に達する時間の目安となる．すなわち，m，b の大小関係により終速度に達する時間は異なるが，その比である時定数が等しい物体ならば終速度に達する時間は同じである．

❸ 速度の2乗に比例する抵抗力がはたらく場合

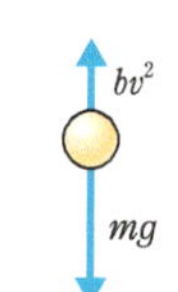

図3.7　速度の2乗に比例する抵抗力がはたらく場合

速度の2乗に比例する抵抗力がはたらく場合を考えよう（図3.7）．比例定数を b とすると，物体にはたらく抵抗力は bv^2 である．鉛直下方を正とする．運動方程式は

$$m\frac{\mathrm{d}v}{\mathrm{d}t}=mg-bv^2 \tag{3.30}$$

となり，変数を分離すると，

$$\int\frac{1}{g-\frac{b}{m}v^2}\,\mathrm{d}v=\int\mathrm{d}t \tag{3.31}$$

となる．左辺の積分を実行したいが，分母が2次関数であるので，被積分関数を次のように変形する．

$$\begin{aligned}\frac{1}{g-\frac{b}{m}v^2}&=\frac{1}{g\left(1-\frac{b}{mg}v^2\right)}=\frac{1}{g\left(1+\sqrt{\frac{b}{mg}}\,v\right)\left(1-\sqrt{\frac{b}{mg}}\,v\right)}\\&=\frac{1}{g}\left[\frac{1/2}{1+\sqrt{\frac{b}{mg}}\,v}+\frac{1/2}{1-\sqrt{\frac{b}{mg}}\,v}\right]\\&=\frac{1}{2g}\left[\frac{1}{1+\sqrt{\frac{b}{mg}}\,v}+\frac{1}{1-\sqrt{\frac{b}{mg}}\,v}\right]\end{aligned} \tag{3.32}$$

これで分母が1次関数になったので積分を実行すると，

$$\frac{1}{2g}\left[\log_e\left|1+\sqrt{\frac{b}{mg}}v\right|\times\sqrt{\frac{mg}{b}}+\log_e\left|1-\sqrt{\frac{b}{mg}}v\right|\times\left(-\sqrt{\frac{mg}{b}}\right)\right]$$
$$=t+C\quad(C\text{は積分定数})\tag{3.33}$$

となる．対数関数の性質$\left(\log_e A-\log_e B=\log_e\frac{A}{B}\right)$を用いてまとめると，

$$\frac{1}{2}\sqrt{\frac{m}{bg}}\log_e\left|\frac{1+\sqrt{\frac{b}{mg}}v}{1-\sqrt{\frac{b}{mg}}v}\right|=t+C\tag{3.34}$$

となり，両辺に$2\sqrt{\frac{bg}{m}}$をかけて対数をはずすと，

$$\frac{1+\sqrt{\frac{b}{mg}}v}{1-\sqrt{\frac{b}{mg}}v}=e^{2\sqrt{\frac{bg}{m}}t+C'}\tag{3.35}$$

となる．ここで，$2\sqrt{\frac{bg}{m}}C=C'$とおいた．

さらに変形して，分母分子に$e^{-\left(2\sqrt{\frac{bg}{m}}t+C'\right)}$をかけると，

$$v=\sqrt{\frac{mg}{b}}\frac{e^{2\sqrt{\frac{bg}{m}}t+C'}-1}{1+e^{2\sqrt{\frac{bg}{m}}t+C'}}=\sqrt{\frac{mg}{b}}\frac{1-e^{-2\sqrt{\frac{bg}{m}}t-C'}}{e^{-2\sqrt{\frac{bg}{m}}t-C'}+1}\tag{3.36}$$

となり，初期条件として$t=0$で$v=0$とすると，

$$\sqrt{\frac{mg}{b}}\frac{1-e^{-C'}}{e^{-C'}+1}=0$$

$$e^{-C'}=1\tag{3.37}$$

よって，

$$v=\sqrt{\frac{mg}{b}}\frac{1-e^{-2\sqrt{\frac{bg}{m}}t}\times e^{-C'}}{e^{-2\sqrt{\frac{bg}{m}}t}\times e^{-C'}+1}=\frac{\sqrt{\frac{mg}{b}}\left(1-e^{-2\sqrt{\frac{bg}{m}}t}\right)}{1+e^{-2\sqrt{\frac{bg}{m}}t}}\tag{3.38}$$

となる．

速度に比例する抵抗力がはたらく場合と同様に，$t\to\infty$では$e^{-2\sqrt{\frac{bg}{m}}t}\to 0$より$v\to\sqrt{\frac{mg}{b}}$となる．すなわち，速度の2乗に比例する抵抗力がはたらく場合，時間が充分に経過すると速度vは一定値$v_t=\sqrt{\frac{mg}{b}}$になる．

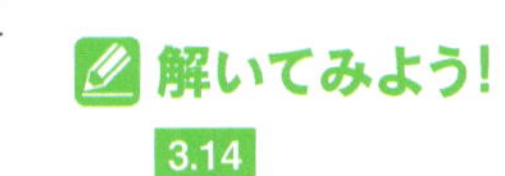

❹ 粘性係数

液体や気体などの流体中を運動する物体には抵抗力がはたらく．抵抗力の大きさを決める主な量は，①物体の形状，②物体の速度，③流体の**粘性係数**，④流体の密度（単位体積あたりの質量）の4つである．たとえば半

径 a の球体があまり速くない速度 v で，粘性係数 η，密度 ρ の流体の中を運動しているとしよう．このとき，物体には速度に比例した粘性抵抗力（**ストークス抵抗***）

$$f_v = 6\pi a\eta v \tag{3.39}$$

と，速度の 2 乗に比例した慣性抵抗力（**ニュートン抵抗**）

$$f_l = \frac{1}{4}\pi\rho a^2 v^2 \tag{3.40}$$

の両方を受ける．物体の速度が

$$v_C = \frac{24\eta}{a\rho} \tag{3.41}$$

となる点で，この 2 種類の抵抗力の大きさは等しくなる．ストークス抵抗が速度に比例し，ニュートン抵抗が速度の 2 乗に比例することから，$v \ll v_C$ の場合にはニュートン抵抗を無視することができ，$v \gg v_C$ の場合にはストークス抵抗を無視することができる．

たとえば，粘性係数が大きなグリセリン（表 3.2）の中を半径 5 mm の球体が運動する場合の v_C は約 5 m/s と大きな値となる．よって，グリセリン中を自由落下する小球には主に速度に比例するストークス抵抗がはたらき，ニュートン抵抗を無視することが可能である．これに対して，粘性係数が小さな空気の中を同程度の小球が運動する場合には，v_C は数 cm/s と小さな値となる．よって，空気中を自由落下する小球には主に速度の 2 乗に比例するニュートン抵抗がはたらき，ストークス抵抗を無視できる．

* ジョージ・ガブリエル・ストークス (George Gabriel Stokes, 1819〜1903) イギリスの物理学者．マクスウェルなど多くの人に影響を与えた．流体力学，光学，物理数学などの分野で多岐にわたる研究をおこなった．

表 3.2　流体の粘性係数と密度

物質	粘性係数 η [kg/(m·s)]	密度 ρ [kg/m³]
空気	1.8×10^{-5} (25 ℃)	1.189 (100 kPa, 20 ℃)
水	1.002×10^{-3} (20 ℃)	9.982×10^{2} (20 ℃)
グリセリン	1.412	1.264×10^{3} (20 ℃)

（出典：岩波　理化学辞典　第 4 版，理科年表　平成 30（2018）年）

« 章末問題 »

以下，特に断りがない場合は，重力加速度の大きさを $g=9.8\ \mathrm{m/s^2}$ とする．

3.1 基礎 自由落下運動

高さ 50 m のビルの屋上から，物体を自由落下させた．ただし，上方を正とする．

(1) 3.0 s 後の物体の速度を求めよ．

(2) 3.0 s 後の物体の位置を求めよ．

(3) 屋上から 5.0 m 落下したときの速度を求めよ．

3.2 基礎 自由落下運動

高さ 50 m のビルの屋上から，物体を自由落下させた．ただし，上方を正とする．

(1) 物体は自由落下開始から何秒後に地面にぶつかるか．

(2) 物体はどのぐらいの速度で地面に衝突するのか．

3.3 基礎 投げ下ろし運動

高さ 10 m のビルの屋上から，下方に初速度 1.0 m/s で物体を落下させた．ただし，上方を正とする．

(1) 1.0 s 後の物体の速度を求めよ．

(2) 1.0 s 後の物体の位置を求めよ．

(3) 屋上から 5.0 m 落下したときの物体の速度を求めよ．

(4) 地面に衝突する直前の速度を求めよ．

(5) 地面に落下するまでの時間を求めよ．

3.4 基礎 月の重力加速度

月面上の重力加速度は $1.62\ \mathrm{m/s^2}$ であり，地球上の重力加速度 $9.80\ \mathrm{m/s^2}$ の約 1/6 である．月面上と地球上でそれぞれ 1 m の高さからハンマーを自由落下させた．落下時間を比較せよ．

3.5 基礎 投げ上げ運動

10 m の高さから，鉛直上方に初速度 15 m/s で物体を投げ上げた．ただし，上方を正とする．

(1) 物体が最高点に達するまでの時間を求めよ．

(2) 最高点の高さを求めよ．

(3) 最初の高さに戻るまでの時間を求めよ．

(4) 最初の高さに戻ったときの速度を求めよ．

3.6 基礎 投げ上げ運動

地上から鉛直上方に初速度 10 m/s で物体を投げ上げた．ただし，上方を正とする．

(1) 物体が最高点に達するまでの時間を求めよ．

(2) 最高点の高さを求めよ．

(3) 地上に落下するまでの時間を求めよ．

(4) 地上に落下したときの速度を求めよ．

3.7 基礎 投げ上げ運動

高さ 10 m のビルの屋上から，鉛直上方に初速度 15 m/s で物体を投げ上げるとき，物体は投げ上げてから何秒後にどのぐらいの速度で地面にぶつかるかを求めよ．

3.8 基礎 投げ上げ運動

鉛直上方に投げたボールを，2.0 s 後に自分で捕球した．

(1) ボールの初速度を求めよ．

(2) 投げた地点からボールが達した最高点の高さを求めよ．

3.9 基礎 放物運動

地表から初速度 40 m/s，水平面からの角度 30° で物体を打ち出した．

(1) 初速度の x 成分および y 成分を求めよ．

(2) 1.0 s 後の速度と位置の x 成分および y 成分を求めよ．

(3) 最高点に達するまでの時間を求めよ.
(4) 最高点の高さを求めよ.
(5) 落下地点までの距離（水平到達距離）を求めよ.

3.10 基礎 屋上から打ち出された物体

高さ 10 m のビルの屋上から，初速度 20 m/s，水平面からの角度 60°で物体を打ち出した.
(1) 初速度の x 成分および y 成分を求めよ.
(2) 1.0 s 後の速度と位置の x 成分および y 成分を求めよ.
(3) 最高点に達するまでの時間を求めよ.
(4) 最高点の高さを求めよ.
(5) 落下地点までの距離を求めよ.

3.11 基礎 水平に打ち出された物体

高さ 10 m のビルの屋上から，初速度 10 m/s で水平に物体を打ち出した.
(1) 地面に達するまでの時間を求めよ.
(2) 落下地点までの距離を求めよ.
(3) 地面に達する直前の速さを求めよ.

3.12 基礎 放物運動の軌道

初速度 v_0，角度 θ で打ち出された物体が放物線を描く（$y=Ax^2+Bx$ の形の式で表される）ことを示せ.

3.13 基礎 弾丸の初速度

モデルガンから発射される弾丸の初速度を測定する．銃口を水平に向け，銃口から x 離れた鉛直な壁に向けて弾丸を発射した．弾丸は銃口の高さの下方 y の位置で壁に当たった.
(1) 弾丸が空中を飛んでいるときの位置が $y=Ax^2$ の形の式で与えられることを示せ.
(2) $x=5.0$ m，$y=0.35$ m であるとき，弾丸の初速度を求めよ.

3.14 基礎 終速度

次の場合の終速度を求めよ.
(1) 速度に比例する抵抗力がはたらく場合
(2) 速度の 2 乗に比例する抵抗力がはたらく場合

3.15 発展 抵抗力

質量 0.5 kg の物体が落下するとき，
(1) 速度に比例する抵抗力がはたらく場合
(2) 速度の 2 乗に比例する抵抗力がはたらく場合
のそれぞれについて，比例定数を 0.25 として，0.50 s 後の速さを計算せよ.

3.16 発展 抵抗力

質量 m の物体が落下するとき，
(1) 速度に比例する抵抗力がはたらく場合
(2) 速度の 2 乗に比例する抵抗力がはたらく場合
のそれぞれについて，比例定数を b として，任意の時刻 t での物体の位置 x を求めよ．ただし，$t=0$ で $x=0$ とし，鉛直下方を正とする.

3.17 発展 終速度

自由落下している物体に，速度の n 乗に比例する空気抵抗 mbv^n がはたらく場合の終速度を求めよ．ただし，重力加速度の大きさを g とし，物体の質量は m とする.

3.18 発展 2 物体の衝突

2 つの物体 A と物体 B がある．物体 A を真上に v_0 の速さで投げてから T 秒後に，物体 B を物体 A と同じ v_0 の速さで正確に真上に投げた.
(1) 物体 B を投げてから 2 物体が衝突するまでの時間を求めよ.
(2) 衝突点の高さを求めよ.

3.19 基礎 斜面への落下

水平面と角度 θ をなす斜面の上端から水平に初速度 v_0 で物体を投げたところ，斜面下方へ距

離 d のところに落下した．ただし，物体を投げ出した位置を原点とする．

(1) t 秒後の物体の x 座標を求めよ．

(2) t 秒後の物体の y 座標を求めよ．

(3) 落下点までの距離 d を求めよ．

(4) 落下点の x，y 座標をそれぞれ求めよ．

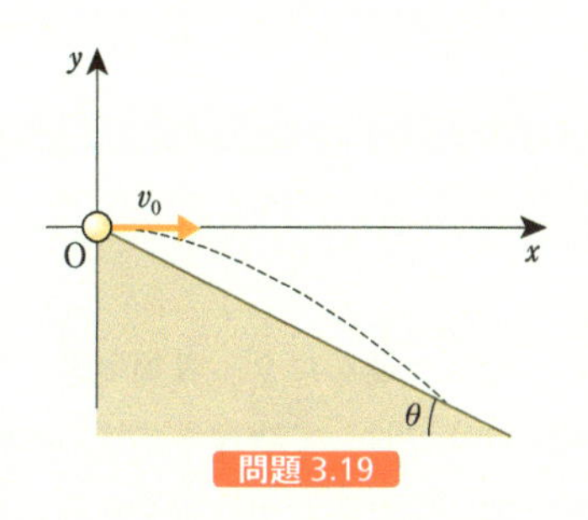

問題 3.19

3.20 発展 壁面への衝突

速さ v_0，角度 θ で壁に向かって投げたボールが，壁に同じく θ の角度で衝突した．壁は地面と垂直に立っている．ただし，鉛直上方を正とする．

(1) 衝突するまでの時間を求めよ．

(2) 投げた点から壁までの距離を求めよ．

(3) 衝突点の高さを求めよ．

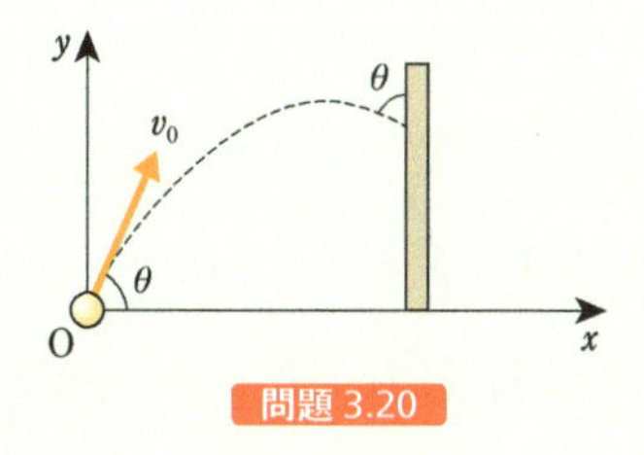

問題 3.20

3.21 発展 2 物体の衝突

点Pの真上の高さ h にある物体Aをめがけて，原点Oから初速度 v_0，角度 θ で物体Bを発射する．物体Aは物体Bが発射されると同時に自由落下を始めた．

(1) 物体Bが点Qに達するまでの時間を求めよ．

(2) (1)の時間の物体Bの高さを求めよ．

(3) (1)の時間の物体Aの高さを求めよ．

(4) (2)(3)の結果から，2つの物体が衝突することを示せ．

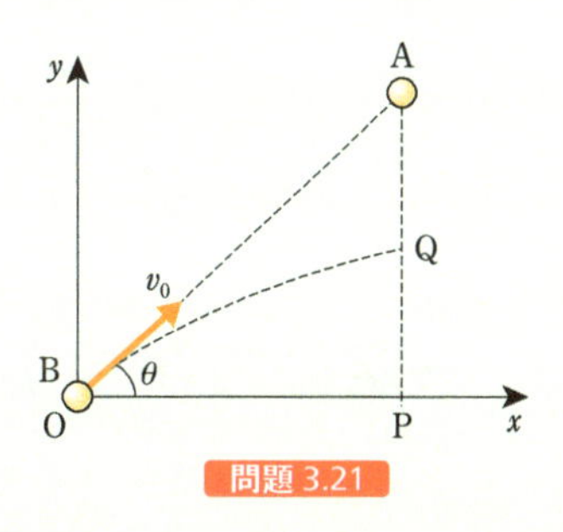

問題 3.21

3.22 発展 壁を越えて投げるには

同じ高さ h の2つの薄い壁AとBが距離 a だけ離れ地面から垂直に立っている．壁Aから距離 l 離れたところから壁に向かって物体を投げた．

(1) 壁Aの上端が物体の描く放物線の最高点となるようにしたい．投げる角度と速さを求めよ．

(2) 物体を投げる角度を固定した場合，壁Aと壁Bの間に物体を入れるためには，投げる速さをどのようにすればよいか．

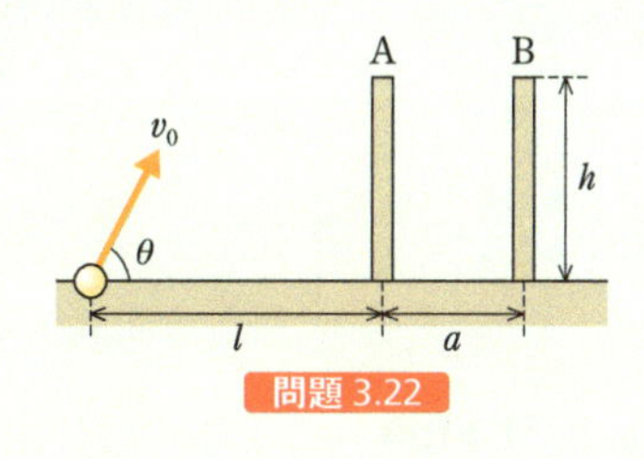

問題 3.22

第4章 仕事とエネルギー

§ 4.1 一定の力がする仕事

❶ 仕事

日常生活で「仕事」というと，荷物を運んだり，書類を書いたり，接客したりと，実にさまざまである．これに対して物理学では，どのくらいの力を加えて，どのくらいの距離を動かしたのかで仕事を定義する．

一定の力が物体にはたらいているとしよう．このとき，変位の向きと力の向きが一致している場合の仕事 W は単純に

$$W=Fx \tag{4.1}$$

と定義される（図 4.1）．ここで，Fは物体にはたらく力の大きさであり，xはその力の向きに物体が動いた距離である．仕事の単位は「力 × 距離」の単位，すなわち $\mathrm{J=N{\cdot}m=kg{\cdot}m^2/s^2}$ となる．このJはジュールと読む[*1]．

図 4.2 のように，水平面と θ をなす向きに一定の力 $\vec{F}$ を加えて，$\vec{x}$ だけ変位させるときは，変位に直接寄与する力は変位方向の成分 $F\cos\theta$ となる．そこで，**仕事** W を「変位方向の力の成分×変位の大きさ」，

$$W=Fx\cos\theta \tag{4.2}$$

と定義する．仕事は**スカラー積**（内積）を用いて

$$W=\vec{F}\cdot\vec{x}=|\vec{F}||\vec{x}|\cos\theta \tag{4.3}$$

と表すこともできる[*2]．

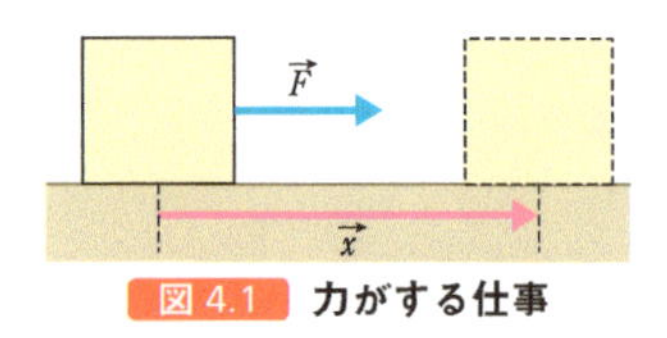

図 4.1 力がする仕事

*1 ジェームズ・プレスコット・ジュール（James Prescott Joule，1818～1889）イギリスの物理学者．1840 年に電流と熱の関係を示すジュールの法則を発見した．1845 年に空気を断熱圧縮して熱の仕事当量を求める有名なジュールの実験をおこない，その後 30 年間にわたり仕事当量の精密測定を続けた．

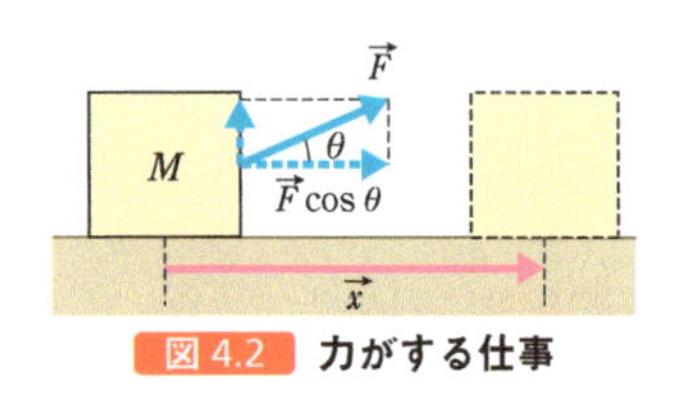

図 4.2 力がする仕事

*2 $\vec{F}\cdot\vec{x}$は「ベクトルFドットベクトルx」と読む．

❷ 摩擦力がする仕事

摩擦力 $\vec{f}$ はつねに変位の向きと反対向きにはたらくから，$\cos 180°=-1$ より**摩擦力がする仕事**は $W_f=-fx$ となる（図 4.3）．摩擦力が変位を妨げる力であることからも，摩擦力がする仕事がつねに負であることを理解できる．

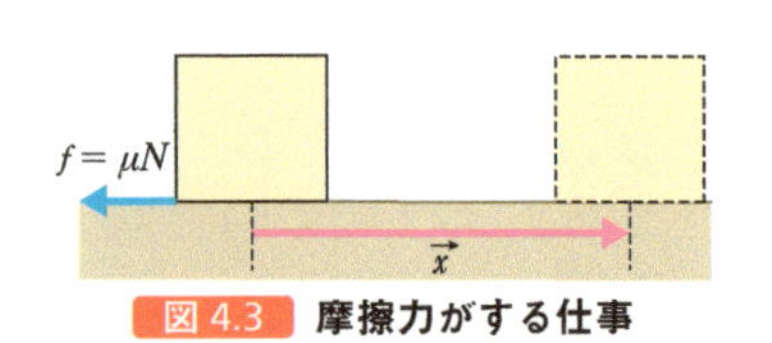

図 4.3 摩擦力がする仕事

❸ 重力がする仕事

重力に逆らって物体を鉛直方向に持ち上げる場合，重力 $m\vec{g}$ は変位の向

きと反対向きにはたらくから，$\cos 180° = -1$ より，**重力がする仕事**は $W_g = -mgx$ である（図 4.4）．

複数の力がはたらいている場合は，それぞれの力がした仕事を足し合わせればよい．このとき，負の仕事（摩擦力がした仕事など）が含まれる場合もある．

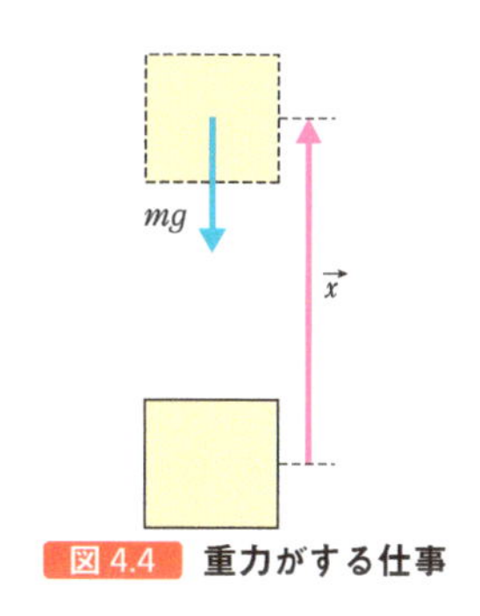

図 4.4　重力がする仕事

❹ 仕事率

同じ仕事でもゆっくり実行するのと，すばやく実行するのでは，仕事の能率はまったく異なる．そこで，仕事の能率を比較するために単位時間あたりにする仕事の量を考え，**仕事率**とよぶ．同じ量の仕事でも，仕事率が大きいほど能率よく短時間に実行できる．仕事率 P は，t 秒間に W ジュールの仕事をするとき，

$$P = \frac{W}{t} \tag{4.4}$$

で定義される．仕事率の単位は W（**ワット**）* である．1 秒間に 1 ジュールの仕事をする機械の仕事率が 1 ワットとなる．ただし，実際には 1 ワットは小さいので，1 キロワット（1 kW）を単位にとることも多い．

* ジェームズ・ワット（James Watt, 1736～1819）　スコットランドの発明家．1763 年，グラスゴー大学のニューコメン機関の修理をする機会を得た．これがワットの蒸気機関の誕生のきっかけとなった．ワットの蒸気機関はイギリスの産業革命を支える一大原動力となった．

解いてみよう!
4.1 ～ 4.7

§ 4.2　変化する力がする仕事

物体にはたらいている力が一定の場合の仕事は，単純に力と距離の積をとればよかった．これに対して，物体の位置とともにはたらいている力が変化する場合は，それぞれの位置でなされた仕事をすべて足し合わせなければならない．

これを考えるために，力が一定の場合を復習しておこう．x 方向にはたらく力 F_x は物体の位置によらず一定であるから，図 4.5 では x 軸と平行な直線となる．このとき仕事は $W = F_x x$ であり，図 4.5 の長方形の面積に等しい．すなわち，仕事は F-x グラフの面積に等しい．

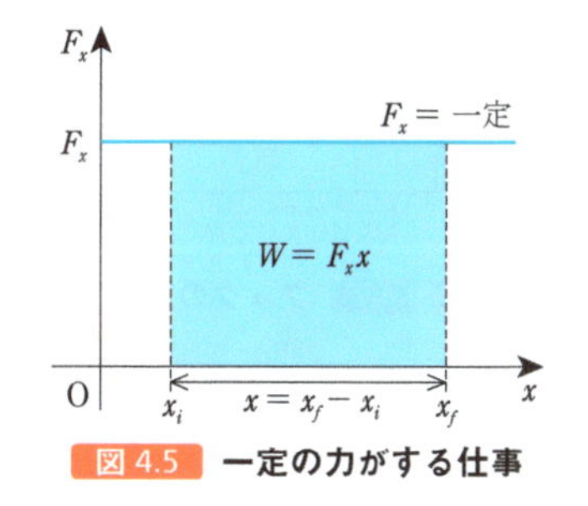

図 4.5　一定の力がする仕事

このことを念頭に，位置 x とともに力 F_x が図 4.6 のように変化する場合を考える．小さな変位 Δx の間に力 F_x がする仕事 ΔW は図 4.6 中の長方形の面積 $\Delta W = F_x \Delta x$ に等しい．x_i から x_f までの間の全仕事は，長方形の面積を足し合わせればよいから，和の記号 Σ を用いて

$$W \approx \sum F_x \Delta x \tag{4.5}$$

となる．変位 Δx を限りなく小さく（$\Delta x \to 0$）した $W = \lim_{\Delta x \to 0} \sum F_x \Delta x$ が全仕事となる．これは積分の定義にほかならない．よって，変化する力がする仕事は

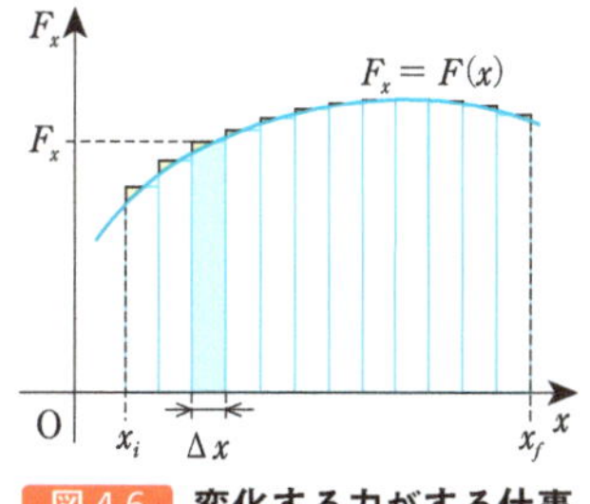

図 4.6　変化する力がする仕事

4.13

$$W = \int_{x_i}^{x_f} F_x \mathrm{d}x \tag{4.6}$$

となる．

§ 4.3 ばねがする仕事

変化する力の例として，**ばねの力**を考える．ばねの力は次の**フックの法則**にしたがう*．

$$F_x = -kx \tag{4.7}$$

ここで，x は「ばねが伸ばされたり縮められたりしていない自然な長さ（自然長：$x=0$）からどれだけ伸ばされているか（もしくは縮められているか）を表す量（変位）」である．また，k は**ばね定数**とよばれる定数であり，単位は [N/m] である．マイナスの符号は，ばねの力が変位とつねに反対向きであることを示している．

ばねを伸ばしたり縮めたりすると自然長に戻そうとする向きに力がはたらく（図 4.7）．このように，物体が元の形状に戻ろうとする性質のことを**弾性**という．このことから，ばねの力はしばしば**弾性力**（**復元力**）とよばれる．

ばねがする仕事は，ばねの力 $F_x = -kx$ を積分すればよいから

$$W = \int_{x_i}^{x_f} F_x \mathrm{d}x = \int_{x_i}^{x_f} (-kx)\mathrm{d}x = \left[-\frac{1}{2}kx^2\right]_{x_i}^{x_f} = \frac{1}{2}kx_i^2 - \frac{1}{2}kx_f^2 \tag{4.8}$$

となる．この仕事は，$F_x = -kx$ のグラフからも求めることができる．たとえば，x_i および x_f が図 4.8 のような場合には，$\frac{1}{2}kx_i^2$ および $\frac{1}{2}kx_f^2$ はそれぞれ三角形の面積を表し，仕事 W は青色をつけた部分の面積となる．

* ロバート・フック（Robert Hooke, 1635〜1703）イギリスの物理学者・天文学者．1679 年に発表したフックの法則が有名だが，自作の顕微鏡でコルク内部の空室を発見し，化石が動植物の死骸であることも提唱している．

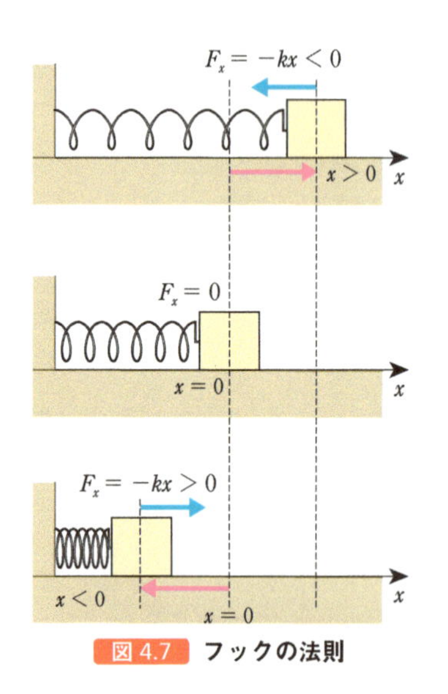

図 4.7　フックの法則

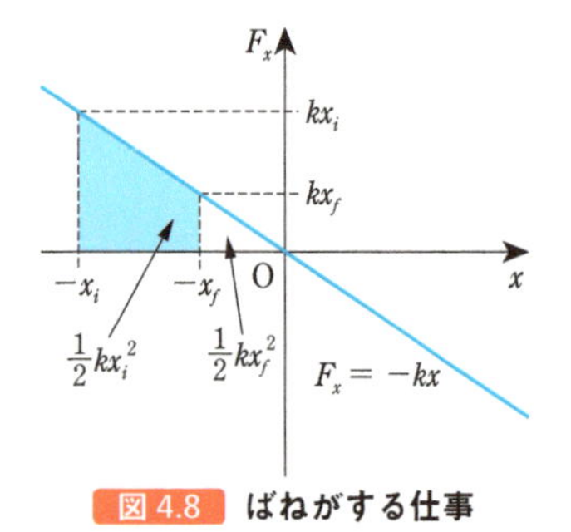

図 4.8　ばねがする仕事

解いてみよう!
4.8 〜 4.12

§ 4.4 運動エネルギー

❶ 仕事・エネルギー定理（力が一定の場合）

質量 m の物体に一定の力 F_x がはたらく場合を考えよう．運動方程式 $F_x=ma_x$ より，この物体は等加速度運動をする．力 F_x によって物体が x だけ変位したとすると，F_x がした仕事は

$$W=F_x x=ma_x x \tag{4.9}$$

となる．この物体の運動は等加速度運動であるから，時刻 $t_i=0$ に速さ v_i であった物体が時刻 $t_f=t$ に速さ v_f になったとすると，運動学的方程式より，

$$x=\frac{1}{2}(v_i+v_f)t, \quad a_x=\frac{v_f-v_i}{t-0} \tag{4.10}$$

となり，F_x がした仕事は

$$W=m\left(\frac{v_f-v_i}{t}\right)\times\frac{1}{2}(v_i+v_f)t=\frac{1}{2}mv_f^2-\frac{1}{2}mv_i^2 \tag{4.11}$$

となる．ここで，**運動エネルギー** K を

$$K=\frac{1}{2}mv^2 \tag{4.12}$$

と定義し，物体が最初にもっている運動エネルギーを $K_i=\frac{1}{2}mv_i^2$，最後にもっている運動エネルギーを $K_f=\frac{1}{2}mv_f^2$ とすると，力がした仕事は

$$W=K_f-K_i=\Delta K \tag{4.13}$$

となり，仕事は運動エネルギーの変化に等しいことがわかる．これを**仕事・エネルギー定理**とよぶ．運動エネルギーはスカラー量であり，単位は仕事と同じ J である．このことは，$\mathrm{J}=\mathrm{N\cdot m}=\mathrm{kg\cdot(m/s)^2}$ と書けば，(仕事)＝(質量)×(速さ)^2＝(エネルギー) となっていることからもわかる．

❷ 仕事・エネルギー定理（力が変化する場合）

質量 m の物体に変化する力 F_x がはたらく場合も運動方程式は $F_x=ma_x$ であるが，当然，等加速度運動ではない．この場合でも F_x がした仕事は

$$W=\int_{x_i}^{x_f}F_x\mathrm{d}x=\int_{x_i}^{x_f}ma_x\mathrm{d}x \tag{4.14}$$

となる．ここで，$\mathrm{d}x=v\mathrm{d}t$，$a_x=\frac{\mathrm{d}v}{\mathrm{d}t}$ の関係を用いると，

$$W=\int_{t_i}^{t_f}m\frac{\mathrm{d}v}{\mathrm{d}t}v\mathrm{d}t \tag{4.15}$$

となり，さらに，$\frac{\mathrm{d}v^2}{\mathrm{d}t}=\frac{\mathrm{d}v^2}{\mathrm{d}v}\frac{\mathrm{d}v}{\mathrm{d}t}=2v\frac{\mathrm{d}v}{\mathrm{d}t}$ を用いると

$$W=\frac{1}{2}m\int_{t_i}^{t_f}\frac{\mathrm{d}v^2}{\mathrm{d}t}\mathrm{d}t=\frac{1}{2}m[v^2]_{v_i}^{v_f}=\frac{1}{2}mv_f{}^2-\frac{1}{2}mv_i^2 \quad (4.16)$$

を得る．これは一定の力がはたらく場合の仕事・エネルギー定理と同じである．

結局，物体にはたらく力が一定であるか変化するかにかかわらず，力がした仕事は運動エネルギーの変化に等しく

$$W=\frac{1}{2}mv_f{}^2-\frac{1}{2}mv_i^2=K_f-K_i=\Delta K \quad (4.17)$$

が成立する．

§ 4.5　保存力と非保存力

運動エネルギーは，物体にはたらく力がどのような種類の力であっても定義できた．これに対して，これから紹介する**ポテンシャルエネルギー**は，物体にはたらく力が保存力と呼ばれる種類の力である場合にのみ定義できる．まず，保存力とは何かを学んでおこう．

物体が鉛直に自由落下する場合と，摩擦のない滑らかな斜面に沿って落下する場合の重力による仕事は，ともに mgh となり等しい（図 4.9）．すなわち，重力による仕事は，運動の経路が異なっていても等しい．このように仕事が経路によらない力のことを**保存力**という．重力，万有引力，ばねの復元力，静電気力などが保存力の例である．

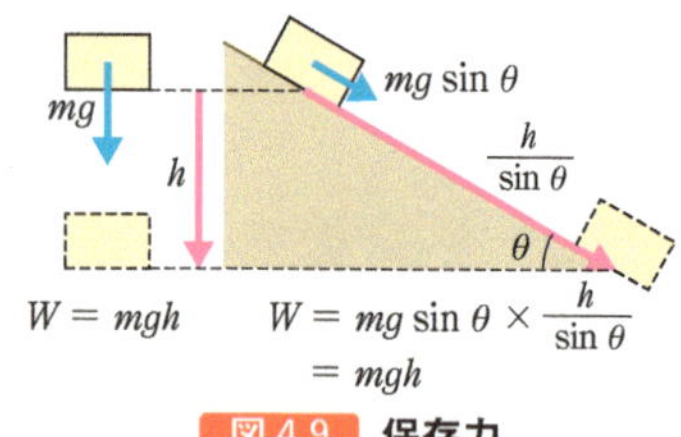

図 4.9　保存力

一方，机の上に置かれた物体を移動するときの摩擦力がする仕事は，物体をどのように動かすか（物体を動かす経路）によって異なる（図 4.10）．このように，経路によってその仕事が異なるような力を**非保存力**という．摩擦力や空気抵抗などの抵抗力が非保存力の例である．

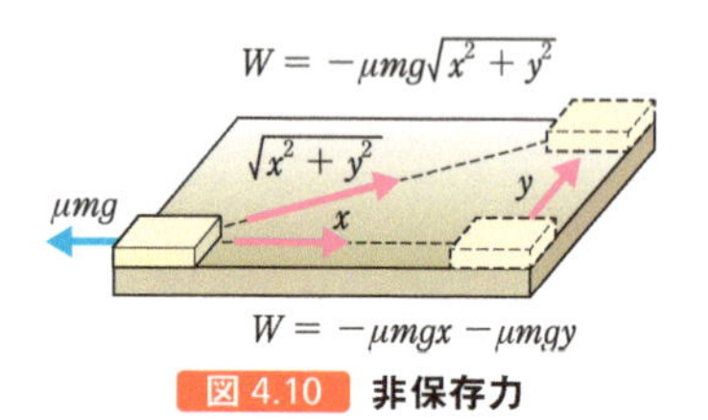

図 4.10　非保存力

§ 4.6 ポテンシャルエネルギー

❶ ポテンシャルエネルギー

保存力がはたらいている物体は，はじめの位置のみで決まるポテンシャルエネルギーU_iと，終わりの位置のみで決まるポテンシャルエネルギーU_fをもっており，その差が保存力による仕事Wに等しくなると定義する．

$$W=U_i-U_f=-\Delta U \tag{4.18}$$

ポテンシャルエネルギーを消費して仕事がなされる．言い換えれば，ポテンシャルエネルギーの減少分が仕事に等しい．非保存力については，仕事が途中の経路によるためポテンシャルを定義することはできない．

❷ 地表付近の重力のポテンシャルエネルギー

重力によるポテンシャルエネルギーを具体的に考えよう．地面を座標の原点とし，y軸を鉛直上方にとる．質量mの物体を高さ0（地面）からhまで持ち上げるときに重力がした仕事は，$F=-mg$より

$$W=-mgh \tag{4.19}$$

である．物体のはじめの位置（地面）で決まるポテンシャルエネルギーをU_i，終わりの位置（高さh）で決まるポテンシャルエネルギーをU_fとすると，

$$W=U_i-U_f=-\Delta U=-mgh \tag{4.20}$$

となる．

基準点を地上に設けて$U_i=0$とすると，$U_i-U_f=0-U_f=-mgh$より，地上から高さhにある質量mの物体がもつ**重力のポテンシャルエネルギー**U_gは

$$U_g=mgh \tag{4.21}$$

となる（U_fをU_gと書いた）．

なお，座標原点（ポテンシャルエネルギーの基準点）を地上ではなく，空中や井戸の底など，どこにセットしてもよい．なぜなら，ポテンシャルエネルギーの差だけが問題となるからである（図 4.11）．

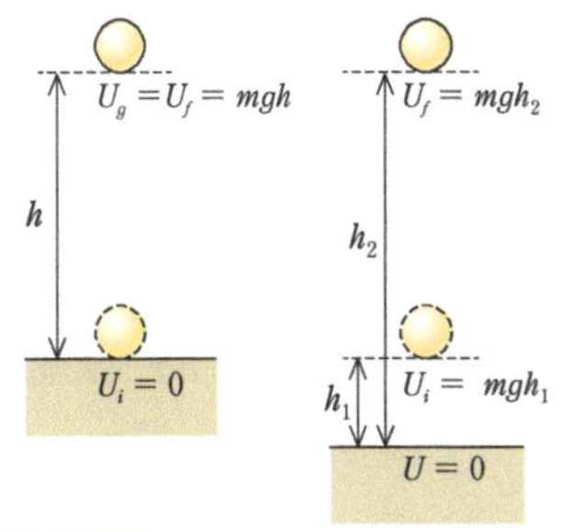

図 4.11 ポテンシャルエネルギーの基準

❸ ばねのポテンシャルエネルギー

ばねの復元力（元の長さに戻ろうとする力）も保存力であるので，ポテンシャルエネルギーを考えることができる．ばね定数をkとすると，自然長からxだけ伸びている（または縮んでいる）ばねの力はフックの法則よ

り $F=-kx$ である．したがって，伸びたばねが元に戻るときに弾性力がする仕事は

$$W=\int_x^0(-kx)\,\mathrm{d}x=\frac{1}{2}kx^2 \tag{4.22}$$

となる．この仕事がポテンシャルエネルギーの差に等しいので，自然長のときのポテンシャルエネルギーを基準にとって0とすれば，自然長から x だけ伸びている**ばねのポテンシャルエネルギー**（**ばねの弾性エネルギー**）は

$$U_s=\frac{1}{2}kx^2 \tag{4.23}$$

となる．

解いてみよう！
4.21 ～ 4.23

§ 4.7 保存力とポテンシャルエネルギーの関係

保存力とポテンシャルエネルギーの数学的関係を紹介しておこう．保存力 F_x により物体が $\mathrm{d}x$ 変位したとすると，この間に保存力 F_x がした仕事 $\mathrm{d}W$ は

$$\mathrm{d}W=F_x\mathrm{d}x \tag{4.24}$$

である．一方，保存力がした仕事はポテンシャルエネルギーの減少分に等しいから

$$\mathrm{d}W=F_x\mathrm{d}x=-\mathrm{d}U \tag{4.25}$$

とも書ける．したがって，保存力とポテンシャルエネルギーとの間の重要な関係式

$$F_x=-\frac{\mathrm{d}U}{\mathrm{d}x} \tag{4.26}$$

が導かれる．この関係を用いると，系*のポテンシャルエネルギーがわかっている場合，そのポテンシャルを微分することによって，系にはたらいている保存力を求めることができる．また，この関係はポテンシャルエネルギーに定数を加えたり減じたりしても変わらない（定数の微分は0である）．これは，ポテンシャルエネルギーの基準をどこにとってもよいことを示している．

* 自然科学では，解析を単純化するために，考察の対象を他の部分から切り離して考える．この切り離された部分を系という．たとえば太陽系内の惑星の運動を考えるときには，宇宙全体のことは考えず，宇宙から切り離された太陽周辺を系として扱う．

§ 4.8 力学的エネルギー保存則

❶ 力学的エネルギー保存則

運動している物体の運動エネルギーの差 $\Delta K=K_f-K_i$ は仕事に等しかった．一方，この物体にはたらいている力が保存力ならば，その仕事はポテンシャルエネルギーの差 $-\Delta U=U_i-U_f$ にも等しい．よって運動エネルギーの差はポテンシャルエネルギーの減少分に等しく $K_f-K_i=U_i-U_f$ が成り立ち，これを変形すると

$$K_i+U_i=K_f+U_f \tag{4.27}$$

となる．運動エネルギーとポテンシャルエネルギーの和

$$E=K+U \tag{4.28}$$

を**力学的エネルギー**という．式(4.27)より物体がはじめにもっていた力学的エネルギー $E_i=K_i+U_i$ は最後にもっている力学的エネルギー $E_f=K_f+U_f$ に等しい．すなわち，物体にはたらく力が保存力ならば，力学的エネルギーは一定となって変化しない．これを**力学的エネルギー保存則**という．

❷ 落体の力学的エネルギー保存則

自由落下する質量 m の物体の高さ y での速さが v であったとき，この物体のもつ運動エネルギーは $K=\frac{1}{2}mv^2$ であり，重力ポテンシャルエネルギーは $U=mgy$ である．よって，落体の力学的エネルギーは $E=\frac{1}{2}mv^2+mgy$ である．この物体が高さ y_1 を速さ v_1 で通過したあと，高さ y_2 を速さ v_2 で通過したとすると力学的エネルギー保存則より

$$\frac{1}{2}mv_1{}^2+mgy_1=\frac{1}{2}mv_2{}^2+mgy_2 \tag{4.29}$$

が成り立つ（図 4.12）．

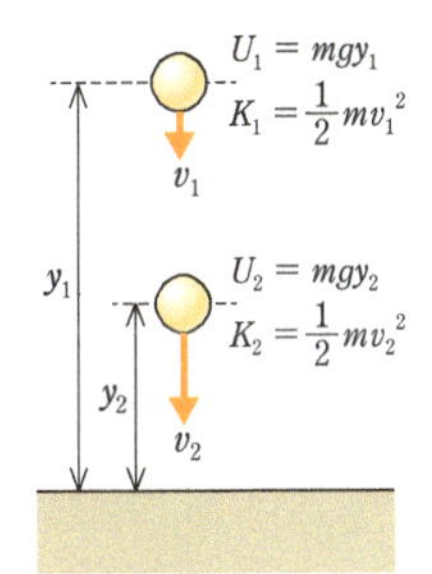

図 4.12 落体の力学的エネルギー保存則

❸ ばねにつながれた物体の力学的エネルギー保存則

質量 m の物体がばね定数 k のばねにつながれて運動している．ばねが自然長から x だけ伸びたときの物体の速さが v であるとき，物体のもつ運動エネルギーは $K=\frac{1}{2}mv^2$ であり，ばねのポテンシャルエネルギーは $U=\frac{1}{2}kx^2$ である．よって，物体の力学的エネルギーは $E=\frac{1}{2}mv^2+\frac{1}{2}kx^2$ である．ばねの伸びが x_1 のときの速さが v_1，ばねの伸びが x_2 のときの速さが v_2 である場合，力学的エネルギー保存則より

$$\frac{1}{2}mv_1{}^2+\frac{1}{2}kx_1{}^2=\frac{1}{2}mv_2{}^2+\frac{1}{2}kx_2{}^2 \tag{4.30}$$

が成り立つ．

§ 4.9 非保存力と力学的エネルギー

実際には，物体には保存力のほかに摩擦力のような非保存力がはたらき，力学的エネルギーが保存されないことも多い．このような場合でも，正味の仕事 $W_{(\text{正味})}$*は運動エネルギーの変化 ΔK に等しいから，非保存力がする仕事を $W_{(\text{非保存力})}$ と書き，保存力がする仕事を $W_{(\text{保存力})}$ と書くと

* 物体に複数の力がはたらいている場合，それぞれの力による仕事を足し合わせたものを正味の仕事という．

$$W_{(\text{正味})}=W_{(\text{非保存力})}+W_{(\text{保存力})}=\Delta K=K_f-K_i \tag{4.31}$$

が成り立つ．一方，保存力のする仕事 $W_{(\text{保存力})}$ はポテンシャルエネルギーの減少分に等しく $W_{(\text{保存力})}=-\Delta U=U_i-U_f$ であるから，式 (4.31) に代入して

$$W_{(\text{非保存力})}=(K_f+U_f)-(K_i+U_i) \tag{4.32}$$

を得る．式 (4.32) を，物体がはじめにもっている力学的エネルギー $E_i=K_i+U_i$ と，その後にもっている力学的エネルギー $E_f=K_f+U_f$ で書き直すと

$$W_{(\text{非保存力})}=E_f-E_i=\Delta E \tag{4.33}$$

となり，非保存力による仕事は力学的エネルギーの変化量に等しい．非保存力がはたらかない場合には力学的エネルギーが保存された．確かに非保存力がはたらかない（$W_{(\text{非保存力})}=0$）ときには $E_i=E_f$ となり，力学的エネルギーは保存される．

4.28

《 章 末 問 題 》

以下，特に断りがない場合は，重力加速度の大きさを $g=9.8\ \mathrm{m/s^2}$ とする．

4.1 基礎 一定の力がする仕事

滑らかな水平面上に置かれた物体を水平方向に 10 N の力で 2.0 m 移動させる．このとき，力がした仕事を求めよ．

4.2 基礎 一定の力がする仕事

滑らかな水平面上に置かれた物体を水平面と 30°をなす 10 N の力で 2.0 m 移動させる．このとき，力がした仕事を求めよ．

4.3 基礎 摩擦力がする仕事

動摩擦係数 0.50 の水平面上に置かれた質量 2.0 kg の物体を水平方向に 2.0 m 移動させる．このとき，摩擦力がした仕事を求めよ．

4.4 基礎 重力がする仕事

質量 2.0 kg の物体を 3.0 m 持ち上げる．このとき，重力がした仕事を求めよ．

4.5 基礎 正味の仕事

図の(a)(b)それぞれについて，次の問いに答えよ．ただし，$F=50$ N，$L=2.0$ cm，$\theta=30°$，$m=5.0$ kg，動摩擦係数を 0.50 とする．

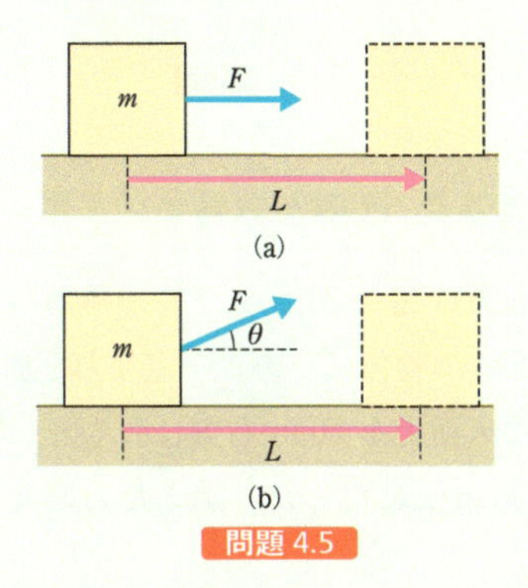

問題 4.5

(1) 力がした仕事を求めよ．

(2) 摩擦力がした仕事を求めよ．

(3) 正味の仕事を求めよ．

4.6 基礎 仕事とスカラー積

ある物体に力 $\vec{F}=3\vec{i}+4\vec{j}$ [N] を加えたところ，$\vec{x}=\vec{i}+2\vec{j}$ [m] だけ変位した．

(1) $\vec{F}$ がした仕事を求めよ．

(2) $\vec{F}$ と $\vec{x}$ のなす角を求めよ．

4.7 基礎 重力がする仕事

質量 $m=3.0$ kg の物体を水平面と $\theta=30°$をなす斜面に沿って，高さ $h=1.0$ m まで上げるとき，重力がした仕事を求めよ．

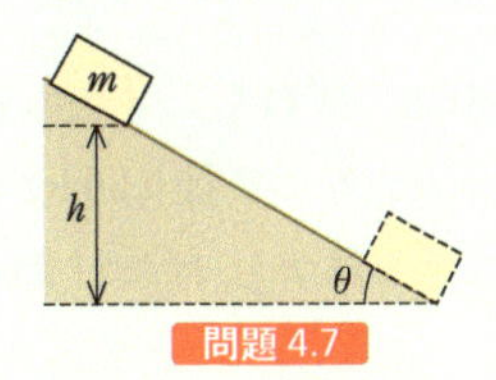

問題 4.7

4.8 基礎 ばねがする仕事

水平面上に置かれた物体が，ばね定数 $k=10$ N/m のばねにつながれている．ばねを 0.20 m 縮めて手を離すとき，自然長に戻るまでに，ばねがした仕事を求めよ．

4.9 基礎 ばねがする仕事

粗い水平面上に置かれた質量 1.0 kg の物体が，ばね定数 1000 N/m のばねにつながれている．ばねを 3.0 cm 縮めて手を離す．ただし，摩擦係数を 0.50 とする．

(1) 自然長に戻るまでに，ばねがした仕事を求めよ．

(2) この間に摩擦力がした仕事を求めよ．

(3) 正味の仕事を求めよ．

4.10 基礎 ばねがする仕事

滑らかな水平面上に置かれた物体が，ばね定数 100 N/m のばねにつながれている．ばねを自然長から 10.0 cm 伸ばして手を離す．手を離した地点から，ばねが 6.0 cm 縮む間に，ばねがした仕事を求めよ．

4.11 基礎 ばねがする仕事

滑らかな水平面上に置かれた物体が，ばね定数 80 N/m のばねにつながれている．ばねを自然長から 10.0 cm 伸ばして手を離す．物体が手を離した地点（位置）に戻るまでに，ばねがした仕事を求めよ．

4.12 基礎 つるされたばね

ばね定数が未知のばねを天井から鉛直につるす．このばねの先端に質量 0.50 kg の物体を取り付け静かに手を離すと，ばねが 2.0 cm 伸びて静止した．

(1) ばね定数を求めよ．

(2) 重力がした仕事を求めよ．

(3) ばねがした仕事を求めよ．

(4) 正味の仕事を求めよ．

4.13 基礎 変化する力がする仕事

ある物体が位置 x にあるときにはたらく力は $F(x)=2x^2-3$ である．物体が 1.0 m から 3.0 m まで移動する間に，力がした仕事を求めよ．

4.14 基礎 仕事・エネルギー定理

はじめ静止していた質量 3.0 kg の物体が速さ 4.0 m/s になった．この間になされた仕事を求めよ．

4.15 基礎 仕事・エネルギー定理

はじめ静止していた質量 4.0 kg の物体に 8.0 J の仕事をした．この物体の速さを求めよ．

4.16 基礎 仕事と運動エネルギー

はじめ静止していた質量 $m=3.0$ kg の物体に一定の力 $F=100$ N を加えて，水平な床面上を $L=80$ cm 右方に引いた．ただし，摩擦係数は 0.50 とする．

(1) 正味の仕事を求めよ．

(2) 物体が $L=80$ cm 移動したときの速さを求めよ．

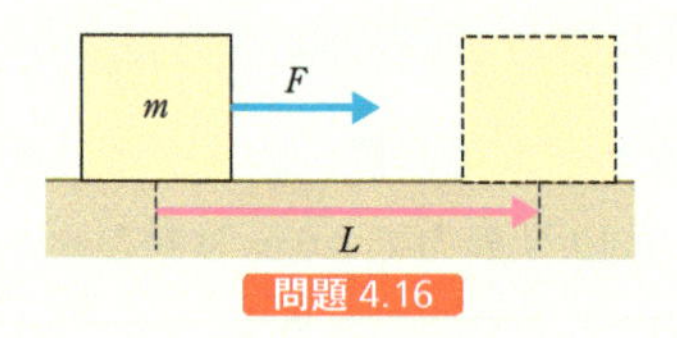

問題 4.16

4.17 基礎 仕事と運動エネルギー

はじめ右方に速さ 10 m/s で等速運動していた質量 $m=2.0$ kg の物体に，水平面と $\theta=30°$ をなす力 $F=150$ N を加えて，滑らかな水平な床面上を $L=50$ cm 右方に引いた．

(1) F がした仕事を求めよ．

(2) 物体がはじめにもっていた運動エネルギーを求めよ．

(3) 物体が $L=50$ cm 移動したときの速さを求めよ．

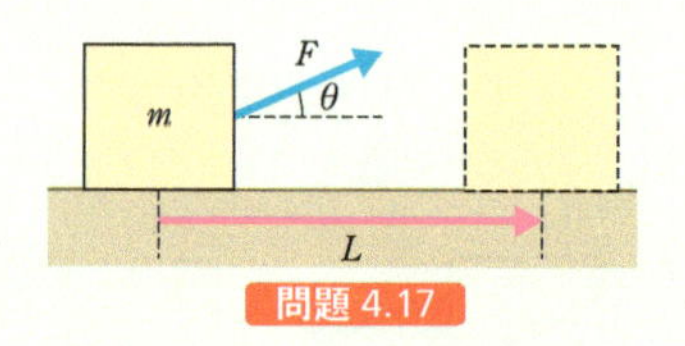

問題 4.17

4.18 基礎 仕事と運動エネルギー

はじめ右方に速さ 20 m/s で等速運動していた質量 5.0 kg の物体に，ある一定な力を加えて，滑らかな床面上を 50 m 右方に引くと，物体の速さは 30 m/s になった．加えた力の大きさを求めよ．

4.19 基礎　仕事と運動エネルギー：ばねの仕事

滑らかな水平面上に置かれた質量 2.0 kg の物体が，ばね定数 1000 N/m のばねにつながれている．ばねを 5.0 cm 縮めて手を離す．

(1) 自然長に戻るまでに，ばねがした仕事を求めよ．

(2) 自然長に戻ったときの物体の速さを求めよ．

4.20 基礎　仕事と運動エネルギー：ばねの仕事

粗い水平面上に置かれた質量 1.0 kg の物体が，ばね定数 1000 N/m のばねにつながれている．ばねを 3.0 cm 伸ばして手を離す．自然長に戻ったときの物体の速さを求めよ．ただし，摩擦係数を 0.50 とする．

4.21 基礎　仕事と重力ポテンシャルエネルギー

質量 10.0 kg の物体がある．地面を基準点として次の問いに答えよ．ここで重力加速度の大きさを $g=9.80\ \mathrm{m/s^2}$ とする．

(1) 地上 10.0 m の地点にあるときの重力ポテンシャルエネルギーを求めよ．

(2) 地下 20.0 m の地点にあるときの重力ポテンシャルエネルギーを求めよ．

(3) 地上 20.0 m の地点から地下 10.0 m の地点まで落下する間に重力がした仕事を求めよ．

(4) 高さが 100 倍になれば，重力ポテンシャルエネルギーは何倍になるかを答えよ．

4.22 基礎　仕事とばねのポテンシャルエネルギー

ばね定数 30.0 N/m のばねが摩擦のない水平面上に置かれている．

(1) 自然長から 50.0 cm 伸ばしたときのばねのポテンシャルエネルギーを求めよ．

(2) 自然長から 20.0 cm 縮めたときのばねのポテンシャルエネルギーを求めよ．

(3) ばねを 50.0 cm 伸ばして手を離した．ばねは一度自然長に戻ったあと，今度は縮んだ．ばねが 50.0 cm 伸びた状態から 20.0 cm 縮むまでに弾性力がおこなった仕事を求めよ．

(4) 伸びが 2 倍になれば，ばねのポテンシャルエネルギーは何倍になるかを答えよ．

4.23 基礎　ポテンシャルエネルギーの基準

$L=2.0$ m のひもの先に質量 3.0 kg のおもりを取り付け，天井からつるす．その後，鉛直線となす角が $\theta=60°$ となるように持ち上げる．

(1) 天井を基準とするとき，点 A および点 B での重力ポテンシャルエネルギーを求めよ．

(2) 点 B を基準とするとき，点 A および点 B での重力ポテンシャルエネルギーを求めよ．

(3) 点 A を基準とするとき，点 A および点 B での重力ポテンシャルエネルギーを求めよ．

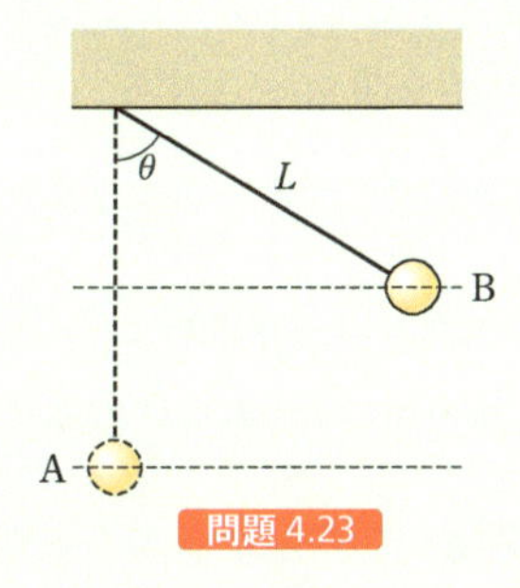

問題 4.23

4.24 発展　ポテンシャルエネルギー

水平面と $\theta=30°$ をなす摩擦のない斜面上に自然長が 30 cm，ばね定数 30 N/m のばねにつながれた質量 0.30 kg の物体を取り付ける．物体を静かに離すと，ばねが縮んで静止した．

(1) ばねが縮んだ長さを求めよ．

(2) 静止した位置でのばねのポテンシャルエネルギーを求めよ．

(3) 静止した位置での重力ポテンシャルエネルギーを求めよ．

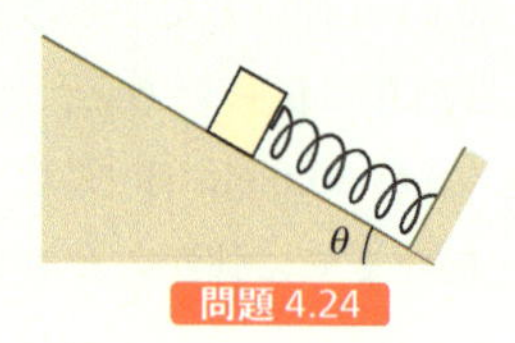

問題 4.24

4.25 発展 保存力とポテンシャルエネルギー

物体が次のようなポテンシャルエネルギーをもつとき，その物体にはたらく力を求めよ．ただし，m，g，k，a は定数であり，y，x，r は長さの次元をもつ量である．

(1) $U=mgy$　(2) $U=\frac{1}{2}kx^2$

(3) $U=-\frac{a}{r}$　(4) $U=\frac{a}{r}e^{-kr}$

4.26 基礎 力学的エネルギー保存則

質量 10.0 kg の物体が高さ 40.0 m の地点を速さ 20.0 m/s で落下している．ここで重力加速度の大きさを $g=9.80\ \mathrm{m/s^2}$ とする．

(1) 運動エネルギーを求めよ．
(2) 重力ポテンシャルエネルギーを求めよ．
(3) 力学的エネルギーを求めよ．
(4) 高さが 5.00 m になったときの速さを求めよ．

4.27 基礎 力学的エネルギー保存則

質量 1.00 kg の物体が一端を固定したばね定数 25.0 N/m のばねに取り付けられ，摩擦のない水平面上に置かれている．手で物体をもち，ばねが 10.0 cm 伸びた状態まで引っ張って手を止めた．

(1) このときのばねのポテンシャルエネルギーを求めよ．
(2) このときの物体の運動エネルギーを求めよ．
(3) このときの力学的エネルギーを求めよ．
(4) その後，物体から手を離した．ばねが自然長になったときの物体の速さを求めよ．

4.28 基礎 摩擦と力学的エネルギー保存則

水平面と角度 $\theta=30°$ をなす滑らかな斜面上の高さ $h=0.50$ m のところに質量 3.0 kg の物体を置き，その後手を離すと，物体は斜面に沿って滑り降りた．

(1) 物体が斜面下端に達したときの速さを，エネルギー保存則を用いて求めよ．
(2) 斜面に摩擦があるとき，物体が斜面下端に達したときの速さを求めよ．ただし，摩擦係数は 0.50 とする．

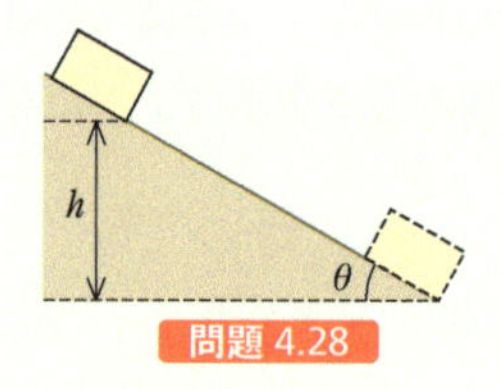

問題 4.28

4.29 発展 摩擦と力学的エネルギー保存則

滑らかな水平面上に一端を固定したばね定数 30 N/m のばねが置かれている．このばねに質量 1.0 kg の物体を左方から速度 $v=0.80$ m/s で衝突させた．

(1) ばねは最大どれだけ（何 cm）縮むかを求めよ．
(2) 水平面に摩擦があるとき，ばねは最大どれだけ（何 cm）縮むかを求めよ．ただし，摩擦係数は 0.50 とする．

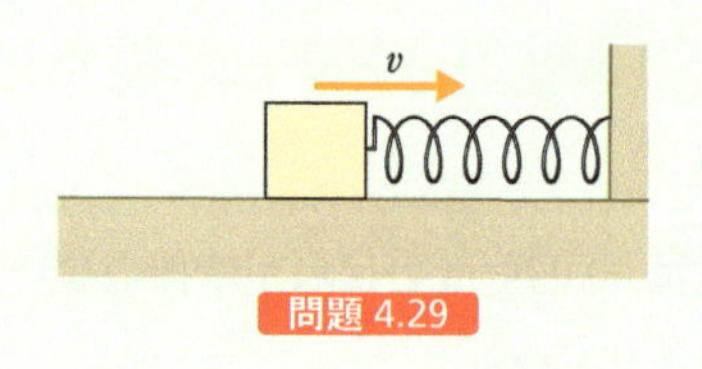

問題 4.29

4.30 発展 ばねによって打ち上げられる物体

鉛直に立てた筒の中に軽いばねを固定し，物体を鉛直上方に発射できる装置がある．ばねを自然長から x だけ縮めて，質量 m の物体を発射したところ，この物体は高さ h まで打ち上がった．ただし，空気抵抗および筒と小物体との間の摩擦は無視できる．

(1) 使用したばねのばね定数 k を求めよ．

(2) 自然長の位置を通過するときの物体の速さ v を求めよ．

(3) ばねを縮めた位置から物体を高さ $2h$ まで打ち上げるためには，ばねをどれだけ縮めればよいか．縮める長さ x' は x の何倍かを求めよ．

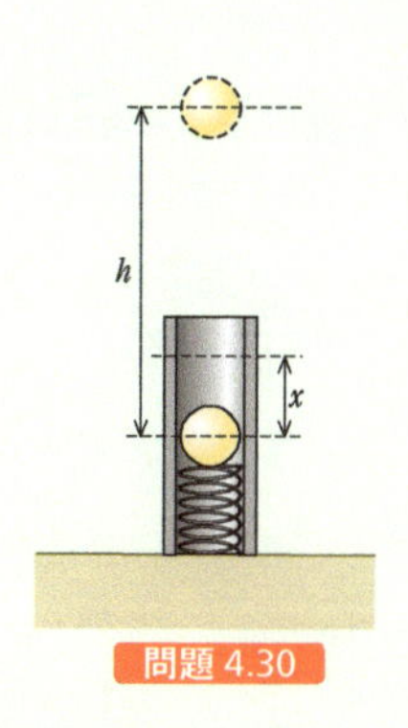

問題 4.30

4.31 発展 曲面から発射される物体

水平面 AB に曲面 BC が接続された発射台がある．曲面 BC は半径 r，中心角 θ の円弧であり，面 AB，BC はともに滑らかである．水平面からある初速度 v_0 で質量 m の物体を打ち出す．ただし，空気抵抗は無視できる．

(1) 点 C を越えて物体を空中に飛び出させるためには，初速度 v_0 をいくら以上にすればよいかを答えよ．

(2) (1) で求めた初速度の 4 倍の速さで物体を打ち出すとき，点 C での速さ v_C を求めよ．

(3) (1) で求めた初速度の 4 倍の速さで物体を打ち出すとき，最高点 D の高さ h_D を求めよ．

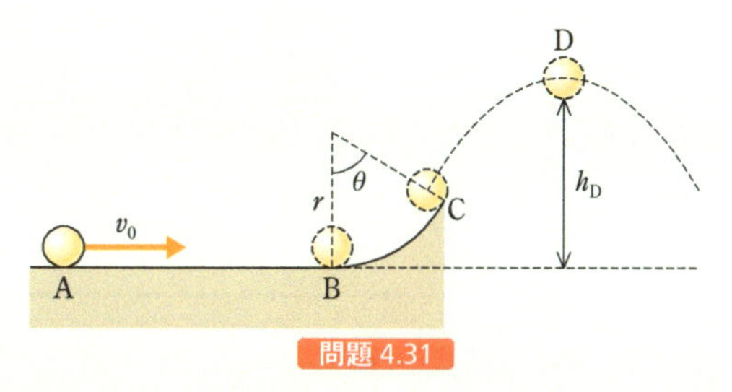

問題 4.31

第5章 運動量保存則

§5.1 運動量

速度$\vec{v}$で運動している質量mの物体があるとき，

$$\vec{p}=m\vec{v} \tag{5.1}$$

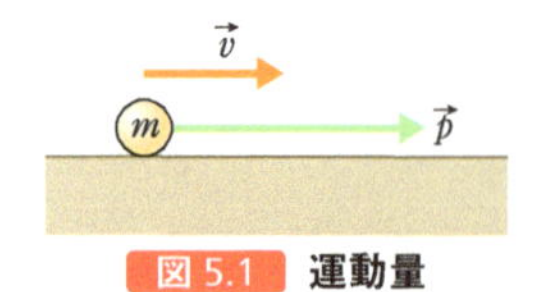

図5.1 運動量

をその物体の**運動量**という（図5.1）．質量が大きな物体や速く運動している物体ほど運動量は大きい．運動量の単位は「質量×速度」の単位，すなわちkg·m/sである．速度$\vec{v}$がベクトルであることから運動量$\vec{p}$もベクトルである．運動量$\vec{p}=(p_x, p_y, p_z)$の成分は，$p_x=mv_x$，$p_y=mv_y$，$p_z=mv_z$である．

質量mが定数であることに注意して運動量$\vec{p}=m\vec{v}$の両辺を時間で微分すると，

$$\frac{\mathrm{d}\vec{p}}{\mathrm{d}t}=\frac{\mathrm{d}(m\vec{v})}{\mathrm{d}t}=m\frac{\mathrm{d}\vec{v}}{\mathrm{d}t}=m\vec{a} \tag{5.2}$$

となる．右辺の$m\vec{a}$は力$\vec{F}$である．よって，ニュートンの運動方程式は運動量$\vec{p}$を使って

$$\vec{F}=\frac{\mathrm{d}\vec{p}}{\mathrm{d}t} \tag{5.3}$$

と表すこともできる．したがって，力がはたらいていない（$\vec{F}=0$）物体の運動量は変化せず一定（$\mathrm{d}\vec{p}/\mathrm{d}t=0$）である．逆に，ある物体の運動量が変化したとすると，その物体には力がはたらいている．

§5.2 運動量と力積

ある物体の運動量が$\vec{p}_i$から$\vec{p}_f$に変化したとしよう．このとき，必ず何らかの力$\vec{F}$がはたらいている．力と運動量の関係はニュートンの運動方程式で与えられているので，ニュートンの運動方程式を$\mathrm{d}\vec{p}=\vec{F}\mathrm{d}t$と変形して積分すると，

$$\int_{p_i}^{p_f}\mathrm{d}\vec{p}=\int_{t_i}^{t_f}\vec{F}\mathrm{d}t \tag{5.4}$$

となる．左辺は運動量の変化量$\Delta\vec{p}=\vec{p}_f-\vec{p}_i$を表している．一方，右辺の

$$\int_{t_i}^{t_f}\vec{F}\mathrm{d}t=\vec{I} \quad (5.5)$$

は，時間 $\Delta t=t_f-t_i$ での力 $\vec{F}$ の**力積**とよばれている（図 5.2）．したがって，運動量の変化は力積に等しい．

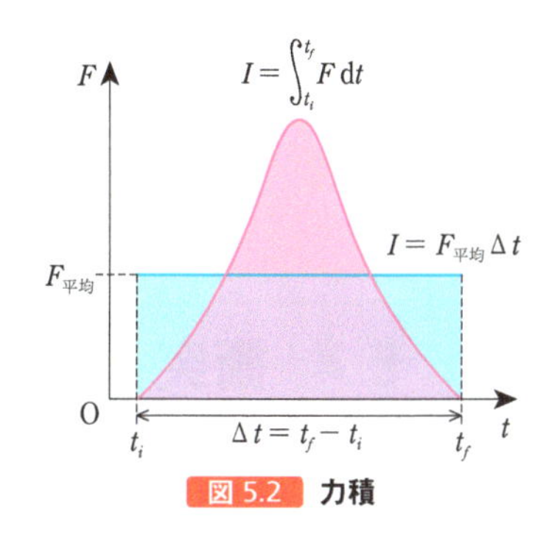

図 5.2 力積

一般に物体にはたらく力は時間とともに変化するが，平均の力 $\vec{F}_{平均}$（＝一定）がわかっている場合の力積は

$$\vec{I}=\int_{t_i}^{t_f}\vec{F}_{(平均)}\mathrm{d}t=\vec{F}_{(平均)}\int_{t_i}^{t_f}\mathrm{d}t=\vec{F}_{(平均)}(t_f-t_i)=\vec{F}_{(平均)}\Delta t \quad (5.6)$$

となり，運動量の変化 $\Delta\vec{p}$ と力積の関係は，次のように簡単に表せる．

$$\Delta\vec{p}=\vec{F}_{(平均)}\Delta t \quad (5.7)$$

式 (5.6) は，はたらく力が一定の場合（$\vec{F}_{(平均)}=\vec{F}_{(一定)}$）や，**撃力**の場合（$\vec{F}_{(平均)}=\vec{F}_{(撃力)}$）にも成り立つ．図 5.3 のように，撃力とは一瞬にはたらく大きな力のことであり，一瞬しか力がはたらかないので，近似的に力は一定と考えることができる（撃力近似）．たとえばボールをバットで打つとき，衝突時間は約 0.01 秒程度であり，この一瞬にはたらく力は数 1000 N となる．したがって，バットがボールにおよぼす力は撃力である．

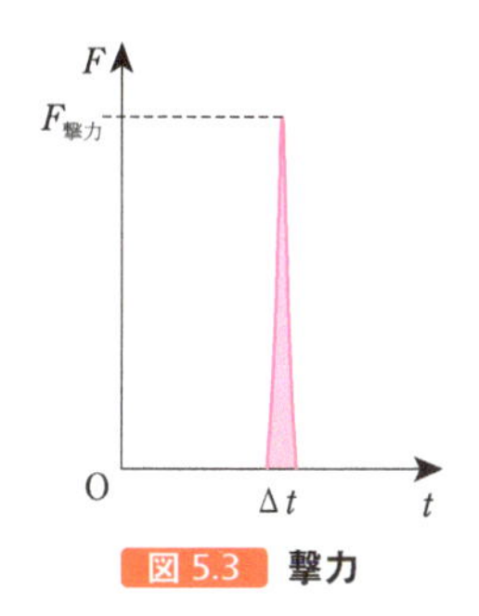

図 5.3 撃力

解いてみよう! 5.1 5.2

§ 5.3 運動量保存則

物体 1 と物体 2 がそれぞれ運動量 $\vec{p}_1$ と $\vec{p}_2$ で運動している場合を考えよう（図 5.4）．この 2 つの物体は互いに力を及し合っている（相互作用している）が他の力（外力）は受けていないとする．物体 1 は物体 2 から力 $\vec{F}_{12}$ を受け，物体 2 は物体 1 から力 $\vec{F}_{21}$ を受けているとすると，ニュートンの運動の第 2 法則より

$$\vec{F}_{12}=\frac{\mathrm{d}\vec{p}_1}{\mathrm{d}t},\quad \vec{F}_{21}=\frac{\mathrm{d}\vec{p}_2}{\mathrm{d}t} \quad (5.8)$$

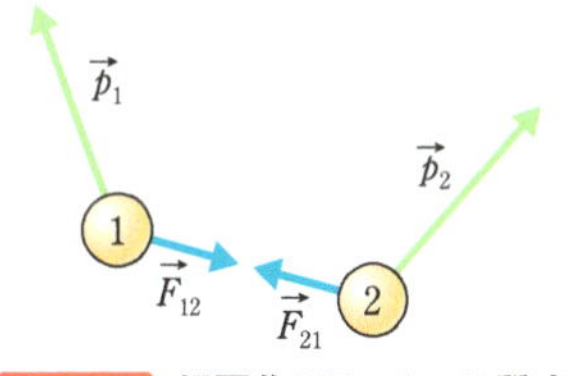

図 5.4 相互作用している質点

が成り立つ．さらに，運動の第 3 法則（作用・反作用の法則）により，これら 2 つの力は大きさが等しく向きが反対である（$\vec{F}_{12}=-\vec{F}_{21}$）．したがって

$$\vec{F}_{12}+\vec{F}_{21}=\frac{\mathrm{d}\vec{p}_1}{\mathrm{d}t}+\frac{\mathrm{d}\vec{p}_2}{\mathrm{d}t}=\frac{\mathrm{d}}{\mathrm{d}t}(\vec{p}_1+\vec{p}_2)=0 \quad (5.9)$$

となり，物体 1 と物体 2 がもっている運動量の和 $\vec{p}=\vec{p}_1+\vec{p}_2$ は時間が経っても変化せずに一定（$\mathrm{d}\vec{p}/\mathrm{d}t=0$）となる．このように外力がはたらかない系では運動量はつねに保存される．これを**運動量保存則**という．

運動量保存則をもう少しわかりやすい形で書いておこう．物体 1 と物体 2 の運動量がはじめにそれぞれ $\vec{p}_{1i}$ と $\vec{p}_{2i}$ であり，その後それぞれ $\vec{p}_{1f}$ と $\vec{p}_{2f}$ になったとする．このときの運動量保存則は解いてみよう!
5.3 〜 5.5

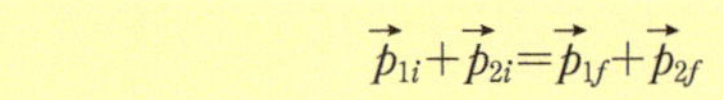

$$\vec{p}_{1i}+\vec{p}_{2i}=\vec{p}_{1f}+\vec{p}_{2f} \tag{5.10}$$

と書ける．

§ 5.4 衝突

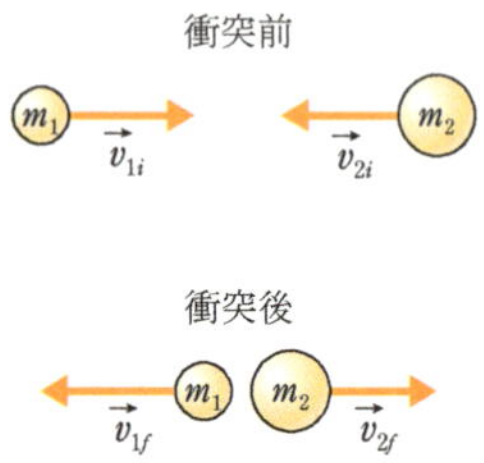

運動量保存則はあらゆる物理現象で成り立っている．たとえば，2つの物体が衝突するとき，衝突の前後で運動量の総和は変化しない（図 5.5）．一方，一般に運動エネルギーは衝突の前後で保存されない．これは，衝突に伴う物体の変形や熱などのエネルギーとして使われてしまうからである．衝突の前後での運動エネルギーの変化に応じて衝突は次の2種類に分類できる．

図 5.5　運動量保存則

弾性衝突：運動エネルギーが保存される（変化しない）衝突
非弾性衝突：運動エネルギーが保存されない（変化する）衝突

いずれの衝突においても運動量は保存されるから，物体の衝突を扱う際には運動量保存則が特に重要となる．

1次元の衝突を考えよう．直線に沿って初速度 $\vec{v}_{1i}$ および $\vec{v}_{2i}$ で運動する質量 m_1 と m_2 の2つの物体が正面衝突し，終速度 $\vec{v}_{1f}$ および $\vec{v}_{2f}$ になったとする．このとき，衝突前に物体がもっていた運動量はそれぞれ $\vec{p}_{1i}=m_1\vec{v}_{1i}$ と $\vec{p}_{2i}=m_2\vec{v}_{2i}$ であり，衝突後に物体がもっている運動量はそれぞれ $\vec{p}_{1f}=m_1\vec{v}_{1f}$ と $\vec{p}_{2f}=m_2\vec{v}_{2f}$ であるから，運動量保存則 $\vec{p}_{1i}+\vec{p}_{2i}=\vec{p}_{1f}+\vec{p}_{2f}$ より

$$m_1\vec{v}_{1i}+m_2\vec{v}_{2i}=m_1\vec{v}_{1f}+m_2\vec{v}_{2f} \tag{5.11}$$

の関係が成り立つ．

運動量 $\vec{p}$ や速度 $\vec{v}$ はベクトルである．しかし，直線上の衝突現象など，物体の運動方向が明らかな問題を扱うことも多い．運動方向が明らかな場合には，運動量保存則で用いる運動量 $\vec{p}$ や速度 $\vec{v}$ を，p や v とスカラーで表記することも多い．

解いてみよう!
5.6

§ 5.5 弾性衝突

弾性衝突では，運動量のほかに運動エネルギーも保存される（図 5.6）．よって，運動量保存則より

$$m_1\vec{v}_{1i}+m_2\vec{v}_{2i}=m_1\vec{v}_{1f}+m_2\vec{v}_{2f} \tag{5.12}$$

となり，運動エネルギー保存則より

$$\frac{1}{2}m_1v_{1i}^2+\frac{1}{2}m_2v_{2i}^2=\frac{1}{2}m_1v_{1f}^2+\frac{1}{2}m_2v_{2f}^2 \tag{5.13}$$

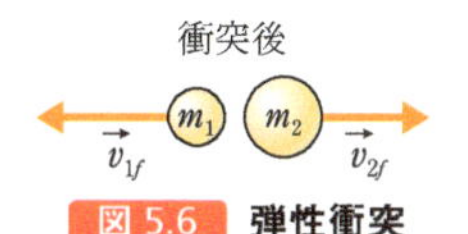

図 5.6 弾性衝突

となる．ここで，速度は右向きを正とする．式 (5.12)，(5.13) からなる連立方程式を解くことで，弾性衝突に関する問題を解くことができる．まず，その計算を簡単におこなうための準備をしておこう．式 (5.12) を m_1 の項と m_2 の項でまとめると，

$$m_1(\vec{v}_{1i}-\vec{v}_{1f})=m_2(\vec{v}_{2f}-\vec{v}_{2i}) \tag{5.14}$$

となり，次に式 (5.13) の両辺に 2 をかけて，m_1 の項と m_2 の項をまとめると，

$$m_1(v_{1i}^2-v_{1f}^2)=m_2(v_{2f}^2-v_{2i}^2) \tag{5.15}$$

となる．さらに因数分解すると，

$$m_1(\vec{v}_{1i}-\vec{v}_{1f})(\vec{v}_{1i}+\vec{v}_{1f})=m_2(\vec{v}_{2f}-\vec{v}_{2i})(\vec{v}_{2f}+\vec{v}_{2i}) \tag{5.16}$$

を得る．式 (5.16) に式 (5.14) を代入すると $\vec{v}_{1i}+\vec{v}_{1f}=\vec{v}_{2f}+\vec{v}_{2i}$ を得る．これを $\vec{v}_{1i}-\vec{v}_{2i}=-(\vec{v}_{1f}-\vec{v}_{2f})$ と書けば，弾性衝突では 2 物体の相対速度の大きさは変わらず向きだけが逆転することがわかる．以上から，式 (5.12)，(5.13) は

$$\begin{cases} m_1\vec{v}_{1i}+m_2\vec{v}_{2i}=m_1\vec{v}_{1f}+m_2\vec{v}_{2f} & (5.17) \\ \vec{v}_{1i}-\vec{v}_{2i}=-(\vec{v}_{1f}-\vec{v}_{2f}) & (5.18) \end{cases}$$

となり，2 乗の項がなくなり，はじめよりは簡単になった．

実際に弾性衝突についての連立方程式を解いてみよう．たとえば衝突後の速度を求めると

$$\vec{v}_{1f}=\left(\frac{m_1-m_2}{m_1+m_2}\right)\vec{v}_{1i}+\left(\frac{2m_2}{m_1+m_2}\right)\vec{v}_{2i} \tag{5.19}$$

$$\vec{v}_{2f}=\left(\frac{2m_1}{m_1+m_2}\right)\vec{v}_{1i}+\left(\frac{m_2-m_1}{m_1+m_2}\right)\vec{v}_{2i} \tag{5.20}$$

となる．この関係から，特別な場合として，$m_1=m_2=m$ の場合は $\vec{v}_{1f}=\vec{v}_{2i}$，$\vec{v}_{2f}=\vec{v}_{1i}$ となり，速度の交換が起こることがわかる．

解いてみよう! 5.7 〜 5.9

§ 5.6 完全非弾性衝突

非弾性衝突の特別な場合として，衝突後に2つの物体が一体化するような衝突を**完全非弾性衝突**という（図5.7）．衝突後に一体化してしまうので，2物体の速度は同じになる．一体化する際には熱や音などが発生し，運動エネルギーの一部が失われるので，運動エネルギーは保存されないが，この場合も運動量は保存される．直線に沿って速度 $\vec{v}_{1i}$ および $\vec{v}_{2i}$ で運動する質量 m_1 と m_2 の2つの物体が衝突し一体となって，共通の速度 $\vec{v}_f$ となったとする．このとき，運動量保存則より

衝突前

衝突後

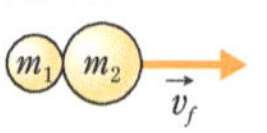

図5.7　完全非弾性衝突

$$m_1\vec{v}_{1i}+m_2\vec{v}_{2i}=(m_1+m_2)\vec{v}_f \tag{5.21}$$

となり，

$$\vec{v}_f=\frac{m_1\vec{v}_{1i}+m_2\vec{v}_{2i}}{m_1+m_2} \tag{5.22}$$

となる．

5.10 ～ 5.12

§ 5.7 はねかえり係数

これまで見てきた衝突の問題を物体がはねかえる様子をもとに見直しておこう．衝突した物体が，衝突前の速さよりも小さい速さではねかえってくることはよくある．この速さの比を**はねかえり係数**（**反発係数**）という．図5.8のように2つの物体が互いに運動して衝突する場合，はねかえり係数 e は

$$e\equiv\frac{|\vec{v}_{1f}-\vec{v}_{2f}|}{|\vec{v}_{1i}-\vec{v}_{2i}|}=\frac{-(v_{1f}-v_{2f})}{v_{1i}-v_{2i}}=\frac{\text{衝突後の相対速度}}{\text{衝突前の相対速度}} \tag{5.23}$$

となる．$e=1$ の場合には，衝突の前後での相対速度が等しく，運動エネルギーは保存される．また，$e=0$ の場合は，衝突後の2物体の速度が等しく（$\vec{v}_{1f}=\vec{v}_{2f}$），衝突後に一体化する衝突であることがわかる．よって，$e=1$ の場合が弾性衝突，$0<e<1$ の場合が非弾性衝突，$e=0$ の場合は物体がはねかえらず（$v_f=0$），一体化する完全非弾性衝突を表す．

衝突前

衝突後

m_1　m_2　$\vec{v}_{1f}$　$\vec{v}_{2f}$

図5.8　はねかえり係数

衝突前

m　$\vec{v}_i$

衝突後

m　$\vec{v}_f$

図5.9　はねかえり係数

動かない壁にボールなどが衝突する場合（図5.9）は，衝突前の速度を $\vec{v}_i$，衝突後の速度を $\vec{v}_f$ とすると，はねかえり係数 e は

$$e=\frac{|\vec{v}_f|}{|\vec{v}_i|}=\frac{-v_f}{v_i} \tag{5.24}$$

となる．

解いてみよう!

5.13

§ 5.8 2次元の弾性衝突

正面衝突ではない衝突を考えよう．図 5.10 のように静止した質量 m の物体2に左方から同じ質量 m をもつ物体1が速度 $\vec{v}_0$ で弾性衝突する．衝突後，2つの物体はそれぞれ物体1の入射方向に対して角度 θ，ϕ で速度 $\vec{v}_1$，$\vec{v}_2$ をもって散乱されたとする．この衝突は弾性衝突であるから，運動量，運動エネルギーはともに保存される．

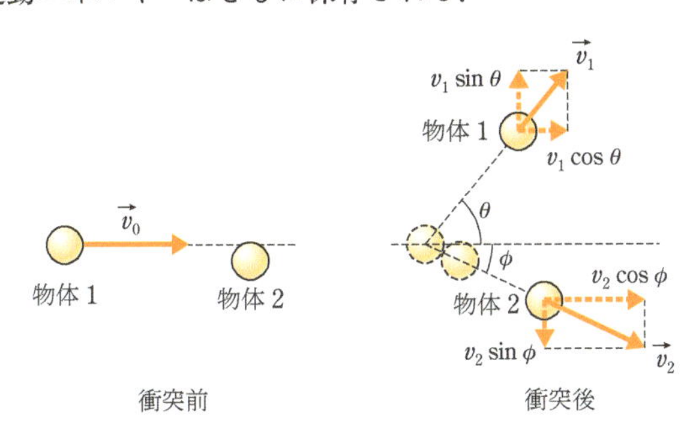

図 5.10　2次元の弾性衝突

運動量保存則より

$$mv_0 = mv_1\cos\theta + mv_2\cos\phi, \quad 0 = mv_1\sin\theta - mv_2\sin\phi \tag{5.25}$$

となる．共通の質量 m を消去して

$$v_0 = v_1\cos\theta + v_2\cos\phi \tag{5.26}$$

$$0 = v_1\sin\theta - v_2\sin\phi \tag{5.27}$$

を得る．また，運動エネルギー保存則から

$$\frac{1}{2}mv_0{}^2 = \frac{1}{2}mv_1{}^2 + \frac{1}{2}mv_2{}^2 \tag{5.28}$$

となり，共通の $\frac{1}{2}m$ を消去して

$$v_0{}^2 = v_1{}^2 + v_2{}^2 \tag{5.29}$$

を得る．よって，v_0 および θ を測定すれば，式 (5.26)，(5.27)，(5.29) を連立して v_1，v_2 および ϕ を決定できる．

式 (5.26)，(5.27) の右辺第1項を左辺に移項し，両辺を2乗すれば

$$v_0{}^2 - 2v_0v_1\cos\theta + v_1{}^2\cos^2\theta = v_2{}^2\cos^2\phi \tag{5.30}$$

$$v_1{}^2\sin^2\theta = v_2{}^2\sin^2\phi \tag{5.31}$$

となるから，2式の両辺を加え合わせれば

$$v_0{}^2-2v_0v_1\cos\theta+v_1{}^2(\sin^2\theta+\cos^2\theta)=v_2{}^2(\sin^2\phi+\cos^2\phi) \tag{5.32}$$

となり，$\sin^2\theta+\cos^2\theta=\sin^2\phi+\cos^2\phi=1$ を用いれば，

$$v_0{}^2-2v_0v_1\cos\theta+v_1{}^2=v_2{}^2 \tag{5.33}$$

となる．これを式（5.29）に代入し，$v_2{}^2$ を消去すれば

$$v_1=v_0\cos\theta \tag{5.34}$$

を得る．この結果を式（5.29）に代入すれば $v_2{}^2=v_0{}^2(1-\cos^2\theta)$ となり，$1-\cos^2\theta=\sin^2\theta$ を用いれば

$$v_2=v_0\sin\theta \tag{5.35}$$

となる．

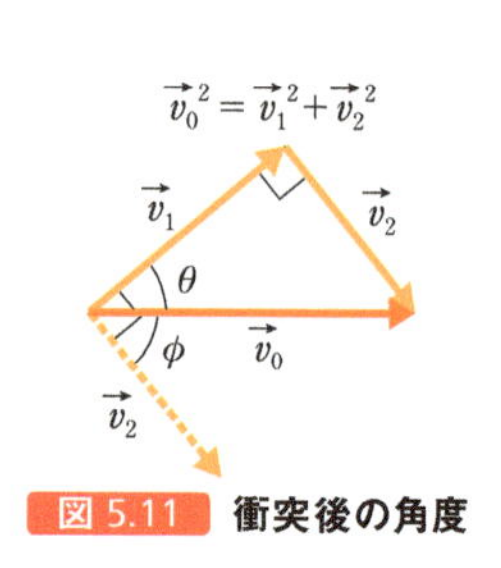

図 5.11　衝突後の角度

さて，衝突後の角度について考えよう（図 5.11）．速度ベクトルの関係は，運動量保存則より $\vec{v}_0=\vec{v}_1+\vec{v}_2$ であり，運動エネルギー保存則から $v_0{}^2=v_1{}^2+v_2{}^2$ である．よって図 5.11 の直角三角形が成り立つので，$\phi+\theta=90°$ である．したがって，同じ質量をもった2つの物体が互いの中心からずれて衝突すると，衝突後，2つの物体は互いに 90°の向きに進む．

≪ 章 末 問 題 ≫

5.1 基礎 運動量と力積

質量 5.0 kg の物体に一定の力を物体の運動の向きに 2.0 s 間加えたところ，速さが 20 m/s から 12 m/s に変化した.

(1) 力を加える前の運動量と力を加えた後の運動量を求めよ.

(2) 力積を求めよ.

(3) 加えた力を求めよ.

5.2 基礎 運動量と力積

右方から直進してきた質量 1300 kg の自動車が，壁に正面衝突して跳ね返った．右方向を正とすると，自動車の衝突直前の速度および衝突直後の速度は，それぞれ −20.0 m/s と 2.50 m/s であった．この衝突が 0.150 s 間続くとき，衝突による力積および自動車に作用する平均の力を求めよ.

5.3 基礎 運動量保存則

直線状のレールの上を質量 1.00 kg の物体 1 と質量 2.00 kg の物体 2 が運動している．はじめの速度は，物体 1 が 1.00 m/s, 物体 2 が 2.00 m/s であった．一定時間経過後に物体 1 の速度を測定したところ，1.50 m/s に変化していた．このとき，物体 2 の速度を求めよ．ただし，この 2 つの物体に外力ははたらいていないとする.

5.4 基礎 運動量保存則

質量 25.0 kg の砲弾を装填した質量 2500 kg の大砲が摩擦の無視できる水平面上に置かれている．砲弾を水平方向に発射したところ，その反動で大砲が後方に速度 2.00 m/s で後退した．発射直後の砲弾の速度を求めよ.

5.5 基礎 ロケットの推進

ロケットは後方にガスを噴射することによって推進・加速する．いま，質量 2.0×10^4 kg のロケットが 1 s 間に 5.0×10^2 kg のガスを 2.0×10^3 m/s の速度で後方に噴射している．このロケットの加速度を求めよ．ただし，(1 s 間あたりの運動量の変化 (力積))＝(ロケットが受ける力) とする.

5.6 基礎 衝突後の速度

直線上を運動する質量 5.0 kg と 10 kg の 2 つの物体が初速度 v_{1i} と v_{2i} で弾性衝突した．ただし，右方を正とする.

(1) 初速度が $v_{1i}=10$ m/s, $v_{2i}=-4.0$ m/s の場合，衝突後の2物体の速度 v_{1f}, v_{2f} を求めよ.

(2) 初速度が $v_{1i}=10$ m/s, $v_{2i}=0$ の場合，衝突後の 2 物体の速度 v_{1f}, v_{2f} を求めよ.

5.7 基礎 質量差のある物体の弾性衝突

直線に沿って速度 20 m/s で運動する重い質量 1.0×10^4 kg の物体が，静止している 1.0 kg の軽い物体と弾性衝突した．衝突後の 2 つの物体の速度を計算せよ．また，その結果から，質量差のある物体の衝突について，どのようなことがいえるか答えよ．ただし，この衝突は正面衝突とし，右方を正とする.

5.8 基礎 1 次元の弾性衝突

直線上を運動する同じ質量 m をもつ 2 つの物体が初速度 v_{1i} と v_{2i} で弾性衝突した．ただし，右方を正とする.

(1) 衝突後の 2 物体の速度を v_{1f}, v_{2f} とし，運動量保存の式を書け.

(2) 衝突後の 2 物体の速度を v_{1f}, v_{2f} とし，運動エネルギー保存の式を書け.

(3) 初速度が $v_{1i}=10$ m/s, $v_{2i}=-4.0$ m/s の場合，衝突後の2物体の速度 v_{1f}, v_{2f} を求めよ．

5.9 基礎 1次元の弾性衝突

静止している質量 m の物体1に，同じ質量の物体2が初速度 v_{2i} で弾性衝突した．ただし，この衝突は正面衝突とし，右方を正とする．

(1) 衝突後の2物体の速度を v_{1f}, v_{2f} とし，運動量保存の式を書け．

(2) 衝突後の2物体の速度を v_{1f}, v_{2f} とし，運動エネルギー保存の式を書け．

(3) 初速度が $v_{2i}=5.0$ m/s の場合，衝突後の2物体の速度 v_{1f}, v_{2f} を求めよ．

5.10 基礎 完全非弾性衝突

直線に沿って初速度 $v_{1i}=10$ m/s および $v_{2i}=-4.0$ m/s で運動する質量 $m_1=5.0$ kg と $m_2=10$ kg の2つの物体が衝突し一体となった．共通の終速度 v_f を求めよ．ただし，右方を正とする．

5.11 基礎 追突

停止信号で停車していた質量 2.0×10^3 kg のトラックに，後ろから質量 9.0×10^2 kg の乗用車が追突した．衝突後，乗用車がトラックにめり込み一体となった．

(1) 衝突直前の乗用車の速度が 15 m/s であるとき，衝突後の一体となった車の速度を求めよ．

(2) この衝突で失われた運動エネルギーを求めよ．

5.12 基礎 隕石の衝突

質量 3.00×10^3 kg の隕石が地球と正面衝突する．隕石の衝突直前の速さが 200 m/s であった．地球に隕石がぶつかった後の地球の速度（地球の反跳速度）を求めよ．ただし，地球の質量は 5.98×10^{24} kg とする．なお，衝突直前の地球は静止しているものとする．

5.13 基礎 非弾性衝突

直線上を運動する同じ質量 m をもつ2つの物体が初速度 v_{1i} および v_{2i} で非弾性衝突した．2つの物体の間のはねかえり係数が 0.80 である．ただし，右方を正とする．

(1) 衝突後の2物体の速度を v_{1f}, v_{2f} とし，運動量保存の式を書け．

(2) 衝突後の2物体の速度を v_{1f}, v_{2f} をはねかえり係数で表せ．

(3) 初速度が $v_{1i}=10$ m/s, $v_{2i}=-4.0$ m/s の場合，衝突後の2物体の速度 v_{1f}, v_{2f} を求めよ．

5.14 発展 2次元の弾性衝突

質量 m の静止した物体2に左方から同じ質量の物体1が速度 $V_0=2.0$ m/s で弾性衝突する．衝突後，物体1は水平線に対して $\theta=30°$，物体2は水平線に対して角度 ϕ で，それぞれ速度 V_1, V_2 をもって運動した．

(1) 衝突の前後での水平方向の運動量保存の式を書け．

(2) 衝突の前後での垂直方向の運動量保存の式を書け．

(3) 衝突の前後での運動エネルギー保存の式を書け．

(4) 2つの物体の衝突後の速さ V_1 および V_2 を求めよ．

(5) 角度 ϕ を求めよ．

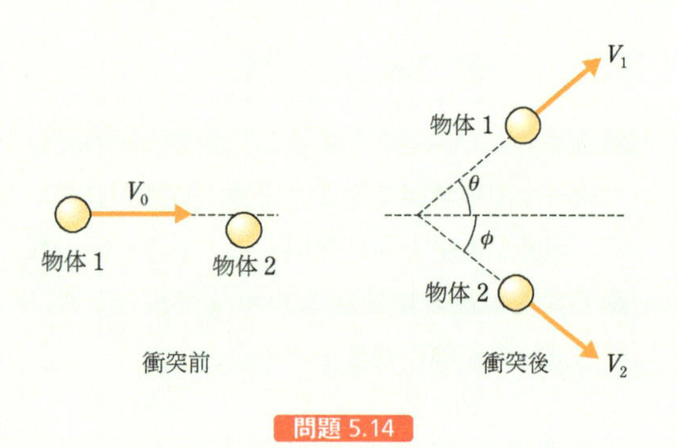

問題 5.14

5.15 発展 繰り返し跳ね返る物体

滑らかで水平な床面の上に 1.0 m の高さから小球を落下させる．小球は床ではねかえり，0.64 m まで上がってから再び落下し，はねかえりと落下を繰り返しながら，最後は床面上で静止した．落下開始から床面上に静止するまでの時間を求めよ．

ヒント

等比級数の和

$$1+e+e^2+\cdots=\frac{1}{1-e}$$

を用いて計算せよ．

第6章 円運動と慣性力

§ 6.1 等速円運動

❶ 等速円運動

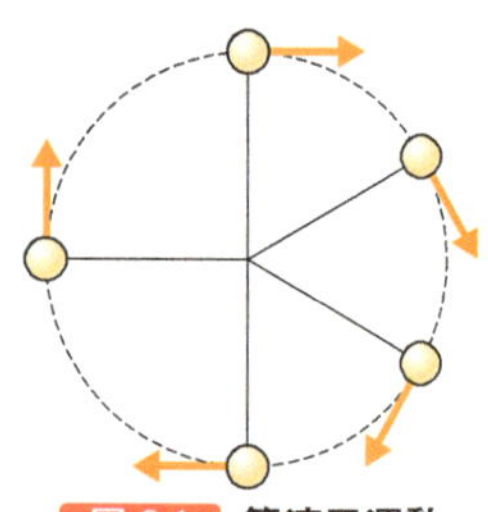
図 6.1 等速円運動

一定の速さで円軌道を描く運動を**等速円運動**という（図 6.1）．この運動は一定の速さで運動しているにもかかわらず，加速度をもつ加速度運動である．加速度はベクトルであり，速度（速度ベクトル）の時間変化率を表す．速さが変わらなくても速度（向き）が変われば加速度運動である．

❷ 向心加速度と向心力

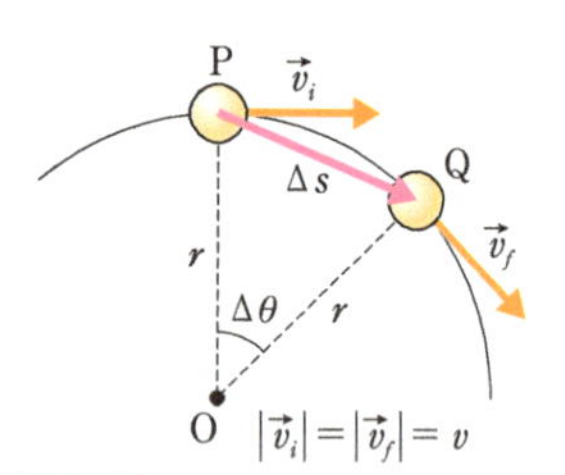

図 6.2 等速円運動の速度変化

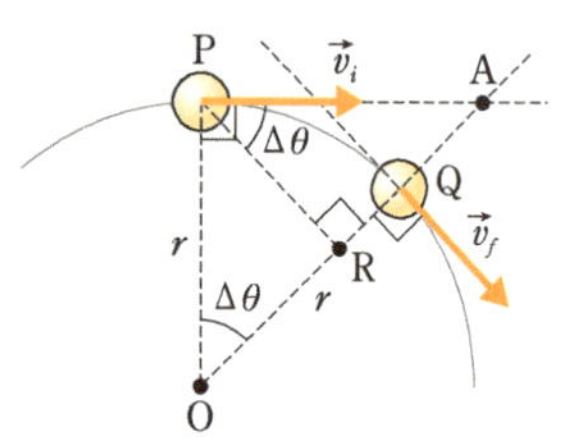

図 6.3 速度ベクトルのなす角

図 6.2のように半径rの円周上を等速円運動している物体が点Pから点Qに距離Δs，角度$\Delta\theta$移動した場合を考えよう．点Pでの速度ベクトル$\vec{v}_i$と点Qでの速度ベクトル$\vec{v}_f$のなす角は，図 6.3から∠POR=∠APR=$\Delta\theta$となり，中心角と同じ$\Delta\theta$である．よって，$\Delta\vec{v}=\vec{v}_f-\vec{v}_i$，$\vec{v}_i$，$\vec{v}_f$の関係は図 6.4のようになり，三角形の相似条件「2辺の比とその間の角が等しい」より，$\Delta\vec{v}$，$\vec{v}_i$，$\vec{v}_f$のつくる三角形と△OPQは相似形となる．相似な三角形は対応する辺の比が等しいから$|\vec{v}_i|=|\vec{v}_f|=v$として，$r:\Delta s=v:|\Delta\vec{v}|$の関係より，

$$|\Delta\vec{v}|=\frac{v}{r}\Delta s \tag{6.1}$$

となり，加速度の大きさは以下となる．

$$|\vec{a}|=\lim_{\Delta t\to 0}\frac{\Delta\vec{v}}{\Delta t}=\lim_{\Delta t\to 0}\frac{v}{r}\frac{\Delta s}{\Delta t}=\frac{v^2}{r} \tag{6.2}$$

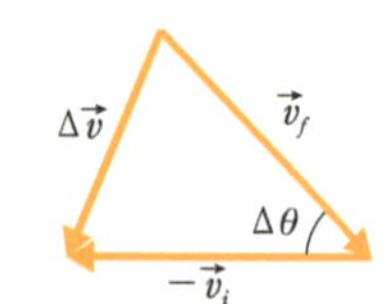

図 6.4 速度ベクトルがつくる三角形

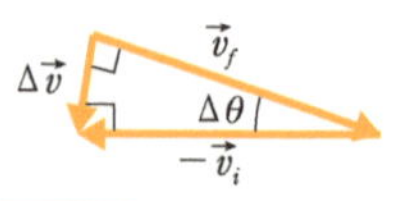

図 6.5 速度変化の極限

等速円運動の加速度の向きについて考えてみよう（図 6.5）．$t\to 0$の極限では，$\Delta\theta\to 0$となり，$\Delta\vec{v}$は$\vec{v}_i$，$\vec{v}_f$に垂直に近づく．$\vec{a}$と$\Delta\vec{v}$の向きは一致しているから，加速度は円の中心へ向いている．このことから，等速円運動の加速度は**向心加速度**と呼ばれる．

まとめると，等速円運動する物体はつねに，速度に垂直な方向（円の中心に向かう）の向心加速度をもつ（図 6.6）．半径r，速さvで等速円運動をする物体の向心加速度の大きさは，

$$a=\frac{v^2}{r} \tag{6.3}$$

である．また，等速円運動をする物体にはたらく力の大きさは，その質量を m とすれば $F=ma$ より，

$$F=\frac{mv^2}{r} \tag{6.4}$$

となり，力の向きはつねに円の中心へ向いている．この力を**向心力**とよぶ．

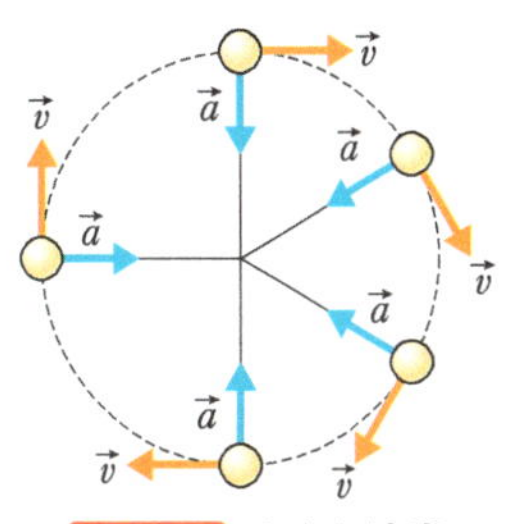

図 6.6 向心加速度

❸ 角速度と角加速度

物体の位置変化を表す物理量に速度と加速度があった．物体の回転運動を扱うためには，角度変化を表す角速度と角加速度を用いる．角速度と角加速度はどちらもベクトルであり，大きさと向きがあるが，まずは大きさから紹介しよう．

解いてみよう！ 6.1

物体の1点が回転し，時刻 t_i から t_f の間に角度 θ_i の位置Pから θ_f の位置Qに移動したとする（図 6.7）．このときの**平均角速度**の大きさは

$$\bar{\omega}=\frac{\theta_f-\theta_i}{t_f-t_i}=\frac{\Delta\theta}{\Delta t} \tag{6.5}$$

と定義され，**瞬間角速度**（**角速度**）の大きさは

$$\omega=\lim_{\Delta t\to 0}\frac{\Delta\theta}{\Delta t}=\frac{\mathrm{d}\theta}{\mathrm{d}t} \tag{6.6}$$

と定義される．角速度は「単位時間にどれだけ回転するか」を表している．これまでに慣れ親しんできた平均速度や瞬間速度との違いは，定義式の分子の距離が角度に入れ替わっている点のみである．角速度の単位は rad/s であるが，rad は無次元量なので，1/s が角速度の物理的な単位である．また，角速度は角度 θ が増加するとき（反時計まわりに回転するとき）に正となり，角度 θ が減少するとき（時計まわりに回転するとき）に負になると定められている．

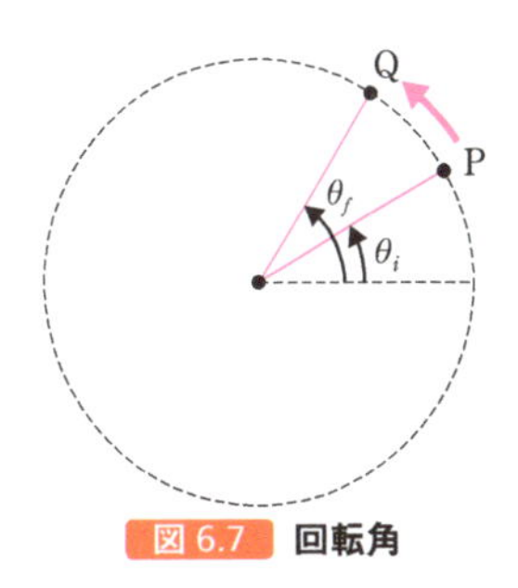

図 6.7 回転角

通常の加速度と同様にして，**平均角加速度**の大きさは

$$\bar{\alpha}=\frac{\omega_f-\omega_i}{t_f-t_i}=\frac{\mathrm{d}\omega}{\mathrm{d}t} \tag{6.7}$$

と定義され，**瞬間角加速度**（**角加速度**）の大きさは

$$\alpha=\lim_{\Delta t\to 0}\frac{\Delta\omega}{\Delta t}=\frac{\mathrm{d}\omega}{\mathrm{d}t}=\frac{\mathrm{d}^2\theta}{\mathrm{d}t^2} \tag{6.8}$$

で定義される．角加速度は「単位時間にどれだけ角速度が変化するか」を表している．これまで学んだ加速度との違いは，速度が角速度に入れ替わっている点のみである．角加速度の単位は rad/s^2（物理的単位としては 1/s^2）である．

解いてみよう！ 6.2 ～ 6.3

角速度 $\vec{\omega}$，角加速度 $\vec{\alpha}$ の向きは，角度 θ（円運動の半径と x 軸とのなす角）が増える方向に右ねじを回すとき，右ねじの進む向きと定義する（図 6.8）*.

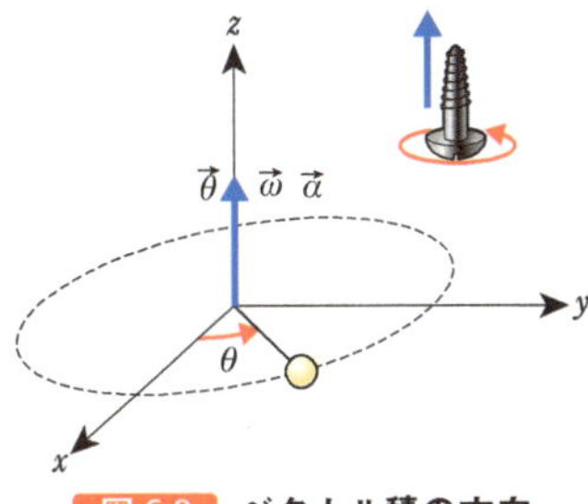

図 6.8 ベクトル積の方向

* このように，角速度 $\vec{\omega}$ と角加速度 $\vec{\alpha}$ はベクトルであるが，多くの場合には向きよりも大きさが重要になる．このため，$\vec{\omega}$，$\vec{\alpha}$ を単に ω，α と書くことも多い．本書でも，ベクトルであることを明示したいときを除き，$\vec{\omega}$ と $\vec{\alpha}$ がベクトルであることを表す矢印を省略する．

❹ ベクトル積

2つのベクトル $\vec{A}=A_x\vec{i}+A_y\vec{j}+A_z\vec{k}$，$\vec{B}=B_x\vec{i}+B_y\vec{j}+B_z\vec{k}$ の積 $\vec{A}\times\vec{B}$ が，次のベクトルとなる演算を定義し，これを**ベクトル積**（**外積**）とよぶ*.

* $\vec{A}\times\vec{B}$ は「ベクトル A クロスベクトル B」と読む.

(1) $\vec{A}\times\vec{B}$ の大きさは，$\vec{A}$，$\vec{B}$ を2辺とする平行四辺形の面積に等しい

(2) $\vec{A}\times\vec{B}$ の向きは，$\vec{A}$，$\vec{B}$ に垂直で，$\vec{A}$ から $\vec{B}$ へ右ねじを回すときの，ねじの進む向きである

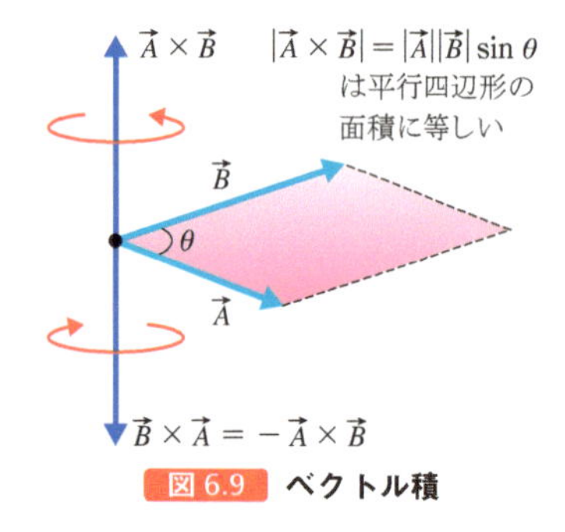

図 6.9　ベクトル積

定義(1)から，$\vec{A}$，$\vec{B}$ のなす角を θ とするとベクトル積の大きさは

$$|\vec{A}\times\vec{B}|=|\vec{A}||\vec{B}|\sin\theta \tag{6.9}$$

となる．また，定義(2)から $\vec{A}\times\vec{B}=-\vec{B}\times\vec{A}$ である．このように，ベクトル積は演算の順序を変えると符号が変わるので，演算の順序が重要である（図 6.9）.

❺ 速度と向心力

xy 平面内で原点を中心に半径 r の等速円運動する質量 m の粒子の速さ（接線方向の速さ）v は，角速度の大きさを ω とすると，$s=r\theta$ より

$$v=\frac{\mathrm{d}s}{\mathrm{d}t}=r\frac{\mathrm{d}\theta}{\mathrm{d}t}=r\omega \tag{6.10}$$

となる．また，粒子にはたらく力（向心力）の大きさは以下となる.

$$F=m\frac{v^2}{r}=mv\omega=mr\omega^2 \tag{6.11}$$

ベクトル積を用いると速度および向心力は

$$\vec{v}=\vec{\omega}\times\vec{r},\quad \vec{F}=m\vec{\omega}\times(\vec{\omega}\times\vec{r}) \tag{6.12}$$

と表される．ここで，角速度ベクトルの向きは，紙面に垂直で裏から表の向きである（図 6.10）．ベクトル積の定義からも

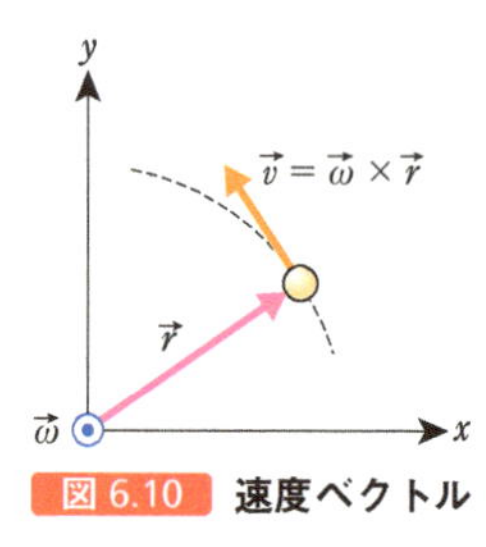

図 6.10　速度ベクトル

$$v=|\vec{v}|=|\vec{\omega}\times\vec{r}|=|\vec{\omega}||\vec{r}|\sin 90^\circ=r\omega,\quad F=|\vec{F}|=m|\vec{\omega}\times\vec{v}|=mr\omega^2 \tag{6.13}$$

となり，式（6.10）と式（6.11）が導かれる．先ほどは向心力（向心加速度）の向きを幾何学的に説明したが，ベクトル積を用いると向心力が円の中心へ向くことが，さらにはっきりと理解できる（図 6.11）.

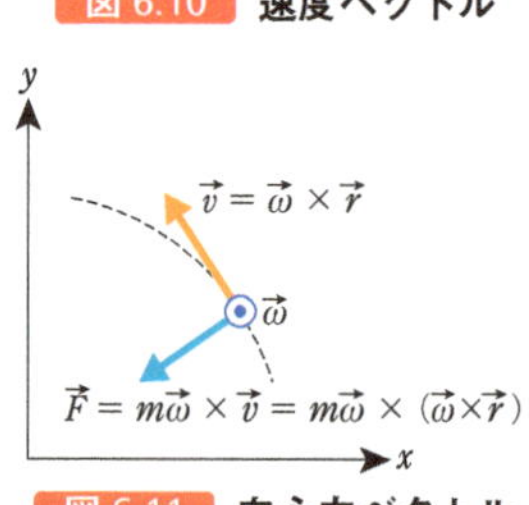

図 6.11　向心力ベクトル

❻ 周期

等速円運動をしている物体は，一定の時間で1周して元の位置に戻ってくる．この1周に必要な時間を**周期**という．物体の速さを v とすると，1周の長さ（円周）は $l=2\pi r$ であるから，周期は

$$T=\frac{l}{v}=\frac{2\pi r}{v} \tag{6.14}$$

で求められる．また，$v=r\omega$ より

$$T=\frac{2\pi}{\omega} \tag{6.15}$$

でも求まる（7.1 節参照）．

解いてみよう！ 6.4 ～ 6.6

§ 6.2 曲線運動

速度の大きさが一定で，その向きが変化する運動が等速円運動であった．ここでは，速度の大きさと向きがともに変化する**曲線運動**を，振り子を例にとって紹介する．

ひもの先におもりをつけ天井からつるし，少し傾けて手を離すとおもりは振り子運動をする（図 6.12）．おもりは曲線（円の一部）を描き，その速さは時間とともに（位置によって）変化する．おもりにはたらく全加速度 $\vec{a}$ は，速度に垂直な方向の加速度 $\vec{a}_r$ と接線方向の加速度 $\vec{a}_t$ の和で

$$\vec{a}=\vec{a}_r+\vec{a}_t \tag{6.16}$$

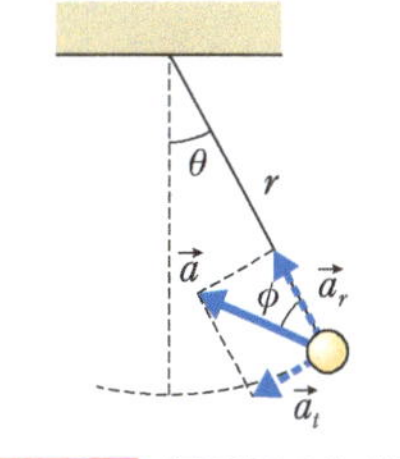

図 6.12　振り子の加速度

と与えられる．ひもの長さを r，ひもが鉛直線と θ の角度をなす瞬間の速さを v とすれば，速度に垂直な方向の加速度 $\vec{a}_r$ の大きさ a_r は

$$a_r=\frac{v^2}{r} \tag{6.17}$$

となり，おもりの速さ（位置）によって変化する．また，振り子運動は重力によって引き起こされるのであるから，接線方向の加速度 $\vec{a}_t$ の大きさ a_t は

$$a_t=g\sin\theta \tag{6.18}$$

となり，振り子の角度（おもりの位置）によって変化する．

したがって全加速度の大きさ a は

$$a=\sqrt{\left(\frac{v^2}{r}\right)^2+(g\sin\theta)^2} \tag{6.19}$$

となる．ひもと $\vec{a}$ のなす角を ϕ とすれば，

$$\phi=\tan^{-1}\frac{rg\sin\theta}{v^2} \tag{6.20}$$

となり，$\vec{a}$ の方向が求まる．このように振り子は，速度が変化する曲線運動をする．

解いてみよう！ 6.8

§ 6.3 慣性力

❶ 慣性力

加速度運動している座標系（非慣性系）では，**慣性力**とよばれる**みかけの力**が現れる．この慣性力を直線上の運動と曲線上の運動に分けて具体的に紹介しよう．

❷ 直線上の運動

電車の中につるされた質量 m のおもりを考えよう．電車が右方に一定の加速度の大きさ a で加速しているとき，ひもは鉛直線と θ の角度をなし静止する．これを電車の外で静止している観測者（慣性系の観測者とよぶ）が見た場合（図 6.13），おもりは電車とともに加速度運動しているから

$$\begin{cases} \text{鉛直方向の運動方程式} \quad T\cos\theta - mg = 0 & (6.21) \\ \text{水平方向の運動方程式} \quad T\sin\theta = ma & (6.22) \end{cases}$$

となり，張力の水平成分 $T\sin\theta$ を受け，加速度運動していると理解できる（図 6.14）．

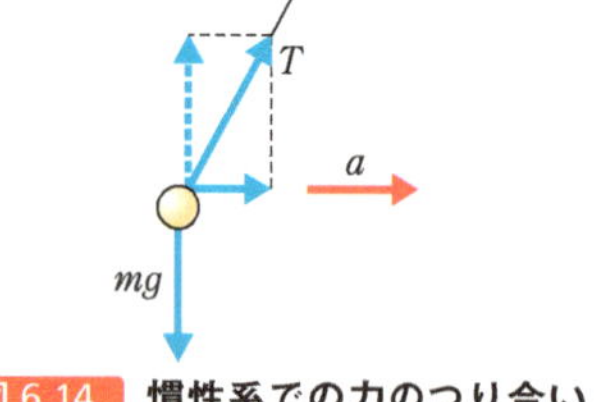

図 6.14 慣性系での力のつり合い

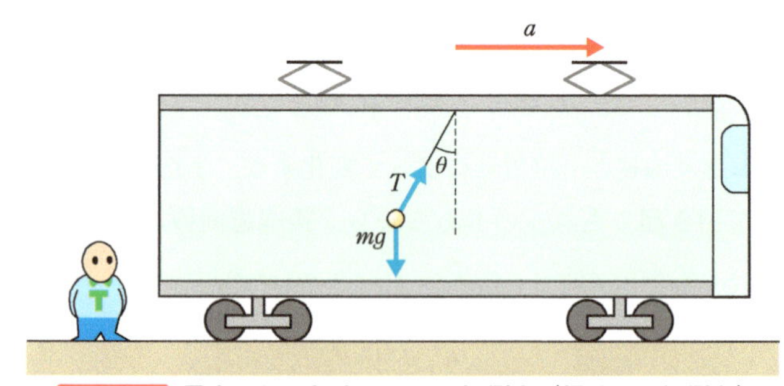

図 6.13 電車の外で静止している観測者（慣性系の観測者）

一方，電車の中で静止している観測者（非慣性系の観測者とよぶ，図 6.15）は，ひもが鉛直線と θ の角度をなし静止しているのであるから，張力の水平成分とつり合う力（みかけの力，慣性力）が左方にはたらいているために，ひもが傾いていると考えるであろう．この慣性力の大きさを ma とすると

$$\begin{cases} \text{鉛直方向の運動方程式} \quad T\cos\theta - mg = 0 & (6.23) \\ \text{水平方向の運動方程式} \quad T\sin\theta - ma = 0 & (6.24) \end{cases}$$

となり，慣性系の観測者と同じ形の運動方程式を得る（図 6.16）．

このように，どちらの座標系で見た場合でも結果（運動方程式）は同じものになるが，物理的な解釈は2つの座標系で異なっている．

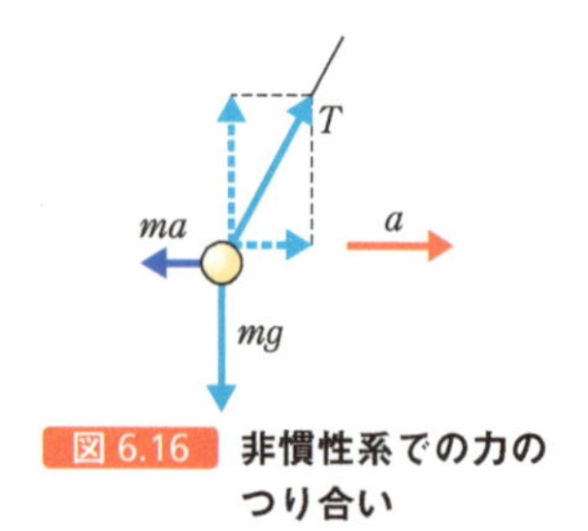

図 6.16 非慣性系での力のつり合い

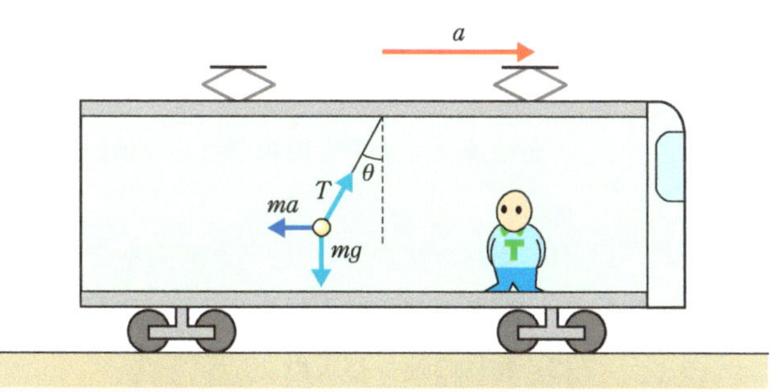

図 6.15 電車の中で静止している観測者（非慣性系の観測者）

解いてみよう! 6.10

❸ 曲線上の運動

等速で回転している滑らかな円盤上の物体を考えよう．物体は円盤の中心と長さ r のひもでつながれており，速さ v で等速円運動している．これを円盤の外で静止している観測者（慣性系の観測者とよぶ）が見た場合（図6.17），物体は円盤とともに加速度運動（等速円運動）しているから，

$$\begin{cases} \text{鉛直方向の運動方程式} \quad N-mg=0 & (6.25) \\ \text{半径方向の運動方程式} \quad T=m\dfrac{v^2}{r} & (6.26) \end{cases}$$

となり，向心力 $\dfrac{mv^2}{r}$ を受け，等速円運動していると理解できる．

一方，円盤上で静止している観測者（非慣性系の観測者，図 6.18）は，張力 T を受けているにもかかわらず物体が静止していると見なすから，張力とつり合う力（みかけの力，慣性力）$\dfrac{mv^2}{r}$ が左方にはたらいていると考えなければならない．この場合でも

$$\begin{cases} \text{鉛直方向の運動方程式} \quad N-mg=0 & (6.27) \\ \text{半径方向の運動方程式} \quad T-m\dfrac{v^2}{r}=0 & (6.28) \end{cases}$$

となり，慣性系の観測者と同じ形の運動方程式を得る．このように，向心力とつり合うようにして生じる慣性力を特に**遠心力**という．

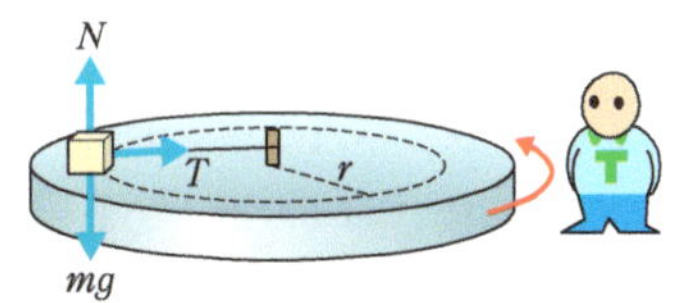

図 6.17 円盤の外で静止している観測者（慣性系の観測者）

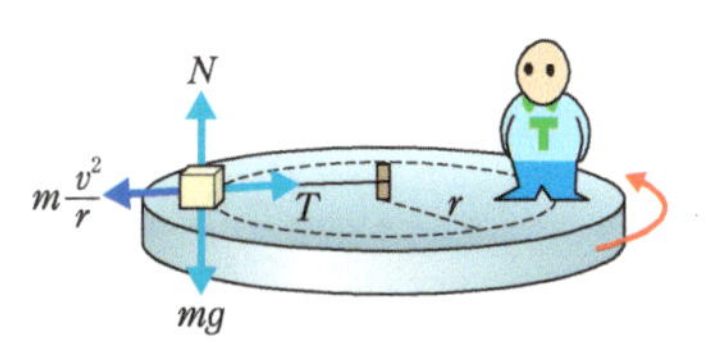

図 6.18 円盤上で静止している観測者（非慣性系の観測者）

解いてみよう! 6.13

《 章 末 問 題 》

6.1 基礎 等速円運動

質量 2.0 kg の小さな物体が一定の速さ 3.0 m/s で，半径 1.5 m の円運動をしている．向心加速度および向心力を求めよ．

6.2 基礎 角速度

ある物体が 2.0 s 間に 6.0 rad の割合で円運動している．このとき，平均角速度を求めよ．

6.3 基礎 角加速度

ある物体が円運動をしている．回転開始から 1.0 s 後には角速度 3.0 rad/s で回転していたが，2.0 s 後には 6.0 rad/s で回転し，3.0 s 後には 9.0 rad/s で回転していた．このとき，平均角加速度を求めよ．

6.4 基礎 ベクトル積と円運動

原点を中心に質量 2.0 kg の粒子が角速度 $\vec{\omega}=3.0\vec{k}$ [rad/s] で等速円運動している．この粒子の位置が $\vec{r}=2.0\vec{i}+3.0\vec{j}$ [m] で表される．

(1) この粒子の速度 $\vec{v}$ を求めよ．

(2) この粒子にはたらく向心力 $\vec{F}$ を求めよ．

6.5 基礎 平面上の等速円運動

ひもの端に質量 $m=2.0$ kg の小さなおもりを取り付け，摩擦のない水平面上で半径 $r=0.25$ m，速さ $v=1.0$ m/s の等速円運動をさせる．

(1) 張力を T として，運動方程式を書け．

(2) 張力 T を求めよ．

(3) 周期を求めよ．

6.6 基礎 円すい振り子

長さ $L=1.0$ m のひもの端に質量 $m=1.0$ kg の小さな物体がつるされている．この物体を，ひもが鉛直線に対して角度 $\theta=30°$ を保つように一定の速さで水平な円軌道上を等速円運動させる．

(1) 物体の速さを v，ひもの張力を T として，運動方程式を書け．

(2) 物体の速さを求めよ．

(3) 周期を求めよ．

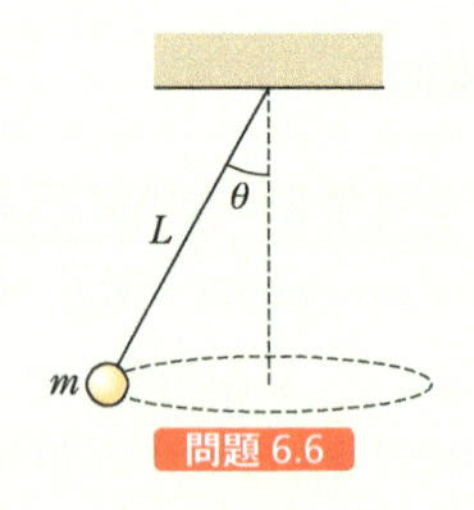

問題 6.6

6.7 発展 カーブを曲がるための条件

半径 30 m のカーブを質量 1.2×10^3 kg の車が曲がる，ただし，道路は平坦であり．タイヤと道路との間の静止摩擦係数は 0.50 とする．

(1) 静止摩擦力を f_s，車の速さを v とするとき，運動方程式を書け．

(2) 車が横滑りせずにカーブを曲がるための最大静止摩擦力を求めよ．

(3) 車が横滑りせずにカーブを曲がるための最大の速さを求めよ．

6.8 基礎 振り子

長さ 1.0 m のひもの先に質量 2.0 kg のおもりを取り付け，天井からつるし振り子運動をさせる．鉛直線とひものなす角を θ とすると，$\theta=30°$ のときのおもりの速さは 3.0 m/s であった．

(1) $\theta=30°$ のとき半径方向の加速度の大きさを求めよ．

(2) $\theta=30°$ のとき接線方向の加速度の大きさを求めよ．

(3) $\theta=30°$ のとき全加速度の大きさを求めよ．

6.9 発展 不等速円運動

長さ r のひもの先に取り付けられた質量 m の物体が，固定点Oまわりの鉛直な円軌道を回っている．ひもと鉛直線とのなす角が θ であるとき，物体の速さは v であった．

(1) 向心加速度 a_r，接線方向の加速度 a_t，全加速度 a を求めよ．

(2) 張力を T として，運動方程式を書け．

(3) 最高点（$\theta=180°$）での物体の速さを v_t とするとき，最高点での張力を求めよ．

(4) 最下点（$\theta=0°$）での物体の速さを v_b とするとき，最下点での張力を求めよ．

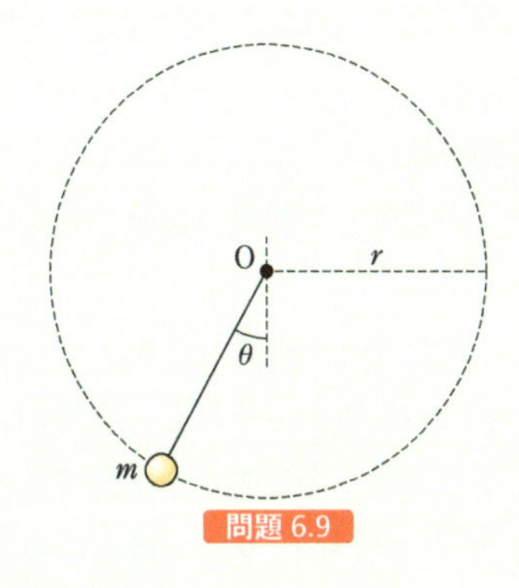

問題 6.9

6.10 基礎 慣性力と加速度

一定の加速度で加速中の電車内のつり革が $\theta=30°$ 傾いている．この電車の加速度を求めよ．ただし，このつり革はひもの先に取り付けられた小物体と見なすことができるものとする．

6.11 発展 慣性力

右方に等速で走っていた電車がブレーキを掛け，一定の加速度 4.9 m/s^2 で減速する．

(1) 減速中に電車内のつり革はどちらに傾くか．ただし，このつり革はひもの先に取り付けられた小物体と見なすことができるものとする．

(2) つり革が傾いた角度を求めよ．

6.12 発展 摩擦と慣性力

右方に等速で走っていた電車がブレーキを掛け，一定の加速度 4.9 m/s^2 で減速する．電車の床には摩擦があり，床面上には物体が置かれている．

(1) 減速中に床面上の物体にはたらく摩擦力の向きを答えよ．

(2) 床面上を物体が滑り出さないために最小限必要な静止摩擦係数を求めよ．

6.13 基礎 遠心力

半径 30 m のカーブを時速 50 km で曲がっている車中のドライバーが受ける力の大きさを求めよ．ただし，ドライバーの質量は 60 kg とする．

6.14 発展 摩擦と遠心力

質量 40 kg の物体を水平な回転台の上の中心から 3.0 m の位置に置いた．この回転台の周期を 15 s とする．

(1) 物体の加速度を求めよ．

(2) 物体に作用する水平方向の摩擦力を求めよ．

(3) 物体が滑らないようにするために最小限必要な静止摩擦係数を求めよ．

6.15 発展 エレベーター内での振り子

エレベーターの天井から長さ l の振り子がつるされて振動している．エレベーターが静止しているときの周期は $T_p=2\pi\sqrt{\dfrac{l}{g}}$ である．エレベーターが加速度 a で上昇中のとき，エレベーターの中にいる観測者から見た振り子の周期を求めよ．

第7章 振動

§ 7.1 円運動と単振動

ばねや振り子など，身のまわりには振動運動をしている物体が数多く存在する．目に見える世界だけではなく，原子や分子のような小さな世界でも振動現象の解析は重要である．また，振動解析は工学でも重要であり，振動をコントロールすることが製品の安定性につながることも多い．

単振動はもっとも基本的な振動であり，複雑な振動現象も単振動を基礎に解析されている．たとえば，ばねにつけられた物体の運動は，振動を妨げる摩擦力などがなければ単振動を続ける．実際の振動では摩擦力などがはたらくために力学的エネルギーが減少して振動は減衰するが，摩擦力などを無視できる場合も多い．

図 7.1 のように，ある質点が半径 A，角速度の大きさ ω の等速円運動をしている．この質点の運動を y 軸の上方から見ると，物体が x 軸上を往復運動しているように見える．この x 軸上の運動が単振動である（より正確な定義は 7.2 節参照）．いま，質点が時刻 $t=0$ に x 軸とのなす角が δ の点を出発したとすると，t 秒間に角度 $\theta=\omega t$ だけ進むから，単振動する質点の変位は

$$x=A\cos(\theta+\delta)=A\cos(\omega t+\delta) \tag{7.1}$$

となる．単振動で用いられる角振動数 ω は，円運動における角速度の大きさと同じである．

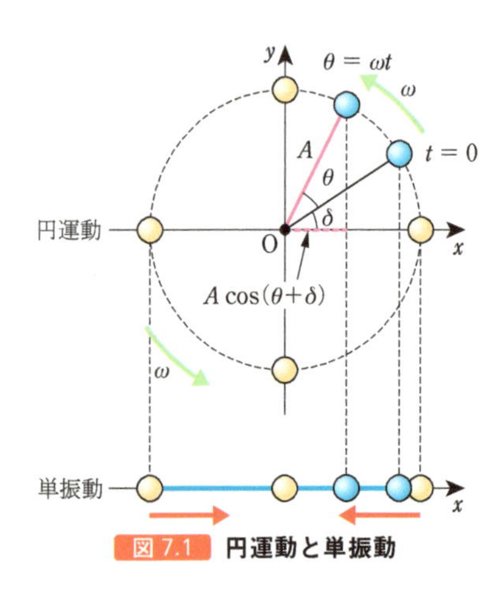

図 7.1 円運動と単振動

単振動に関する基本的な物理量を紹介しておこう（図 7.2）.

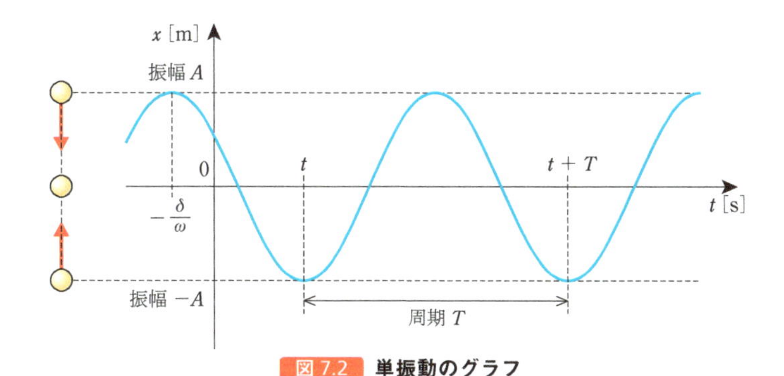

図 7.2 単振動のグラフ

(1) 変位

直線上を単振動している物体の変位 x は時間 t とともに変化し，式 (7.1) のように三角関数を用いて表すことができる．

$$x=A\cos(\omega t+\delta) \tag{7.2}$$

A を**振幅**，ω を**角振動数**，δ を**初期位相**（**初期位相角**）といい，$\omega t+\delta$ を**位相**（**位相角**）という．

(2) 周期

物体が 1 回振動して元の場所に戻ってくるまでの時間 T を円運動と同様に周期という．

$$T=\frac{2\pi}{\omega} \tag{7.3}$$

(3) 振動数

1 秒間に何回振動するかを表しているのが**振動数** f である．振動数の単位は Hz(**ヘルツ**)=1/s である*．

$$f=\frac{1}{T}=\frac{\omega}{2\pi} \tag{7.4}$$

* ハインリヒ・ルドルフ・ヘルツ (Heinrich Rudolph Hertz, 1857〜1894) ドイツの物理学者．電磁波が実在することを示して電磁気学の発展に貢献しただけではなく，1894 年には『力学原理』を出版し，力学にも大きく貢献した．周波数を表す単位はヘルツの名からとられている．

(4) 速度と加速度

速度は変位を時間で微分すれば求められる．その大きさ（速さ）は

$$v=\frac{\mathrm{d}x}{\mathrm{d}t}=-\omega A\sin(\omega t+\delta) \tag{7.5}$$

となる．また，加速度は速度を時間で微分すれば求められる．その大きさは

$$a=\frac{\mathrm{d}v}{\mathrm{d}t}=-\omega^2A\cos(\omega t+\delta)=-\omega^2x \tag{7.6}$$

である．三角関数の sin と cos はどちらも最大値と最小値は ±1 であるか

ら，速度と加速度の大きさの最大値は

$$v_{\mathrm{max}}=\omega A,\quad a_{\mathrm{max}}=\omega^2 A \tag{7.7}$$

である．また，初期条件として，時刻 $t=0$ のときの位置 $x=x_0$ と速さ $v=v_0$ が与えられれば，式 (7.5)，(7.6) の速度および加速度の大きさから振幅と初期位相が次式で求まる．

解いてみよう！ 7.1 7.2

$$\tan\delta=-\frac{v_0}{\omega x_0},\quad A=\sqrt{{x_0}^2+\left(\frac{v_0}{\omega}\right)^2} \tag{7.8}$$

§ 7.2 単振動の方程式

単振動をしている物体は，次の形の微分方程式を満たす*．

$$\frac{\mathrm{d}^2x}{\mathrm{d}t^2}=-\omega^2 x \tag{7.9}$$

ここで，ω は角振動数である．この方程式が単振動を表していることは，単振動の変位の大きさ $x=A\cos(\omega t+\delta)$ を代入してみれば確かめられる．また，この方程式の左辺は加速度の大きさを表しているから，両辺に質量をかければ力の大きさとなる．よって，単振動は，作用する力の大きさが変位の大きさに比例し，力の向きが変位の向きと反対である場合に実現される．

* 「式 (7.9) をみたす運動」が単振動の正確な定義である．

ここで，微分方程式 $\frac{\mathrm{d}^2x}{\mathrm{d}t^2}=-\omega^2 x$ の一般解が $x=A\cos(\omega t+\delta)$ となることを示しておこう．速さは $v=\frac{\mathrm{d}x}{\mathrm{d}t}$ だから，この方程式は $\frac{\mathrm{d}v}{\mathrm{d}t}=-\omega^2 x$ となり，さらに変数変換 $\frac{\mathrm{d}v}{\mathrm{d}t}=\frac{\mathrm{d}x}{\mathrm{d}t}\frac{\mathrm{d}v}{\mathrm{d}x}=v\frac{\mathrm{d}v}{\mathrm{d}x}$ をおこなうと，$v\frac{\mathrm{d}v}{\mathrm{d}x}=-\omega^2 x$ と書ける．変数分離すると

$$\int v\mathrm{d}v=-\omega^2\int x\mathrm{d}x \tag{7.10}$$

となり，積分を実行すれば

$$\frac{1}{2}v^2=-\frac{1}{2}\omega^2x^2+C \tag{7.11}$$

を得る．ここで，積分定数を $C=\frac{1}{2}\omega^2A^2$ とおけば，$v=\pm\omega\sqrt{A^2-x^2}$ となる．さらに $v=\frac{\mathrm{d}x}{\mathrm{d}t}$ を用いて

$$\frac{\mathrm{d}x}{\mathrm{d}t}=\pm\omega\sqrt{A^2-x^2} \tag{7.12}$$

となるから，再度，変数分離をして積分をおこなう．

$$\pm\int\frac{1}{\sqrt{A^2-x^2}}\mathrm{d}x=\omega\int\mathrm{d}t \tag{7.13}$$

ここで，この積分を実行するために $x=A\cos\theta$ とおくと，$\mathrm{d}x=$

$-A\sin\theta\,\mathrm{d}\theta$ であるから,

$$\pm\int\frac{1}{\sqrt{A^2(1-\cos^2\theta)}}(-A\sin\theta)\,\mathrm{d}\theta=\omega\int\mathrm{dt}$$

$$\int\mathrm{d}\theta=\omega\int\mathrm{dt} \qquad (7.14)$$

となり,積分を実行すれば $\theta=\omega t+\delta$ となる.δ は積分定数である.$\cos(\pm\theta)=\cos\theta$ だから,微分方程式 $\frac{\mathrm{d}^2x}{\mathrm{d}t^2}=-\omega^2x$ の一般解は $x=A\cos(\omega t+\delta)$ となる.

解いてみよう! 7.3

§ 7.3 ばねにつけられた物体の運動

単振動のもっとも簡単な例は,摩擦のない平面上でのばねにつけられた物体の運動である(図 7.3).ばねにつけられた物体にはフックの法則より $F=-kx$ の力がはたらく.よって運動方程式 $F=ma=m\frac{\mathrm{d}^2x}{\mathrm{d}t^2}$ は

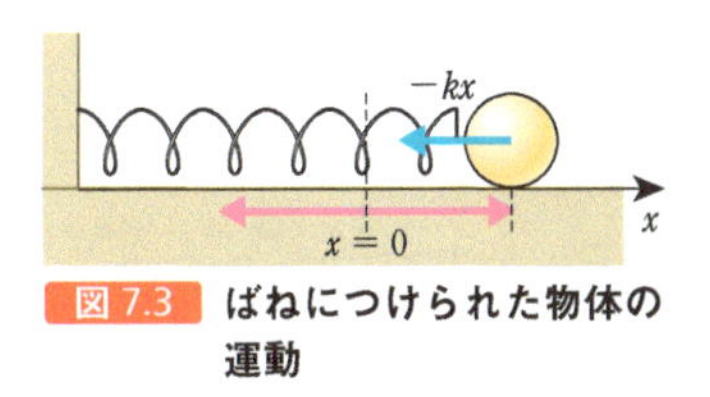

図 7.3 ばねにつけられた物体の運動

$$m\frac{\mathrm{d}^2x}{\mathrm{d}t^2}=-kx \qquad (7.15)$$

と書ける.力が変位に比例し,その向きが変位と逆であるので,単振動が生じる(7.2 節参照).実際,両辺を m で割ると

$$\frac{\mathrm{d}^2x}{\mathrm{d}t^2}=-\frac{k}{m}x \qquad (7.16)$$

となるが,$\omega^2=k/m$ とすると

$$\frac{\mathrm{d}^2x}{\mathrm{d}t^2}=-\omega^2x \qquad (7.17)$$

となって,これは単振動の方程式にほかならない.したがって,ばねにつけられた物体は単振動する.周期および振動数は以下となる.

$$T=\frac{2\pi}{\omega}=2\pi\sqrt{\frac{m}{k}},\quad f=\frac{1}{T}=\frac{1}{2\pi}\sqrt{\frac{k}{m}} \qquad (7.18)$$

解いてみよう! 7.4 7.5

§ 7.4 単振動のエネルギー

ばねにつけられている物体が単振動しているときの力学的エネルギーは保存される(変化しない).これを見ておこう.単振動している物体の速度は $v=-\omega A\sin(\omega t+\delta)$ であるので,物体の運動エネルギーは

$$K=\frac{1}{2}mv^2=\frac{1}{2}m\omega^2A^2\sin^2(\omega t+\delta) \qquad (7.19)$$

となる.一方,ばねに蓄えられた弾性エネルギーは,変位が $x=A\cos(\omega t+\delta)$ であるから

$$U=\frac{1}{2}kx^2=\frac{1}{2}kA^2\cos^2(\omega t+\delta) \tag{7.20}$$

である．したがって，力学的エネルギーは

$$E=K+U=\frac{1}{2}m\omega^2A^2\sin^2(\omega t+\delta)+\frac{1}{2}kA^2\cos^2(\omega t+\delta) \tag{7.21}$$

となる．ここで，$\omega^2=k/m$ を用いると

$$E=\frac{1}{2}kA^2[\sin^2(\omega t+\delta)+\cos^2(\omega t+\delta)] \tag{7.22}$$

となるが，$\sin^2\theta+\cos^2\theta=1$ から

$$E=\frac{1}{2}kA^2 \tag{7.23}$$

を得る．このように，単振動の力学的エネルギーは定数となり，振幅の2乗に比例する．

なお，

$$E=K+U=\frac{1}{2}mv^2+\frac{1}{2}kx^2=\frac{1}{2}kA^2 \tag{7.24}$$

から

$$v=\pm\sqrt{\frac{k}{m}(A^2-x^2)}=\pm\omega\sqrt{A^2-x^2} \tag{7.25}$$

となるので，角振動数（もしくはばね定数と質量）および振幅がわかれば，任意の位置での物体の速さを知ることができる．

解いてみよう！ 7.7 7.8

§ 7.5 単振り子

長さ L のひもの先端に質量 m のおもりをつけ，振り子運動させる（図7.4）．振り子の運動方向（接線方向）にはたらく力の大きさは $F=-mg\sin\theta$ であり，円弧に沿った変位を s とすると，運動方向（接線方向）の運動方程式は

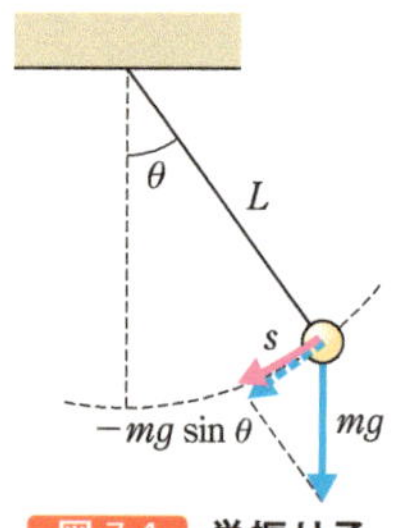

図7.4　単振り子

$$m\frac{\mathrm{d}^2s}{\mathrm{d}t^2}=-mg\sin\theta \tag{7.26}$$

となる．ここで $s=L\theta$ を用いると，

$$\frac{\mathrm{d}^2s}{\mathrm{d}t^2}=\frac{\mathrm{d}^2(L\theta)}{\mathrm{d}t^2}=L\frac{\mathrm{d}^2\theta}{\mathrm{d}t^2} \tag{7.27}$$

より，運動方程式は

$$\frac{\mathrm{d}^2\theta}{\mathrm{d}t^2}=-\frac{g}{L}\sin\theta \tag{7.28}$$

となる．この運動方程式の右辺が $-\omega^2\theta$ の形に書ければ，振り子運動も単振動となるが，右辺は θ ではなく $\sin\theta$ なので単振動ではない．しかし，微小振動（θ が小さい）時には $\sin\theta\approx\theta$ と近似できるから，振り子の運動

方程式は

$$\frac{\mathrm{d}^2\theta}{\mathrm{d}t^2}=-\frac{g}{L}\theta \tag{7.29}$$

となる．したがって，微小振動している振り子の運動は単振動であり，角振動数 ω および周期 T は

$$\omega=\sqrt{\frac{g}{L}},\quad T=\frac{2\pi}{\omega}=2\pi\sqrt{\frac{L}{g}} \tag{7.30}$$

と表される．

7.9

§ 7.6 減衰振動

実際の振動現象では空気抵抗や摩擦力などの減衰力がはたらき，振動は徐々に弱まっていく．これを**減衰振動**という．減衰振動の運動方程式は，単振動の運動方程式 $m\frac{\mathrm{d}^2x}{\mathrm{d}t^2}=-kx$ に減衰力が加わった形をしている．たとえば，速度に比例した減衰力 $-bv=-b\frac{\mathrm{d}x}{\mathrm{d}t}$ がはたらいている場合の運動方程式は

$$m\frac{\mathrm{d}^2x}{\mathrm{d}t^2}=-kx-bv \tag{7.31}$$

となる．

この微分方程式には，係数 b と k の大小関係によって，振る舞いの異なる 3 種類の解が存在する．$\frac{b}{2m}=\kappa$，$\sqrt{\frac{k}{m}}=\omega_0$ とおくと，3 つの解は

過減衰（$b^2-4mk>0$ の場合） $x=\mathrm{e}^{-\kappa t}\left(C_1\mathrm{e}^{\sqrt{\kappa^2-\omega_0{}^2}\,t}+C_2\mathrm{e}^{-\sqrt{\kappa^2-\omega_0{}^2}\,t}\right)$ (7.32)

臨界減衰（$b^2-4mk=0$ の場合） $x=\mathrm{e}^{-\kappa t}(C_1t+C_2)$ (7.33)

減衰振動（$b^2-4mk<0$ の場合） $x=A\mathrm{e}^{-\kappa t}\cos\left(\sqrt{\omega_0{}^2-\kappa^2}\,t+\delta\right)$ (7.34)

となる．

過減衰（図 7.5(a)）では，減衰力がばねの弾性力などの復元力よりも大きく，非周期的に（すなわち一度も振動せずに）位置 x は 0 に近づいて止まってしまう．一方，いわゆる減衰振動（図 7.5(c)）では減衰力が復元力よりも小さく，周期的な振動を繰り返しながら徐々に止まっていく．臨界減衰（図 7.5(b)）とは，過減衰と減衰振動の境目であり，振動が起こらないギリギリの大きさの減衰力がはたらいている状態である．

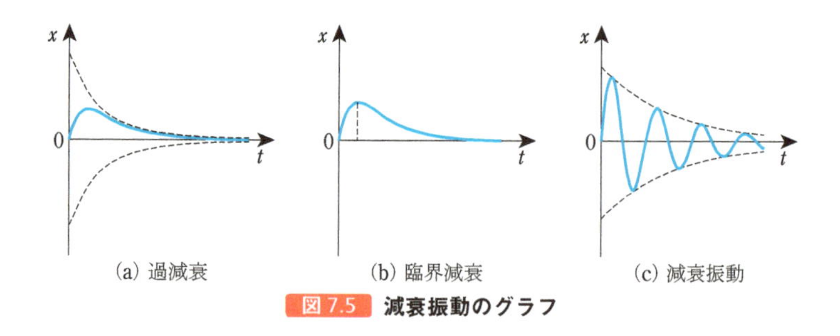

図 7.5　減衰振動のグラフ

§ 7.7　強制振動と共振

減衰振動している物体の運動はいずれ止まってしまうが，減衰力に打ち勝つような力を外から加えることで，振動を保つことができる．たとえば，振り子は空気抵抗という減衰力のためにいずれは止まってしまうが，止まらないように上手なタイミングで力を加え続ければ動き続ける．このように外力によって持続している振動を**強制振動**という．

例として，速度に比例する減衰力 $-bv$ で減衰振動している物体に，周期的な外力 $F_0 \cos \omega t$ を加える強制振動を考えよう．運動方程式は

$$m\frac{\mathrm{d}^2x}{\mathrm{d}t^2} = -kx - bv + F_0 \cos \omega t \tag{7.35}$$

となる．この微分方程式を解くと，充分時間が経過した後の振幅は

$$A = \frac{\dfrac{F_0}{m}}{\sqrt{(\omega^2 - {\omega_0}^2)^2 + \left(\dfrac{b\omega}{m}\right)^2}} \tag{7.36}$$

となる．ここで，ω_0 を**固有角振動数**という．一見複雑な式だが驚かず，分母の $\omega^2 - {\omega_0}^2$ に着目してほしい．外力の角振動数 ω が ω_0 に近い場合に $\omega^2 - {\omega_0}^2 \approx 0$ となって，振幅が大きくなる．特に減衰力が弱い場合（b が小さく，したがって分母の $b\omega/m$ が小さくて無視できるような場合），図 7.6 に示すとおり $\omega = \omega_0$ で振幅は急激に大きくなる．このように，固有角振動数 ω_0 付近で振幅が急激に大きくなる現象を**共振**とよぶ．ω_0 は**共振角振動数**ともよばれる．

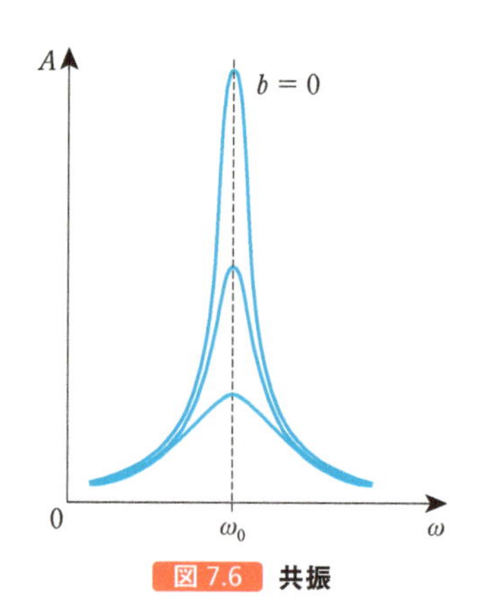

図 7.6　共振

≪ 章 末 問 題 ≫

7.1 基礎 単振動

ある物体が，直線に沿って $x=6.0\cos(10\pi t)$ で単振動している．ただし，時間の単位は s，角度の単位は rad，長さの単位は m である．

(1) 振幅を求めよ．

(2) 角振動数を求めよ．

(3) 初期位相を求めよ．

(4) 周期を求めよ．

(5) 振動数を求めよ．

(6) 速度を時間の関数で表せ．また，その最大値を求めよ．

(7) 加速度を時間の関数で表せ．また，その最大値を求めよ．

7.2 基礎 単振動

x 軸上を単振動する物体がある．その変位は $x=4.0\cos\left(\pi t+\dfrac{\pi}{4}\right)$ にしたがって時間的に変化する．ただし，時間の単位は s，角度の単位は rad，長さの単位は m である．

(1) 時刻 1.0 s における物体の位置，速度，加速度を求めよ．

(2) 時刻 0.0 s から 1.0 s までの物体の変位を求めよ．

(3) 2.0 s における位相を求めよ．ここで $\pi=3.14$ とする．

7.3 基礎 単振動の方程式

単振動の変位 $x=A\cos(\omega t+\delta)$ が，微分方程式 $\dfrac{\mathrm{d}^2x}{\mathrm{d}t^2}=-\omega^2 x$ を満たすことを確かめよ．

7.4 基礎 ばねの単振動

ばね定数 4.0 N/m のばねにつけられた質量 1.0 kg の物体が滑らかな水平面上で単振動している．

(1) 角振動数を求めよ．

(2) 周期を求めよ．

(3) 振動数を求めよ．

7.5 基礎 ばねの単振動

ばね定数 k が未知のばねにつけられた質量 0.10 kg の物体が滑らかな水平面上で周期 0.80 s の単振動している．

(1) ばね定数を求めよ．

(2) 振動数を求めよ．

7.6 発展 バイクのサスペンション

バイクは前輪後輪に取り付けられた計 2 個のばね（サスペンション）で支えられている．各ばねのばね定数は 2.00×10^4 N/m であり，バイクの質量は 200 kg である．このバイクに 80 kg の人が乗り，道路のくぼみを越えて走ったとき，このバイクのばねは単振動をする．各ばねに重量が均等にかかると仮定する．

(1) バイクの振動数を求めよ．

(2) バイクが完全に 2 回振動するのにかかる時間を求めよ．

7.7 基礎 単振動のエネルギー

一端を固定されたばね定数 20.0 N/m のばねの他端につけられた質量 4.00 kg の物体が滑らかな水平面上で，振幅 10.0 cm の単振動をしている．

(1) ばね定数と振幅から力学的エネルギーを求めよ．

(2) 変位が 2.00 cm のとき速度を求めよ．

(3) 変位が 2.00 cm のとき運動エネルギーを求めよ．

(4) 変位が 2.00 cm のときポテンシャルエネルギーを求めよ．

7.8 基礎 単振動のエネルギー

一端を固定されたばね定数 10.0 N/m の軽いばねの他端につけられた質量 0.500 kg の物体が摩擦のない水平面上で，振幅 3.00 cm の単振動をしている．

(1) 物体の速さの最大値を求めよ．

(2) 物体の速さが 1.00×10^{-2} m/s になる位置を求めよ．

7.9 基礎 単振り子

単振動している長さ 1.0 m の振り子がある．

(1) 角振動数を求めよ．

(2) 周期を求めよ．

7.10 発展 単振り子の周期

ひもの先端におもりを取り付け，ビルの屋上から地面すれすれまで垂らし，振り子運動させる．その振り子の周期は 12.0 s であった．

(1) ビルの高さを求めよ．

(2) この振り子を重力加速度が 1.67 m/s^2 である月にもって行くと，その周期は何秒になるかを求めよ．

第8章 万有引力の法則

§ 8.1 万有引力の法則

質量をもつすべての物質は互いに引き合う．この「質量をもつすべての物質が互いに引き合う力」を**万有引力**とよぶ．

❶ 万有引力の法則

質量 m_1，m_2 の2つの物体が距離 r 離れているとき（図 8.1），その2つの物体にはたらく万有引力の大きさ F は，それぞれの質量に比例し，距離の2乗に反比例する．すなわち

$$F=G\frac{m_1 m_2}{r^2} \tag{8.1}$$

となる．これを**万有引力の法則**という．ここで，G は定数で**万有引力定数**とよばれ，$G=6.672\times10^{-11}\ \mathrm{N\cdot m^2/kg^2}$ である．万有引力は質量の大きな物体（天体など）の間で顕著に現れる．地球や月，太陽などの天体は，この万有引力に支配され運動している．

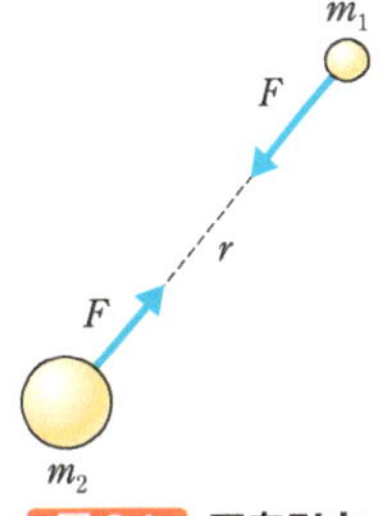

図 8.1 万有引力

❷ 重力と万有引力

万有引力は地上の出来事をも支配している．重力 $m\vec{g}$ の本質はこの万有引力である（図 8.2）．地球と地球上（地球の近く）の物体は互いに万有引力によって引き合い，結果として物体が地球に引かれ落下する*，これを我々は重力とよんでいる．

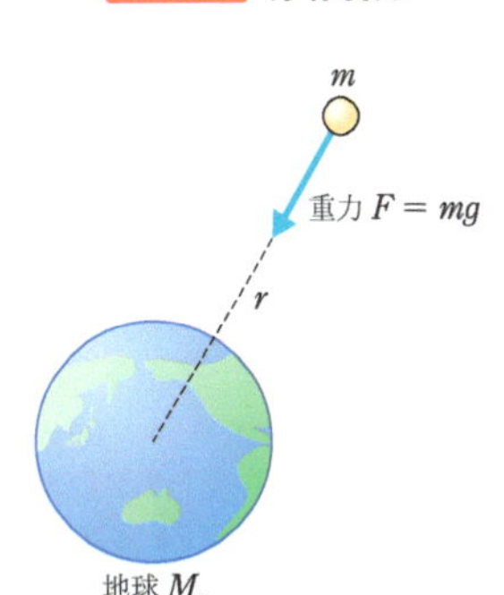

図 8.2 重力と万有引力

* 地球と落体が互いに同じ大きさの万有引力によって引き合っているのに，地球は動かず落体が動くのはなぜだろうか．質量が慣性の大きさを表す物理量であったことを思い出そう．地球の質量は落体の質量に比べて非常に大きいので，地球は落体よりも静止状態を保つことができる．よって，地球は動かず落体のほうが動く．

重力を考える際に，地球のような球対称な物体では，球の中心に全質量が集中していると考えてよい．地表に置かれた質量 m の物体にはたらく重力（地球と物体の間の万有引力）の大きさは，地球の質量を M_e，地球の半径を R_e とすると，

$$F=G\frac{mM_e}{R_e^2} \tag{8.2}$$

となる．これが mg と等しいのであるから，重力加速度の大きさは

$$g=G\frac{M_e}{R_e^2} \tag{8.3}$$

と表され，地球の中心からの距離によって変化することがわかる．たとえば図 8.3 のように，地表から h の高さでの重力加速度の大きさは，地球

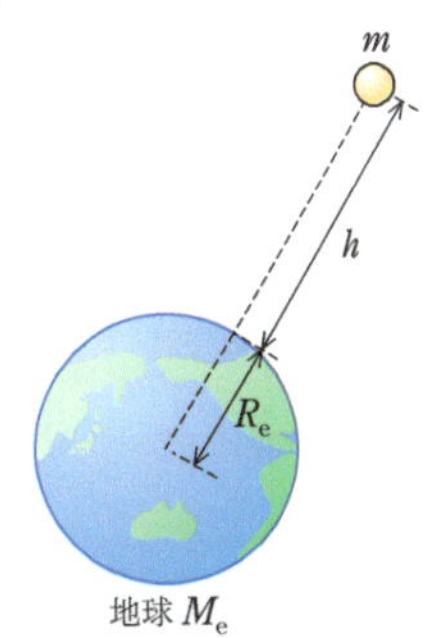

図 8.3 上空の重力

の中心から R_e+h の距離での重力加速度の大きさであるから，次のように表される．

$$g_h = G\frac{M_e}{(R_e+h)^2} \tag{8.4}$$

地球から充分に遠方（$h\to\infty$）では $g_\infty\to 0$ となり，重力（重量）は0に近づく．すなわち，**無重量状態**となる．

❸ 第1宇宙速度

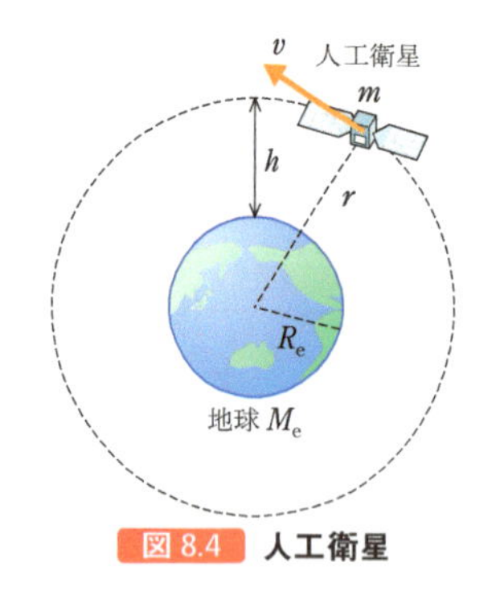

図 8.4　人工衛星

解いてみよう！
8.1 ～ 8.5

円軌道を描いて地球のまわりを運動する人工衛星は，万有引力（重力）が向心力となり等速円運動をしている．質量 m の人工衛星が地球の中心から距離 r の位置を速さ v で等速円運動しているとすると，

$$G\frac{mM_e}{r^2} = m\frac{v^2}{r} \tag{8.5}$$

より，人工衛星の速さは

$$v = \sqrt{\frac{GM_e}{r}} \tag{8.6}$$

となる（図 8.4）．この人工衛星が地表すれすれで円軌道を描くのに必要な速さを**第1宇宙速度**という．

§ 8.2 ケプラーの法則

* ヨハネス・ケプラー（Johannes Kepler, 1571～1630）ドイツの天文学者．1609年に『新天文学』でケプラーの第1法則と第2法則を発表し，その後の1619年に『世界の和声』で第3法則を発表した．病弱であったうえに貧困にも苦しみ，生計は占星術で立てていたようである．

地球をはじめとする太陽系の惑星は太陽のまわりを回っている．ケプラー*は，それまでに観測で得られていた膨大なデータを解析し，1609年に『新天文学』と題する書物の中で，次のいわゆる**ケプラーの法則**が成り立つことを書き記した（図 8.5）．

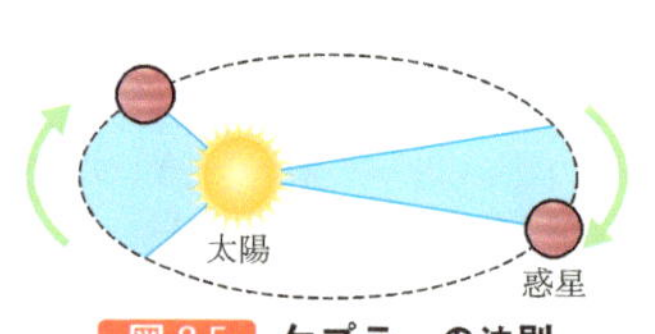

図 8.5　ケプラーの法則

第1法則　惑星は，太陽を1つの焦点とする楕円(だえん)軌道を描いて運動する．

第2法則　惑星と太陽を結ぶ線分が単位時間に描く面積（面積速度）は，一定である．

第3法則　惑星が太陽をまわる周期 T の2乗は，楕円の長半径 a の3乗に比例する．

$$T^2 = Ka^3 \quad (K\text{ は比例定数}) \tag{8.7}$$

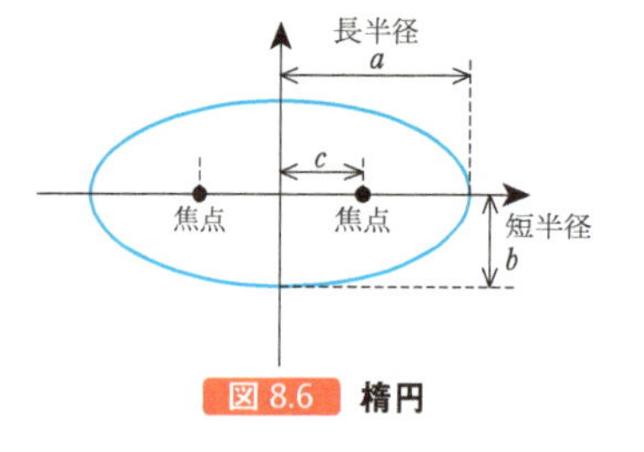

図 8.6　楕円

第1法則を理解するために，楕円と焦点について復習しておこう（図 8.6）．ある1点から等距離にある点の集合は円となる．これに対して，ある2点からの距離の和が一定である点の集合は楕円となる．この2点を楕円の**焦点**という．楕円の中心から一番長い半径 a を**長半径**，一番短い半径 b を**短半径**という．長半径を a，中心から焦点までの距離を c とすると，

離心率は $e=c/a$ となり，真円からのズレの程度を表す．離心率が 0 に近いほど円に近い楕円になる．

第 2 法則は，**面積速度一定の法則**ともよばれる．この第 2 法則は 10 章で紹介する角運動量保存則の帰結である．惑星は太陽からの引力を受けて運動しているから，位置ベクトル $\vec{r}$ と引力 $\vec{F}$ はつねに反平行である．これから，9 章で紹介するトルク* が $\vec{\tau}=\vec{r}\times\vec{F}=\mathrm{d}\vec{L}/\mathrm{d}t=0$ となり，角運動量 $\vec{L}=\vec{r}\times\vec{p}=m\vec{r}\times\vec{v}$ が一定になる．いま，惑星が速度 $\vec{v}$ で時間 $\mathrm{d}t$ に $\mathrm{d}\vec{r}=\vec{v}\mathrm{d}t$ だけ変位した場合を考えよう（図 8.7）．この間に位置ベクトル r は面積 $\mathrm{d}A$ を掃き，この面積は $\vec{r}$ と $\mathrm{d}\vec{r}$ がつくる平行四辺形の面積 $|\vec{r}\times\mathrm{d}\vec{r}|$ の半分であるから，

* トルクとは回転運動を引き起こす力に関する物理量であり，トルクが大きいほど回転は起きやすい（9.6 節参照）．

$$\mathrm{d}A=\frac{1}{2}|\vec{r}\times\mathrm{d}\vec{r}|=\frac{1}{2}|\vec{r}\times\vec{v}\mathrm{d}t|=\frac{L}{2m}\mathrm{d}t \tag{8.8}$$

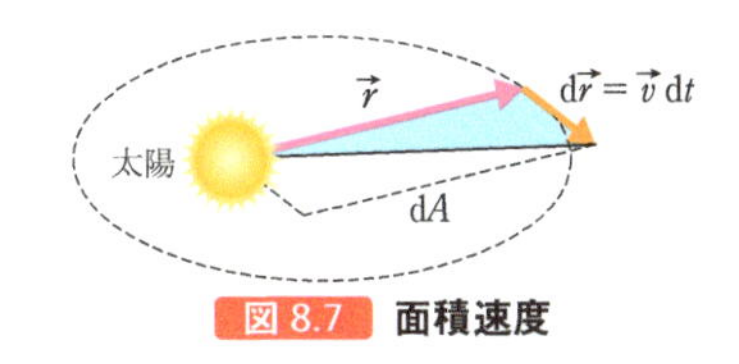

図 8.7 **面積速度**

より，面積速度 $\mathrm{d}A/\mathrm{d}t=L/2m$ は一定となる．

第 3 法則について，実際のデータを見てみよう．表 8.1 より a^3/T^2 は一定であり，確かに $T^2\propto a^3$ が成り立っている．

表 8.1 **惑星のデータ**

惑星	離心率 e	長半径 a（天文単位）	公転周期 T（太陽年）	a^3/T^2
水星	0.2056	0.387	0.241	0.998
金星	0.0068	0.723	0.615	0.999
地球	0.0167	1.00	1.00	1.00
火星	0.0934	1.52	1.88	0.994
木星	0.0485	5.20	11.9	0.993
土星	0.0554	9.55	29.5	1.00
天王星	0.0463	19.2	84.0	1.00
海王星	0.0090	30.1	165	1.00

※ 天文単位：1.50×10^{11} m，太陽年：365 日
（出典：理科年表 平成 30（2018）年）

解いてみよう! 8.6

§ 8.3 ケプラーの法則と万有引力の法則

ニュートンは，惑星がケプラー運動をするのは，惑星を含めすべて物体にはたらく万有引力が原因であると考えた．そして，ケプラーの発見から約 80 年後の 1687 年に『プリンキピア』の中で万有引力の法則を発表した．ニュートンの考察の概要は以下のとおりである．

まず，ケプラーの第 1 法則については楕円軌道を近似的に完全な円運動だと見なした．この場合，第 2 法則が成り立つので惑星は等速円運動をする．このとき，惑星の質量を m，軌道半径を r，角速度の大きさを ω，はたらく力の大きさを F とすれば，惑星の運動方程式は

$$F=ma=mr\omega^2 \tag{8.9}$$

となる．これに，ケプラーの第3法則から $Kr^3=T^2=(2\pi/\omega)^2$ を代入すれば

$$F=\frac{4\pi^2 m}{Kr^2}\propto\frac{m}{r^2} \tag{8.10}$$

が得られる．この式から，ニュートンは惑星にはたらく力は引力であり，その大きさは惑星の質量に比例し，太陽からの距離の2乗に反比例すると考えた．

次にニュートンは，引力が円運動を引き起こすならば，地球のまわりをまわっている月の円運動も地球の引力が原因かもしれないと気がついた．月の公転運動とリンゴの落下運動は同じ力によって生じるとニュートンは考えたのである．質量 M_{m} の月が軌道半径 r_{m} の2乗に反比例する引力を受けて，地球のまわりを角速度 ω で等速円運動をする場合

$$M_{\mathrm{m}}r_{\mathrm{m}}\omega^2=C\frac{M_{\mathrm{m}}}{{r_{\mathrm{m}}}^2} \tag{8.11}$$

が成り立つ．C は比例定数であり $T_{\mathrm{m}}=2\pi/\omega$ を用いると

$$C=\frac{4\pi^2{r_{\mathrm{m}}}^3}{{T_{\mathrm{m}}}^2} \tag{8.12}$$

となる．一方，質量 m のリンゴが地球の中心から距離 R_{e}（地球半径）の2乗に反比例する引力を受けて加速度 g で落下する場合，

$$mg=C'\frac{m}{{R_{\mathrm{e}}}^2} \tag{8.13}$$

が成り立ち，比例定数は

$$C'=g{R_{\mathrm{e}}}^2 \tag{8.14}$$

となる．ここで，月にはたらく力とリンゴにはたらく力がともに同じ地球からの引力であると考えているのだから，比例定数を $C=C'$ とするとリンゴの落下加速度 g は

$$g=\frac{4\pi^2{r_{\mathrm{m}}}^3}{{R_{\mathrm{e}}}^2{T_{\mathrm{m}}}^2} \tag{8.15}$$

となる．地球の半径は $R_{\mathrm{e}}=6.37\times10^6$ m，月の軌道半径は $r_{\mathrm{m}}=3.84\times10^8$ m，月の回転周期は $T_{\mathrm{m}}=2.36\times10^6$ s であるので，上式に数値を代入すると $g=9.88$ m/s^2 となり，地上の重力加速度をよく再現している．

ニュートンは以上の考えをさらに一般化して*，太陽，月，リンゴにかかわらず，すべての質点間にこのような引力が作用し合うと考えて，万有引力の法則を打ち立てた．

$$F=G\frac{m_1m_2}{r^2} \tag{8.16}$$

こうしてニュートンはケプラーの法則から万有引力の法則を導いたのである．逆に，太陽と惑星の間にニュートンの万有引力がはたらくとして解析をおこなうと，惑星がケプラーの法則にしたがう運動をすることが示される．

* 惑星Aの質量を m_{A} とすると，式(8.10)より $F\propto\frac{m_{\mathrm{A}}}{r^2}$ となるが，万有引力は2つの物体の間にはたらくので，惑星Bの質量を m_{B} とすると，$F\propto\frac{m_{\mathrm{B}}}{r^2}$ も導かれるはずである．これから，$F\propto\frac{m_{\mathrm{A}}m_{\mathrm{B}}}{r^2}$ であると考えることができる．

§ 8.4 重力のポテンシャルエネルギー

4章で学んだように，保存力 $\vec{F}$ の r 方向の大きさ F_r とポテンシャルエネルギー U の間には

$$F_r = -\frac{\mathrm{d}U}{\mathrm{d}r} \tag{8.17}$$

の関係があった．この式を積分すればポテンシャルエネルギーが得られる．物体が位置 r_i にあるときのポテンシャルエネルギーを U_i とし，物体が位置 r_f にあるときのポテンシャルエネルギーを U_f とすると，ポテンシャルエネルギーの差は

$$U_f - U_i = -\int_{r_i}^{r_f} F_r \mathrm{d}r \tag{8.18}$$

で求められる．これを利用して**重力（地球の万有引力）のポテンシャルエネルギー**を求めてみよう．地球の質量を M_e，物体の質量を m，地球の中心から物体までの距離を r とし，$F_r = -G\dfrac{M_\mathrm{e}m}{r^2}$ を用いると

$$U_f - U_i = \int_{r_i}^{r_f} G\frac{M_\mathrm{e}m}{r^2}\mathrm{d}r = GM_\mathrm{e}m\int_{r_i}^{r_f}\frac{1}{r^2}\mathrm{d}r \tag{8.19}$$

となり，積分すると

$$U_f - U_i = -GM_\mathrm{e}m\left(\frac{1}{r_f} - \frac{1}{r_i}\right) \tag{8.20}$$

を得る．ここで，ポテンシャルエネルギーの基準点は自由に選択できたので，重力が0となる点（$r_i = \infty$）を基準とし，$r_f = r$ でのポテンシャルエネルギーを $U_f = U$ と書くと，重力のポテンシャルエネルギーは

$$U = -\frac{GM_\mathrm{e}m}{r} \tag{8.21}$$

となる．

さて，万有引力から重力のポテンシャルエネルギーを導いたが，重力のポテンシャルエネルギーといえば，4章で見たように $U = mgh$ であった．この両者は，どのように関係するのだろうか．地表からの高さ h が地球の半径 R_e に比べて充分に小さい場合を考える．地表での重力のポテンシャルエネルギー U_i および高さ h での重力のポテンシャルエネルギー U_f の差は

$$\begin{aligned}\Delta U = U_f - U_i &= GM_\mathrm{e}m\left[-\frac{1}{r}\right]_{R_\mathrm{e}}^{R_\mathrm{e}+h} \\ &= GM_\mathrm{e}m\left(\frac{1}{R_\mathrm{e}} - \frac{1}{R_\mathrm{e}+h}\right) = GM_\mathrm{e}m\left(\frac{h}{R_\mathrm{e}(R_\mathrm{e}+h)}\right)\end{aligned} \tag{8.22}$$

となり，$h \ll R_\mathrm{e}$ であるから，$(R_\mathrm{e}+h) \approx R_\mathrm{e}$ と近似して

$$\Delta U \approx GM_e m\left(\frac{h}{R_e^2}\right) = m\left(\frac{GM_e}{R_e^2}\right)h \tag{8.23}$$

と書ける．ここで，重力 ＝ 万有引力，すなわち $mg = GM_e m/R_e^2$ を用いれば

$$\Delta U \approx mgh \tag{8.24}$$

解いてみよう！ 8.7

となり，$U = -GM_e m/r$ の近似として $U = mgh$ が成り立つことがわかる．

§ 8.5 第2宇宙速度

質量 M_e の地球から質量 m のロケットを速さ v で打ち上げることを考えよう．宇宙には地球とロケットの2つしか存在しないとするならば，力学的エネルギー

$$E = K + U = \frac{1}{2}mv^2 - G\frac{M_e m}{r} \tag{8.25}$$

は保存される．ここで，r は地球の中心からロケットまでの距離である．ロケットを打ち上げる速さが充分でないと，打ち上げたロケットは失速し墜落してしまう．そこで，ロケットが地球の重力を振り切って，宇宙旅行へ出かけるために必要な初速度 v_i を求めてみよう．地表（$r_i = R_e$）を飛び立って位置 r_f に達したときの速さを v_f とすると，力学的エネルギー保存則から

$$\frac{1}{2}mv_i^2 - G\frac{M_e m}{R_e} = \frac{1}{2}mv_f^2 - G\frac{M_e m}{r_f} \tag{8.26}$$

が成り立つ．ここで，投げ上げ運動を思い出そう．投げ上げられた物体は，最高点では $v=0$ となるが，重力があるためにその後，落下する．落下せずに宇宙へ飛び立つためには，最高点（$v=0$）が重力のはたらかない $r=\infty$ になるように打ち上げればよい．よって，式（8.26）に $r_f=\infty$ および $v_f=0$ を代入して

$$v_i = \sqrt{\frac{2GM_e}{R_e}} \tag{8.27}$$

を得る．この脱出速度を**第2宇宙速度**という．このように，第2宇宙速度はロケットの質量に依存しない．軽いロケットだろうが重いロケットだろうが，あるいは気体の分子であったとしても第2宇宙速度は同じである．

解いてみよう！ 8.8

« 章 末 問 題 »

万有引力定数を 6.672×10^{-11} N·m²/kg² とする．

8.1 基礎 万有引力

地球の質量を 5.98×10^{24} kg，地球の半径（赤道半径）を 6.37×10^{6} m とする．

(1) 距離 50.0 cm 離れた質量 50.0 kg と 60.0 kg の2人の間にはたらく万有引力の大きさを求めよ．

(2) 地上にある質量 2.00×10^{4} kg のトラックにはたらく万有引力の大きさを求めよ．

(3) 地球と月の間にはたらく万有引力の大きさを求めよ．ただし，月の質量は 7.36×10^{22} kg，地球の中心と月の中心の間の距離を 3.84×10^{8} m とする．

8.2 基礎 重力加速度

次の位置での重力加速度の大きさを求めよ．ただし，地球の質量を 5.98×10^{24} kg，地球の半径を 6.37×10^{6} m とする．

(1) 地表

(2) 1000 km 上空

(3) 6000 km 上空

8.3 基礎 人工衛星

上空 400 km の地球周回軌道にいる国際宇宙ステーション（ISS）の速さと周期を求めよ．ただし，地球の質量を 5.98×10^{24} kg，地球の半径を 6.37×10^{6} m とする．

8.4 基礎 太陽の質量

地球は万有引力を受けて，太陽のまわりを半径 1.50×10^{11} m で等速円運動している．その公転周期は 3.16×10^{7} s である．このとき，太陽の質量を求めよ．

8.5 基礎 地球の質量

月は万有引力を受けて，地球のまわりを半径 3.84×10^{8} m で等速円運動している．その公転周期は 2.36×10^{6} s である．このとき，地球の質量を求めよ．

8.6 基礎 ケプラーの第3法則

ある惑星が万有引力を受けて，太陽のまわりを半径 r の等速円運動している．その公転周期を T とすると，ケプラーの第3法則 $T^2=Kr^3$ が成り立つ．このとき，比例定数 K を決定せよ．ただし，太陽の質量を 1.99×10^{30} kg とする．

8.7 基礎 重力のポテンシャルエネルギー

地球表面にある質量 m の物体がもつ重力のポテンシャルエネルギーは，地表から地球の半径 R_e の2倍の位置でもつ重力のポテンシャルエネルギーの何倍かを求めよ．ただし，地球の質量を M_e，万有引力定数を G とする．

8.8 基礎 第2宇宙速度

地球の質量を 5.98×10^{24} kg，半径を 6.37×10^{6} m，木星の質量を 1.90×10^{27} kg，半径を 6.99×10^{7} m として，地球および木星の第2宇宙速度を求めよ．

8.9 発展 地球を貫くトンネル

図(a)のように地球の中心を通るまっすぐなトンネル AB を掘り，その中を質量 m の列車を走らせる．トンネルと列車の間には摩擦がないと仮定し，地球を半径 R_e，質量 M_e の一様な球と見なし，万有引力定数を G とする．

(1) 地球の密度 ρ を求めよ．

(2) 地球の中心から $x\,(x<R_e)$ の位置で列車にはたらく力の大きさ F を求めよ．

(3) 列車の運動方程式を書け．

(4) $M_e = 5.98 \times 10^{24}$ kg，$R_e = 6.37 \times 10^6$ m，$G = 6.672 \times 10^{-11}$ N・m²/kg² として，列車が1往復する時間 T を求めよ．

次に，図(b)のように地球の中心を通らないまっすぐなトンネル A′B′ 内に列車を走らせることを考える．

(5) 地球の中心から r ($r < R_e$)，水平面とのなす角が θ の位置で列車の進行方向にはたらく力の大きさ F' を求めよ．

(6) $M_e = 5.98 \times 10^{24}$ kg，$R_e = 6.37 \times 10^6$ m，$G = 6.672 \times 10^{-11}$ N・m²/kg² として，列車が1往復する時間 T' を求めよ．

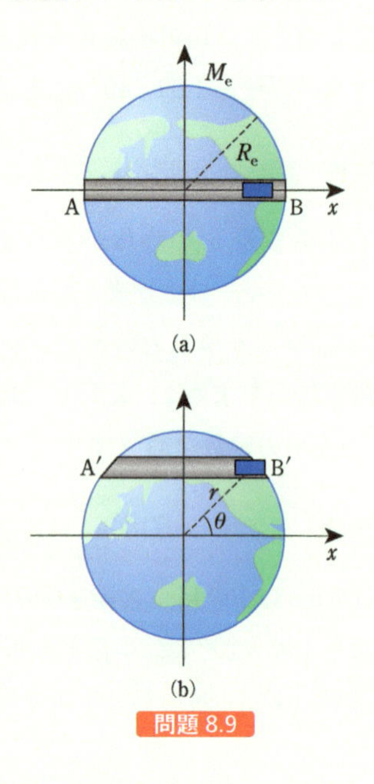

問題 8.9

ヒント

(1) 密度は単位体積あたりの質量であり，球の体積は $\frac{4}{3}\pi r^3$ で与えられる．

(2) 列車は半径 x の球内の質量から万有引力を受ける．

(3) 列車にはたらく力は，(2)で求めた万有引力のみである．運動方程式を微分方程式の形で表す．

(4) (3)で得られた運動方程式から列車がどのような運動をするのかを考える．(1往復する時間)=(周期)である．

(5) (2)と同様に列車は半径 r の球内の質量から万有引力を受けるから，その水平成分を考える．

(6) 運動方程式を微分方程式の形で立て変形することで，列車がどのような運動をするのか考える．

第9章 固定軸まわりの剛体の回転運動

§ 9.1 剛体

これまでは大きさのない質点を扱ってきた．たとえば，落体の運動を議論したときも，落ちていく球の大きさは考えなかった．だが，我々が日常で目にする物体は大小さまざまな大きさをもっている．より厳密に物理現象を解析するためには，質点ではなく大きさをもった物体の力学が必要である．大きさをもった物体には質点にはなかった性質（変形と回転）がある．このため，その運動を解析することが一気に難しくなる．

力を加えてもけっして変形しない物体を**剛体**という．自然界に存在する物体に力を加えるとわずかであれ必ず変形する．したがって，完全な剛体は存在しないが，変形が無視できるような場合，その物体を剛体として考えると便利である．剛体は変形しないので，質点の力学にその物体の回転運動のみを加えればよい．ちなみに，変形する物体には弾性体や流体がある．

§ 9.2 角速度と角加速度

固定された1本の軸線まわりで剛体が回転する場合を考えよう．固定軸まわりの剛体の回転運動では，定義から明らかではあるが，剛体の各点は同一の角速度と同一の角加速度をもつ．角速度と角加速度が剛体の回転を特徴づける物理量となる．

剛体の各点が同一の角速度をもっていても同一の速度をもっているわけではない．固定軸から遠くなるほど，回転は速くなる．実際，固定軸から距離 r 離れた剛体上の点は，円軌道を描き運動する（図 9.1）．このときの速さ（接線方向の速さ）は，$s=r\theta$ を用いて

$$v=\frac{\mathrm{d}s}{\mathrm{d}t}=r\frac{\mathrm{d}\theta}{\mathrm{d}t}=r\omega \tag{9.1}$$

となり，距離 r とともに大きくなる．接線方向の加速度の大きさ a_t も同様にして，以下のように求めることができる．

$$a_t=\frac{\mathrm{d}v}{\mathrm{d}t}=r\frac{\mathrm{d}\omega}{\mathrm{d}t}=r\alpha \tag{9.2}$$

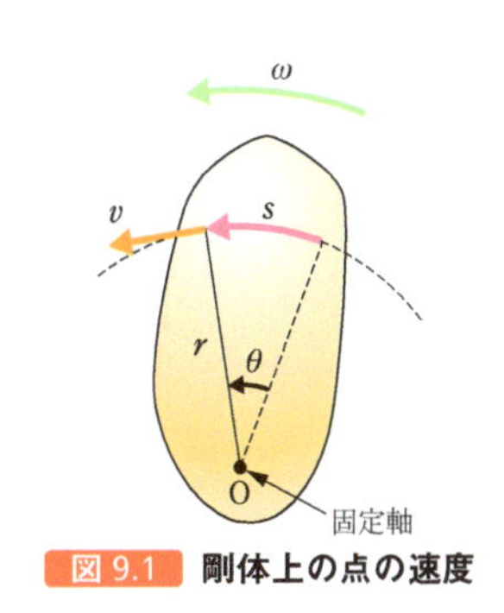

図 9.1 剛体上の点の速度

また，半径方向の加速度（向心加速度）の大きさ a_r は v^2/r であったから，これを角速度で表せば

$$a_r=\frac{v^2}{r}=\frac{(r\omega)^2}{r}=r\omega^2 \tag{9.3}$$

となる．全加速度の大きさは三平方の定理より

$$a=\sqrt{a_t{}^2+a_r{}^2}=\sqrt{(r\alpha)^2+(r\omega^2)^2}=r\sqrt{\alpha^2+\omega^4} \tag{9.4}$$

で与えられる．

解いてみよう！ 9.1 9.2

§ 9.3 等角加速度回転運動

もっとも解析が容易な質点の運動は等加速度運動である．同様に，固定軸まわりの剛体の回転運動の中でもっとも単純なのは，等角加速度をもった回転運動である．この**等角加速度回転運動**の運動学的方程式を導いてみよう．角加速度の定義式 $\alpha=\mathrm{d}\omega/\mathrm{d}t$ を $\mathrm{d}\omega=\alpha\mathrm{d}t$ と変形して積分すると

$$\omega=\int\mathrm{d}\omega=\alpha\int\mathrm{d}t=\alpha t+C\quad(C\text{は積分定数}) \tag{9.5}$$

となる．ここで，時刻 $t=0$ のときに角速度が ω_0 であったとすると $C=\omega_0$ であるので

$$\omega=\omega_0+\alpha t \tag{9.6}$$

を得る．これが，等加速度運動の $v=v_0+at$ に相当する方程式である．同様にして，$\omega=\mathrm{d}\theta/\mathrm{d}t$ を $\mathrm{d}\theta=\omega\mathrm{d}t$ と変形して積分すると

$$\theta=\int\mathrm{d}\theta=\int\omega\mathrm{d}t=\int(\omega_0+\alpha t)\,\mathrm{d}t=\omega_0 t+\frac{1}{2}\alpha t^2+C\quad(C\text{は積分定数}) \tag{9.7}$$

となる．ここで，時刻 $t=0$ のときに角度が θ_0 であったとすると $C=\theta_0$ であるので

$$\theta=\theta_0+\omega_0 t+\frac{1}{2}\alpha t^2 \tag{9.8}$$

を得る．これは，等加速度運動の $x=x_0+v_0 t+\frac{1}{2}at^2$ に相当している．

解いてみよう！ 9.3 9.4

§ 9.4 回転の運動エネルギー

角速度 ω で回転している剛体が質点とみなせるぐらいに小さなブロックの集合でできているとする．固定軸から距離 r_i にある質量 m_i の質点の速さは $v_i=r_i\omega$ であるので，その質点のもつ運動エネルギーは

$$K_i=\frac{1}{2}m_i v_i^2=\frac{1}{2}m_i(r_i\omega)^2 \tag{9.9}$$

である．剛体をつくるすべての質点についての運動エネルギーを足し合わせると，

$$K=\sum K_i=\sum\frac{1}{2}m_i(r_i\omega)^2=\frac{1}{2}\left(\sum m_i r_i^2\right)\omega^2 \tag{9.10}$$

となる．これは**剛体の回転の運動エネルギー**（質点系の回転のエネルギー）とよばれている．ここで，

$$I=\sum m_i r_i^2 \tag{9.11}$$

と定義すれば，回転の運動エネルギーは

$$K=\frac{1}{2}I\omega^2 \tag{9.12}$$

と表される．$I\,[\mathrm{kg\cdot m^2}]$ は**慣性モーメント**とよばれ，回転運動において大変重要な物理量である．

並進運動のエネルギー（いわゆる通常の運動エネルギー）$K=\frac{1}{2}mv^2$ と回転の運動エネルギー $K=\frac{1}{2}I\omega^2$ は類似している．速度 v を角速度 ω に，加速度 a を角加速度 α にそれぞれ置き換えると，等加速度運動の式が等角加速度運動の式になる．さらに，質量 m を慣性モーメント I に置き換えると並進の運動エネルギーの式が回転の運動エネルギーの式となる．

9.5

§ 9.5 慣性モーメントの計算

剛体が有限の数の質点の集合体であるときには，$I=\sum m_i r_i^2$ を用いて慣性モーメントを計算すればよい*1．しかし，剛体を無数の質点の集合体であると考えなくてはいけないときには，剛体を限りなく小さな質点へ分解して足し合わせる必要がある*2．限りなく小さな質点の位置を r_i，質量を $\Delta m_i=\Delta m$ とすれば，慣性モーメントは以下となる．

$$I=\lim_{\Delta m\to 0}\sum r_i^2\,\Delta m=\int r^2\mathrm{d}m \tag{9.13}$$

ここで，**体積密度** ρ（単位体積あたりの質量），**面密度** σ（単位面積あたりの質量），**線密度** λ（単位長さあたりの質量）などの**質量密度**

$$\rho=\lim_{\Delta V\to 0}\frac{\Delta m}{\Delta V}=\frac{\mathrm{d}m}{\mathrm{d}V},\quad \sigma=\lim_{\Delta S\to 0}\frac{\Delta m}{\Delta S}=\frac{\mathrm{d}m}{\mathrm{d}S},\quad \lambda=\lim_{\Delta L\to 0}\frac{\Delta m}{\Delta L}=\frac{\mathrm{d}m}{\mathrm{d}L} \tag{9.14}$$

を用いると，慣性モーメントは

$$I=\int r^2\mathrm{d}m=\int r^2\rho\,\mathrm{d}V,\quad I=\int r^2\mathrm{d}m=\int r^2\sigma\,\mathrm{d}S,\quad I=\int r^2\mathrm{d}m=\int r^2\lambda\,\mathrm{d}L \tag{9.15}$$

*1 たとえば，2つの質点を大きさが無視できる伸び縮みしない棒でつなげた物体は $i=1, 2$ の剛体である．

*2 たとえば，固くて巨大な岩は無数の砂で固まってできた剛体とみなせる．

と表される．また，3次元的な物体，2次元的な物体，1次元的な物体についての慣性モーメントを直交座標を用いて表せば

$$I=\int r^2\rho\mathrm{d}V=\iiint(x^2+y^2+z^2)\rho\mathrm{d}x\mathrm{d}y\mathrm{d}z \tag{9.16}$$

$$I=\int r^2\sigma\mathrm{d}S=\iint(x^2+y^2)\sigma\mathrm{d}x\mathrm{d}y \tag{9.17}$$

$$I=\int r^2\lambda\mathrm{d}L=\int x^2\lambda\mathrm{d}x \tag{9.18}$$

となる．参考のために，図9.2にさまざまな剛体の慣性モーメントを挙げておく（導出は付録B参照）．

ここで，質量中心（重心）（9.6節⑤参照）を通る軸線まわりの慣性モーメントがわかっている場合に便利な**平行軸線定理**（**スタイナーの定理**）を紹介しておく*．質量中心Cを通る軸線に平行で距離Dだけ離れた点Oを通る軸線まわりの慣性モーメントは，質量中心を通る軸線まわりの慣性モーメントをI_{C}，この剛体の質量をMとすると，次の平行軸線定理

$$I=I_{\mathrm{C}}+MD^2 \tag{9.19}$$

が成り立つ（図9.3）．

* この他にも，慣性モーメントの計算に便利な式がある．たとえば，薄い平板の平面に垂直な直線をz軸とするとき，z軸まわりの慣性モーメントは

$$I_z=I_x+I_y$$

となる。ここで，I_x，I_yはそれぞれx軸，y軸まわりの慣性モーメントである．これは，板の厚さをD，密度をρとすると，次のように導かれる．

$$\begin{aligned}I_z&=\int(x^2+y^2)\rho D\mathrm{d}x\mathrm{d}y\\&=\int x^2\rho D\mathrm{d}x\mathrm{d}y+\int y^2\rho D\mathrm{d}x\mathrm{d}y\\&=I_x+I_y\end{aligned}$$

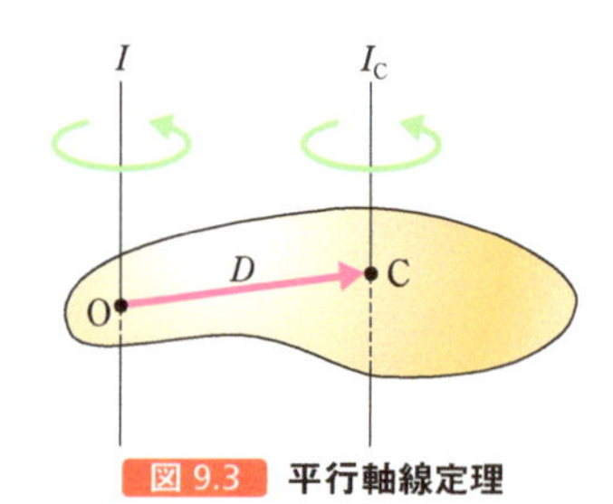

図9.3　平行軸線定理

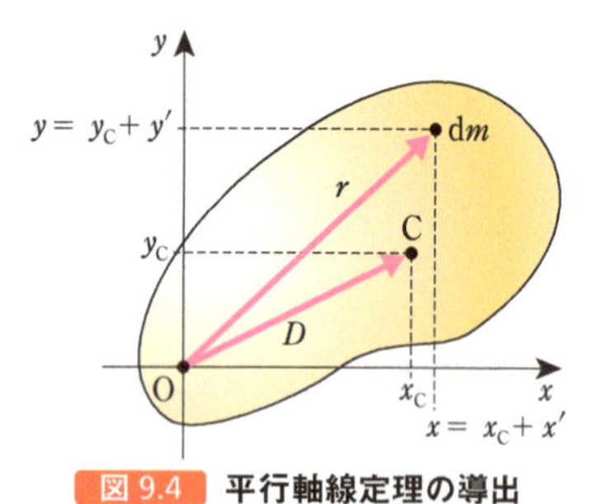

図9.4　平行軸線定理の導出

平行軸線定理は次のようにして示される（図9.4）．Oを原点とし，質量中心Cの座標を$(x_{\mathrm{C}}, y_{\mathrm{C}})$とする．剛体上の微小質量$\mathrm{d}m$を考え，この$\mathrm{d}m$の質量中心から見た座標を$(x', y')$とし，点Oから見た座標を$(x, y)=(x_{\mathrm{C}}+x', y_{\mathrm{C}}+y')$とする．$r=\sqrt{x^2+y^2}$より，点Oを通る軸線まわりの慣性モーメントは，質量中心の座標$(x_{\mathrm{C}}, y_{\mathrm{C}})$が定数であることに注意すれば

$$\begin{aligned}I&=\int r^2\mathrm{d}m=\int(x^2+y^2)\mathrm{d}m=\int\{(x_{\mathrm{C}}+x')^2+(y_{\mathrm{C}}+y')^2\}\mathrm{d}m\\&=\int\{(x')^2+(y')^2\}\mathrm{d}m+(x_{\mathrm{C}}{}^2+y_{\mathrm{C}}{}^2)\int\mathrm{d}m+2x_{\mathrm{C}}\int x'\mathrm{d}m+2y_{\mathrm{C}}\int y'\mathrm{d}m\end{aligned} \tag{9.20}$$

となる．ここで，右辺第1項は，座標(x', y')が質量中心から見た$\mathrm{d}m$の座標であるから，質量中心を通る軸線まわりの慣性モーメントI_{C}である．

$$\int\{(x')^2+(y')^2\}\mathrm{d}m=I_{\mathrm{C}} \tag{9.21}$$

右辺第2項は，$x_{\mathrm{C}}{}^2+y_{\mathrm{C}}{}^2=D^2$，$\int\mathrm{d}m=M$であるから，$(x_{\mathrm{C}}{}^2+y_{\mathrm{C}}{}^2)\int\mathrm{d}m=D^2M$となる．右辺第3項と第4項は0になる．これは，座標(x', y')が質量中心を原点とした$\mathrm{d}m$の座標でり，この座標(x', y')での質量中心$(X_{\mathrm{C}}, Y_{\mathrm{C}})$の定義が

$$X_{\mathrm{C}}=\frac{\int x'\mathrm{d}m}{M},\quad Y_{\mathrm{C}}=\frac{\int y'\mathrm{d}m}{M} \tag{9.22}$$

となるが，$(X_{\mathrm{C}}, Y_{\mathrm{C}})=(0, 0)$より，$\int x'\mathrm{d}m=0$，$\int y'\mathrm{d}m=0$となるからで

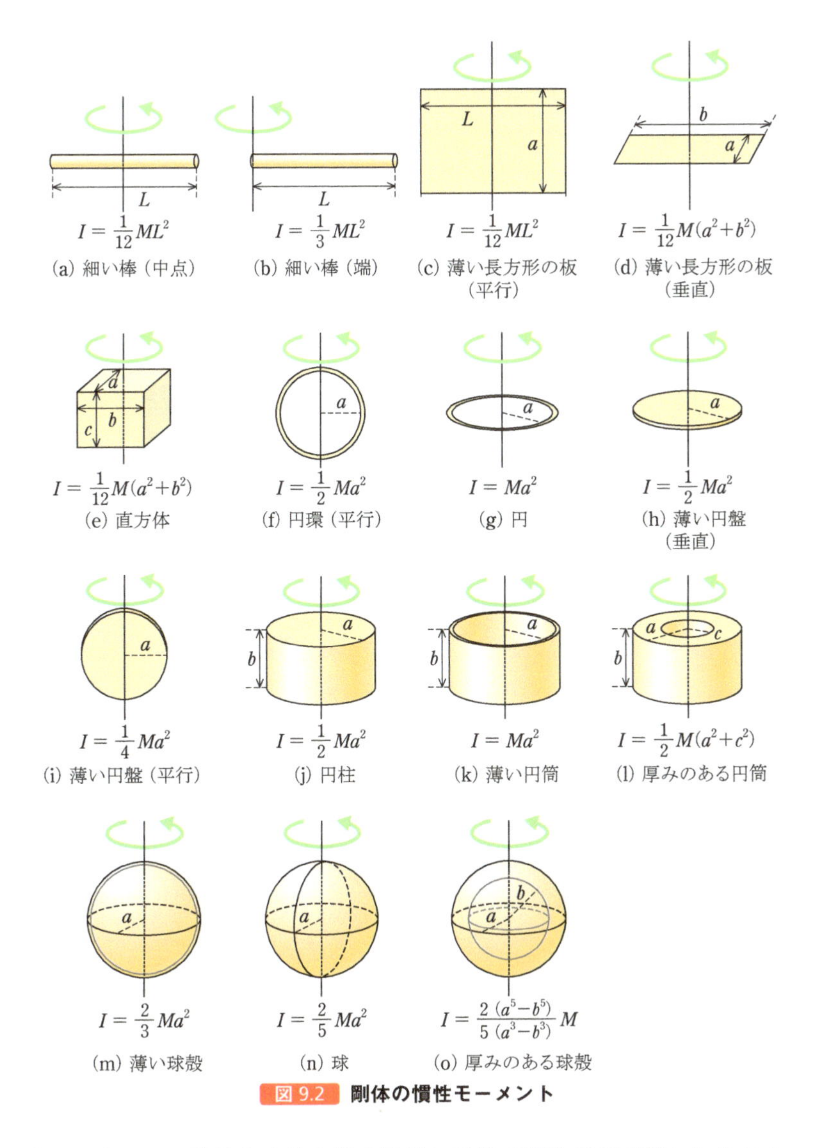

図 9.2 剛体の慣性モーメント

ある．よって，質量中心Cを通る軸線に平行で距離Dだけ離れた点Oを通る軸線まわりの慣性モーメントは，$I=I_C+MD^2$となり，平行軸線定理が示された．

解いてみよう！ 9.6 〜 9.9

§ 9.6 トルク（力のモーメント）

❶ トルクの大きさ

回転運動を引き起こす力に関連した量に**トルク**（力のモーメント）とよばれるベクトル量$\vec{\tau}$がある．トルクが大きいほど回転を起こす効果が大きい．トルクが0ならば新たな回転は起こらない．

長さrの細い棒（剛体）を考えよう（図 9.5）．棒の左端を固定軸として，右端に水平面と角度ϕをなす力$\vec{F}$を加えると棒は反時計まわりに

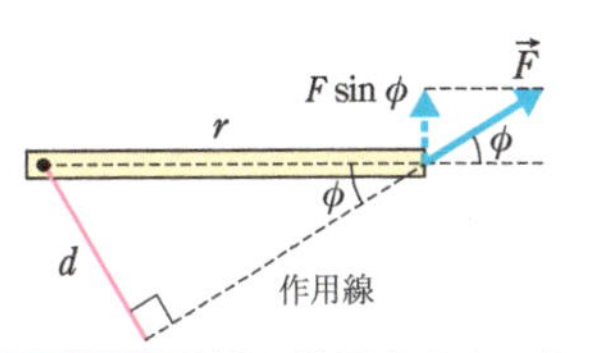

図 9.5 剛体に作用するトルク

回転する．この回転に直接関与するのは，棒に垂直な力の成分 $F\sin\phi$ であるから，トルク $\vec{\tau}$ の大きさを次のように定義する．

$$\tau = rF\sin\phi \qquad (9.23)$$

トルクの大きさは，回転軸から $\vec{F}$ の**作用線**（$\vec{F}$ がのっている線）までの垂直距離 d を用いても表すことができる．$d=r\sin\phi$ であるから，

$$\tau = rF\sin\phi = Fd \qquad (9.24)$$

となる．定義より，トルクは基準となる回転軸がなければ計算できない．回転軸からの垂直距離 d は，力 $\vec{F}$ の**モーメントの腕**（もしくは単に腕）とよばれている．また，物体を反時計まわりに回転させるトルクを正にとり，時計まわりに回転させるトルクを負にとる．

式（9.24）より力の大きさ F が大きくなるか腕 d が長くなれば，トルクが大きくなって回転効果が増加することがわかる．たとえば，ドアのノブは回転軸である蝶番（ちょうつがい）に近い位置ではなく，蝶番から離れた位置につけられている．これは，ドアを開閉しようとする人間の力には限りがあるので，できるだけ腕を長くしてドアが容易に回転できるよう設計されているからである．

なお，トルクと力を混同しないように注意してほしい．トルクの単位は力×距離より，[N·m] である．

❷ トルクの向き

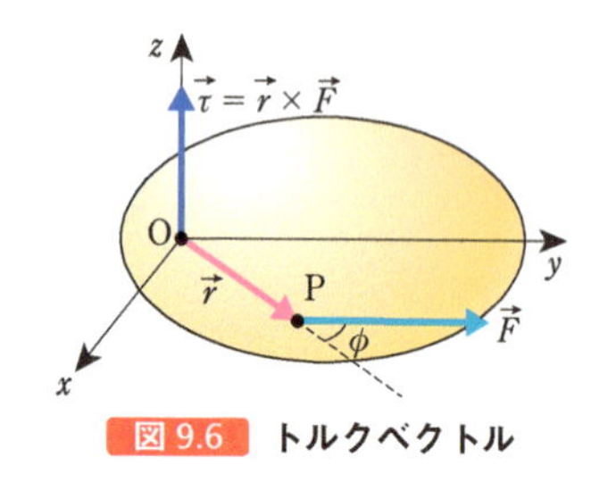

図 9.6　トルクベクトル

図 9.6 のように z 軸を固定軸とする剛体があり，中心から位置 $\vec{r}$ にある点 P が力 $\vec{F}$ を受けて回転する場合を考えよう．このとき，トルク（ベクトル）を，$\vec{r}$ と $\vec{F}$ の間の角度を ϕ として，

$$\vec{\tau} = \vec{r}\times\vec{F} \qquad (9.25)$$

と定義する．このようにトルクはベクトルの外積で定義でき，トルクの向きは $\vec{r}$ と $\vec{F}$ の両方に垂直な向き（z 軸方向）となる．

❸ 正味のトルク

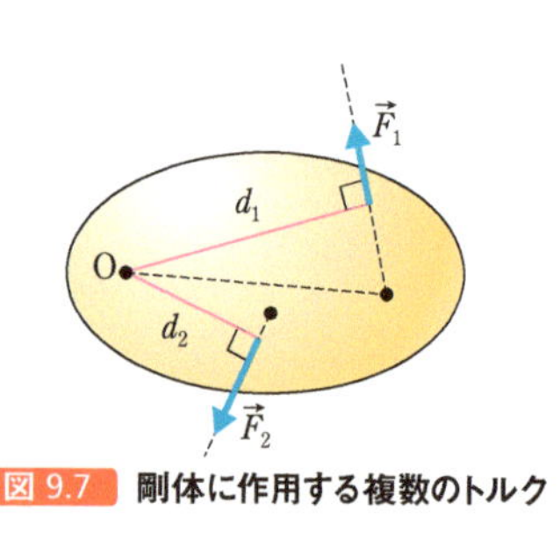

図 9.7　剛体に作用する複数のトルク

1つの剛体に2つの力 $\vec{F_1}$，$\vec{F_2}$ がはたらく場合を考えよう（図 9.7）．正味のトルク $\vec{\tau}$ は，力 $\vec{F_1}$ によるトルク $\vec{\tau_1}$ と力 $\vec{F_2}$ によるトルク $\vec{\tau_2}$ の和となる．たとえば図 9.7 のように，力 $\vec{F_1}$ が剛体を回転軸（点 O）まわりで反時計まわりに回転させ，一方の力 $\vec{F_2}$ が剛体を時計まわりに回転させようとするならば，正味のトルクの大きさは

$$\tau = \tau_1 + \tau_2 = F_1 d_1 - F_2 d_2 \qquad (9.26)$$

となる．同様に，剛体にはたらく力が3つ以上の場合の正味のトルクは，正負に注意しながら各力によるトルクの総和をとれば求められる．

❹ 剛体の静止平衡

剛体は並進運動と回転運動の2種類の運動をすることが可能である．そして，並進も回転もしていないとき，剛体は**静止平衡**にある（つり合っている）という．静止平衡となる条件は次の2つである．

(1) 剛体にはたらく外力の和が0である
(2) 剛体にはたらくトルクの和が0である

外力の和が0であるとは，結局のところ剛体に力がはたらかないことと同じである．また，トルクとは回転を生み出す力に関する物理量であったから，トルクの和が0であるとは，剛体を回転させようとする力が働いていないことと同じである．したがって，静止している剛体が静止平衡にあれば，剛体は位置を変えず回転もしない．

❺ 重心（質量中心）

野球のバットを指1本で支えたい．さて，バットのどの点を支えればよいのだろうか．答えは**重心**（**質量中心**）を通る点である．バットの形は複雑であるから，そのかわりに細長い棒を考えよう．この棒をn個の小さな部分に分け，各部分の座標をx_1，x_2，…，x_n，質量をm_1，m_2，…，m_nとする．このとき，棒の各部にはたらく重力のモーメント（重力によるトルク）の和が0になる．すなわち，

$$m_1g(x_G-x_1)+m_2g(x_G-x_2)+\cdots+m_ng(x_G-x_n)=0 \tag{9.27}$$

を満たす点

$$x_G=\frac{m_1x_1+m_2x_2+\cdots+m_nx_n}{m_1+m_2+\cdots+m_n} \tag{9.28}$$

を重心という．重心まわりのトルクが0なので，重心で支えれば棒は回転しない．

たとえば，同じ質量の2つの球を軽い剛体の棒の両端につけて，やじろべえを作成したとする．このやじろべえを指1本で支えるには剛体棒の中心を支えればよい．実際，やじろべえの重心は

$$x_G=\frac{mx_1+mx_2}{m+m}=\frac{x_1+x_2}{2} \tag{9.29}$$

となって，確かに剛体棒の中心となっている．

§ 9.7 トルクと回転運動の運動方程式

ニュートンの第2法則を思い出そう．質量 m の質点に力 $\vec{F}$ が作用するとき，力 $\vec{F}$ が大きければ物体の加速度 $\vec{a}$ も大きくなり，その関係は運動方程式 $\vec{F}=m\vec{a}$ で与えられた．同様に，慣性モーメント I の剛体に正味のトルク $\vec{\tau}$ がはたらくとき，トルク $\vec{\tau}$ が大きければ剛体の角加速度 $\vec{\alpha}$ も大きくなる．これを式で表すと

$$\vec{\tau}=I\vec{\alpha} \tag{9.30}$$

となる．この式は質点の運動方程式 $\vec{F}=m\vec{a}$ に相当する**回転運動の運動方程式**である（別の数式表現もある．10.5 節参照）．

回転運動の運動方程式を導いてみよう．説明を簡単にするためにトルク $\vec{\tau}$ の大きさ τ のみを考える．剛体を質量 $\mathrm{d}m$ の無数の無限小部分に分割する．各部分にはたらく接線方向の力を $\mathrm{d}F_t$ とし接線加速度を a_t とすれば，ニュートンの運動方程式より $\mathrm{d}F_t=(\mathrm{d}m)a_t$ となる．一方，力 $\mathrm{d}F_t$ によるトルクは，回転軸から無限小部分までの腕の長さを r とすると，

$$\mathrm{d}\tau=r\mathrm{d}F_t=r(\mathrm{d}m)a_t \tag{9.31}$$

である．これは，角加速度を α とすると $a_t=r\alpha$ より，

$$\mathrm{d}\tau=(r^2\mathrm{d}m)\alpha \tag{9.32}$$

となる．これから正味のトルクは，すべての無限小部分が同一の角加速度をもつことに注意すれば，

$$\tau=\int\mathrm{d}\tau=\alpha\int r^2\mathrm{d}m \tag{9.33}$$

と計算される．右辺の積分は慣性モーメントにほかならないので $\tau=I\alpha$ を得る．

« 章　末　問　題 »

9.1 基礎 速さと向心加速度

ある剛体が固定軸まわりを一定の角速度 3.0 rad/s で回転している．

(1) 固定軸から距離 0.50 m 離れた点の速さおよび向心加速度の大きさを求めよ．

(2) 固定軸から距離 1.0 m 離れた点の速さおよび向心加速度の大きさを求めよ．

9.2 基礎 加速度の接線方向成分

半径 2.5 m の円盤が一定の角加速度 3.0 rad/s^2 で回転している．円盤の縁(ふち)がもつ接線方向の加速度の大きさを求めよ．

9.3 基礎 等角加速度回転運動

等角加速度 5.0 rad/s^2 で回転する車輪がある．はじめに角速度 0.50 rad/s で回転していたとする．

(1) 1.0 s 後の角速度を求めよ．

(2) 3 回転するのにかかる時間を求めよ．

(3) 5.0 s で何回転するかを求めよ．

9.4 基礎 等角加速度回転運動

はじめ 1 分間に 33 回転していた半径 15 cm のターンテーブルが，一定の角加速度で回転が減少し，15 秒後に静止した．

(1) ターンテーブルがはじめにもつ角速度を求めよ．

(2) ターンテーブルの角加速度を求めよ．

(3) ターンテーブルは静止するまでに何回転するかを求めよ．

(4) はじめにターンテーブルの縁がもつ加速度の接線方向成分と半径方向成分を求めよ．

9.5 基礎 回転の運動エネルギー

慣性モーメントが 1.95×10^{-46} kg·m^2 である二原子分子が角速度 2.00×10^{12} rad/s で回転している．このとき，回転の運動エネルギーを求めよ．

9.6 基礎 質点系の慣性モーメント

質量および太さの無視できる長さ $L=0.50$ m の棒の両端に質量 $m_1=1.0$ kg，$m_2=2.0$ kg の小さな物体を取り付けた．

(1) 棒の中点を通り，棒に垂直な軸まわりの慣性モーメントを求めよ．

(2) 質量 m_1 の物体を通り，棒に垂直な軸まわりの慣性モーメントを求めよ．

(3) 質量 m_1 の物体から $2L/3$ の位置を通り，棒に垂直な軸まわりの慣性モーメントを求めよ．

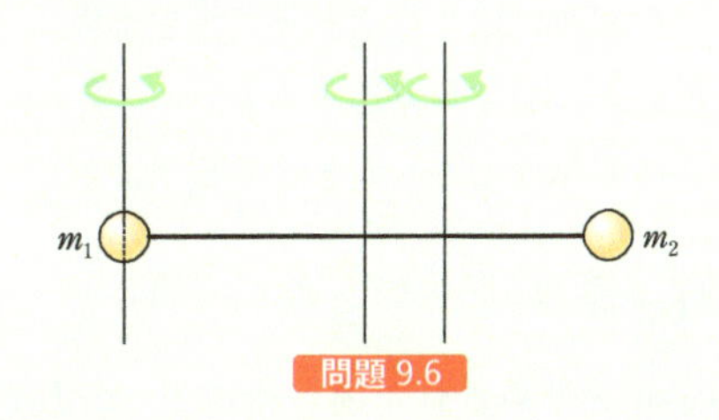

問題 9.6

9.7 基礎 棒の慣性モーメント（中心）

長さ L，質量 M の細い棒の中点を通り，棒に垂直な軸まわりの慣性モーメントを求めよ．

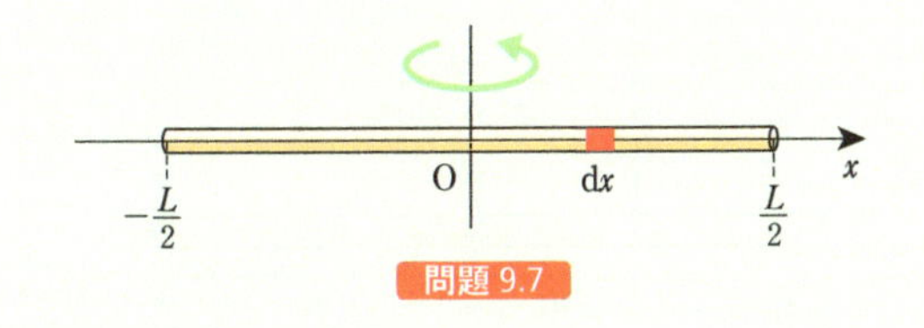

問題 9.7

9.8 基礎 棒の慣性モーメント（端）

長さ L，質量 M の細い棒の端を通り，棒に垂直な軸まわりの慣性モーメントを求めよ．

9.9 基礎 棒の慣性モーメント（平行軸線定理）

長さ L，質量 M の細い棒の端を通り，棒に垂直な軸まわりの慣性モーメントを，平行軸線定理を用いて求めよ．ただし，質量中心を通る軸線まわりの慣性モーメントは $I_C=\frac{1}{12}ML^2$ である．

9.10 基礎 トルク

力 2.0 N が腕の長さ 0.5 m の点にはたらいている．トルクの大きさを求めよ．

9.11 基礎 トルクとベクトル積

z 軸を固定軸とする剛体があり，中心から位置 $\vec{r}=2.0\vec{i}+3.0\vec{j}$ [m] にある点 P が力 $\vec{F}=3.0\vec{i}-4.0\vec{j}$ [N] を受けて回転する．

(1) この剛体にはたらくトルク $\vec{\tau}$ を求めよ．

(2) $\vec{r}$ と $\vec{F}$ のなす角 θ を求めよ．

(3) この剛体はどちら向きに回転するか．

9.12 基礎 正味のトルク（棒）

中心をピン留めされた固い棒に 2 つの力 $F_1=1.0$ N，$F_2=3.0$ N がそれぞれ棒の中心から $d_1=1.0$ m，$d_2=0.5$ m の位置にはたらいている．このとき，正味のトルクを求めよ．また，棒の回転方向を答えよ．

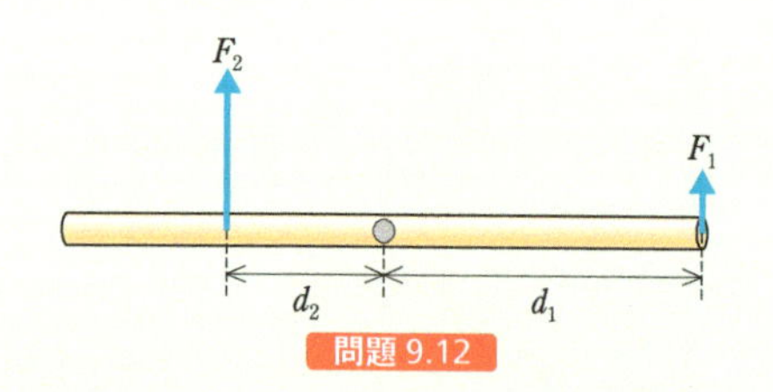

問題 9.12

9.13 基礎 正味のトルク（輪軸）

摩擦のない軸まわりに自由に回転できる外半径 R_1，内半径 R_2 の二重滑車を考える．それぞれの滑車にひもを巻きつけ，半径 R_1 の滑車には力 F_1 を加え，半径 R_2 の滑車には力 F_2 を加える．ただし，$R_1=0.80$ m，$F_1=2.0$ N，$R_2=0.50$ m，$F_2=4.0$ N とする．

(1) 二重滑車に作用する正味のトルクを求めよ．

(2) 回転方向を答えよ．

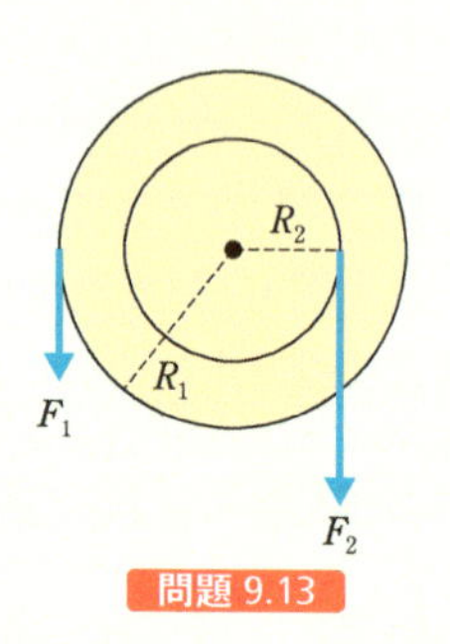

問題 9.13

9.14 基礎 トルクと角加速度

質量 $M=0.20$ kg で長さが $L=0.50$ m の細長い棒が，棒の中心を軸として角加速度 $\alpha=2.0$ rad/s^2 で回転している．トルクを求めよ．ただし，慣性モーメントは $I=\frac{1}{12}ML^2$ である．

9.15 基礎 回転運動の運動方程式

摩擦のない軸まわりに，自由に回転できる半径 $R=0.10$ m，質量 $M=1.0$ kg の滑車にひもを巻きつけ，ひもの下端に質量 $m=0.50$ kg のおもりをつけて手を離す．ただし，滑車の慣性モーメントを $I=\frac{1}{2}MR^2$ とする．

(1) 滑車の角加速度を α，慣性モーメントを I，おもりの加速度を a，張力を T として，滑車およびおもりの運動方程式を書け．

(2) 滑車の角加速度を求めよ．

(3) おもりの加速度を求めよ．

(4) 張力を求めよ．

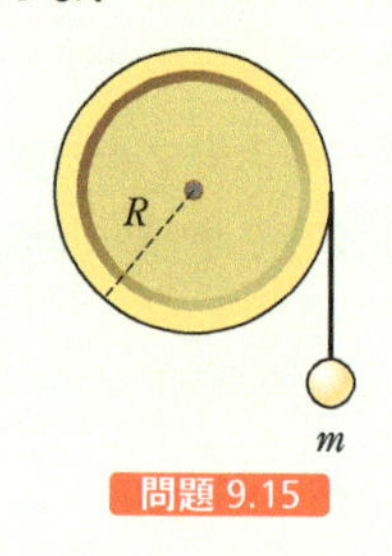

問題 9.15

9.16 基礎 エネルギー保存則

摩擦のない軸まわりに，自由に回転できる半径 $R=0.20$ m，質量 $M=2.0$ kg の滑車にひもを巻きつけ，ひもの下端に質量 $m=2.0$ kg のおもりを取り付けて手を離す．はじめの位置でのおもりのポテンシャルエネルギーを 0 とする．力学的エネルギー保存則に着目して，次の問いに答えよ．ただし，滑車の慣性モーメントを $\frac{1}{2}MR^2$ とする．

(1) 手を離してから，おもりが h 落下したときのおもりの速さを v，滑車の角速度を ω，滑車の慣性モーメントを I として，力学的エネルギー保存則の式を書け．

(2) おもりが 0.50 m 落下したとき，おもりの速さを求めよ．

(3) おもりの加速度を求めよ．

(4) おもりが 0.50 m 落下したとき，滑車の角速度を求めよ．

(5) 滑車の角加速度を求めよ．

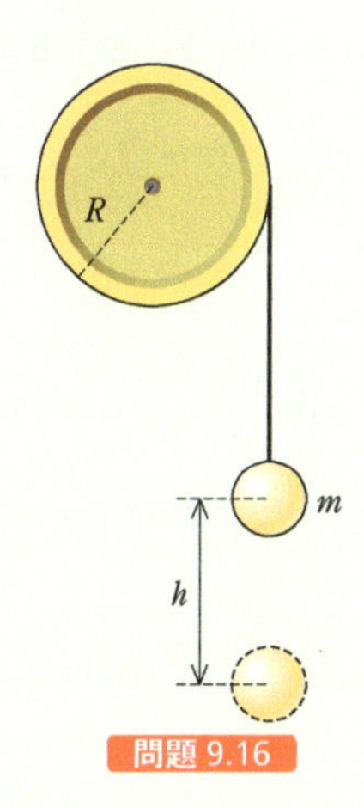

問題 9.16

9.17 基礎 棒の回転

長さが $L=0.50$ m で質量 $M=0.20$ kg の細い均一な棒の左端を摩擦のない回転軸に取り付け，自由に回転できるようにした．この棒を水平な状態から放す．ただし，棒の慣性モーメントは $I=\frac{1}{3}ML^2$ である．

(1) 棒に作用するトルクを求めよ．

(2) 棒の右端の初期角加速度を求めよ．

(3) 棒の右端の初期加速度を求めよ．

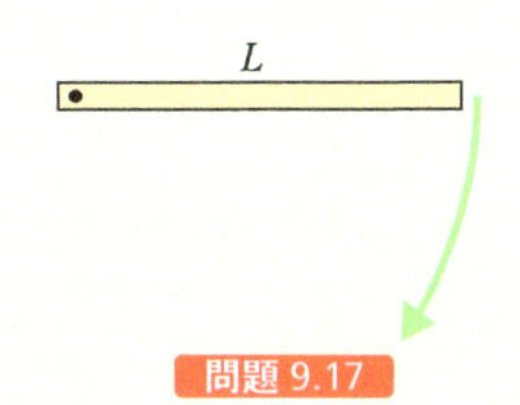

問題 9.17

9.18 発展 滑車にかけた物体の運動

半径 R の滑車にかけた軽いひもの両端に，質量 m_1，m_2（$m_1<m_2$）のおもりをつるし，静かに手を離す．重力加速度の大きさを g，滑車の慣性モーメントを I として，ひもは滑車上を滑らないものとする．

(1) 滑車の慣性モーメントが無視できるとき，おもりの加速度を求めよ．

(2) 滑車の慣性モーメントを考慮するとき，おもりの加速度を求めよ．

(3) 滑車の慣性モーメントを考慮するとき，質量 m_2 のおもりが h 下降したときのおもりの速さを求めよ．

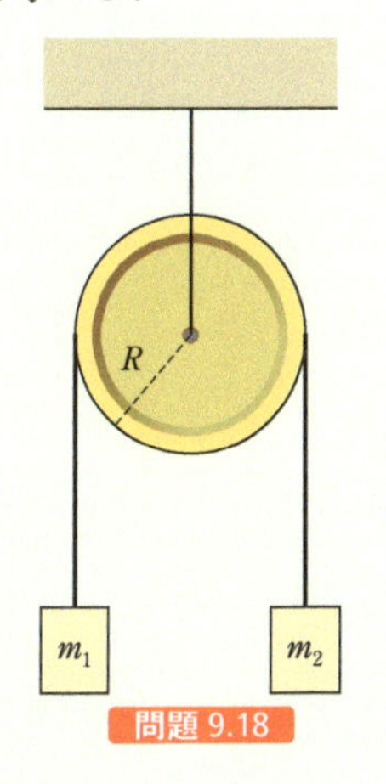

問題 9.18

第10章 剛体の回転と角運動量

§ 10.1 回転運動における仕事・エネルギー定理

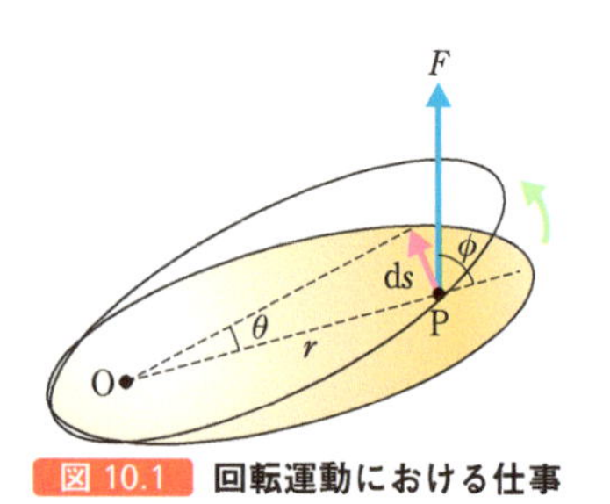

図 10.1 回転運動における仕事

力による仕事は運動エネルギーの変化に等しかった（並進運動についての仕事・エネルギー定理）．回転運動についても，回転運動を引き起こす力による仕事が回転の運動エネルギーの変化に等しい．

この定理を示すために，まず仕事から考える．いま，図 10.1 に示すように回転軸Oまわりに回転する剛体の点Pに力 $\vec{F}$ を加え，時間 $\mathrm{d}t$ の間に $\mathrm{d}s = r\mathrm{d}\theta$ だけ回転したとすれば，この力がした仕事は

$$\mathrm{d}W = \vec{F} \cdot \mathrm{d}\vec{s} = F \sin \phi \, r\mathrm{d}\theta \tag{10.1}$$

となる．ここで，$rF \sin \phi$ は力 $\vec{F}$ によるトルクであるから，

$$\mathrm{d}W = \tau \mathrm{d}\theta \tag{10.2}$$

を得る．これは並進運動に関する $\mathrm{d}W = F\mathrm{d}x$ に対応する式である．

回転運動についての仕事・エネルギー定理を導こう．$\tau = I\alpha$，$\alpha = \dfrac{\mathrm{d}\omega}{\mathrm{d}t}$，$\mathrm{d}\theta = \omega \mathrm{d}t$ の関係を用いると，

$$\mathrm{d}W = I \frac{\mathrm{d}\omega}{\mathrm{d}t} \omega \mathrm{d}t \tag{10.3}$$

となり，さらに，$\dfrac{\mathrm{d}\omega^2}{\mathrm{d}t} = 2\omega \dfrac{\mathrm{d}\omega}{\mathrm{d}t}$ を用いると，全仕事は

$$W = \int_{\theta_0}^{\theta} \tau \mathrm{d}\theta = \frac{1}{2} I \int_{t_i}^{t_f} \frac{\mathrm{d}\omega^2}{\mathrm{d}t} \mathrm{d}t = \frac{1}{2} I [\omega^2]_{\omega_i}^{\omega_f}$$

で計算できる．よって，

$$W = \frac{1}{2} I\omega_f^2 - \frac{1}{2} I\omega_i^2 \tag{10.4}$$

となり，仕事は回転の運動エネルギーの差に等しい．

§ 10.2 剛体振り子

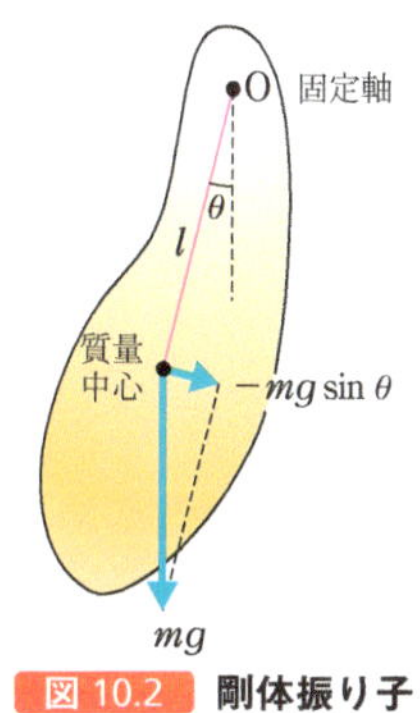

図 10.2 剛体振り子

図 10.2 のように，質量 m，慣性モーメント I の剛体を質量中心から距離 l の点 O を固定軸として振り子運動させる．このような振り子を**剛体振り子**もしくは**物理振り子**という．振り子の運動方向にはたらく力の大きさは $F=-mg\sin\theta$ であるから，トルクの大きさは $\tau=Fl=-mgl\sin\theta$ となり，回転運動の運動方程式は

$$I\frac{\mathrm{d}^2\theta}{\mathrm{d}t^2}=-mgl\sin\theta \tag{10.5}$$

となる．微小振動（θ が小さい）時には $\sin\theta\approx\theta$ と近似できるから，運動方程式は

$$\frac{\mathrm{d}^2\theta}{\mathrm{d}t^2}=-\frac{mgl}{I}\theta \tag{10.6}$$

となる．したがって，微小振動している剛体振り子の運動は単振動であり，角振動数 ω および周期 T は

$$\omega=\sqrt{\frac{mgl}{I}},\quad T=\frac{2\pi}{\omega}=2\pi\sqrt{\frac{I}{mgl}} \tag{10.7}$$

と表される．

§ 10.3 質点の角運動量

回転運動を考えるうえで重要な物理量に**角運動量**がある．質量 m の質点が位置 $\vec{r}$ を速度 $\vec{v}$ で運動しているとき，原点 O に対する質点の角運動量は，運動量 $\vec{p}=m\vec{v}$ を用いて

$$\vec{L}=\vec{r}\times\vec{p} \tag{10.8}$$

で定義される．角運動量の単位は kg·m²/s である．

ベクトル積の定義からわかるように，角運動量の向きは，位置ベクトル $\vec{r}$ および運動量ベクトル $\vec{p}$ に垂直な方向である．図 10.3 のように xy 平面内を運動している場合，角運動量の向きは z 軸の正の向きとなり，その大きさは

$$L=|\vec{L}|=pr\sin\phi=mvr\sin\phi \tag{10.9}$$

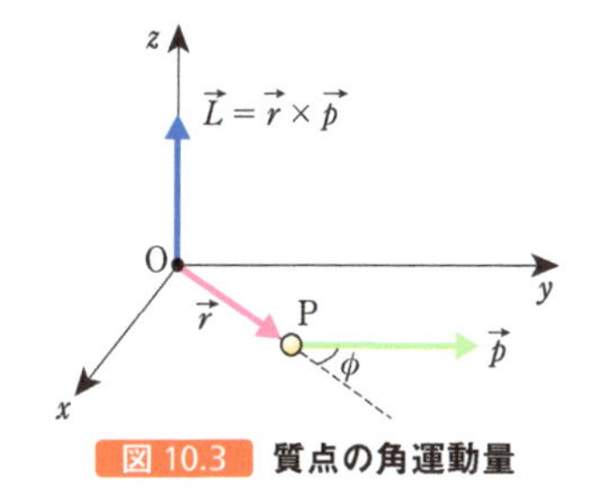

図 10.3 質点の角運動量

となる．これから，位置ベクトルが運動量ベクトルと平行な場合（$\phi=0°$ もしくは 180°）には，角運動量は 0 になる．このときには，質点は原点を中心とした回転運動をしていない．これに対して，位置ベクトルが運動量ベクトルと垂直な場合（$\phi=90°$）には，角運動量の大きさは最大値

$$L_{\max}=mvr \tag{10.10}$$

をもち，質点は原点を中心にもっともはやく回転している．

このように，質点が原点を中心に回転しているかどうかは，質点の原点に対する角運動量の大きさを見ればわかる．角運動量の大きさが0ならば回転はしていない．一方，角運動量の大きさが0以外の値ならば回転をしている．

質点が原点（固定軸）まわりを円運動している場合には，$v=r\omega$ を用いると，角運動量の大きさは

$$L=mr^2\omega \tag{10.11}$$

となり，慣性モーメント $I=mr^2$ を用いると，

$$L=I\omega \tag{10.12}$$

と書ける．

さて，ニュートンの運動方程式は運動量 $\vec{p}$ を用いて

$$\vec{F}=\frac{\mathrm{d}\vec{p}}{\mathrm{d}t} \tag{10.13}$$

と書けた．式（10.13）に対応して，回転運動ではトルク $\vec{\tau}=\vec{r}\times\vec{F}$ と角運動量 $\vec{L}$ の間に

$$\vec{\tau}=\frac{\mathrm{d}\vec{L}}{\mathrm{d}t} \tag{10.14}$$

が成り立つ．これは，角運動量を用いて回転運動の運動方程式（9.7節参照）を書き表したものである．この方程式を導いてみよう．まず，ニュートンの運動方程式の両辺で位置ベクトルとのベクトル積を以下のようにつくる．

$$\vec{r}\times\vec{F}=\vec{r}\times\frac{\mathrm{d}\vec{p}}{\mathrm{d}t} \tag{10.15}$$

ここで

$$\frac{\mathrm{d}\vec{L}}{\mathrm{d}t}=\frac{\mathrm{d}}{\mathrm{d}t}(\vec{r}\times\vec{p})=\vec{r}\times\frac{\mathrm{d}\vec{p}}{\mathrm{d}t}+\frac{\mathrm{d}\vec{r}}{\mathrm{d}t}\times\vec{p} \tag{10.16}$$

であるが，右辺第2項は

$$\frac{\mathrm{d}\vec{r}}{\mathrm{d}t}\times\vec{p}=\vec{v}\times\vec{p}=\vec{0} \tag{10.17}$$

である（速度 $\vec{v}$ と運動量 $\vec{p}$ は平行であるのでベクトル積は0となる）．よって，

$$\frac{\mathrm{d}\vec{L}}{\mathrm{d}t}=\vec{r}\times\frac{\mathrm{d}\vec{p}}{\mathrm{d}t}=\vec{r}\times\vec{F}=\vec{\tau} \tag{10.18}$$

となり，回転運動の運動方程式が導かれた．

解いてみよう!
10.7　10.8

§ 10.4 固定軸まわりを回転する剛体の角運動量

z 軸を固定軸とし，角速度 $\vec{\omega}$ で回転している剛体を考えよう（図10.4）*．このとき，剛体上の各点は角速度 $\vec{\omega}$ で回転している．原点から半径 r_i にある質量 m_i の質点がもつ角運動量の大きさは $m_i v_i r_i$ である．ここで $v_i=r_i\omega$ より，その質量の角運動量の大きさは

$$L_i=m_i r_i^2\omega \tag{10.19}$$

となる．角運動量 $\vec{L_i}$ の向きは z 軸方向であり，角速度 $\vec{\omega}$ の向きと等しい．剛体全体の角運動量の大きさ L は，すべての質点の角運動量 L_i を足し合わせれば得られるので，

$$L=L_1+L_2+\cdots+L_i+\cdots=\sum m_i r_i^2\omega \tag{10.20}$$

となるが，剛体の慣性モーメントが $I=\sum m_i r_i^2$ であることから

$$L=I\omega \tag{10.21}$$

となる．

剛体は質点が無数に集まったものであり，剛体の角運動量は各質点の角運動量の和 $\vec{L}=\vec{L_1}+\vec{L_2}+\cdots+\vec{L_i}+\cdots$ である．したがって，z 軸を固定軸として角運動量 $\vec{L}$ で回転している剛体について，次の回転運動の運動方程式が成り立つ．

$$\vec{\tau}=\frac{\mathrm{d}\vec{L}}{\mathrm{d}t} \tag{10.22}$$

ここで，$\vec{\tau}$ は剛体の正味のトルクである．右辺は角運動量 $\vec{L}=I\vec{\omega}$ を時間で微分すると，

$$\frac{\mathrm{d}\vec{L}}{\mathrm{d}t}=I\frac{\mathrm{d}\vec{\omega}}{\mathrm{d}t} \tag{10.23}$$

であるが，回転軸まわりの角加速度を $\vec{\alpha}$ とすると，$\dfrac{\mathrm{d}\vec{\omega}}{\mathrm{d}t}=\vec{\alpha}$ であるので，回転運動の運動方程式は

$$\vec{\tau}=\frac{\mathrm{d}\vec{L}}{\mathrm{d}t}=I\vec{\alpha} \tag{10.24}$$

となる（9.7 節参照）．

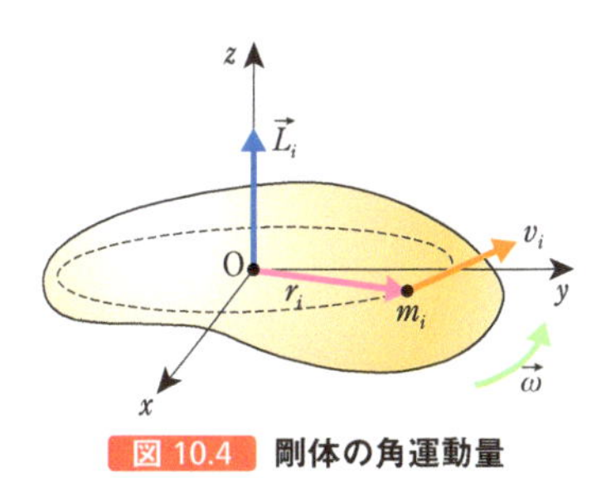

図 10.4 剛体の角運動量

* 本節では，角速度の向きが大切であるので，他では省略している矢印を ω の上にあえてつけることにする．

§ 10.5 角運動量保存則

❶ 角運動量保存則

質点系にはたらく外力が0ならば，系の運動量は保存される．同様にして，質点系のトルクが0ならば，系の角運動量は保存される．これを**角運動量保存則**という．実際，トルクが0の場合，回転運動の運動方程式

$$\vec{\tau}=\frac{\mathrm{d}\vec{L}}{\mathrm{d}t}=0 \qquad (10.25)$$

から角運動量 $\vec{L}$ の時間変化が0であることがわかる．

たとえば，質点の相対位置が変化して慣性モーメントが I_i から I_f に変化しても，正味のトルクが0ならば角運動量は $\vec{L_i}=\vec{L_f}$ となって変化しない．固定軸まわりを回転している質点（系）もしくは剛体の角運動量は $\vec{L}=I\vec{\omega}$ であるから，正味のトルクが0である場合に角運動量保存則は

$$I_i\omega_i=I_f\omega_f=\text{一定} \qquad (10.26)$$

と表される．

❷ 歳差運動

コマの回転運動をよく見ると，コマはまっすぐ立って自転しているのではなく，少し倒れて回転している．そして，この倒れ角は一定ではなく変動している．これを**章動**（しょうどう）という．また，自転しているコマを真上から見ると，回転軸の先端も円を描くようにして回転している．この回転軸の運動を**歳差運動**（**首振り運動**）という．このようにコマの回転運動は複雑であり，しっかりと解析するためにはオイラー方程式を解かねばならない．ただし，歳差運動の大雑把な振る舞いは，剛体の運動に関する知識があれば理解できる．

回転が止まるとコマは確実に倒れる．したがって，コマが倒れないためには回転軸方向を向いた角運動量が必要である．そして，少し倒れて回転しているコマにはたらく重力が，この角運動量の向きを変えている．これが歳差運動のメカニズムである．角運動量の方向（したがって回転軸の方向）は歳差角速度 Ω で変化する．歳差角速度の詳しい計算は省略するが，結果は

$$\Omega=\frac{Mgh}{I\omega} \qquad (10.27)$$

となる．ここで，M はコマの質量，g は重力加速度，h はコマの重心の高さ，I はコマの慣性モーメント，ω はコマの自転の角速度である．これから，背の高いコマ（h が大きいコマ）や，止まりかけているコマ（ω が小さいコマ）の歳差運動が目立つようになる（Ω が大きくなる）ことがわか

るであろう．

§ 10.6 並進運動と回転運動の類似性

これまで見てきたように，並進運動について成り立つ式と固定軸まわりの回転運動について成り立つ式とは類似点が多い．表 10.1 に諸式をまとめておく．

表 10.1　並進運動と回転運動の類似性

並進運動		回転運動	
速度	$v=\frac{dx}{dt}$	角速度	$\omega=\frac{d\theta}{dt}$
加速度	$a=\frac{dv}{dt}$	角加速度	$\alpha=\frac{d\omega}{dt}$
等加速度運動	$v=v_0+at$ $x=x_0+v_0t+\frac{1}{2}at^2$	等角加速度運動	$\omega=\omega_0+\alpha t$ $\theta=\theta_0+\omega_0t+\frac{1}{2}\alpha t^2$
質量	m	慣性モーメント	I
運動エネルギー	$K=\frac{1}{2}mv^2$	運動エネルギー	$K=\frac{1}{2}I\omega^2$
仕事	$W=\int F dx$	仕事	$W=\int \tau d\theta$
仕事率	$P=Fv$	仕事率	$P=\tau\omega$
運動量	$p=mv$	角運動量	$L=I\omega$
力と運動量	$F=\frac{dp}{dt}$	トルクと角運動量	$\tau=\frac{dL}{dt}$

§ 10.7 剛体の転がり運動

これまでは固定軸まわりを回転する剛体を考えてきた．この場合，剛体は単に回転するだけで空間を移動しない．これに対して回転軸が固定軸でない場合，剛体は回転しながら空間を移動し，いわゆる**転がり運動**をおこなう．剛体の形が複雑であると，この転がり運動もまた大変複雑である．そこで，本節では単純な形の剛体のみ扱うことにする．また，剛体が転がりながらジャンプすると解析が複雑化するため，ここでは剛体はジャンプをせずに平面上を滑ることなく転がるものとする．

図 10.5 のように，全質量 M をもつ半径 R の円柱が平面上を転がっている．平面と円柱との接点 P を通る軸線まわりの慣性モーメントを I，角速度を ω とすると，円柱の全運動エネルギーは

$$K=\frac{1}{2}I\omega^2 \tag{10.28}$$

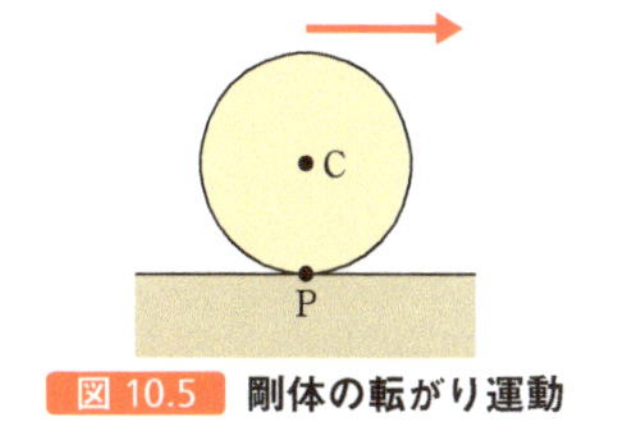

図 10.5　剛体の転がり運動

である．ここで，円柱の質量中心 C まわりの慣性モーメントを I_C とすると，平行軸線定理より $I=I_C+MR^2$ であるので，全運動エネルギーは

$$K=\frac{1}{2}I_{\mathrm{C}}w^2+\frac{1}{2}MR^2w^2 \tag{10.29}$$

となる．いま，この円柱が角度 θ 回転する間に質量中心は $s=R\theta$ だけ移動するので，質量中心の並進運動の速さは

$$v_{\mathrm{C}}=\frac{\mathrm{d}s}{\mathrm{d}t}=R\frac{\mathrm{d}\theta}{\mathrm{d}t}=R\omega \tag{10.30}$$

である．よって

$$K=\frac{1}{2}I_{\mathrm{C}}\omega^2+\frac{1}{2}Mv_{\mathrm{C}}^2 \tag{10.31}$$

となる．この式は，転がり運動している剛体の全運動エネルギーが，剛体の質量中心まわりの回転運動エネルギー（第1項）と質量中心の並進運動エネルギー（第2項）の和となることを示している．第1項に $v_{\mathrm{C}}=R\omega$ を用いると，

解いてみよう！ 10.3 10.4

$$K=\frac{1}{2}I_{\mathrm{C}}\left(\frac{v_{\mathrm{C}}}{R}\right)^2+\frac{1}{2}Mv_{\mathrm{C}}^2=\frac{1}{2}\left(\frac{I_{\mathrm{C}}}{R^2}+M\right)v_{\mathrm{C}}^2 \tag{10.32}$$

と変形できる．この形は転がり運動をしている剛体の質量中心の速さ v_{C} を求めるときに有用である．

たとえば図10.6に示すように，円柱が斜面を転がる場合を考えよう．滑りがなく，熱や音も発生しないとすれば力学的エネルギーは保存される．この場合，転がる円柱が高さ h の斜面の下端に達したときにもつ運動エネルギーは，円柱が斜面の上端にあったときの重力のポテンシャルエネルギー Mgh に等しい．したがって

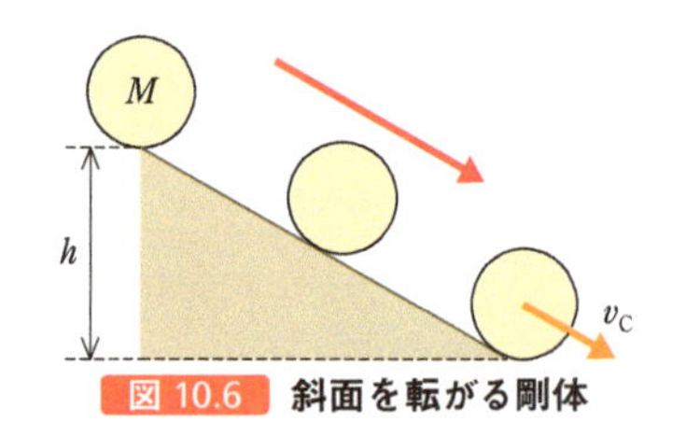

図10.6　斜面を転がる剛体

$$\frac{1}{2}\left(\frac{I_{\mathrm{C}}}{R^2}+M\right)v_{\mathrm{C}}^2=Mgh \tag{10.33}$$

より，斜面下端での速さは以下のようになる．

$$v_{\mathrm{C}}=\sqrt{\frac{2Mgh}{\frac{I_{\mathrm{C}}}{R^2}+M}}=\sqrt{\frac{2gh}{1+\frac{I_{\mathrm{C}}}{MR^2}}} \tag{10.34}$$

解いてみよう！ 10.5 10.6

≪ 章 末 問 題 ≫

10.1 基礎 剛体振り子

長さ $L=1.0$ m，質量 $M=2.0$ kg の均一な細い棒の一端をピンで留め，鉛直線に対して小さな角度 ϕ だけ傾けた状態から手を離すと，この棒は単振動をした．このとき，その周期を求めよ．ただし，この棒の慣性モーメントは $\frac{1}{3}ML^2$ である．

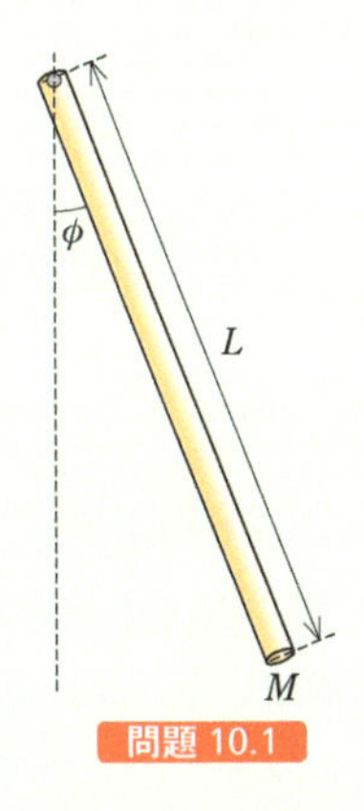

問題 10.1

10.2 発展 剛体振り子

質量 2.0 kg の剛体を質量中心から距離 $l=0.5$ m の点 O を固定軸として振り子運動させる．鉛直線に対して小さな角度 θ だけ傾けた状態から放すと，この棒は単振動をし，その周期は 1.5 s であった．このとき，剛体の慣性モーメントを求めよ．

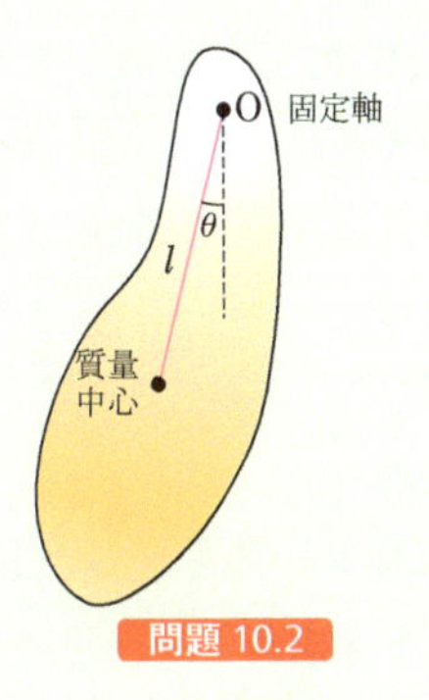

問題 10.2

10.3 基礎 転がり運動（円柱）

滑りのない転がり運動をしている質量 M で半径 R の円柱の全運動エネルギーは，同じ質量をもつ質点が同じ並進運動をしているときの運動エネルギーの何倍になるか答えよ．ただし，円柱の質量中心まわりの慣性モーメントは $\frac{1}{2}MR^2$ である．

10.4 基礎 転がり運動（球）

滑りのない転がり運動をしている質量 M で半径 R の球体の全運動エネルギーは，同じ質量をもつ質点が同じ並進運動をしているときの運動エネルギーの何倍になるか答えよ．ただし，球体の質量中心まわりの慣性モーメントは $\frac{2}{5}MR^2$ である．

10.5 基礎 斜面を転がる速さ

質量が M で半径が R の一様な円柱が高さ 2.0 m の斜面を上端から滑ることなく転がり落ちた．斜面の下端に達したときの質量中心の速さ v_{C} を求めよ．ただし，円柱の質量中心まわりの慣性モーメントは $\frac{1}{2}MR^2$ である．

10.6 基礎 斜面を転がる加速度

静止している質量が M で半径が R の一様な球体が水平と角度 30° をなす斜面を滑ることなく転がり落ちた．斜面の下端に達したときの質量中心の加速度の大きさを求めよ．ただし，球体の質量中心まわりの慣性モーメントは $\frac{2}{5}MR^2$ である．

10.7 基礎 質点の角運動量

原点を中心に質量 3.0 kg の質点が，角速度 2.0 rad/s で半径 10 m の円運動をしている．この質点がもつ角運動量の大きさを求めよ．

10.8 基礎 質点の角運動量

質量$m=1.0$ kgの粒子が速度$\vec{v}=-2\vec{i}+2\vec{j}$ [m/s]で直線上を運動している．この粒子の位置は$\vec{r}=4\vec{i}+3\vec{j}$ [m] である．

(1) 原点に関するこの粒子の角運動量$\vec{L}$を求めよ．

(2) $\vec{r}$と$\vec{v}$のなす角θを求めよ．

10.9 基礎 剛体の角運動量

ある固定軸まわりを角速度 3.0 rad/s で回転している剛体がある．この軸まわりの慣性モーメントが 1.5 kg·m^2 であるとき，角運動量の大きさを求めよ．

10.10 基礎 球体の角運動量

半径$R=1.5$ m で質量$M=10$ kg の一様な球体が，中心を通る固定軸まわりを角速度 4.0 rad/s で回転している．このとき，角運動量の大きさを求めよ．ただし，球体の質量中心まわりの慣性モーメントは$\frac{2}{5}MR^2$である．

10.11 基礎 角運動量と回転運動の運動方程式

長さl，質量Mの剛体棒の両端に，質量m_1，m_2の質点を取り付けた物体がある．この物体をその中心を通る回転軸まわりに鉛直面内で回転させる．

(1) この物体の中心を通る回転軸まわりの慣性モーメントを求めよ．ただし，剛体棒の中心を通る回転軸まわりの慣性モーメントは$\frac{1}{12}Ml^2$である．

(2) この物体の角速度がωであるとき，角運動量の大きさを求めよ．

(3) 棒が水平面と角度θをなすとき，角加速度の大きさを求めよ．

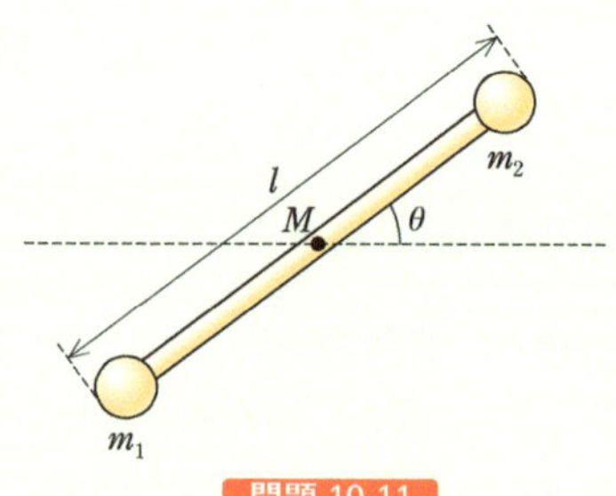

問題 10.11

10.12 基礎 角運動量保存則

慣性モーメント 2.0 kg·m^2 の剛体が角速度 3.0 rad/s で回転していた．その後，この剛体の慣性モーメントが 1.0 kg·m^2 になった．このとき，角速度を求めよ．ただし，この剛体には外力ははたらいていないとする．

10.13 基礎 スケートのスピン

フィギュア・スケートの選手が角速度ω_iで自転（スピン）している．手足を広げた状態から，手を真上に伸ばし足をせばめた状態にしたところ，慣性モーメントが$1/n$（$n>0$）になった．このとき，角速度は何倍になるかを求めよ．ただし，摩擦や空気抵抗などの外力ははたらいていないとする．

10.14 発展 剛体の角運動量保存則

中心を通る固定された軸まわりを自由に回転できる質量M，半径Rの円柱が静止している．この円柱の中心軸からxだけ上を狙って，質量mの弾丸を速さv_0で打ち込んだ．その結果，弾丸は円柱の表面に付着し一体となり，円柱は回転し始めた．ただし，円柱の慣性モーメントは$\frac{1}{2}MR^2$である．

(1) 弾丸–円柱の系が衝突前にもつ角運動量の大きさを求めよ．

(2) 弾丸と円柱が一体となった後，系の慣性モーメントを求めよ．

(3) 弾丸が命中した後の系の角速度を求めよ．

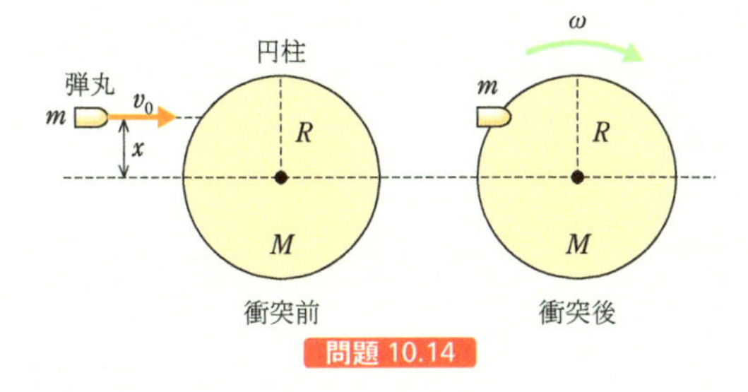

問題 10.14

10.15 発展 落下する棒

長さ L，質量 M の均一な細い棒の一端を垂直な壁にピンで留め，それを軸に自由に回転できるようにした．この棒を水平面に対して角度 θ だけ傾けた状態から手を離す．ただし，棒の慣性モーメントは $\frac{1}{3}ML^2$ である．

(1) 棒が最下点に来たときの角速度を求めよ．

(2) 棒が最下点に来たときの質量中心の速度を求めよ．

(3) 棒が最下点に来たとき，棒の端の速度を求めよ．

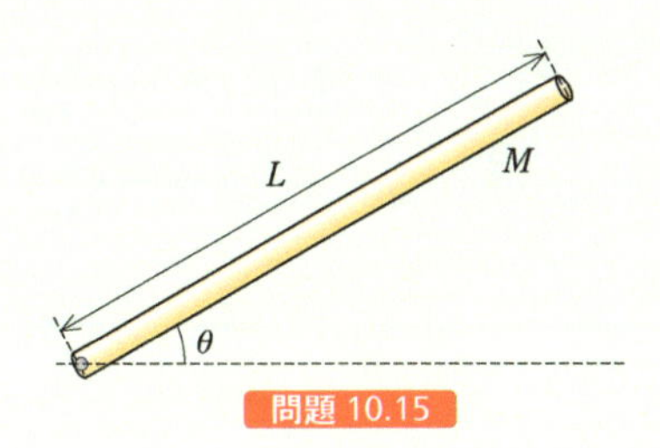

問題 10.15

第11章 熱と温度

§ 11.1 熱力学第0法則

❶ 熱平衡

温かい物体と冷たい物体を接触させると，温かい物体の温度は下がり，冷たい物体の温度は上がって，やがて同じ温度になる．その後2つの物体の温度は一定のまま変化しない．この状態を**熱平衡**（**熱平衡状態**）という．

❷ 熱力学第0法則

「物体Aと物体Bが熱平衡にあり，物体Bと物体Cが熱平衡にあれば，物体Aと物体Cも熱平衡にある」．これを**熱力学第0法則**という．当たり前に思えるかもしれないが自明ではない．熱力学第0法則は実験的に確かめられた自然法則である．

§ 11.2 熱と温度

❶ 温度と温度計

物体の温かさの度合いを表す物理量が**温度**である．物体の温かさが変化すると体積なども変化する．これを利用して温度を定義できる．たとえば，物体とアルコールを接触させて熱平衡状態にし，アルコールの体積変化で物体の温度を数値化すればよい．

実際にアルコールを使って水の温度を測定するにはどうすればよいだろうか．水とアルコールを直接接触させると混合してしまい，アルコールの体積変化は測定できない．ここで熱力学第0法則が重要になる．アルコールと水を直接接触させなくても，アルコールをガラス管の中に入れたアルコール温度計を水と接触させれば，アルコールの体積変化で水の温度を測定できる．アルコール（物体A）とガラス（物体B）が熱平衡にあり，ガラス（物体B）と液体（物体C）が熱平衡にあれば，アルコール（物体A）と液体（物体C）が熱平衡になる．

このように，熱力学第0法則は熱力学のすべての基本であり，熱力学では熱平衡状態にある物質を扱う[*1].

❷ 温度目盛

温度を数値で表すときには温度目盛を使用する．日常生活では**摂氏温度**（**セルシウス温度**）t [℃] が温度目盛としてよく使われている[*2]．摂氏温度目盛では，1 気圧のもとで水が氷になる温度を 0 ℃，水が水蒸気になる温度を 100 ℃とし，0 ℃と 100 ℃の間を 100 等分して 1 ℃の温度差とする．このように身近な物体の変化を用いて決めた温度を**経験温度**という．経験温度は実用的であるが，温度計によって測定結果が少し異なる．たとえばアルコール温度計と水銀温度計では膨張率が異なるため，基準点である 0 ℃と 100 ℃は同じになるが，その中間温度はわずかにずれてしまう．

物理学では**絶対温度**を温度目盛として用いる．すべての物質の温度は −273.15 ℃よりも下がらない．この温度を絶対 0 度とする温度目盛が絶対温度であり，単位は K（**ケルビン**）[*3] である．絶対温度 T [K] と摂氏温度 t [℃] との間には

$$T[\mathrm{K}]=t[℃]+273.15 \tag{11.1}$$

が成り立つ．後述する熱運動との関連から，絶対温度は経験ではなくミクロな視点から定義することもできる．

❸ 熱と温度

「熱」と「温度」は日常生活では区別せずに使われているかもしれない．しかし，物理学ではまったく異なる．高温の物体と低温の物体を接触させると，高温の物体の温度が下がり低温の物体の温度が上がる．このとき，高温の物体から低温の物体に移動するエネルギーの流れが熱である．熱の移動量を**熱量**ともいう．これに対して，熱が移動した結果として物体がもっている温かさの度合いが温度である．このように，熱はエネルギーの流れであり温度は物体がもつ物理量である．温度計で測定できるのは温度であって熱ではない．この違いは理論的には大変重要である（13.1 節参照）．風邪をひいたときなどに「熱がある」というが，正しくは「体温が高い」というべきであろう．

熱と温度の違いは，物質をミクロな視点で見ると，いっそう明らかになる．物質を構成している原子や分子はつねに運動している．気体分子は無秩序な方向にさまざまな速さで飛んでおり，固体分子は格子点の付近で小刻みに振動している．この運動を**熱運動**という．この熱運動は温かい物体ほど激しい．高温物体と低温物体を接触させると，熱運動のエネルギーが高温側から低温側に移動する．この熱運動のエネルギーの流れが熱の正体である．熱平衡状態では，一方から他方へのエネルギーの流れが，逆向きの流れで打ち消されている．熱はエネルギーの流れであるため，熱の単位はエネルギーの単位と同じ [J] である．

[*1] 非平衡熱（統計）力学という分野もある．

[*2] アンデス・セルシウス（Anders Celsius, 1701～1744）スウェーデンの物理学者・天文学者．氷点と沸点の間を 100 等分する温度単位（℃）を提案し，現在の温度計のもととなった．ちなみに，セルシウスが最初に提案したのは水の沸点が 0 ℃，氷点を 100 ℃とするもので，現在とは逆であった．

[*3] ウイリアム・トムソン（ケルビン卿）（William Thomson, Lord Kelvin, 1824～1907）イギリスの物理学者．父の訓育を受け 10 歳でグラスゴー大学に入学した．1892 年に爵位を受け，グラスゴーの小川の名にちなんで Kelvin と称した．1848 年にカルノーの原理を用いた熱力学的温度目盛を提唱した．ほかにも物理学のさまざまな分野で偉大な業績を残している．

解いてみよう！ 11.1

熱運動の激しさを表す量が温度である．絶対 0 度で熱運動が停止するので，その温度が最低となる．なお，絶対 0 度であってもミクロの世界に特有の零点振動までは停止していない．ハイゼンベルクの不確定性原理（量子力学）によれば，粒子の位置と運動量は完全に 0 にはなれない．この絶対 0 度でも残る振動を**零点振動**という．

❹ 熱の仕事当量

熱とエネルギー（仕事）は等価であるので，力学的な仕事を熱に変えることができる．たとえば，手を合わせてすばやく擦り合わせると，手の温度が上がる．手と手の原子や分子がぶつかり合い，熱運動が激しくなっているからである．このように手の運動（仕事）は熱に変わることができる．また，粗い斜面を物体が滑り落ちるときにも，斜面は加熱されて物体は徐々に減速する．物体が失った運動エネルギーが，物体や斜面の中の原子や分子の運動エネルギー（熱）に変わったためである．

熱量の単位として cal（**カロリー**）が使われることもある．1 cal とは 1 g の水の温度を 1 気圧のもとで 14.5 ℃から 15.5 ℃に 1 ℃上昇させるために必要な熱量と定義されている．熱量 [cal] と仕事 [J] が等価であることから，

$$1\ \mathrm{cal} \approx 4.19\ \mathrm{J} \tag{11.2}$$

の換算関係がある．これを**熱の仕事当量**という．ちなみに，当量とは，同じ効果をおよぼす量的換算関係を意味する用語である．放射線被爆量を生体への生物学的影響に換算した線量当量（単位：シーベルト [Sv]）や，化学反応する物質の量的関係をモル [mol] に換算したモル当量など，さまざまな当量がある．

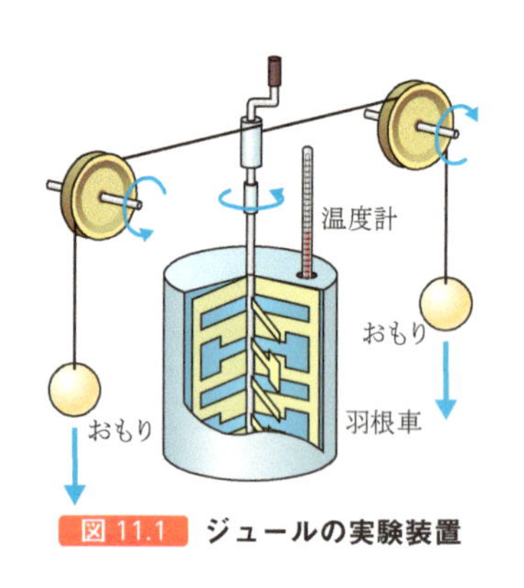

図 11.1　ジュールの実験装置

熱の仕事当量は 図 11.1 の装置で求めることができる．おもりが重力による仕事 W [J] で落下すると羽根車がまわり，その摩擦熱によって発生した熱量 Q [cal] で水が加熱される．このとき，仕事と熱量の間に比例関係 $W = QJ$ が成り立ち，$J \approx 4.19$ J/cal であることをジュールが実験から導いた．

解いてみよう!　11.2　11.3

§ 11.3　熱容量と比熱

❶ 熱容量

ある物体の温度を 1 K だけ上昇させるのに必要な熱量を，その物体の**熱容量** C [J/K] という．この定義から，熱容量 C の物体の温度を ΔT だけ変化させるために必要な熱量 Q は

$$Q=C\Delta T \qquad (11.3)$$

と書ける．微分を使って書き直すと，温度 T の物体に熱量 $\mathrm{d}Q$ を与えて温度が $T+\mathrm{d}T$ になったときの熱容量は

$$C=\frac{\mathrm{d}Q}{\mathrm{d}T} \qquad (11.4)$$

となる．同じ 1 kg の物質でも，熱容量が大きい物質のほうが温まりにくく冷めにくい．また，物質が同じでも量が多くなれば熱容量も大きくなる．コップの中の湯はすぐに冷めるが，風呂の中の湯はすぐには冷めない．

解いてみよう！ 11.4 11.5

❷ 比熱

単位質量の物質に対する熱容量を，その物質の**比熱**という．比熱 c [J/(kg·K)]，質量 m の物体の熱容量を C とすると，

$$C=mc \qquad (11.5)$$

の関係がある．比熱 c，質量 m の物体の温度を ΔT だけ変化させるために必要な熱量 Q は

$$Q=mc\Delta T \qquad (11.6)$$

となる．1 mol の物質の温度を 1 K だけ上昇させるのに必要な熱量を，その物質の**モル比熱** c_m [J/(mol·K)] という．モル比熱 c_m の n [mol] の物質の温度を ΔT だけ変化させるために必要な熱量 Q は

$$Q=nc_\mathrm{m}\Delta T \qquad (11.7)$$

となる．

気体の比熱には注意が必要である．気体は加熱すると膨張するため，与えられた熱のすべてが温度上昇に使われるとは限らない．気体の比熱は，気体の膨張を許す場合と許さない場合とで異なる．一方，固体や液体は気体に比べると加熱による体積の変化は少なく，比熱は体積とは無関係としてよい．表 11.1 に固体や液体のさまざまな物質の比熱の値をまとめた．

表 11.1 物質（固体，液体）の比熱

物質	温度 [℃]	比熱 [J/(g·K)]
銅	0	0.39
はんだ	0	0.18
ガラス	10〜50	約 0.7
コンクリート	25	約 0.8
木材	20	約 1.30
オリーブ油	7	1.97
海水	17	3.93
水	20	4.18

（出典：理科年表　平成 30（2018）年）

解いてみよう！ 11.6 11.7

❸ 比熱の測定

高温物体と低温物体が接触するといずれ熱平衡に達するということは，ほかに物体がなければ高温物体からの熱はすべて低温物体に移動したことを意味する．これを**熱量の保存**という．

熱量の保存を用いて，比熱を測定することができる．高温の物体 A（温度 t_1，質量 m_1，比熱 c_1）と低温の物体 B（温度 t_2，質量 m_2，比熱 c_2）を接触させる．このとき，熱は物体 A と物体 B の間だけで移動したとする．物体 A と物体 B が熱平衡になったときの温度が t $(t_1>t>t_2)$ であったとすると，物体 A の温度は $\Delta T_1=t_1-t$ だけ下がるので，物体 A は $Q_1=m_1c_1\Delta T_1$

だけ熱量を失う．物体Bの温度は $\Delta T_2 = t - t_2$ だけ上がるので，物体Bは $Q_2 = m_2 c_2 \Delta T_2$ だけ熱量を得る．熱量の保存より，物体Aが失った熱量は物体Bが得た熱量に等しいので $Q_1 = Q_2$ である．これから，物体Bの比熱 c_2 がわかっているとき，物体Aの比熱 c_1 を

$$c_1 = \frac{m_2 (t - t_2)}{m_1 (t_1 - t)} c_2 \tag{11.8}$$

で求めることができる．

解いてみよう！ 11.8 11.9

❹ 水熱量計

銅製の容器を断熱材で囲んだ**水熱量計**と銅球を使って，銅の比熱を測定することができる（図 11.2）．まず準備として，銅球の質量 m_1，銅製の容器と銅製のかき混ぜ棒の合計質量 m_2，銅製容器内の水の質量 m_3 を測定する．そして，銅製容器を断熱材で囲み，温度計が差し込まれた断熱性のふたをしておく．はじめに，水熱量計内の水をよくかき混ぜてから水温 t_1 を測定する．次に，水を入れたビーカーに温度計と糸でつるされた銅球を入れ，水を沸騰させて温度が一定になったときの温度 t_2 を測定する．最後に銅球をビーカーから水熱量計の水の中にすばやく移し，水熱量計の水を静かにかき混ぜ，水熱量計の水温が一定になったときの温度 t_3 を測定する．水の比熱を c_{w} とする．ビーカー内で熱せられた銅球が水熱量計の水の中で失った熱量を Q_1，銅製容器とかき混ぜ棒が得た熱量を Q_2，水が得た熱量を Q_3，銅の比熱（水熱量計の比熱）を c_{cal} とすると

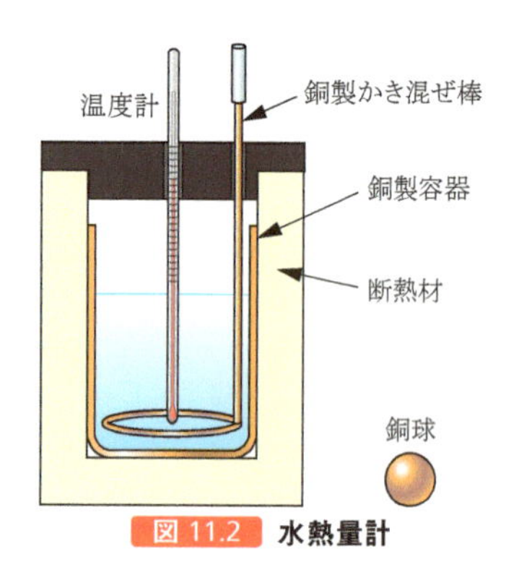

図 11.2　水熱量計

$$Q_1 = c_{\mathrm{cal}} m_1 (t_2 - t_3),\quad Q_2 = c_{\mathrm{cal}} m_2 (t_3 - t_1),\quad Q_3 = c_{\mathrm{w}} m_3 (t_3 - t_1) \tag{11.9}$$

となり，熱量の保存より

$$Q_1 = Q_2 + Q_3 \tag{11.10}$$

を得る．よって，

$$c_{\mathrm{cal}} = \frac{m_3 (t_3 - t_1)}{m_1 (t_2 - t_3) - m_2 (t_3 - t_1)} c_{\mathrm{w}} \tag{11.11}$$

となる．ただし，熱は銅球，銅製容器，水の間でだけで移動したとする．

§ 11.4 熱膨張

❶ 熱膨張（体積変化と圧力）

物質の長さや体積が温度の変化とともに大きくなることを**熱膨張**という．ほとんどの物質は，温度が上がると熱膨張し低密度になる．逆に冷やすと収縮し高密度になる．液体を冷やすと固体になるため，一般的には固

体は液体よりも密度が大きく，固体は同じ物質でできた液体の中に沈む．

代表的な例外は水である．水は4℃でもっとも密度が大きくなり，4℃から温めても冷やしても膨張して密度が小さくなる．よって，0℃の氷（固体）よりも4℃の水（液体）のほうが密度は大きく，水の入ったコップに氷を入れると浮かぶ．また，湖の表面が凍っていても，凍った氷は湖の底に沈まない．

体積変化や温度変化に関連して物体に加わる**圧力**も変化する．圧力とは，単位面積にはたらく力の大きさのことである．日常でよく使われる圧力には，天気予報でも使われる気圧がある．気圧とは，地面に加わる大気の圧力のことで，標準的な1気圧（$=1013\,\mathrm{hPa}$）は約 $1.0\times10^5\,\mathrm{N/m^2}$ である．気圧の他に水圧もある．水圧とは，水中にある物質に加わる水の圧力のことで，物質の上にのっている水の重さによって，水深が深くなればなるほど水圧が大きくなる．

❷ 線膨張率と体積膨張率

ある固体の0℃のときの長さを l_0 とする．ある特定の温度範囲では，温度 t のときの長さ l は近似的に

$$l\approx l_0(1+\alpha t) \tag{11.12}$$

となる．ここで $\alpha\,[1/\mathrm{K}]$ を**線膨張率**という．線膨張率は，一定圧力のもとで温度が1K変化したときの長さの変化の割合（伸縮量÷変化前の長さ）であり，偏微分を用いて[*1]

$$\alpha=\frac{1}{l}\left(\frac{\partial l}{\partial T}\right)_p \tag{11.13}$$

と定義される[*2]．

ある固体が0℃のときの体積を V_0 とすると，温度 t のときの体積 V は

$$V=V_0(1+\beta t) \tag{11.14}$$

となる．ここで $\beta\,[1/\mathrm{K}]$ を**体積膨張率**という．線膨張率と同様に，体積膨張率は

$$\beta=\frac{1}{V}\left(\frac{\partial V}{\partial T}\right)_p \tag{11.15}$$

で定義される．

なお，固体の場合には圧縮率

$$\kappa=-\frac{1}{V}\left(\frac{\partial V}{\partial p}\right)_T \tag{11.16}$$

は非常に小さい（負の符号がついているのは，$\Delta p>0$ ならば $\Delta V<0$ なので，κ が正の量になるように定義するためである）．したがって，固体の線膨張率や体積膨張率は，偏微分ではなく常微分で表し

*1 x と y の関数 $f(x, y)$ があるとき，$\dfrac{\partial f}{\partial x}$ は f の x による偏微分を表している．$\dfrac{\partial f}{\partial y}$ は f の y による偏微分である．

たとえば，$f=2x+3y^2$ の場合，

$$\frac{\partial f}{\partial x}=2,\quad \frac{\partial f}{\partial y}=6y$$

になる．このように偏微分の計算では，着目する変数 $\left(\dfrac{\partial f(x, y)}{\partial x}\text{ の場合は }x\right)$ 以外の変数 $\left(\dfrac{\partial f(x, y)}{\partial x}\text{ の場合は }y\right)$ を定数と見なして微分すればよい．

*2 ここで，$(\ )_p$ は圧力 p を一定にした温度 T での偏微分を表している．これを単に $\dfrac{\partial l}{\partial T}$ と書いても数学的には同じであるが，物理学では，どの物理量を一定にするかを明確にするために，一定にする物理量をカッコを用いて明示することも多い．

解いてみよう！ 11.11

$$\alpha=\frac{1}{l}\frac{\mathrm{d}l}{\mathrm{d}T},\quad \beta=\frac{1}{V}\frac{\mathrm{d}V}{\mathrm{d}T} \tag{11.17}$$

と書かれることも多い．固体の線膨張率を表 11.2 にまとめた．

線膨張率の異なる 2 種類の金属を張り合わせてつくられた板を**バイメタル**という．温度を上げると線膨張率が小さい金属側に曲がり，温度を下げると線膨張率が大きい金属側に曲がる．バイメタルは温度計などに利用されている．

表 11.2　**固体の線膨張率（20 ℃）**

物質	線膨張率 [1/K]
銅	1.65×10^{-5}
鉄	1.18×10^{-5}
鉄とニッケルの合金	1.3×10^{-7}
ガラス（フリント）	$(0.8\sim0.9)\times10^{-5}$
コンクリート	$(0.7\sim1.4)\times10^{-5}$

（出典：理科年表　平成 30（2018）年）

§ 11.5 物質の三態

❶ 固相，液相，気相

物質には固体・液体・気体の 3 つの状態がある．これを**物質の三態**という．また，どこを見ても物理的にも化学的にもまったく同じである部分を**相**という．固体・液体・気体を**固相・液相・気相**ともいう．

固体では，物質内の原子や分子などの粒子が互いに固く結合している．これらの粒子は完全に静止しているのではなく，力のつり合いの位置を中心にして振動している．液体では，物質内の粒子の結びつきは固体に比べて弱く，粒子は平均距離をほぼ一定にしながらランダムに動いている．気体では，粒子は自由に空間を飛び回っている（図 11.3）．

このように，固体よりも液体の中の粒子の熱運動のほうが激しく，液体よりも気体の中の粒子の熱運動のほうが激しい．このため，熱運動の激しさを表す量である温度は，固体，液体，気体の順に高くなる．

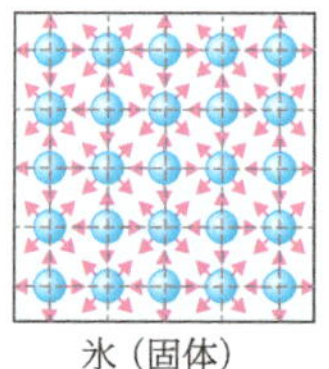
氷（固体）

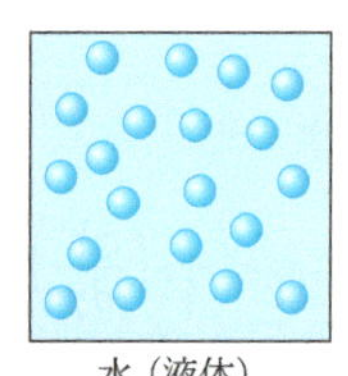
水（液体）

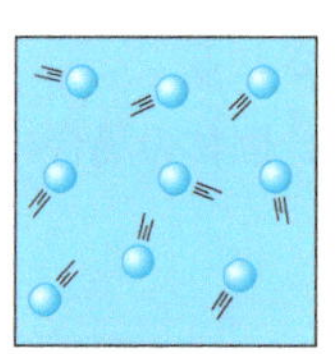
水蒸気（気体）

図 11.3　**水分子の熱運動**

❷ 相転移

物質の相が変化することを**相転移**という．たとえば，0℃以下の温度の氷（固相）に熱を加えると水（液相）になり，さらに熱を加えると水蒸気（気相）になる．このように物質の三態が変化することを，**物質の状態変化**という．この状態変化は相転移の一種である．

固体を液体にするためには，固体の中の粒子の運動を激しくする必要がある．このためには固体に熱を与えて温度を上げればよい．逆に，液体を固体にするためには，液体の中の粒子の運動をゆるやかにする必要がある．このためには，液体から熱を奪って温度を下げればよい．図 11.4 に示すように，固体が液体になる現象を**融解**，そのときの温度を**融点**，融点にある物質 1 kg を融解するのに必要な熱量を**融解熱**という．液体が気体になる現象を**気化**（**蒸発**），そのときの温度を**沸点**，沸点にある物質 1 kg を気化するのに必要な熱量を**気化熱**（**蒸発熱**）という．また，気体が液体になる現象を**凝縮**（**液化**）といい，液体が固体になる現象を**凝固**（**固化**）という．凝縮や凝固で物質から奪う必要がある熱量を凝縮熱や凝固熱ともいう．凝縮熱は気化熱と同じ大きさの熱量であり，凝固熱は融解熱と同じ大きさの熱量である．なお，固体から液体を介さずに直接気体になる場合もあり，この現象を**昇華**という．たとえばドライアイスは固体から直接気体に昇華する．また，気体が直接固体になることも昇華という．たとえば，冬山などの寒冷地で観測されるダイヤモンドダストは，空気中の水蒸気（気体）が冷えて氷（固体）に昇華した例である．融解熱や気化熱のように，物質の三態変化にともなう熱を**潜熱**という．そして，潜熱をともなう相転移を**第 1 種相転移**という．

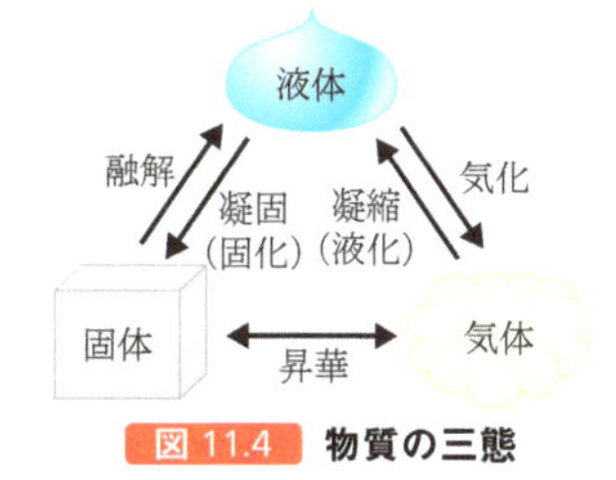

図 11.4 物質の三態

氷を加熱すると温度が上昇していくが，融点の 0℃に達すると，氷がすべて融けて水になるまでは 0℃のままである（図 11.5）．これは与えた熱が粒子の熱運動を激しくするために使われるのではなく，粒子同士の結合を緩めるために使われているからである．氷がすべて水になると，水の温度が上昇していく．このときには与えた熱が分子の熱運動のエネルギーとして使われている．そして沸点の 100 ℃に達すると，水がすべて水蒸気になるまでは 100 ℃のままである．このときにも，与えた熱は熱運動のエネルギーにはならずに，粒子同士の結合を切るために使われている．さらに加熱を続けると，水蒸気の温度が 100 ℃を超えて上昇していく．

解いてみよう！
11.13 11.14

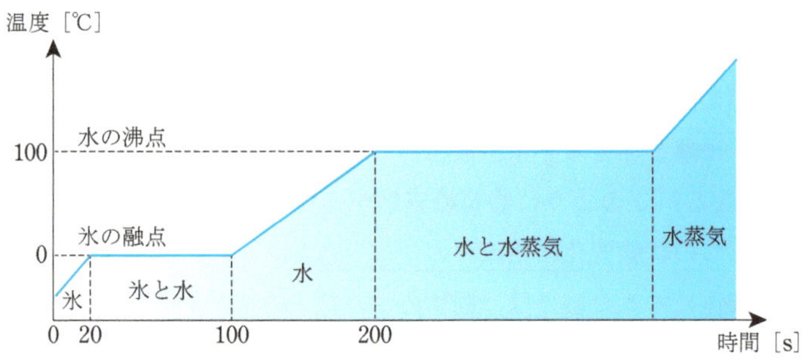

図 11.5　一定の割合で熱量を加え続けたときの水の状態変化

❸ 相図と臨界点

物質がいろいろな温度や圧力のときに固相，液相，気相のどの相にあるかを示す図を**相図**という．図 11.6 に例を示す．固体と気体の境界線（固体と気体が共存する状態）を固体の蒸気圧曲線（SG 曲線），液体と気体の境界線を液体の蒸気圧曲線（LG 曲線）という．固相，液相，気相が重なる点を**三重点**といい，固体，液体，気体が平衡状態にある．2 つの相の境界線では，次の**クラウジウス–クラペイロンの式**

$$\frac{\mathrm{d}p}{\mathrm{d}T}=\frac{Q}{T(v_2-v_1)} \tag{11.18}$$

が成立する[*1*2]．v_1，v_2 は相 1，相 2 における単位質量あたりの体積，Q は単位質量の相 1 が相 2 になるときの潜熱である．

気体を圧縮すると液化できるが，液化するためにはある温度以下に冷やす必要がある．圧縮により液化できる最高の温度を**臨界温度**，そのときの密度を**臨界密度**，圧力を**臨界圧力**という．二酸化炭素の場合，31.1 ℃が臨界温度である．表 11.3 にいくつかの物質の臨界温度と臨界圧力および臨界密度の値をまとめた．

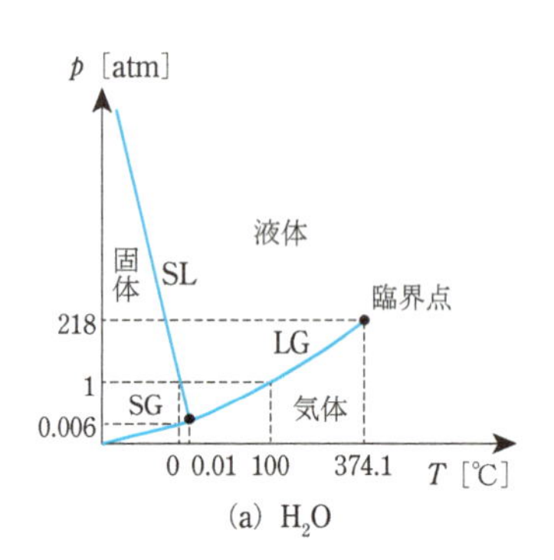

(a) H_2O

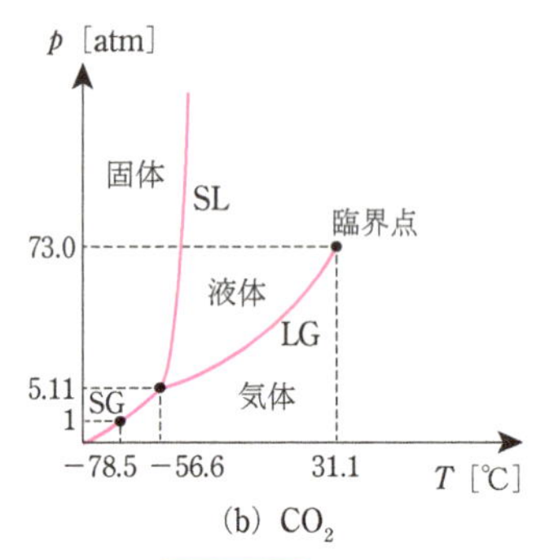

(b) CO_2

図 11.6　相図

表 11.3　物質の臨界温度・圧力・密度

物質	臨界温度［℃］	臨界圧力［atm］	臨界密度［g/cm³］
エチルアルコール	243.1	63.1	0.275
カリウム	1950	160	0.187
空気	−140.7	37.2	0.3
水素	−239.9	12.8	0.03102
二酸化炭素	31.1	73	0.46
ヘリウム	−267.9	2.26	0.0693
水	374.1	218.5	0.324

※　atm は標準大気圧を表す単位記号であり，1 atm＝101325 Pa と定められている．
（出典：理科年表　平成 25（2013）年）

*1　ルドルフ・ユリウス・エマヌエル・クラウジウス（Rudolf Julius Emmanuel Clausius，1822～1888）ドイツの物理学者．1854 年に可逆過程での不変量を提案し，いわゆる熱力学第 2 法則を確立した．1865 年にその不変量をエントロピーと名づけ，不可逆過程でのエントロピーの増大について研究した．

*2　ブノワ・ポール・エミール・クラペイロン（Benoît Paul Émile Clapeyron，1799～1864）フランスの物理学者・土木技術者．鉄道や蒸気機関の分野で活躍した．熱力学分野でも，1834 年にカルノーの理論を応用してクラウジウス–クラペイロンの式を導いた．

≪ 章 末 問 題 ≫

11.1 基礎 摂氏温度と絶対温度

20 ℃の室温は約何 K か．また，約 3 K の宇宙空間は約何℃かを答えよ．

11.2 基礎 仕事と熱

20 ℃の水が 0.50 kg ある．この水をかき混ぜて 25 ℃にするためには，何 J の仕事をすればよいかを求めよ．また，この仕事は 1.0 kg の物体を何 m の高さに持ち上げるのに必要な仕事と等しいかを求めよ．ただし，かき混ぜる仕事はすべて水を加熱する熱に変わったとする．

11.3 基礎 弾丸と熱

速さ 300 m/s で木材に打ち込まれた質量 10.0 g の弾丸が，弾丸と木との間の摩擦により木の中で停止した．発生した熱量を求めよ．また，それだけの熱量を水 200 g に加えると，水の温度は何 K 上がるかを求めよ．

11.4 基礎 熱容量

ある物体に 500 J の熱量を与えると，温度が 20 K 上昇した．この物体の熱容量を求めよ．

11.5 基礎 ジュールの実験

水熱量計と水を合わせた熱容量が 840 J/K であるときのジュールの実験を考える．2 個のおもりの質量はともに 1.2 kg とする．2 個のおもりを繰り返し 20 回落下したとき，水温は何 K 上昇するかを求めよ．ただし，1 回のおもりの落下距離は 1.0 m とし，おもりを巻き上げるとき羽根車は回転しないとする．

11.6 基礎 熱容量と比熱

質量 100 g の鉄の塊の熱容量を求めよ．また，この鉄の塊を 20 ℃から 60 ℃に加熱するために必要な熱量を求めよ．ただし，鉄の比熱を 0.45 J/(g·K) とする．

11.7 基礎 仕事と比熱

粗い水平面上を速さ 10 m/s で走っていた質量 4.2×10^3 kg のトラックがブレーキをかけて止まった．このときに発生した熱量を求めよ．また，このときに発生した熱量で 10 ℃の水 1.0 kg を温めると水温は何℃になるかを求めよ．ただし，水の比熱を 4.2 J/(g·K) とする．

11.8 基礎 熱量の保存

100 ℃に熱した 200 g の鉄製の容器に 10 ℃の水 50 g を入れた．容器と鉄が熱平衡状態になったときの水の温度 [℃] を求めよ．ただし，鉄の比熱は温度によらず 0.447 J/(g·K) とし，熱は容器と水の間だけで移動したとする．ただし，水の比熱を 4.2 J/(g·K) とする．

11.9 基礎 比熱の測定

質量 m [g]，温度 t [K] の水中に，質量 M [kg]，温度 T [K] の物体を入れた．しばらくして水と物体は同じ温度 T' [K] になった．物体の比熱 c を求めよ．ただし $t<T'<T$ とし，外部との間に熱の出入りはないものとする．

11.10 発展 水熱量計と比熱

熱容量が 84 J/K の水熱量計に 120 g の水を入れると，全体の温度が 20 ℃で一定になった．この中に 100 ℃の熱湯で加熱した質量 100 g の金属球を入れると，全体の温度は 30 ℃で一定になった．この金属の比熱を求めよ．ただし，水の比熱を 4.2 J/(g·K) とする．

11.11 基礎 線膨張率

鉄でできた電車のレールが0℃のときに30 mの長さであった．レールの温度が40℃になると，その長さは0℃のときより何m長くなるかを求めよ．ただし，鉄の線膨張率は温度によらず1.18×10^{-5}/Kとする．

11.12 発展 体積膨張率

一様な物質の線膨張率αと体積膨張率βに$\beta=3\alpha$の関係があることを示せ．

11.13 基礎 氷の融解

0℃の氷20 gをすべて0℃の水にするために必要な熱量を求めよ．ただし，氷の融解熱を334 J/gとする．

11.14 基礎 氷から水蒸気へ

0℃の氷30 gをすべて100℃の水蒸気にするために必要な熱量を求めよ．ただし，氷の融解熱を334 J/g，水の比熱を4.2 J/(g·K)，水の気化熱を2257 J/gとする．

11.15 発展 氷点降下

0℃かつ1気圧の水では，固相での単位質量あたりの体積が1.091×10^{-3} m^3/kg，液相での単位質量あたりの体積が10^{-3} m^3/kg，融解熱が80 cal/gである．圧力を1気圧増やしたとき，氷点はどれだけ低下するかを求めよ．

第12章 気体

§ 12.1 気体の状態方程式

❶ ボイル-シャルルの法則

気体の温度 T を変えると，体積 V や圧力 p も変化する．温度が一定のときには

$$pV = 一定 \tag{12.1}$$

となる．この関係はボイル[*1]とマリオット[*2]が独立に発見したので，**ボイル-マリオットの法則**，もしくは単に**ボイルの法則**という（図 12.1）．一方，圧力が一定の場合には

$$\frac{T}{V} = 一定 \tag{12.2}$$

となる．この関係はシャルル[*3]が見出し，ゲイ-リュサック[*4]も精密に研究したので，**シャルルの法則**，または**ゲイ-リュサックの法則**という（図 12.2）．$T_0 = 273.15\,\mathrm{K}$ のときの体積を V_0 とすれば，この式は

$$\frac{V}{V_0} = \frac{T}{T_0} \tag{12.3}$$

と書くことができる．この関係を用いて，定圧のもとでの気体（理想気体）の体積の測定によって絶対温度目盛をつくることができる．また，摂氏温度の θ を用いれば $T = T_0 + \theta$ であるから，シャルルの法則は

$$V = V_0\left(1 + \frac{\theta}{273.15}\right) \tag{12.4}$$

と書かれることもある．

そして，温度と圧力がともに変化する場合には

$$\frac{pV}{T} = 一定 \tag{12.5}$$

となる．これを**ボイル-シャルルの法則**という．たとえば，一定量の気体が圧力 p_0，絶対温度 T_0，体積 V_0 の状態から p，T，V の状態に変化したとき，

$$\frac{p_0 V_0}{T_0} = \frac{pV}{T} \tag{12.6}$$

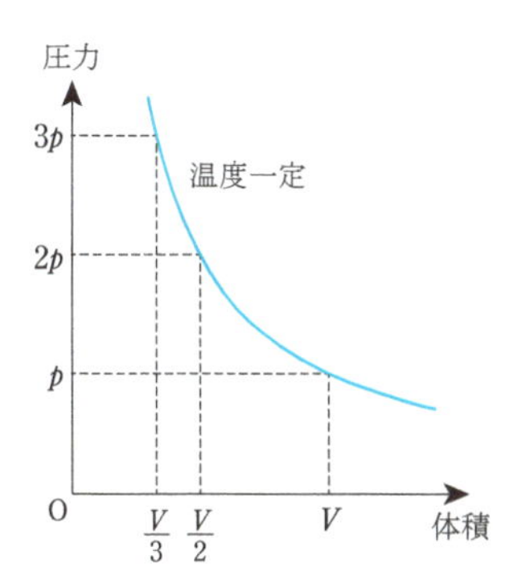

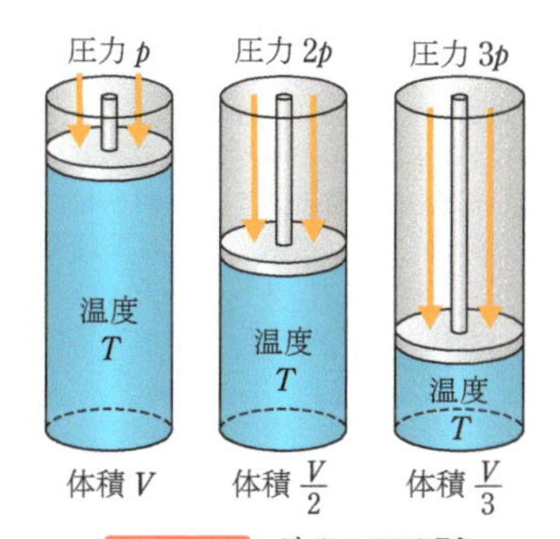

図 12.1 **ボイルの法則**

*1 ロバート・ボイル（Robert Boyle, 1627〜1691） イギリスの物理学者・化学者．遺産に恵まれ住居にも実験室を設け生涯を実験研究に費やした．多方面にわたる実験的業績の中でも，真空ポンプを使った諸実験，ボイルの法則の発見（1662年），燃焼と灰化に関する研究，中和反応の指示薬の研究が有名である．

*2 エドム・マリオット（Edme Mariotte, 1620頃〜1684） フランスの物理学者．気体の研究をおこない，1676年にボイルの法則を再発見した．ほかにも盲点の発見（1668年），水力学の研究などの業績がある．

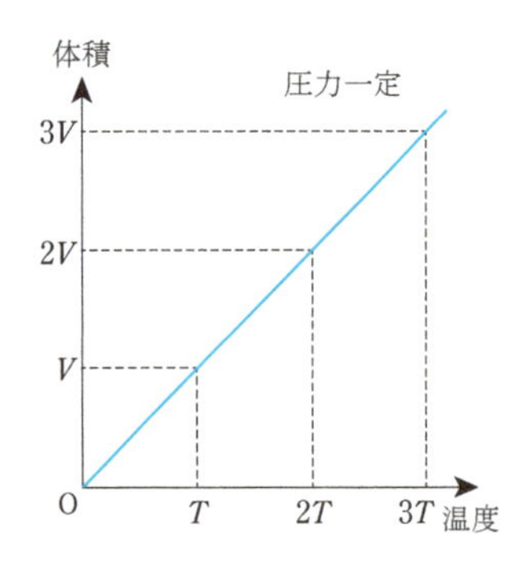

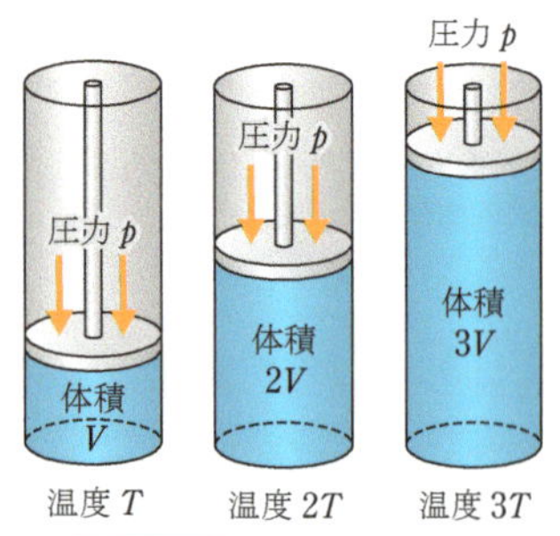

図 12.2　**シャルルの法則**

*3　ジャック・アレクサンドル・セザール・シャルル（Jacques Alexandre César Charles, 1746〜1823）　フランスの物理学者．当時キャベンディッシュの発見した水素を用いて水素気球を作成しパリで飛ばした（1783 年）．定圧下での気体の体積と温度の変化調べる実験をしたが（1786〜87 年），法則の形には整理せず公刊もしなかった．いわゆるシャルルの法則を確立したのはゲイ-リュサックである（1802 年）．

*4　ジョセフ・ルイ・ゲイ-リュサック（Joseph Louis Gay-Lussac, 1778〜1850）　フランスの物理学者・化学者．1802 年，シャルルの法則と同等のゲイ-リュサックの法則を確立したが，先に発見したシャルルの名を冠してシャルルの法則とよばれることのほうが多い．ゲイ-リュサックの業績は多く，気球による高所の地磁気や大気成分の研究もおこなっている．

解いてみよう!
12.1 〜 12.3

が成り立つ．

❷ 理想気体

実際の気体（実在気体）はボイル-シャルルの法則を完全には満たしていない．特に，低温や高圧のもとでボイル-シャルルの法則が成り立たなくなる．ボイル-シャルルの法則に正確に従う気体は存在しないが，地表付近の空気などはボイル-シャルルの法則によく従う．そこで，ボイル-シャルルの法則に完全に従う仮想的な気体を考え，これを**理想気体**という．

❸ 理想気体の状態方程式

0 ℃かつ 1 atm（273 K かつ 1.013×10^5 Pa）の状態を**標準状態**という．標準状態では 1 mol の理想気体の体積は 22.4 L（2.24×10^{-2} m^3）となる．よって，標準状態にある 1 mol の理想気体に対して

$$\frac{pV}{T}=\frac{(1.013\times10^5)\times(2.24\times10^{-2})}{273}=8.31\ \mathrm{J/(mol\cdot K)} \quad (12.7)$$

が成り立つ．ボイル-シャルルの法則より，この値は定数となり，これを**気体定数**という．

$$R=8.31\ \mathrm{J/(mol\cdot K)} \quad (12.8)$$

この気体定数を用いると，1 mol の理想気体に対するボイル-シャルルの法則は $pV=RT$ となる．n [mol] の理想気体では両辺に n をかけると，$pnV=nRT$ となるが，nV が n [mol] のときの体積 V_n だから，V_n を V と書き換えて，

$$pV=nRT \quad (12.9)$$

となる．これを**理想気体の状態方程式**という．

理想気体に限らず，物質の熱的状態は圧力 p，温度 T，体積 V などの状態を表す変数（**状態変数**）によって決まる．そして，これらの状態変数の関係を表す式

$$p=f(T,\ V) \quad (12.10)$$

を，その物質の状態方程式という．理想気体の状態方程式は，数ある状態方程式の 1 つである．

§ 12.2 気体の分子運動論

❶ 理想気体のミクロな姿

容器の中の気体分子が次の性質を満たすとき，理想気体として振る舞う．

(1) 分子間の相互作用はない
(2) 分子は容器の壁と弾性衝突をする
(3) 理想気体の運動ではニュートン力学が成り立つ

性質(1)で分子間の相互作用はないとしたが，完全に相互作用がないとすると衝突しないので各分子の速度も変化せず，気体は熱平衡状態になれない．運動量をやり取りするための衝突は気体が熱平衡状態になるために本質的に必要である．しかし，衝突が起こるのは非常にまれであり，この衝突によって熱平衡が実現すること以外の効果はないと考えれば，気体分子は自由粒子と見なすことができる．

❷ 気体の圧力

図 12.3 のように気体を入れた容器の壁には気体分子が衝突している．この衝突によって分子が壁におよぼす力が気体の圧力の源である．気体が理想気体であるとして，気体の圧力をミクロな立場から導こう．

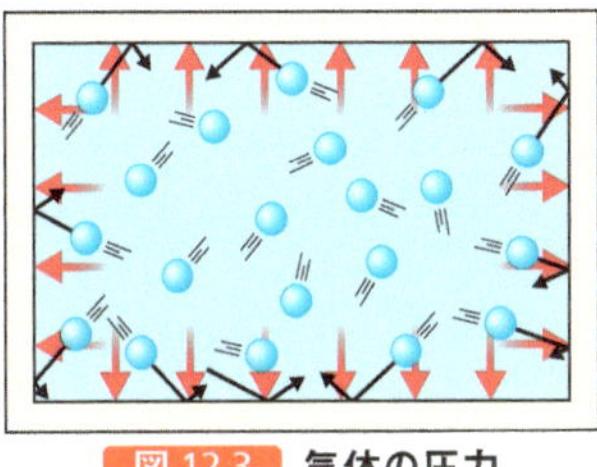

図 12.3 気体の圧力

体積 $V=L^3$ の立方体の容器に N 個の同じ種類の分子からなる理想気体を入れる（図 12.4）．速度 $\vec{v}=(v_x, v_y, v_z)$ の 1 つの分子が x 軸に垂直な壁 S に弾性衝突すると，衝突後速度は $\vec{v}'=(-v_x, v_y, v_z)$ となる．分子の質量を m とすると，運動量の変化は $\Delta p_x=mv_x-(-mv_x)=2mv_x$ である．また，分子は壁 S と衝突した後には，反対の壁で衝突して再び壁 S に戻ってくる．この 1 往復にかかる時間は $\Delta t=2L/v_x$ である（図 12.5）．ニュートンの運動の第 2 法則（運動方程式）から，1 つの分子が壁におよぼす力 f_x は単位時間あたりの運動量の変化に等しいので，

$$f_x=\frac{\Delta p_x}{\Delta t}=\frac{2mv_x}{2L/v_x}=\frac{m}{L}v_x^2 \qquad (12.11)$$

となる．よって，N 個の分子が壁に与える圧力は

$$p=\frac{1}{L^2}\sum_{j=1}^{N}\frac{m}{L}v_{jx}^2=\frac{m}{V}\sum_{j=1}^{N}v_{jx}^2 \qquad (12.12)$$

となる*．ここで，v_{jx} は j 番目の粒子の速度の x 成分である．速度の 2 乗の平均

$$\overline{v_x^2}=\frac{1}{N}\sum_{j=1}^{N}v_{jx}^2 \qquad (12.13)$$

を用いると，圧力は

* (圧力)＝(力)÷(面積)

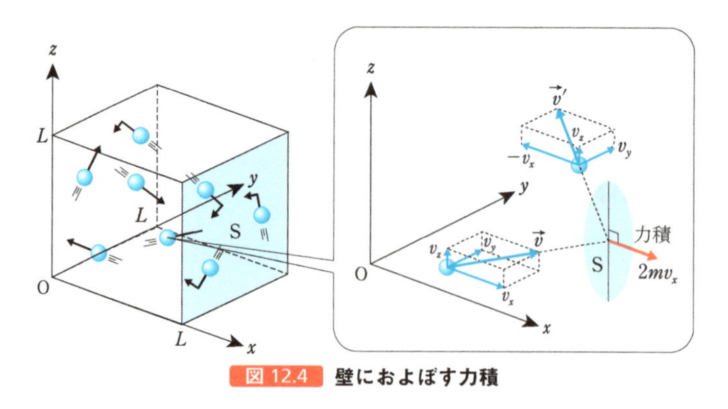

図 12.4　壁におよぼす力積

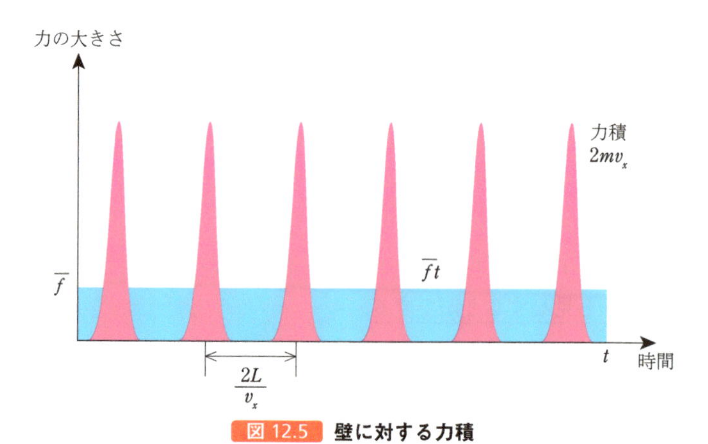

図 12.5　壁に対する力積

$$p=\frac{1}{V}Nm\overline{v_x^2} \tag{12.14}$$

と書ける．N個の分子がどの方向にも偏らずにランダムに運動しているとすると，$\overline{v_x^2}=\overline{v_y^2}=\overline{v_z^2}$が成り立つので，$v^2=v_x^2+v_y^2+v_z^2$より

$$\overline{v_x^2}=\overline{v_y^2}=\overline{v_z^2}=\frac{1}{3}\overline{v^2} \tag{12.15}$$

である．よって圧力は

$$p=\frac{1}{V}\cdot\frac{1}{3}Nm\overline{v^2}=\frac{1}{V}\cdot\frac{2}{3}N\cdot\frac{1}{2}m\overline{v^2} \tag{12.16}$$

となる．

❸ 気体の温度

圧力の式（12.16）を

$$pV=\frac{2}{3}N\cdot\frac{1}{2}m\overline{v^2} \tag{12.17}$$

と変形する．この式と理想気体の状態方程式$pV=nRT$を比べると，1分子あたりの平均運動エネルギーが

$$\frac{1}{2}m\overline{v^2}=\frac{3}{2}\frac{nR}{N}T=\frac{3}{2}\frac{nR}{nN_{\mathrm{A}}}T=\frac{3}{2}k_{\mathrm{B}}T \tag{12.18}$$

となることがわかる．ここで，n [mol] の気体に含まれる分子数 N はアボガドロ数 N_A を用いて $N=nN_A$ となること，および

$$k_B=\frac{R}{N_A}=1.38\times10^{-23}\ \mathrm{J/K} \tag{12.19}$$

を用いた．この k_B を**ボルツマン定数**という*．なお，1 mol あたりの平均運動エネルギーは

$$\frac{1}{2}m\overline{v^2}\cdot N_A=\frac{3}{2}RT \tag{12.20}$$

となる．これから，気体の温度は

$$T=\frac{2N_A}{3R}\frac{1}{2}m\overline{v^2} \tag{12.21}$$

となる．右辺にある $\frac{1}{2}m\overline{v^2}$ から，気体の温度は気体分子の平均運動エネルギー $\left(の\frac{2N_A}{3R}倍\right)$ を表す物理量であることがわかるであろう．熱い気体ほど，内部では大きな運動エネルギーで分子が運動している．

* ルードヴィッヒ・エードゥアルト・ボルツマン（Ludwig Eduard Boltzmann, 1844〜1906） オーストリアの物理学者．音楽を愛し自らピアノを弾き，作曲家 A.Bruckner の音楽レッスンを受けたこともある．ウィーンにある墓石には，ボルツマンの関係式 $S=k.\log W$ が刻まれている．

❹ 温度と気体分子の速さ

分子量 M の気体 1 mol の質量は $mN_A=M\times10^{-3}$ kg/mol であるので，分子の平均的な速さの目安として

$$\sqrt{\overline{v^2}}=\sqrt{\frac{3RT}{mN_A}}=\sqrt{\frac{3RT}{M\times10^{-3}}}=\sqrt{\frac{3k_BT}{m}} \tag{12.22}$$

が使える．

図 12.6 に示す装置で分子の速さを測定し，気体容器中の分子の速さの分布を知ることができる．スリットがついた 2 つの回転板を距離 l だけ離して一定の角速度 ω で回転させる．このときスリットの位置をずらしておくと，気体容器から出てきたある特定の速さの分子だけが 2 つのスリットを通り抜け検出器に入る．ω を変化させて検出器で検出される分子の数を測定すれば，気体分子の速さの分布が得られる．例として，図 12.7 にヨウ素分子の速さの分布を示す．同じ気体でも温度によって速さの分布が異なる．表 12.1 にはいくつかの気体分子の平均的な速さの目安を示す．気体分子の速さは，気体の種類によって異なる．

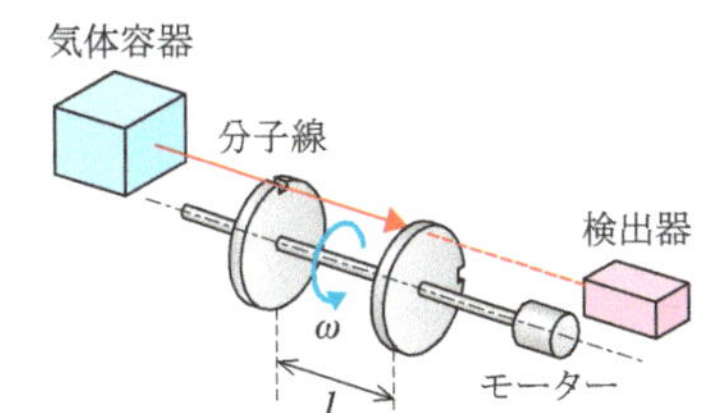

図 12.6 気体分子の速さの測定装置

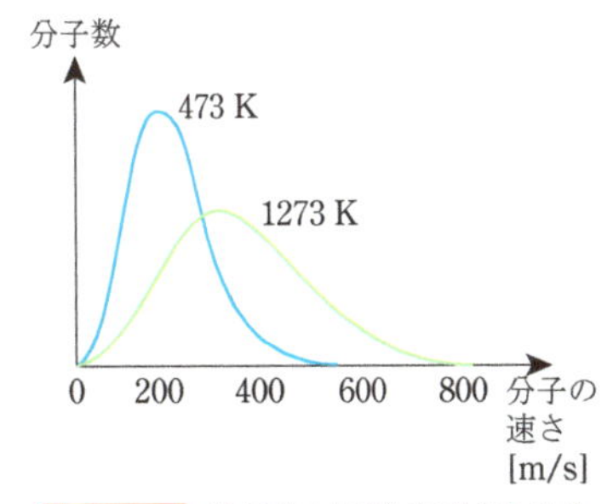

図 12.7 分子（ヨウ素）の速さの分布

表 12.1 気体分子の速さの二乗平均の平方根 $\sqrt{\overline{v^2}}$

物質	分子量	速さの二乗平均の平方根 [m/s]
水素	2.0	1.8×10^3
窒素	28	4.9×10^2
酸素	32	4.6×10^2
二酸化炭素	44	3.9×10^2
ヨウ素	254	2.2×10^2

※273 K における値（ヨウ素は 473 K）．

⑤ エネルギー等分配則

気体定数Rを用いて書かれた理想気体の状態方程式

$$pV=nRT \tag{12.23}$$

はボルツマン定数k_Bとアボガドロ数N_Aを用いて，$R=k_BN_A$より

$$pV=Nk_BT \tag{12.24}$$

と書くこともできる．ここで，$N=nN_A$は粒子数である．このように理想気体の状態方程式をRではなくk_Bで書けるのは，1分子あたりの運動エネルギーが

$$\frac{1}{2}m\overline{v^2}=\frac{3}{2}k_BT \tag{12.25}$$

と求まったからである．分子の並進運動の平均エネルギーをx，y，zの3方向に分けて考えると，$\overline{v_x{}^2}=\overline{v_y{}^2}=\overline{v_z{}^2}$から

$$\frac{1}{2}m\overline{v_x{}^2}=\frac{1}{2}m\overline{v_y{}^2}=\frac{1}{2}m\overline{v_z{}^2}=\frac{1}{3}\cdot\frac{1}{2}m\overline{v^2}=\frac{1}{2}k_BT \tag{12.26}$$

である．分子の並進運動は3つの自由度をもつので，「1自由度あたり$\frac{1}{2}k_BT$のエネルギーが割りあてられる」．これを**エネルギー等分配則**という．自由度とは，運動することができる独立な方向の数である．自由な並進運動ではx，y，zの3方向があるので自由度は3である．分子の回転などを考える場合には自由度も増す（12.3節⑤参照）．

⑥ ドルトンの法則

理想気体の状態方程式は混合気体でも成り立つ．なぜならば，理想気体では分子間の相互作用を無視できるからである．Nを分子の総数，N_sをs番目の気体の分子の数とすると，$N=\sum_s N_s$であり，状態方程式は

$$pV=\sum_s N_sk_BT \tag{12.27}$$

となる．ここで，N_sk_BT/Vはs番目の気体だけが体積Vを占めたときの圧力p_s（分圧）である．したがって

$$p=\sum_s p_s \tag{12.28}$$

が成立する．これから，混合気体の全圧力は分圧の和に等しい．これを**ドルトンの法則**という*．

* ジョン・ドルトン（Jhon Dalton, 1766～1844）イギリスの物理学者．気象観測に強い興味をもち，50年以上にわたり観測を続けた．その中での大気中の水蒸気成分に関する考察が，混合気体の分圧の法則の発見につながったようである．

⑦ 実在気体

実在気体がボイル-シャルルの法則（したがって理想気体の状態方程式）からずれるのは，気体分子には大きさがあり，分子同士が力をおよぼし合っているからである．これらの影響が無視できるような場合には，実在

気体であっても理想気体の状態方程式によく従う．具体的には，常温・常圧付近では，実在気体は理想気体のように扱うことができる．

§ 12.3 内部エネルギーと比熱

❶ 内部エネルギー

物質内部にある分子がもつエネルギーを，その物質の**内部エネルギー**という．具体的には，分子の熱運動による並進運動エネルギー，回転運動エネルギー，分子と分子が互いにおよぼし合う力によるポテンシャルエネルギー，分子が受ける重力のポテンシャルエネルギーの総和が内部エネルギーとなる．この中で主要となるのは，熱運動による運動エネルギーである．

❷ 定積比熱と定圧比熱

温度 T の物体が熱量 $\mathrm{d}Q$ を吸収して温度が $T+\mathrm{d}T$ となったときの熱容量は $C=\mathrm{d}Q/\mathrm{d}T$ と表され，単位質量あたりの熱容量が比熱であった．熱量は状態量ではないから，比熱は加熱の仕方で異なる．体積を一定に保つ場合[*1]の**定積比熱**（C_V）と，圧力を一定に保つ場合[*2]の**定圧比熱**（C_p）を考えると便利である．

$$C_V=\left(\frac{\partial Q}{\partial T}\right)_V,\quad C_p=\left(\frac{\partial Q}{\partial T}\right)_p \tag{12.29}$$

定積比熱では体積が一定であるので，加えた熱量はすべて内部エネルギーの増加量となる．内部エネルギーを U とすると，定積比熱は次のように書くことができる．

$$C_V=\left(\frac{\partial U}{\partial T}\right)_V \tag{12.30}$$

定圧比熱は圧力 p が一定であるので，加えた熱量は内部エネルギーの増加量と体積の増加量となり

$$\mathrm{d}Q=\mathrm{d}U+p\mathrm{d}V=\mathrm{d}(U+pV)=\mathrm{d}H \tag{12.31}$$

と書ける．ここで

$$H=U+pV \tag{12.32}$$

を**エンタルピー**あるいは**熱関数**という．これから，定圧比熱はエンタルピーを用いて

$$C_p=\left(\frac{\partial H}{\partial T}\right)_p \tag{12.33}$$

と書ける．

*1 体積を一定にしながらおこなう変化を**定積変化**という（13.2 節参照）．

*2 圧力を一定にしながらおこなう変化を**定圧変化**という（13.3 節参照）．

定積比熱や定圧比熱のほかにも，物理的な解析がしやすいようにさまざまな比熱がある．たとえば，液体の場合には飽和蒸気圧のもとでの比熱 C_{sat} なども用いられる．

❸ マイヤーの関係式

物質 1 mol の理想気体の場合には，状態方程式 $pV=RT$ からエンタルピーが

$$H=U+RT \tag{12.34}$$

となり，内部エネルギーと同じように温度だけの関数となる．両辺を温度 T で偏微分することにより，定積比熱と定圧比熱の間に成り立つ，次の**マイヤーの関係式**が得られる*．

* ユリウス・ロベルト・フォン・マイヤー（Julius Robert von Mayer, 1814～1878）ドイツの医師・物理学者．ジャカルタでみた患者の静脈血が寒冷地でみたものより鮮やかな赤色であることに気がつき，熱と運動の相互変換の可能性の着想を得て，1842 年にエネルギー保存則を発表した．

$$C_p=C_V+R \tag{12.35}$$

この式から，理想気体の定圧比熱が定積比熱よりも大きいことがわかる（$C_p>C_V$）．これは，理想気体に限らずつねに正しい．定圧変化で内部エネルギーが上昇すれば，それにともなって温度も上昇する．しかし，定積変化に比べて定圧変化は外部に仕事をするぶん，同じ熱を定積変化の物質に与えるよりも内部エネルギーの増加量は少ない．これから，定圧変化の温度上昇は定積変化の温度上昇よりも小さくなる．言い換えれば，定圧変化の場合にはエネルギーが仕事で失われるぶん，定積変化よりも多くの熱が必要である．このように定圧比熱のほうが定積比熱よりも大きくなるので，C_p と C_V の比

$$\gamma=\frac{C_p}{C_V} \tag{12.36}$$

は 1 以上になる．この γ を**比熱比**という．

❹ 単原子分子理想気体

理想気体では分子同士は力をおよぼさないので，内部エネルギーはそれぞれの分子の熱運動に対応する並進の運動エネルギー（重心の運動によるエネルギー）のみである（重力は考えない）．温度 T の理想気体 1 mol の運動エネルギーは（3/2）RT である．これは内部エネルギーが 3 方向（x, y, z）の運動で決まり，1 方向あたり（1/2）RT の運動エネルギーをもつからである．したがって，n [mol] の理想気体の内部エネルギーは

$$U=\frac{3}{2}nRT \tag{12.37}$$

となる．このように n [mol] の理想気体の内部エネルギーは温度 T のみで決まる（11.2 節参照）．たとえば，温度が $\mathrm{d}T$ 変化すると，n と R は定数なので内部エネルギーは

$$dU=\frac{3}{2}nR(T+dT)-\frac{3}{2}nRT=\frac{3}{2}nRdT \qquad (12.38)$$

だけ変化する．また，温度が一定ならば物質量（モル数 n）が大きいほど，内部エネルギーも大きくなる．

理想気体では，気体分子は分子自体の内部運動をもたない．したがって，理想気体の内部エネルギーの式は単原子分子気体（He，Ar，Ne など）でよく成り立つ．

温度 T の**単原子分子理想気体** 1 mol の内部エネルギーは $U=(3/2)RT$ であるから，定積モル比熱は

$$C_V=\frac{3}{2}R=12.5\ \mathrm{J/(mol\cdot K)} \qquad (12.39)$$

となる．またマイヤーの関係式より，定圧モル比熱を求めると，

$$C_p=\frac{5}{2}R=20.8\ \mathrm{J/(mol\cdot K)} \qquad (12.40)$$

が得られる．これから，単原子分子理想気体の**比熱比**は $\gamma=5/3=1.667$ と計算される．実際の気体の比熱比は表 12.2 のとおりであり，よく一致している．

なお，式（12.39），（12.40）より，理想気体の内部エネルギーとエンタルピーは

$$U=C_VT,\quad H=C_pT \qquad (12.41)$$

と表せる．理想気体の場合，この関係は単原子分子気体に限らず成立する．

解いてみよう！ 12.10

表 12.2 **気体の比熱**

気体	温度 [K]	定圧比熱 [J/(mol·K)]	比熱比	
He	93	20.9	1.66	単原子分子気体
Ar	300	20.8	1.67	
H_2	300	28.9	1.41	二原子分子気体
N_2	300	29.2	1.40	
O_2	300	29.4	1.40	
CO	300	29.2	1.40	
Cl_2	288	34.1	1.36	
CO_2	300	37.5	1.30	多原子分子気体
SO_2	288	40.7	1.26	
H_2O	373	36.9	1.33	

※ 1 気圧での値.
（出典：理科年表　平成 14（2002）年，化学便覧　改訂 5 版）

⑤ 多原子分子理想気体

実際の気体が必ずしも単原子分子気体であるとは限らない．多原子分子気体では，分子の大きさを無視することができない．並進運動のエネルギーだけではなく，回転運動エネルギーや分子内原子間の振動エネルギーが加わる．この場合の内部エネルギーは

$$U=U_{\mathrm{t}}+U_{\mathrm{r}}+U_{\mathrm{v}} \tag{12.42}$$

となる．ここで，添え字t，r，vはそれぞれ並進，回転，振動を表している．

振動のエネルギーは気体の温度が非常に高い場合を除いて無視してよい*．回転運動による内部エネルギーU_{r}については，運動の自由度から，エネルギー等分配則を用いて考えればよい．

* 分子の結合エネルギーが大きく，振動エネルギーがそれより小さくないと，分子を構成している原子が分離してしまう．

二原子分子理想気体（O_2，N_2，H_2，COなど）の場合は，並進の運動エネルギーのほかに，図 12.8のように回転の運動エネルギーが加わる．分子は棒状の剛体と考えることができる．この場合，回転の自由度は2であるので，並進運動と合わせて自由度は全部で5になる．回転運動に対しても1つの軸方向あたり$\frac{1}{2}RT$の運動エネルギーをもつとしてエネルギー等分配則を用いる．

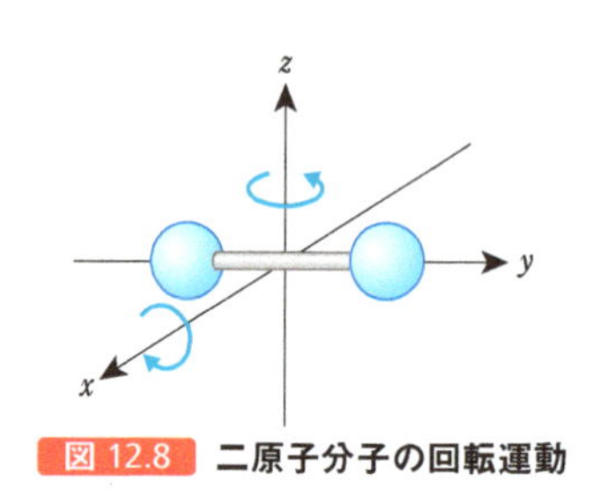

図 12.8　二原子分子の回転運動

したがって，二原子分子理想気体1 molの内部エネルギーは，重心の運動エネルギー$\frac{1}{2}RT\times3$と回転の運動エネルギー$\frac{1}{2}RT\times2$の和

$$U=\frac{1}{2}RT\times5=\frac{5}{2}RT \tag{12.43}$$

となる．

また，この内部エネルギーから定積モル比熱と定圧モル比熱はそれぞれ

$$C_V=\frac{5}{2}R=20.8\ \mathrm{J/(mol\cdot K)} \tag{12.44}$$

$$C_p=\frac{7}{2}R=29.1\ \mathrm{J/(mol\cdot K)} \tag{12.45}$$

と求められる．比熱比は$\gamma=7/5=1.40$となる．表12.2において，実際の気体と比べると，二原子分子気体についても一致していることがわかる．

多原子分子（CO_2，SO_2，H_2Oなど）の場合には，分子は大きさのある剛体と考えられるので，回転の運動の自由度は3である．したがって，内部エネルギーは

$$U=6\times\frac{1}{2}RT=3RT \tag{12.46}$$

となり，モル比熱と比熱比は

$$C_V=3R,\quad C_p=4R,\quad \gamma=\frac{4}{3}=1.33 \tag{12.47}$$

となる．再び表12.2を見ると，一致していることがわかる．

最後に，多原子分子であっても，理想気体ならば内部エネルギーは温度だけの関数になり気体の体積によらないことに注意しておく．実在気体や液体，固体などでは分子間の相互作用を考慮に入れる必要がある．この場合には，分子間の相互作用ポテンシャルは分子間の距離に依存するため，内部エネルギーも体積に依存する．しかし，内部エネルギーが物質の状態（圧力，温度，体積）で決まることには変わりない．

« 章 末 問 題 »

12.1 基礎 ボイルの法則

高い山に登ると気圧の低下とともにスナック菓子の袋が膨張していく．温度は一定で，気圧が20％下がると袋の中の気体の体積は何％増加するかを求めよ．ただし，登山中の温度は一定であり，袋の内外の気圧は等しいとする．

12.2 基礎 シャルルの法則

温度27℃，体積1.0 m^3 の気体の圧力を一定に保ちながら，温度を87℃にしたときの体積を求めよ．

12.3 基礎 大気圧と気体の圧力

断面積 S の質量が無視できる滑らかに動くピストンがついたシリンダーに気体を入れ，ピストンの上に質量 m のおもりをのせると，ピストンは静止した．大気圧を p_0 として容器内の気体の圧力 p を求めよ．

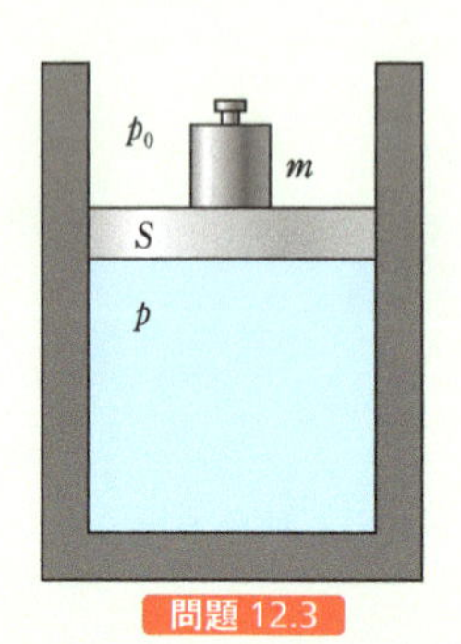

問題 12.3

12.4 発展 シャルルの法則

断面積 $5.0\times10^{-3}\,m^2$ の質量が無視できて滑らかに動くピストンがついたシリンダーに気体を入れた．はじめ，気体の温度は300 K，体積は $1.00\times10^{-3}\,m^3$ であった．その後，温度を360 Kに上昇させた．このとき，次の物理量を求めよ．ただし，大気圧を 1.00×10^5 Paとする．

(1) 気体がピストンを押す力

(2) 温度を360 Kにしたときの気体の体積

(3) ピストンの移動距離

(4) 気体がピストンにした仕事

12.5 発展 シャルルの法則と気球

体積 $V=500\,m^3$，質量180 kgの熱気球が地表にある．地表の空気の温度を $T_0=280$ K，密度を $\rho_0=1.20\,kg/m^3$ とする．この熱気球を地面から浮上させるには，球体内の空気を最低何Kまで熱する必要があるかを求めよ．

12.6 基礎 気体の圧力と密度

平均的な速さ $\overline{v^2}$ で運動している密度 ρ [kg/m³] の気体分子の圧力は $p=\dfrac{1}{3}\rho\overline{v^2}$ となることを示せ．

12.7 基礎 圧力と気体分子の速さ

1気圧の酸素分子の平均的な速さ $\sqrt{\overline{v^2}}$ を求めよ．ただし，酸素分子の密度は1.4 kg/m^3 とする．

12.8 基礎 温度と気体分子の速さ

15℃の気体の酸素分子がもつ平均的な速さ $\sqrt{\overline{v^2}}$ を求めよ．ただし，酸素の分子量を32とする．

12.9 基礎 分子量と気体分子の速さ

0℃のHeガス（原子量4）とNeガス（原子量20）がある．He原子の平均的な速さ $\sqrt{\overline{v^2}}$ は，Ne原子の平均的な速さの何倍かを求めよ．

12.10 基礎 単原子分子理想気体の内部エネルギー

27℃の単原子分子理想気体3.0 molの内部エネルギーを求めよ．

第13章 熱力学第1法則

§ 13.1 熱力学第1法則

❶ 熱力学第1法則

気体の内部エネルギーを $\mathrm{d}U$ だけ増やすためには，気体に熱を $\mathrm{d}Q$ だけ与えるか，気体に外部から $\mathrm{d}W$ の仕事をすればよい．すなわち

$$\mathrm{d}U=\mathrm{d}Q+\mathrm{d}W \tag{13.1}$$

が成り立つ．これを**熱力学第1法則**という（図 13.1）．

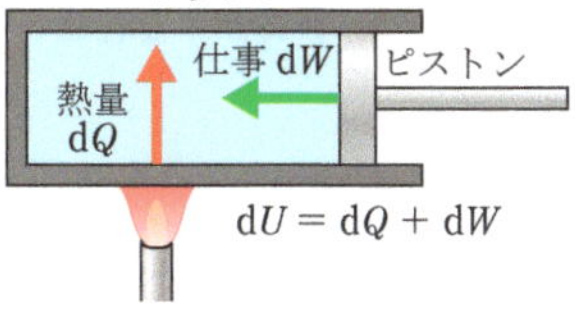

熱力学第1法則は，熱の出入りがある場合のエネルギー保存則でもある．力学では，孤立系の運動エネルギーとポテンシャルエネルギーの和が一定であることを力学的エネルギー保存則とよんだ．力学的エネルギー以外にも電磁波のエネルギーや核エネルギーなど，エネルギーにはさまざまな形態がある．そして，ポテンシャルエネルギーが運動エネルギーに変化するように，これらのエネルギーはある形から別の形へと姿を変えることができる．エネルギー保存則とは力学的エネルギーに限らず，エネルギーが別の形になっても総量は変わらないことを意味している．エネルギー保存則が成り立たない実験結果はなく，エネルギー保存則はもっとも基本的な自然法則の1つである．

図 13.1 熱力学第1法則

解いてみよう！ 13.1

❷ 気体の膨張と仕事

シリンダー内部の気体の膨張を考える．気体が膨張するためには，気体はピストンを押して動かさなければならないから，気体はピストンに対して仕事 $\mathrm{d}W'$ をおこなう．気体がピストンをゆっくり（準静的*に）押して微小距離 $\mathrm{d}h$ だけ動かして状態を変化させたとき，気体のおこなう仕事 $\mathrm{d}W'$ は気体がピストンにおよぼす力を F として，$\mathrm{d}W'=F\mathrm{d}h$ である．

ピストンの断面積を S とすると，圧力 p は $F=pS$ なので，気体がする仕事は

$$\mathrm{d}W'=F\mathrm{d}h=pS\mathrm{d}h=p\mathrm{d}V \tag{13.2}$$

となる．$\mathrm{d}V=S\mathrm{d}h$ は気体の体積の微小増加である．気体の体積が V_1 から V_2 まで変化した場合の気体がする仕事は

* 熱平衡状態が充分に保たれるぐらいにゆっくりとした変化を準静的な変化という．人間の感覚では速く見える変化であっても，熱平衡が保たれると見なせれば，それは準静的である．
なお，準静的な変化でなければ，気体が熱平衡状態を保ちながら膨張できず，気体の温度や圧力などは定義できない．

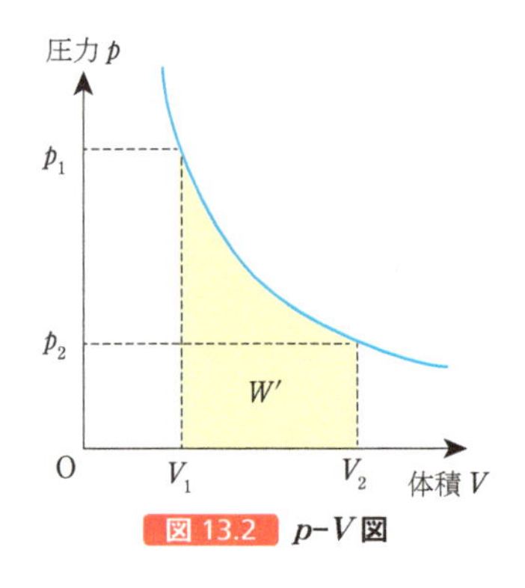

図 13.2　p-V 図

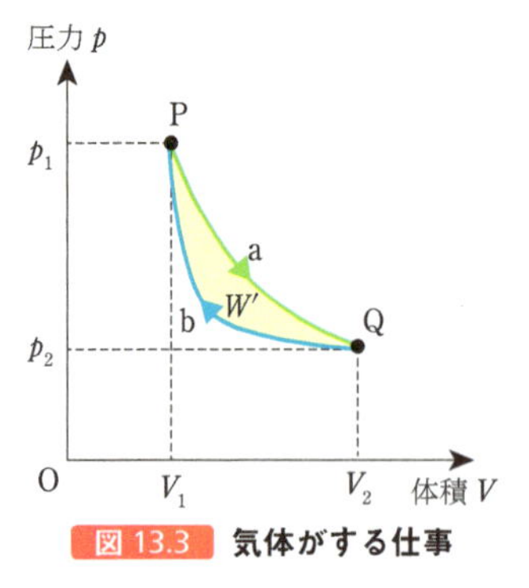

図 13.3　気体がする仕事

$$W' = \int_{V_1}^{V_2} p\,\mathrm{d}V \tag{13.3}$$

となる．

仕事は p-V 図で示す面積で表される（図 13.2）．気体が膨張するときの仕事は図 13.2 の黄色部分になる．気体が収縮する場合には体積が減少するので気体は外部から仕事をされ，気体がする仕事はマイナスになる．この場合は曲線と横軸の間の面積に負号をつければよい．膨張と収縮の両方がある場合が図 13.3 に示されている．気体ははじめの状態 P から曲線 a に沿って状態 Q まで膨張し，次に曲線 b に沿って収縮して P に戻る．このときに気体がする仕事は閉曲線 P → a → Q → b → P で囲まれた面積になる．膨張の仕方は 1 通りではない（筋道を表す曲線は 1 つだけではない）．どのような仕方で膨張するかによって，仕事の値は異なる．

❸ 摩擦がある場合

ピストンとシリンダーの間に無視できない摩擦力がはたらく場合，熱力学第 1 法則はどのような形に書けるのだろうか．外圧を p_e，気体の圧力を p，摩擦力を F，ピストンの断面積を S とする．準静的過程では力がつり合うとしてよい．膨張のときは

$$\begin{gathered} p_e S + F = pS \\ \therefore\ p_e S = pS - F \end{gathered} \tag{13.4}$$

が成り立つ．ピストンの移動距離を $\mathrm{d}l$ とすれば，外力がする仕事 $\mathrm{d}W$ は

$$\mathrm{d}W = -p_e S\mathrm{d}l = -p\mathrm{d}V + F\mathrm{d}l \tag{13.5}$$

と表される（$\mathrm{dV} = S\mathrm{d}l$）．一方，圧縮のときには，$p_e S = pS + F$ となり，外力がする仕事 $\mathrm{d}W$ は，外力の向きとピストンの移動する向きとが同じであることを考慮し

$$\mathrm{d}W = p_e S\mathrm{d}l = p\mathrm{d}V + F\mathrm{d}l \tag{13.6}$$

となる．よって，熱力学第 1 法則は

$$\mathrm{d}U = -p\mathrm{d}V + F\mathrm{d}l + \mathrm{d}Q_{(膨張)} \tag{13.7}$$

$$-\mathrm{d}U = p\mathrm{d}V + F\mathrm{d}l + \mathrm{d}Q_{(圧縮)} \tag{13.8}$$

と書ける*．摩擦がない場合は $\mathrm{d}Q_{(膨張)} + \mathrm{d}Q_{(圧縮)} = 0$ であるが，摩擦がある場合は右辺が 0 とはならない．当然 $F=0$ とおくと摩擦がないときの結論と一致する．摩擦があるときに現れる $F\mathrm{d}l$ の項は，ピストンを押しても引いても摩擦のため熱が発生することを意味している．このような摩擦熱の発生は不可逆過程の一例である．

* 摩擦がないとき，シリンダーの中に気体を入れて状態 A（体積 V_A）から状態 B（体積 V_B）へ微小体積 $\mathrm{d}V = V_B - V_A$ だけ膨張させると，気体の吸収する熱量を $\mathrm{d}Q_{(膨張)}$ として，

$$\mathrm{d}U = U_B - U_A = -p\mathrm{d}V + \mathrm{d}Q_{(膨張)}$$

が成り立つ．一方，状態 B から状態 A に圧縮するときに気体が吸収する熱量を $\mathrm{d}Q_{(圧縮)}$ とすると，体積変化が $V_A - V_B = -\mathrm{d}V$ であることに注意して，

$$-\mathrm{d}U = U_A - U_B = p\mathrm{d}V + \mathrm{d}Q_{(圧縮)}$$

が成り立つ．

❹ 状態量と非状態量

測定開始時の値と測定終了時の値だけで決まる物理量を**状態量**（**状態変数**，**状態関数**）という．仕事は変化の際の条件でその値が異なり，はじめと終わりの状態だけでは決まらないので状態関数ではない．熱量も状態関数ではない．ある状態で「物体がもつ熱量」といったものを考えることはできない．

内部エネルギーは状態関数である．熱も仕事も非状態量であるにもかかわらず，その和である内部エネルギーは状態量になると熱力学第1法則はいっている．これは，仕事や熱を状態量の組み合わせで表現できることを暗示している（13.3節，14.3節④参照）．

❺ 示量変数と示強変数

示量変数（**示量性変数**）とは，系の質量，体積，モル数，エネルギー，などのように系の大きさに依存する量で，2つの系を合体させたとき単純な足し算が可能な変数である．**示強変数**（**示強性変数**）とは温度や圧力のように系の大きさには依存せず，局所の性質を指定する量で，2つの系を合体させたとき単純な足し算ができない変数である*．

* 例えば，まったく同じ2つの理想気体を足したとき，体積は2倍に変わるが，圧力は変わらない．

§ 13.2 定積変化

定積変化（**等積変化**）では気体は仕事をしない．与えた熱のみが内部エネルギーの増加に使われる．これから，定積変化での熱力学第1法則は次のようになる．

$$dU = dQ \tag{13.9}$$

理想気体の内部エネルギーは温度に比例していた $\left(U=\frac{3}{2}nRT\right)$．このことから，定積変化では熱を加えると気体の温度が上昇する．そして，状態方程式 $pV=nRT$ より，体積一定であるから，温度上昇にともなって圧力が上昇する（図13.4）．

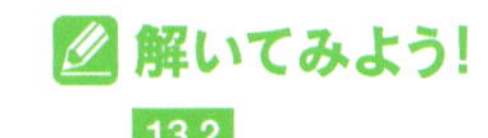

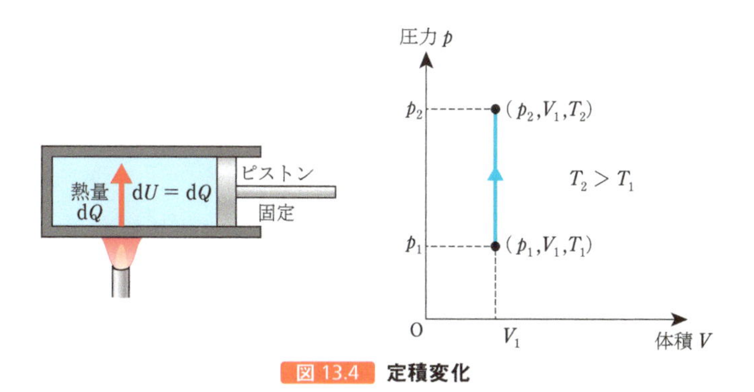

図13.4 定積変化

§ 13.3 定圧変化

定圧変化（**等圧変化**）では気体は膨張や収縮をしながら圧力を一定に保つので，気体は仕事をする．たとえば，断面積 S のピストンつきシリンダー内の気体が圧力 p の定圧変化をする場合，気体の体積が V_1 から V_2 まで変化した場合の気体がする仕事は

$$W' = \int_{V_1}^{V_2} p\mathrm{d}V = p\int_{V_1}^{V_2} \mathrm{d}V = p(V_2 - V_1) \qquad (13.10)$$

となる（図 13.5）．ピストンが $\mathrm{d}l$ 移動したとすると，$\mathrm{d}V = S\mathrm{d}l$ は気体の体積膨張量である．外から気体に与えた熱の一部は気体がする仕事になり，残りが内部エネルギーの増加に使われるので，

$$\mathrm{d}U + (\text{気体がする仕事}) = \mathrm{d}Q \qquad (13.11)$$

となる．これを変形して

$$\mathrm{d}U = \mathrm{d}Q - (\text{気体がする仕事}) = \mathrm{d}Q - p\mathrm{d}V \qquad (13.12)$$

が得られる．なお，熱力学第 1 法則 $\mathrm{d}U = \mathrm{d}Q + \mathrm{d}W$ の中の $\mathrm{d}W$ は「気体が外部からされる仕事」である（13.1 節参照）．気体が外部にする仕事が $p\mathrm{d}V$ であるから，気体が外部からされる仕事は $\mathrm{d}W = -\mathrm{d}W' = -p\mathrm{d}V$ である．

これから，熱力学第 1 法則は次のようになる．

$$\mathrm{d}U = \mathrm{d}Q - p\mathrm{d}V \qquad (13.13)$$

式（13.13）では非状態量である仕事を状態量である圧力と体積の組み合わせで書き表している点が重要である．非状態量である熱も何らかの状態量の組み合わせで書くことができれば，より都合がよい．のちに，**エントロピー**がその役割を果たすことになる（14.3 節④参照）．

なお，定圧膨張する 1 mol の理想気体の状態方程式は

$$p(V_2 - V_1) = R(T_2 - T_1) \qquad (13.14)$$

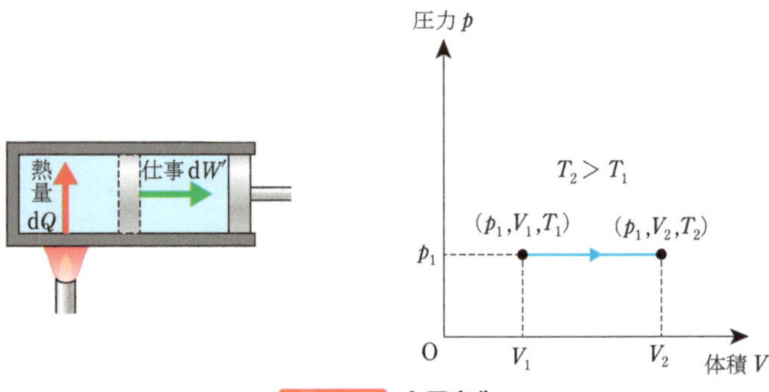

図 13.5　**定圧変化**

である．したがって，$V_2>V_1$ ならば $T_2>T_1$ で温度が上昇し，内部エネルギーも

$$dU=U_2-U_1=\frac{3}{2}R(T_2-T_1)=\frac{3}{2}p(V_2-V_1) \tag{13.15}$$

だけ増加する．この内部エネルギーの増加と気体がする仕事の合計は

$$dU+W'=\frac{5}{2}p(V_2-V_1) \tag{13.16}$$

である．

解いてみよう！ 13.3 〜 13.6

§ 13.4 等温変化

温度を一定にしながらおこなう**等温変化**では，温度が変わらないので，気体の内部エネルギーも変化しない．これから，等温変化での熱力学第1法則は次のようになる．

$$dU=0,\quad dQ=-dW \tag{13.17}$$

たとえば，等温膨張では吸収した熱がすべて外部にした仕事になり，等温圧縮では外部からされた仕事がすべて熱になって放出される．このときの圧力 p は体積の関数となる．1 mol の理想気体について考えると $p=\dfrac{RT}{V}$ なので，仕事は

$$W'=\int_{V_1}^{V_2}\frac{RT}{V}dV=RT\int_{V_1}^{V_2}\frac{dV}{V}=RT\log_e\left(\frac{V_2}{V_1}\right) \tag{13.18}$$

となる（図 13.6）．このように，温度を一定に保ちながら気体が仕事をおこなうためには，外部から熱をもらう必要がある．仮に熱をもらえないように断熱して気体を膨張させると（**断熱膨張**），気体は仕事をするために内部エネルギーを使う．したがって，気体の温度が下がるので，等温変化にはならない．

解いてみよう！ 13.7 13.8

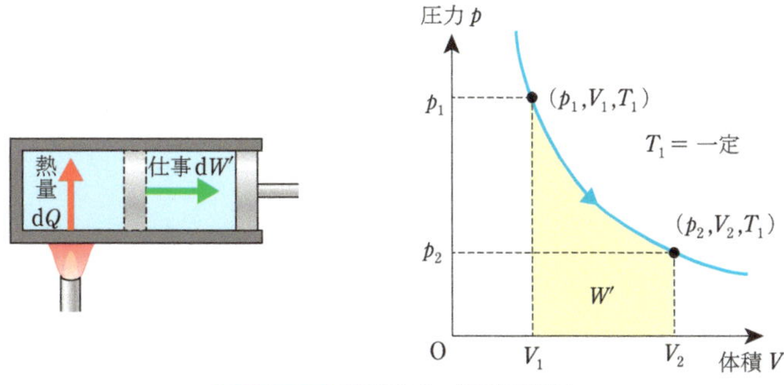

図 13.6　等温変化（等温膨張）

§ 13.5 断熱変化

❶ 断熱変化

断熱膨張

断熱圧縮

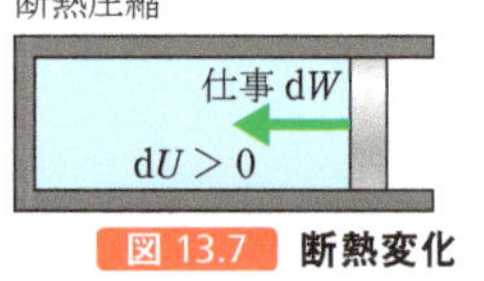

図 13.7 **断熱変化**

熱の出入りがない変化を**断熱変化**という（図 13.7）．たとえば，断熱材で囲まれた気体の体積変化は断熱変化である．また，仮に断熱材で囲まなくても，外部との熱のやり取りが間に合わない程度に速い変化である場合には，これも断熱変化と考えてよい．ただし，気体の圧力は気体が熱平衡にあるときにのみ意味をもつ．したがって，断熱過程（**断熱膨張**や**断熱圧縮**）は，気体の状態の変化が各瞬間において熱平衡状態にあるように，準静的である必要はある．たとえば，ピストンがついたシリンダー中の気体を膨張させるとき，ピストンの速さが気体中の音速よりも小さければよい．気体の分子の熱運動の速さは音速よりも少し大きいので，気体はピストンの動きについてくるからである．

断熱変化では $\mathrm{d}Q=0$ である．したがって，断熱変化での熱力学第1法則は

$$\mathrm{d}U=\mathrm{d}W \tag{13.19}$$

となる．

❷ ポアソンの法則

断熱圧縮では，気体が外部からされる仕事は $W>0$ であるので $\mathrm{d}U>0$ である．よって温度が上昇する．一方，断熱膨張では，気体がする仕事は気体自身の内部エネルギーを消費するので，温度が下がる．$\mathrm{d}Q=0$ から，断熱過程での気体についての熱力学第1法則は次のようになる．

$$\mathrm{d}U+p\mathrm{d}V=0 \tag{13.20}$$

1 mol の理想気体の場合には，$\mathrm{d}U=C_V\mathrm{d}T$ より

$$C_V\mathrm{d}T+p\mathrm{d}V=0 \tag{13.21}$$

である．ここで $p=RT/V$ とおき，温度 T で割ると

$$C_V\frac{\mathrm{d}T}{T}+R\frac{\mathrm{d}V}{V}=0 \tag{13.22}$$

となる．積分すると

$$C_V\log_e T+R\log_e V=\text{一定} \tag{13.23}$$

もしくは

$$T^{C_V}V^R=T^{C_V}V^{C_p-C_V}=(TV^{\gamma-1})^{C_V}=\text{一定} \tag{13.24}$$

となる．したがって，

$$TV^{\gamma-1}=一定 \tag{13.25}$$

となる．さらに，状態方程式 $pV=RT$ で温度 T を消去すると

$$pV^{\gamma}=一定 \tag{13.26}$$

が得られる．これを**ポアソンの法則**という[*1]．比熱比は $\gamma>1$ であるので，図 13.8 のように断熱膨張における圧力の降下は等温膨張の際の圧力降下よりも急になる．

ポアソンの法則から，断熱過程での理想気体の圧縮率 κ_{ad} は，

$$\kappa=-\frac{1}{V}\frac{\mathrm{d}V}{\mathrm{d}p} \tag{13.27}$$

より

$$\kappa_{\mathrm{ad}}=\frac{1}{\gamma p} \tag{13.28}$$

となる．なお，等温過程では $pV=RT$ より $\kappa_{\mathrm{iso}}=\dfrac{1}{p}$ となるので，$\kappa_{\mathrm{iso}}>\kappa_{\mathrm{ad}}$ である．この不等式は一般的に成立する．

*1　シメオン・ドニ・ポアソン（Siméon Denis Poisson，1781～1840）フランスの物理学者．数学，特に解析学や統計学での業績も多く，変分法の研究やいわゆるポアソン分布は有名である．また，機械学に活力（運動エネルギー）の考えを導入した1人とされている．

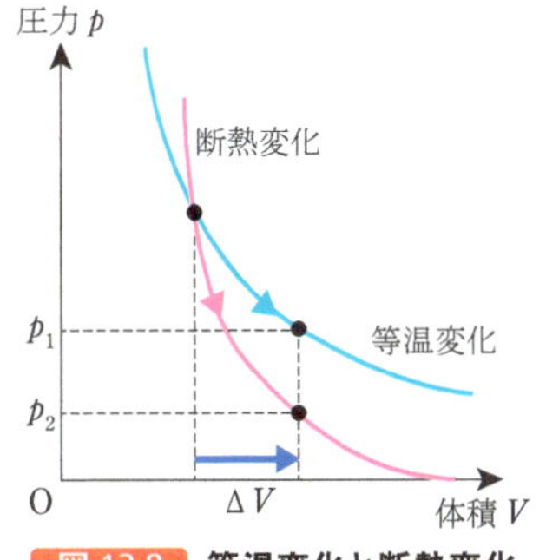

図 13.8　等温変化と断熱変化

❸ ジュールの法則

図 13.9 のように断熱材で囲んだ水槽の中にコックつきのパイプで連結された2つの容器を入れる．容器Aには圧縮空気を入れ，容器Bは真空にしておく．コックを開くと，気体は容器Aから容器Bに流入する（断熱自由膨張）．その瞬間には容器Aの中の気体の温度は下がり，容器Bの中では温度が上がるが，しばらくすると気体の移動はなくなり，熱平衡状態になる．ジュールはこのときの水温が実験開始時と同じであること，言い換えれば，2つの容器内の気体の温度は，はじめに容器Aにあった気体の温度と同じであることを確かめた．これを**ジュールの実験**という．

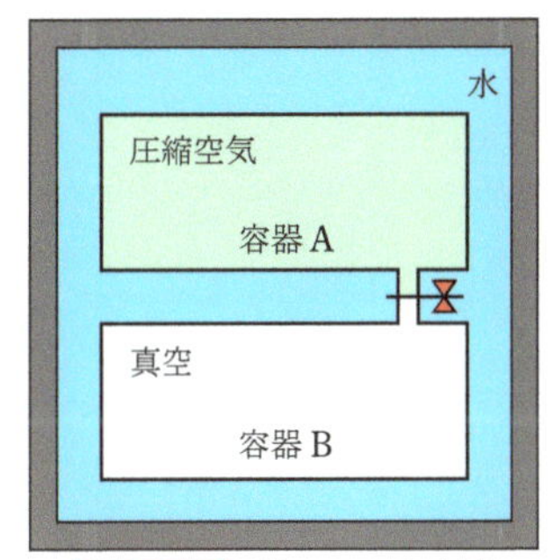

図 13.9　ジュールの実験

ジュールの実験では，気体は水から熱を吸収したり水に熱を放出したりしていないので，熱の変化はない（$\mathrm{d}Q=0$）．また，この膨張では気体が真空中を広がっていくだけで，何らかの物を動かすこともないから仕事はしていない（$\mathrm{d}W=0$）．よって，熱力学第1法則より $\mathrm{d}U=\mathrm{d}Q+\mathrm{d}W=0$ であるから，断熱自由膨張では気体の内部エネルギーは一定である．内部エネルギーを温度と体積の関数だと考えると，

$$\mathrm{d}U=\left(\frac{\partial U}{\partial T}\right)_V\mathrm{d}T+\left(\frac{\partial U}{\partial V}\right)_T\mathrm{d}V=0 \tag{13.29}$$

となるが[*2]，温度が変化しなかったのだから

$$\left(\frac{\partial U}{\partial V}\right)_T=0 \tag{13.30}$$

すなわち，気体の内部エネルギーの変化は体積 V には無関係で温度のみの関数となることが実験誤差の範囲内で予想される．これを**ジュールの法**

*2　x と y の関数 $f(x,\ y)$ があるとき，
$$\mathrm{d}f=\left(\frac{\partial f}{\partial x}\right)_y\mathrm{d}x+\left(\frac{\partial f}{\partial y}\right)_x\mathrm{d}y$$
を f の全微分という．

則という．

❹ ジュール-トムソン効果

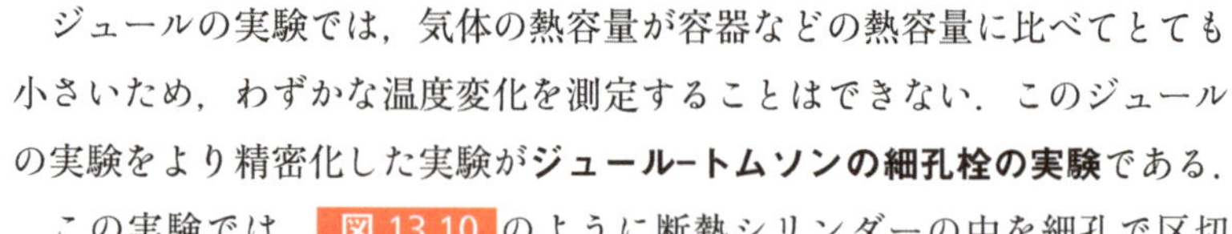

ジュールの実験では，気体の熱容量が容器などの熱容量に比べてとても小さいため，わずかな温度変化を測定することはできない．このジュールの実験をより精密化した実験が**ジュール-トムソンの細孔栓の実験**である．

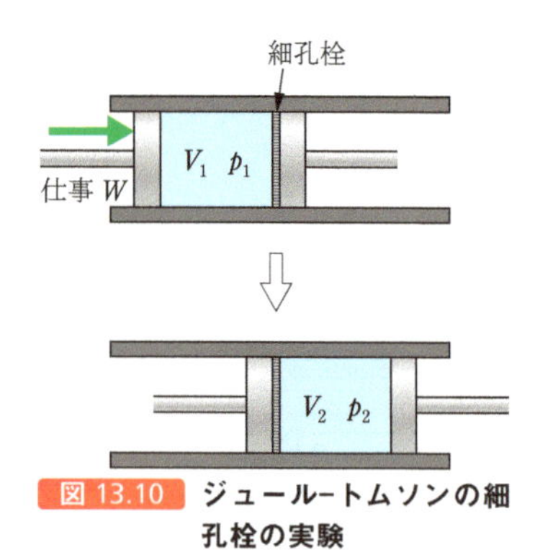

図 13.10　**ジュール-トムソンの細孔栓の実験**

この実験では，図 13.10 のように断熱シリンダーの中を細孔で区切り，両側はピストンで封鎖する．左側に体積 V_1，圧力 p_1 の気体を入れてピストンをゆっくりと押すと，気体はゆっくりと細孔を通過して体積 V_2，圧力は p_2 になる．このときの圧力が $p_2<p_1$ となるように右側のピストンを調整しておく．この実験過程を**ジュール-トムソン過程**という．

ジュール-トムソン過程は断熱過程であるので，ピストンのおこなった仕事が気体の内部エネルギーの増加となる．この過程において左側，右側それぞれ圧力は一定であるので，左側のピストンが気体におこなった仕事は p_1V_1，右側のピストンについては気体が仕事 p_2V_2 をおこなったことになる．はじめの内部エネルギーを U_1 とし，終わりの内部エネルギーを U_2 とすると，内部エネルギーの増加は

$$U_2-U_1=p_1V_1-p_2V_2 \tag{13.31}$$

となり，これから

$$p_1V_1+U_1=p_2V_2+U_2$$
$$\therefore H_1=H_2 \tag{13.32}$$

が得られる．$H=U+pV$ はエンタルピーであり（12.3 節②参照），ジュール-トムソン過程ではエンタルピーが保存される．

理想気体のエンタルピーは $H=C_PT$ であった．よって，シリンダーの中に入っている気体が理想気体ならば，ジュール-トムソン過程で温度は変化しない．ジュールとトムソンは，水素，ヘリウムなどについて圧力の低い場合に温度変化が極めて小さいことを確かめて，ジュールの法則を確認した．

実在気体ではジュール-トムソン過程で温度が変化する．この温度変化を**ジュール-トムソン効果**という．室温1気圧付近では，多くの気体では温度が下がる．たとえば2気圧と1気圧との間の圧力差1気圧で空気は約0.2℃，二酸化炭素は約1℃温度が低下する．水素のように室温付近では温度がわずかに上昇するものもあるが，はじめに水素を冷やして −80℃以下にしておけばやはり温度が下がる．一般にジュール-トムソン効果で気体の温度は，高温では上昇し，低温では降下する．この中間に温度の上昇から降下に移る温度がある．この温度を**逆転温度**という．また，気体の密度が小さくなると，温度変化は小さくなる．ジュール-トムソン効果は気体の液化にも応用されている．液化しにくい気体であるヘリウムも

1908年にカマリング・オネスによって液化された[*1].

ジュール-トムソン効果による温度変化は $(\partial T/\partial p)_H$ で表すことができる．これを**ジュール-トムソン係数**という．エンタルピー H を温度 T と圧力 p の関数と見なすと，エンタルピーは一定であるので

$$\mathrm{d}H=\left(\frac{\partial H}{\partial T}\right)_p \mathrm{d}T+\left(\frac{\partial H}{\partial p}\right)_T \mathrm{d}p=0 \tag{13.33}$$

これを $\mathrm{d}p$ で割ると，恒等式

$$\left(\frac{\partial T}{\partial p}\right)_H=-\frac{\left(\frac{\partial H}{\partial p}\right)_T}{\left(\frac{\partial H}{\partial T}\right)_p}=-\frac{1}{C_p}\left(\frac{\partial H}{\partial p}\right)_T \tag{13.34}$$

を得る[*2]．分子については次の公式が一般に成立する．

$$\left(\frac{\partial H}{\partial p}\right)_T=V-T\left(\frac{\partial V}{\partial T}\right)_p \tag{13.35}$$

よって，ジュール-トムソン係数は

$$\left(\frac{\partial T}{\partial p}\right)_H=\frac{1}{C_p}\left\{T\left(\frac{\partial V}{\partial T}\right)_p-V\right\} \tag{13.36}$$

と書ける．右辺はすべて簡単に測定できる物理量である．逆転温度は

$$T\left(\frac{\partial V}{\partial T}\right)_p=V \tag{13.37}$$

となる．

*1 ヘイケ・カマリング・オネス (Heike Kamerling Onnes, 1853〜1926) オランダの物理学者．多量の液体空気（1904年），液体水素（1906年）をつくり，1908年にヘリウムの液化に成功した．1911年には液体ヘリウムを用いて超伝導現象を発見，低温物理での業績によって，1913年にノーベル物理学賞を受賞した．

*2 $\mathrm{d}p$ で割ると，

$$\left(\frac{\partial H}{\partial T}\right)_p\frac{\mathrm{d}T}{\mathrm{d}p}+\left(\frac{\partial H}{\partial p}\right)_T=0$$

となるが，エンタルピー H が一定であることから，

$$\frac{\mathrm{d}T}{\mathrm{d}p}=\left(\frac{\partial T}{\partial p}\right)_H$$

とした．

《 章 末 問 題 》

13.1 基礎 熱力学第1法則

ピストンつきシリンダーの気体に 5.0×10^2 J の熱量を与えると，気体は膨張しピストンを押して 2.0×10^2 J の仕事をした．気体の内部エネルギーの増加量を求めよ．

13.2 基礎 理想気体の定積変化

1.0 mol の単原子分子理想気体に，体積を一定に保ちながら 8.3×10^2 J の熱量を与えた．気体の内部エネルギーの変化量と温度上昇を求めよ．

13.3 基礎 理想気体の定圧変化

n [mol] の理想気体の圧力を一定に保ちながら温度を ΔT [K] だけ高めるとき，気体が外部にする仕事を求めよ．

13.4 基礎 理想気体の定圧変化

理想気体を 1.0×10^5 Pa の一定圧力のもとで，体積が 3.0×10^{-3} m^3 から 1.0×10^{-3} m^3 になるまで圧縮したところ，気体は 5.0×10^2 J の熱量を放出した．気体がされた仕事を求めよ．また，気体の内部エネルギーの変化量を求めよ．

13.5 基礎 モル比熱

断面積 0.040 m^2 のピストン付き円筒容器内に 0 ℃の理想気体 1.0 mol が入っている．気体の圧力を 1.0×10^5 Pa に保ちながら 6.0×10^2 J の熱量を与えると，気体はピストンを 0.060 m 動かした．次の物理量を求めよ．

(1) 外部にした仕事
(2) 内部エネルギーの増加量
(3) 上昇した温度
(4) 定圧モル比熱
(5) 定積モル比熱

13.6 基礎 定積変化と定圧変化

気体の状態を A→B→C→D→A へと変化させた．

(1) 定積変化はどの過程かを答えよ．
(2) 定圧変化はどの過程かを答えよ．
(3) 気体が外部に仕事をしたのはどの過程か．またそのときの仕事の大きさを求めよ．
(4) 気体が外部から仕事をされたのはどの過程か．またそのときの仕事の大きさを求めよ．

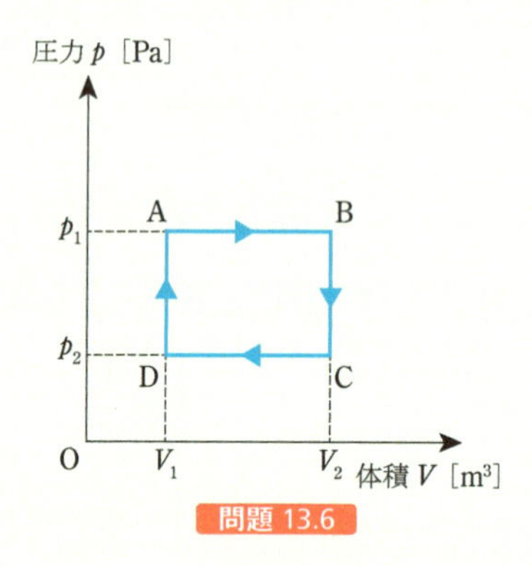

問題 13.6

13.7 基礎 理想気体の等温変化

ピストンつきシリンダー内の理想気体の温度を一定に保ちながら，ピストンを押して気体に 2.0×10^2 J の仕事をした．気体の内部エネルギーの変化量を求めよ．また，このときに気体が外部とやり取りした熱量を求めよ．

13.8 基礎 定積・定圧・等温変化

ピストンつき円筒容器内に 1.0×10^5 Pa，300 K の単原子分子の理想気体 4.0×10^{-3} m^3 が入っている．このときの気体の状態を A として，図のように気体の状態を変化させた．過程Ⅱでは温度を一定に保ちながら，気体に 6.9×10^2 J の熱量を与えた．

(1) 過程Ⅰ，Ⅱ，Ⅲは定積過程，定圧過程，等温過程のどれにあたるかを答えよ．

(2) 状態 B，C の温度を求めよ．

(3) それぞれの過程での内部エネルギーの変化量を求めよ．

(4) それぞれの過程で気体がピストンにした仕事を求めよ．

(5) 過程 I と III で気体が外部とやり取りした熱量を求めよ．

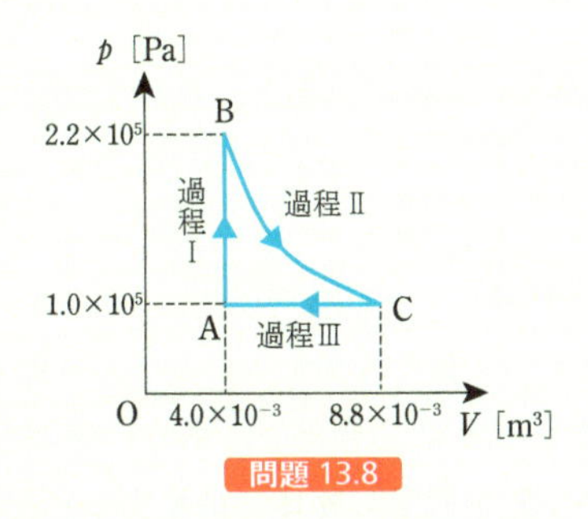

問題 13.8

13.9 発展　断熱自由膨張

体積 V_A の容器 A と体積 V_B の容器 B が，体積が無視できるほど細いコックつき管でつながれている．容器 A には温度 T_A，圧力 p_A の気体が，容器 B には温度 T_B，圧力 p_B の理想気体が入っており，装置全体は断熱されている．このとき，コックを開いた後の温度 T と圧力 P を求めよ．

13.10 発展　ジュール-トムソン過程

理想気体の場合はジュール-トムソン過程で温度が変化しないことを示せ．

第14章 熱力学第2法則

§ 14.1 熱機関

❶ 熱機関

熱を仕事に変える装置を**熱機関**という（図 14.1）．14.2 節で紹介するが，1つの物体から得た熱をすべて仕事に変えることは不可能である．そこで，熱機関では高温の物体から熱 Q_1 を吸熱し，その一部を仕事 W として外部に取り出し，余った熱 Q_2 を低温の物体に排熱する（図 14.2）．ここで，高温物体や低温物体の熱容量は極めて大きく，熱の出入りがあっても温度が一定に保たれるとする．このような物体は**熱源**とか**熱浴**とよばれている．

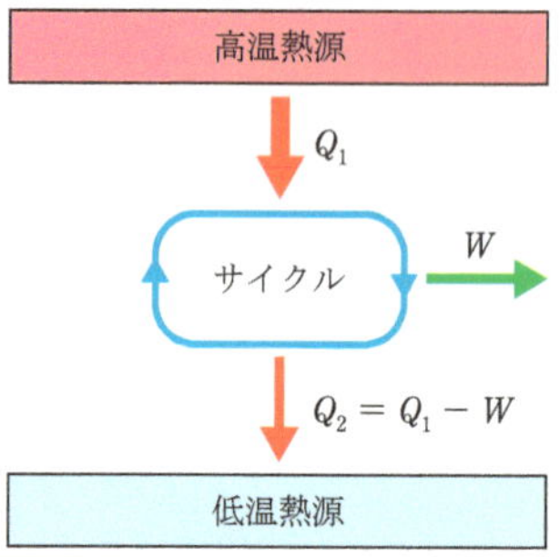

高温熱源

Q_1

サイクル

W

$Q_2 = Q_1 - W$

低温熱源

図 14.2 **熱機関におけるエネルギーの流れ**

状態変化を重ねていくと，元の状態に戻るような変化を**サイクル**（**循環過程**）という．熱機関はサイクルでモデル化できる．熱機関のサイクルで気体は元の状態に戻るので，内部エネルギーはサイクルで変化しない（図 14.3）．気体がサイクルによって外とやりとりした正味の熱は $Q=Q_1-Q_2$ である．また，気体が外にした仕事を W とすると，気体がサイクルによってされた仕事は $-W$ である．これから熱力学第1法則より $dU=(Q_1-Q_2)-W=0$ であるので，吸熱と放熱の差が仕事になる（$W=Q_1-Q_2>0$）．

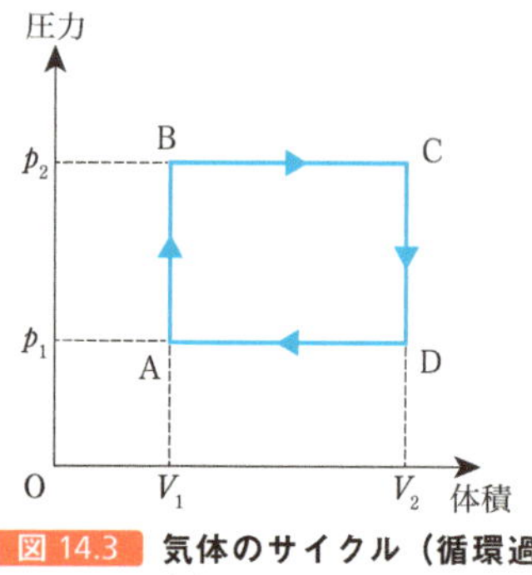

図 14.3 **気体のサイクル（循環過程）**

吸収した熱が仕事に変換された割合を**熱機関の効率**（**熱効率**）といい，

$$\eta=\frac{W}{Q_1}=\frac{Q_1-Q_2}{Q_1}=1-\frac{Q_2}{Q_1} \tag{14.1}$$

で表される．

解いてみよう! 14.1

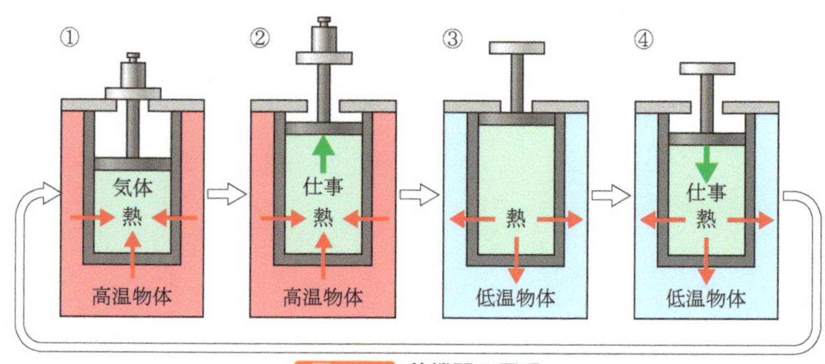

図 14.1 **熱機関の原理**

❷ カルノー・サイクル

図 14.4 のようにシリンダーに理想気体を入れ，①等温膨張→②断熱膨張→③等温圧縮→④断熱圧縮の状態変化を準静的に繰り返すサイクルを**カルノー・サイクル**という*．シリンダーの側壁とピストンは断熱材でつくり，シリンダーの底は熱を通す物質でつくっておく．

* ニコラ・レオナール・サディ・カルノー（Nicolas Léonard Sadi Carnot, 1796〜1832）フランスの物理学者．しょうこう熱などで衰弱した直後にコレラに侵され，36 年という短い生涯を閉じた．病気がまん延しないように，遺品は没後にすぐに焼却されたため，今日までに残っているものは，カルノー・サイクルの研究に関する主著と，わずかな研究ノートのみである．

(1) **等温膨張**：温度 T_1，体積 V_A の気体が入ったシリンダーの底を温度 T_1 の高熱源に接触させる．気体は温度を一定に保ったままで体積 V_B まで膨張する．このとき，気体が熱源から受け取る熱量を Q_1 とする．

(2) **断熱膨張**：高熱源を断熱材に入れ替える．気体は断熱した状態で温度が T_2 に下がるまで膨張する．このときの体積を V_C とする．

(3) **等温圧縮**：断熱材を温度 T_2 の低熱源に入れ替える．気体は温度を一定に保ったままで体積 V_D まで圧縮される．このときに気体が低熱源に排出した熱を Q_2 とする．

(4) **断熱圧縮**：低熱源を断熱材に入れ替える．気体は断熱した状態で圧縮してはじめの状態に戻る．これは，体積 V_D を適当に選ぶことによって可能となる．

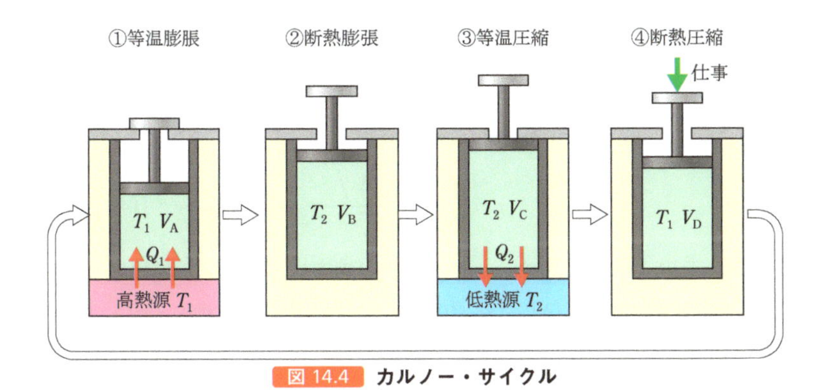

図 14.4 **カルノー・サイクル**

カルノー・サイクルの p–V 図は 図 14.5 のようになる．曲線で囲まれた部分の面積がサイクルのおこなった仕事である．サイクルが完了したときに気体ははじめの状態に戻るので，内部エネルギーは変化しない．したがって，熱力学第 1 法則より，1 サイクルの間に気体がおこなう仕事は，気体の受け取った熱量に等しい．

$$W = Q_1 - Q_2 \tag{14.2}$$

等温過程では内部エネルギーは一定である．よって，等温膨張で熱源から気体が受け取った熱 Q_1 は A→B で気体がした仕事に等しい．

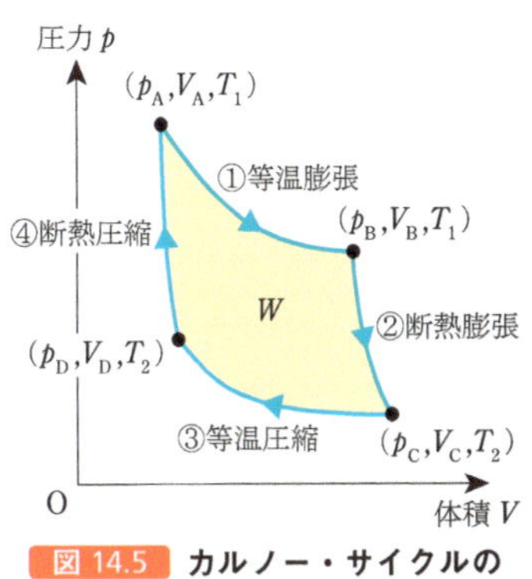

図 14.5 **カルノー・サイクルの p–V 図**

$$Q_1=\int_{V_A}^{V_B}p\mathrm{d}V=\int_{V_A}^{V_B}\frac{nRT_1}{V}\mathrm{d}V=nRT_1\log_e\left(\frac{V_B}{V_A}\right) \tag{14.3}$$

等温圧縮で低熱源に排熱した熱は

$$Q_2=nRT_2\log_e\left(\frac{V_D}{V_C}\right) \tag{14.4}$$

となる．

2つの断熱過程（断熱膨張と断熱圧縮）では

$$T_1V_B{}^{\gamma-1}=T_2V_c{}^{\gamma-1} \tag{14.5}$$

$$T_2V_D{}^{\gamma-1}=T_1V_A{}^{\gamma-1} \tag{14.6}$$

が成り立つので，

$$\frac{T_1}{T_2}=\left(\frac{V_C}{V_B}\right)^{\gamma-1}=\left(\frac{V_D}{V_A}\right)^{\gamma-1} \tag{14.7}$$

すなわち

$$\frac{V_B}{V_A}=\frac{V_C}{V_D} \tag{14.8}$$

である．したがって，カルノー・サイクルが1サイクルを終えると得られる仕事は

$$W=nR(T_1-T_2)\log_e\left(\frac{V_B}{V_A}\right) \tag{14.9}$$

となる．

これから，**カルノー・サイクルの効率**は

$$\eta=\frac{W}{Q_1}=\frac{T_1-T_2}{T_1} \tag{14.10}$$

となる．このようにカルノー・サイクルの効率は，サイクルに用いられた理想気体の種類に関係なく，熱源の温度だけで決まる．カルノー・サイクルの理想気体のように，サイクルを動かすために使われる物質を**作業物質**という．

カルノー・サイクルの4つの過程（気体の状態変化）はすべて準静的におこなわれた．準静的過程は可逆である（14.2節①参照）．したがって，カルノー・サイクルを逆方向に変化させると，外部から与えた仕事 W を使って低温熱源から奪った熱 Q_2 を，高温熱源にくみ上げることができる．この熱機関の逆方向の運転が冷凍器の原理である．

解いてみよう！
14.2　14.3

❸ さまざまなサイクル

カルノー・サイクル以外のサイクルも実現することができる．ここでは，いくつかのサイクルの熱効率を，サイクルが吸収した熱と外にした仕事から求めておこう．

(a) オットー・サイクル

図 14.6 は広く使われているガソリンエンジンの燃焼サイクルを図式化したものである．これらの過程は**オットー・サイクル**（図 14.7）で表すことができ*．E→A は①の吸入過程で，A→B は②の圧縮過程，B で点火し，B→C→D は③の燃焼・膨張（爆発）過程，D→A→E が④の排気過程である．定積過程（V=一定）で燃焼し，吸収した熱は $Q_1=C_V(T_C-T_B)$ である（B→C）．外にした正味の仕事は，断熱膨張（C→D）で気体が外にした仕事から断熱圧縮（A→B）で外からなされた仕事の差

$$W=C_V(T_C-T_D)-C_V(T_B-T_A)=C_V(T_C-T_B)-C_V(T_D-T_A)=Q_1-Q_2 \tag{14.11}$$

である．ここで，サイクルが放出する熱は $Q_2=C_V(T_D-T_A)$ である．よって，効率は

$$\eta=\frac{W}{Q_1}=\frac{Q_1-Q_2}{Q_1}=1-\frac{T_D-T_A}{T_C-T_B} \tag{14.12}$$

となる．なお，断熱過程では

$$T_A V_A{}^{\gamma-1}=T_B V_B{}^{\gamma-1} \tag{14.13}$$

$$T_C V_B{}^{\gamma-1}=T_D V_A{}^{\gamma-1} \tag{14.14}$$

が成り立つので

$$\frac{T_A}{T_B}=\frac{T_D}{T_C}=\left(\frac{V_B}{V_A}\right)^{\gamma-1} \tag{14.15}$$

となり，よってオットー・サイクルの効率は

$$\eta=1-\left(\frac{V_B}{V_A}\right)^{\gamma-1} \tag{14.16}$$

とも書け，体積変化のみに依存することがわかる．また，V_A/V_B を圧縮比という．

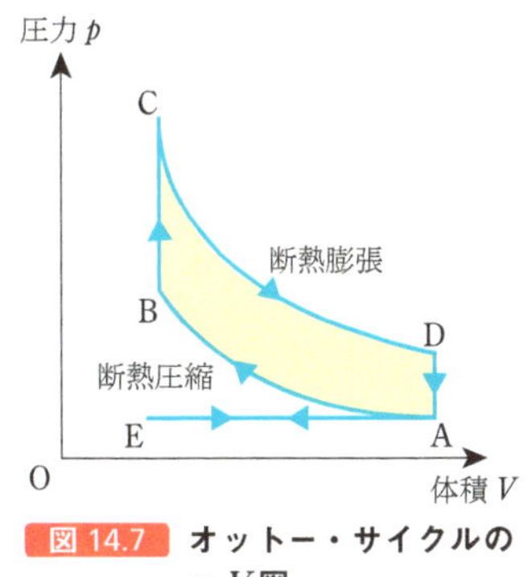

図 14.7 **オットー・サイクルの p-V 図**

* ニコラウス・オットー（Nikolaus Otto，1832〜1891） ドイツの発明家．オットーは乗り物のエンジンの開発を目指したが，外部の石炭ガスの供給装置が必要であり，非常に重たかったため，物を持ち上げることや牽引するのに使用された．オットーの死後，ガソリンが使用できるように改良された．

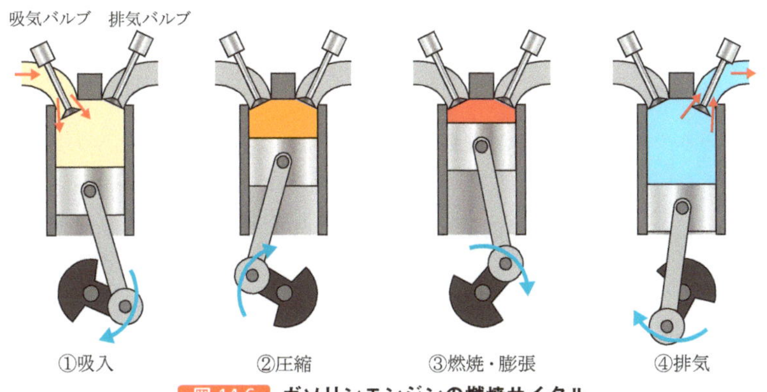

図 14.6 **ガソリンエンジンの燃焼サイクル**

(b) ディーゼル・サイクル

次に 図 14.8 に示す**ディーゼル・サイクル**では，圧力一定（p= 一定）で燃焼する[*1]．サイクルがB→C で受け取る熱は $Q_1=C_p(T_C-T_B)$ である．正味の仕事は断熱過程 C→D，A→B の仕事のほかに B→C での仕事を考慮して

$$W=C_V\{(T_C-T_D)-(T_B-T_A)\}+p_2(V_2-V_3)=C_V\{\gamma(T_C-T_B)-(T_D-T_A)\} \tag{14.17}$$

となる．ここで $pV=RT=(\gamma-1)C_VT$ を用いた．よって，ディーゼル・サイクルの効率は

$$\eta=\frac{W}{Q_1}=1-\frac{1}{\gamma}\frac{T_D-T_A}{T_C-T_B} \tag{14.18}$$

となる．ここで，定圧過程 B→C で $\dfrac{T_C}{T_B}=\dfrac{V_B}{V_C}$，断熱過程 A→B，C→D で $\dfrac{T_A}{T_B}=\left(\dfrac{V_C}{V_A}\right)^{\gamma-1}$ および $\dfrac{T_C}{T_D}=\left(\dfrac{V_A}{V_B}\right)^{\gamma-1}$ を用いると，効率は

$$\eta=1-\frac{1}{\gamma}\frac{\left(\dfrac{V_B}{V_A}\right)^{\gamma}-\left(\dfrac{V_C}{V_A}\right)^{\gamma}}{\dfrac{V_B}{V_A}-\dfrac{V_C}{V_A}}$$

$$=1-\frac{1}{\gamma}\frac{\left(\dfrac{V_C}{V_B}\right)^{\gamma}-1}{\left(\dfrac{V_A}{V_B}\right)^{\gamma-1}-\left(\dfrac{V_C}{V_B}-1\right)} \tag{14.19}$$

とも書ける．また，V_A/V_B を**圧縮比**，V_C/V_B を**締切比**という．

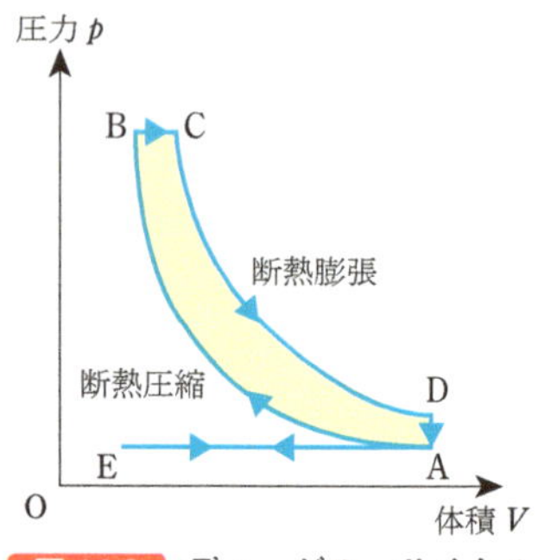

図 14.8 **ディーゼル・サイクルの p–V 図**

[*1] ルドルフ・クリスティアン・カール・ディーゼル（Rudolph Christian Carl Diesel，1858〜1913）ドイツの技術者・発明家．1893 年に初期エンジンを発表し，3 年間で大きく改良した．1898 年までには莫大な富を得ていたが，健康は優れず痛風にも悩んでいた．1913 年のロンドンからの帰途，フェリー船上で友人との幸せそうに見えた夕食の後に，ディーゼルは姿を消した．英仏海峡に沈んだと推定されている．

❹ 熱力学的温度目盛

可逆機関の熱効率は作業物質に無関係に 2 つの熱源の温度差だけで決まる．このことから，ケルビンは物質とは無関係な温度目盛を考案した．

高熱源の温度を Θ_1 とし，低熱源の温度を Θ_2 とする．可逆機関（カルノー・サイクル）の効率 η_{rev} は Θ_1 と Θ_2 だけで決まるので，この温度 Θ を効率を用いて

$$1-\eta_{rev}=\frac{Q_2}{Q_1}=\frac{\Theta_2}{\Theta_1} \tag{14.20}$$

と定める．これが**熱力学的温度**である．なお，このままでは温度の比しか決まらないので，何かの基準を定める必要がある．この基準を水の三重点 273.16 にとると，**熱力学的温度目盛**は，これまで用いてきた温度 T そのものになる[*2]．

$$T=\Theta \tag{14.21}$$

なお，熱力学的温度は $Q_2\to 0$ のときに 0 となる．これから

[*2] 可逆機関の熱効率は $\eta_{rev}=1-\dfrac{T_2}{T_1}$ であるので，

$$\frac{\Theta_2}{\Theta_1}=\frac{T_2}{T_1}$$

したがって，

$$\Theta_2=\frac{T_2}{T_1}\Theta_1$$

となる．ここで，水の三重点 $T_1=273.16$ K を Θ の基準である Θ_1 とすると，$\Theta_2=T_2$ が得られる．

$$\Theta = T \geq 0 \tag{14.22}$$

であり，熱力学的温度は負にはならない．

§ 14.2 熱力学第２法則

❶ 不可逆過程

氷を常温の室内に放置すると，氷は周囲から熱を吸収して融けて水になるが，そのまま放置していても水が周囲に熱を放出して氷に戻ることはない．このように，自然に放置しているだけでは元の状態に戻らない変化を**不可逆過程**という．自然に起こる熱現象はつねに不可逆過程をともなっている．

純粋な力学的現象は可逆過程である．たとえば空気抵抗が無視できる場合の振り子の運動は，同じ道をたどって同じ位置に何度でも戻っている．これは，力が時間的に変化しない場合，ニュートンの運動方程式

$$m\frac{\mathrm{d}^2x}{\mathrm{d}t^2} = F \tag{14.23}$$

が時間反転（t を $-t$ に置き換えること）に対して不変になることからもわかる．ただし，現実には純粋な力学的現象は存在しない．振り子の場合でも，完全に空気抵抗をなくすことはできないし，仮に真空中で実験したとしても，振り子をつるしている糸と天井との摩擦などを完全になくすことはできない．したがって，実際に起こる自然現象は一般に不可逆過程になる．

なお，熱平衡からのずれの程度が小さいほど不可逆性も小さくなる．したがって，熱平衡状態がつねに実現するような準静的変化は可逆過程と見なすことができる．逆に，純粋な力学的過程を除くと，可逆過程は準静的過程に限られる．

解いてみよう！ 14.6

❷ 熱力学第２法則

熱の移動が関与する現象は不可逆過程であった．現象が起こる方向を示す法則が**熱力学第２法則**である．熱力学第２法則には複数の表現方法があり，大雑把にいえば以下のようになる．

クラウジウスの原理：低温物体から高温物体に熱は自然に移らない．

トムソンの原理：熱をすべて仕事に変えることはできない．

オストワルドの原理：第２種永久機関はつくれない[*1]．

プランクの原理：摩擦により熱が発生する現象は不可逆である[*2]．

[*1] フリードリヒ・ヴィルヘルム・オストワルド（Friedrich Wilhelm Ostwald, 1853～1932）ドイツの物理学者・化学者．物理化学を１つの学問分野として確立するのに大きく貢献した．1906 年に大学を退職した後は，ライプチヒに近い小さな村の自宅で色彩などの研究を続けたそうである．

[*2] マックス・カール・エルンスト・ルートヴィヒ・プランク（Max Karl Ernst Ludwig Planck, 1858～1947）ドイツの物理学者．量子論の創始者の１人であり，量子力学はプランクなしでは発展しなかったが，プランク自身は量子力学の統計的な解釈には批判的であった．プランク定数は物理学でもっとも基本的な定数の１つである．

トムソンはのちにケルビン卿となったため，トムソンの原理のことを**ケルビンの原理**ということもある．また，熱力学第2法則は熱効率や，エントロピーなどを用いて表現することもできる．

❸ クラウジウスの原理

クラウジウスの原理は，詳しくは「低温の物体（低熱源）から，高温の物体（高熱源）に熱を移す以外に何の変化も残さないことは不可能である」と表現される．たとえば，氷と水が入った容器（低熱源）と，水と水蒸気が100℃で共存している容器（高熱源）を1つのサイクルでつなぎ，低熱源から熱をとり（水の一部が氷となる），この熱を高熱源に与える（水が蒸発する）ことはできない．

カルノー・サイクルを逆方向に運転して低熱源から高熱源へ熱を運ぶことはできる．冷蔵庫はこのようにして，庫内を低温に保っている．しかし，低熱源から受け取った熱のみを使って，低熱源から高熱源へ熱を移動することはできず，ピストンを圧縮するなどの外部からの仕事が必要である．したがって「ほかに変化が残る」のである．

❹ トムソンの原理

トムソンの原理は，詳しくは「1つの熱源から熱を取り出し，その熱をすべて外部にする正の仕事に変えて，元の状態に戻れるサイクルをつくることは不可能である」と表現される．熱力学第1法則のみでは，1つの熱源から吸収した熱をすべて仕事にすることは許される．しかしトムソンの原理より，熱源から仕事を得るためには，高温熱源と低温熱源の2つが必要であり，高温熱源から得た熱の一部のみが仕事となり，残りの熱は低温熱源へ排熱する必要がある．

オストワルドは，トムソンの原理に従わないで低温熱源なしに1つの熱源から取り出した熱をすべて仕事に変えられる装置のことを**第2種永久機関**と命名した．したがって，トムソンの原理は「第2種永久機関はつくれない」とも表現できる（オストワルドの原理）．仮に第2種永久機関をつくることができれば，たとえば海水から取り出した熱をすべて仕事に変える発電機がつくれることになるが，残念ながら熱力学第2法則がそれを禁止している．また，熱機関の効率とは，受け取った熱をどれだけ仕事に変えられるかを表していた．トムソンの原理は，熱機関の効率は1よりも小さいことを意味する．

❺ 理想気体の自由膨張

理想気体の自由膨張が不可逆過程であることはトムソンの原理で説明できる．図14.9のように，容器の中央にふたつきの穴が空いた自由に動かせる壁を置く．壁で分割された容器の一方の空間をA，他方の空間をBとする．穴にふたをして，Aに理想気体に入れ，Bは真空にする．ふたを開けると気体はBに入り充分に時間が経つと全体は平衡状態になる．

仮にこの自由膨張が可逆過程であったとすると，何らかのサイクル（C_2）が気体を元の状態に戻し，ほかに何の変化も残さないようなサイクルが存在する．ふたを開ける前の状態の空間Aの気体の温度を T とする．容器を熱源に接触させて穴をふたで閉じたまま，Aにある気体を等温膨張させて壁を端まで移動するとき，気体は仕事

$$W=\int_{V_A}^{V_A+V_B} p\mathrm{d}V \tag{14.24}$$

をおこなう．温度一定であるため理想気体の内部エネルギーは変わらない．したがって，気体が熱源から受け取った熱量 Q は気体がした仕事 W に等しい．次に，ふたを開いて壁をはじめの位置に戻す．ここでサイクル C_2 を動かして気体を全部Aに移すと，気体ははじめの状態に完全に戻る．よって，1つの熱源からの熱 Q がすべて仕事 W になるが，これはトムソンの原理に反している．したがって，このようなサイクルは存在せず，自由膨張は不可逆過程となる．

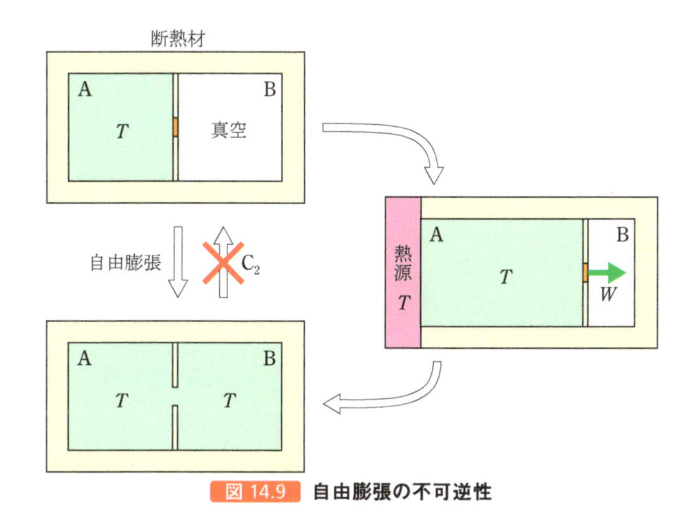

図 14.9 自由膨張の不可逆性

❻ カルノーの定理

カルノー・サイクルの熱効率は

$$\eta_{\mathrm{cal}}=(T_1-T_2)/T_1 \tag{14.25}$$

であった．この式は，効率が高温熱源の温度 T_1 と低温熱源の温度 T_2（$T_1>T_2$）のみで決まることを示していた．カルノー・サイクルは可逆機関である．一般の機関は不可逆である．不可逆機関の効率 η をカルノー機関の効率 η_{cal} よりも大きくできるだろうか．この問題については，次の**カルノーの定理**が知られている．

(1) 可逆機関の効率は，サイクルに用いられた理想気体の種類に関係な

く，熱源の温度だけで決まる．

(2) 不可逆機関の効率は同じ高温熱源と低温熱源で動く可逆機関の効率よりも小さい．

カルノーの定理は熱力学第2法則で説明できる．トムソンの原理により，熱機関（C）が動くためには高温熱源だけでなく低温熱源も必要である．そして，高温熱源から熱 Q_1 を受け取り，一部を仕事 W に変えて，残りの熱 Q_2 を低温熱源に排熱する．熱効率は

$$\eta = W/Q_1 \tag{14.26}$$

であるが，熱力学第1法則によって

$$Q_1 = W + Q_2 \tag{14.27}$$

である．この仕事 W を使って可逆機関であるカルノー・サイクル（C_{cal}）を逆運転し，低熱源から熱量 Q_2' を受け取って高温熱源に

$$Q_1' = W + Q_2' \tag{14.28}$$

の熱を与えるとする．したがって

$$\begin{aligned} W = Q_1 - Q_2 = Q_1' - Q_2' \\ \therefore\ Q_1 - Q_1' = Q_2 - Q_2' \end{aligned} \tag{14.29}$$

となる．この値が負の場合は，低熱源が失った熱 $Q_2' - Q_2 > 0$ と同量の熱を高温熱源が受け取ったことになり，クラウジウスの原理に反する．したがって，

$$Q_1 - Q_1' = Q_2 - Q_2' \geq 0 \tag{14.30}$$

でなければならない．C が可逆サイクルの場合は2つの熱源とサイクル C と C_{cal} はすべて元に戻ったことになるので等号が成り立つ．このときの効率は次のようにカルノー・サイクルの効率と等しい．

$$\eta = \frac{W}{Q_1} = \frac{W}{Q_1'} = \eta_{cal} \tag{14.31}$$

等号が成り立たない場合，すなわち $Q_1 - Q_1' > 0$ のときには，C と C_{cal} の運転で熱は高温熱源から低温熱源に流れている．この熱の流れは不可逆過程であるので，C は不可逆サイクルである．したがって，不可逆サイクル C の効率は

$$\eta = \frac{Q_1 - Q_2}{Q_1} = \frac{Q_1' - Q_2'}{Q_1} < \frac{Q_1' - Q_2'}{Q_1'} = \eta_{cal} \tag{14.32}$$

となる．このように熱機関の効率は，熱機関が可逆のときにはカルノー・サイクルの効率と等しくなり，不可逆の場合にはカルノー・サイクルの効率よりも小さくなる．式で書けば

$$\eta \leq \eta_{\mathrm{cal}} \tag{14.33}$$

となる．等符号のときは可逆の場合である．この式は熱力学第2法則の1つの表現であるともいえる．物理学の法則を数式表現したときに不等号が現れるのは珍しい．

❼ クラウジウスの不等式

複数の高温熱源や低温熱源があり，その間のサイクルも複数ある場合に成り立つ関係にクラウジウスの不等式がある．熱源が2つの場合には，熱源の間ではたらく熱機関については

$$1-\frac{Q_2}{Q_1} \leq 1-\frac{T_2}{T_1} \tag{14.34}$$

すなわち

$$\frac{Q_2}{T_2} \geq \frac{Q_1}{T_1} \tag{14.35}$$

が成立した．熱源の数を増やす準備として，熱源からサイクルに向かって移動する熱を正とし，サイクルから熱源に向かう熱を負とする．これから，2つの熱源の場合は Q_2 を $-Q_2$ に変えて

$$\frac{Q_1}{T_1}+\frac{Q_2}{T_2} \leq 0 \tag{14.36}$$

と書くことができる．このように書くと，$Q_2(<0)$ も $Q_1(>0)$ もともにサイクルが熱源から吸収した熱量である．

熱源とサイクルを $n+1$ 個に増やす．サイクルCが温度 T_j の熱源から受け取る熱を Q_j とすると，仕事は

$$W=\sum_{j=1}^{n} Q_j \tag{14.37}$$

となる．ここで，複数のサイクルの中にはカルノー・サイクル（C_j）があり，サイクル（C_j）は熱源 T_j から Q_j'' の熱を受け取り，温度 T の熱源から Q_j' の熱を受け取るとする．カルノー・サイクルは可逆だから

$$\frac{Q_j''}{T_j}+\frac{Q_j'}{T}=0 \tag{14.38}$$

が成り立つ．Q_j' の量を調節して，

$$Q_j''+Q_j=0 \tag{14.39}$$

すなわち，Q_j'' の値を熱源 T_j が元に戻るようにしておく．以上から

$$\sum_{j=1}^{n} \frac{Q_j}{T_j}=\frac{1}{T} \sum_{j=1}^{n} Q_j' \tag{14.40}$$

が得られる．この式の右辺が正ならば，サイクルの体系は熱源 T から熱を受け取って，これを仕事に変え，ほかに変化を残さない．これはトムソンの原理に反してしまう．右辺が0の場合はサイクルCが可逆サイクル

（熱源 T も元に戻り $W=0$）であるので問題ない．右辺が負の場合もサイクルCが不可逆サイクルである場合に相当するので許される（外から仕事を受け取り，これを熱に変えて熱源 T に与えた）．したがって，次の不等式が成り立つ．

$$\sum_{j=1}^{n}\frac{Q_j}{T_j}\leq 0 \tag{14.41}$$

これが**クラウジウスの不等式**である．クラウジウスの不等式は熱力学第2法則の数学的な表現の1つでもある．

熱源とサイクルの数 n を無限大にすると，熱機関Cが連続的に温度を変化する外界と熱を交換しながらサイクルをおこなっている現象を扱うことができる．外部の温度が T のときにサイクルが受け取る熱を $\mathrm{d}Q$ と書くと，総和記号（シグマ）は積分

$$\oint\frac{\mathrm{d}Q}{T}\leq 0 \tag{14.42}$$

に変わる．ここで記号 $\oint$ はサイクルであることを表している．これもクラウジウスの不等式という．

§ 14.3 エントロピー

❶ エントロピー

クラウジウスの不等式にも現れた $\mathrm{d}Q/T$ を**エントロピー** S という（正確にはエントロピー S の微小変化 $\mathrm{d}S$ を表している）．

$$\mathrm{d}S=\frac{\mathrm{d}Q}{T} \tag{14.43}$$

熱は非状態量であるため，状態が変化するとき系のはじめの状態と終わりの状態を測定しても定まらない．これに対して，エントロピーは状態量であり，系の変化の途中の状態によらずに決まる．力学では，途中の経路によらずに決まるポテンシャルエネルギーが大変有用であった．同様に，熱力学ではエントロピーが大変有用である．

準静的過程の状態変化によって，状態 P_0 から状態 P へ経路 a で温度や圧力，体積を変化させる．その後，経路 b を通って元の状態 P_0 に戻す（サイクル）．準静的過程は可逆変化であるので，クラウジウスの不等式では「等式」となり

$$\underset{(\mathrm{a})}{\int_{\mathrm{P}_0}^{\mathrm{P}}}\frac{\mathrm{d}Q}{T}+\underset{(\mathrm{b})}{\int_{\mathrm{P}}^{\mathrm{P}_0}}\frac{\mathrm{d}Q}{T}=0 \tag{14.44}$$

が成り立つ．左辺第2項の道筋を逆にたどると，符号が入れ替わるので

$$\underset{(\mathrm{a})}{\int_{\mathrm{P}_0}^{\mathrm{P}}}\frac{\mathrm{d}Q}{T}=\underset{(\mathrm{b})}{\int_{\mathrm{P}}^{\mathrm{P}_0}}\frac{\mathrm{d}Q}{T} \tag{14.45}$$

となる．したがって，エントロピーを積分した値

$$\int_{P_0}^{P} dS = \int_{P_0}^{P} \frac{dQ}{T} = S_P - S_{P_0} \tag{14.46}$$

は途中の経路によらない．すなわち dS は全微分でありエントロピーは状態量となる．式 (14.46) からは，2 つの状態におけるエントロピー S_P と S_{P_0} の差が求まるだけであるが，重要なのはエントロピーの変化であるので差がわかればよい．力学のポテンシャルエネルギーと同様である．通常は，エントロピーの基準を $S_{P_0}=0$ とする．なお，エントロピーの単位は定義式から J/K（もしくは cal/K）である．

解いてみよう! 14.9

❷ 理想気体のエントロピー

熱力学第 1 法則 $dU=dQ-pdV$ と理想気体の状態方程式 $pV=nRT$ から，理想気体の微小なエントロピーは

$$dS = \frac{dQ}{T} = \frac{dU+pdV}{T} = \frac{1}{T}dU + \frac{nR}{V}dV = C_V\frac{dT}{T} + nR\frac{dV}{V} \tag{14.47}$$

となる．ここで，理想気体の内部エネルギーを $dU=C_V dT$ と書き換えたので，最右辺の第 1 項の変数を温度 T のみであり，最右辺の第 2 項の変数は体積 V のみである．よって，積分は簡単にでき，理想気体のエントロピーは

$$S_P - S_{P_0} = \int_{P_0}^{P} dS = C_V \log_e\left(\frac{T}{T_0}\right) + nR\log_e\left(\frac{V}{V_0}\right) \tag{14.48}$$

となる．

❸ エントロピー増大の法則

孤立系で不可逆変化が生じるとエントロピーが増大する．これを**エントロピー増大の法則**という．図 14.10 のようにはじめの状態 P_0 から不可逆変化で状態 P になったとする．途中の経路 I（赤線）は熱平衡状態ではない．次に状態 P から可逆過程 R（青線）によって初期状態に戻す．赤線と青線を合わせたサイクルは不可逆サイクルであるので，クラウジウスの不等式より

$$\oint \frac{dQ}{T} = \int_{P_0 \,(\mathrm{I})}^{P} \frac{dQ}{T} + \int_{P \,(\mathrm{R})}^{P_0} \frac{dQ}{T} < 0 \tag{14.49}$$

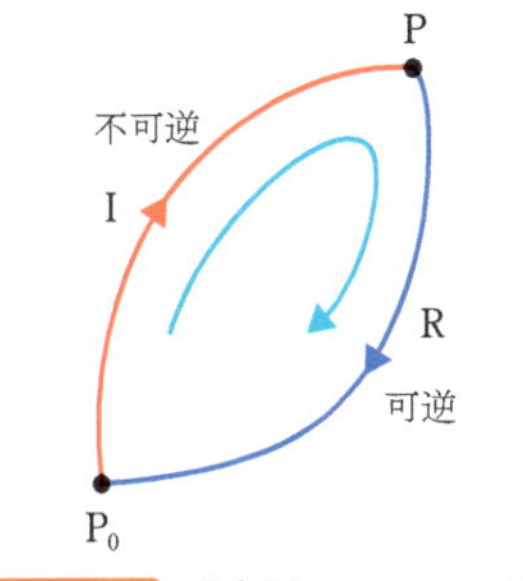

図 14.10 孤立系のエントロピー

となる．可逆過程のエントロピーは始状態と終状態のみで決まるので，第 2 項の積分はエントロピーの差 $S_{P_0}-S_P$ になる．これから，不可逆過程に関する積分は

$$\int_{P_0 \,(\mathrm{I})}^{P} \frac{dQ}{T} < S_P - S_{P_0} \tag{14.50}$$

となる．特に，閉じた系においては外界と熱の出入りがないので $dQ=0$ であるから，断熱不可逆過程では

$$S_{\mathrm{P}}>S_{\mathrm{P}_0} \tag{14.51}$$

となり，エントロピーは増大する．

実際の自然現象は不可逆変化である．不可逆過程では非平衡状態が熱平衡状態へと遷移している．すなわち，エントロピー増大の法則は熱的過程の進行方向を決める法則であり，閉じた系では熱平衡においてエントロピーが最大値をとる．エントロピー増大の法則は熱力学第2法則の1つの表現である．

❹ 熱力学第1法則とエントロピー

熱力学第1法則は $\mathrm{d}U=\mathrm{d}Q+\mathrm{d}W$ である．ここで，熱と仕事はともに非状態量であるため，これを状態量で表現しておくと便利である．仕事は状態量である圧力と体積を使って $\mathrm{d}W=-p\mathrm{d}V$ と書けた．同様に，熱量も状態量であるエントロピーと温度を使って $\mathrm{d}Q=T\mathrm{d}S$ と書くことができる．したがって，熱力学第1法則は

$$\mathrm{d}U=T\mathrm{d}S-p\mathrm{d}V \tag{14.52}$$

と書くことができる．これは，熱力学の諸式の中でも特に重要な関係式である．右辺と左辺のすべての項が状態量で書かれている．

§ 14.4 熱力学的関数

❶ 熱力学的関数

熱力学には，温度や体積，圧力，内部エネルギー，エントロピーなどのさまざまな状態量が登場する．これらの状態量の組み合わせで得られる新たな状態量を用いることで，熱力学的な現象が解析しやすくなることもある．このような状態量の組み合わせでできた新たな状態量を**熱力学的関数**（もしくは**熱力学ポテンシャル**）という．

たとえば，熱力学第1法則より，断熱過程では内部エネルギーを仕事に変えることができる．しかし，完全な断熱過程を実現することは難しい．断熱が保てない場合には，すべての内部エネルギーを使って外部に仕事をすることができない．完全な断熱を諦めて，温度を一定に保つ場合に，自由に仕事に変換できるエネルギーを**ヘルムホルツの自由エネルギー**という[*1]．ヘルムホルツの自由エネルギーは熱力学的関数の1つである．このほかの熱力学的関数として，内部エネルギー，**ギブスの自由エネルギー**[*2]，エントロピー，エンタルピーなどがある．

[*1] ヘルマン・ルートヴィヒ・フェルディナント・フォン・ヘルムホルツ（Hermann Ludwig Ferdinand von Helmholtz, 1821～1894）ドイツの物理学者・生理学者．物理学に興味があったが父のすすめで医学の道に進み，ボン大学などで解剖学・生理学の教授を務めた．その後，物理学でも貢献し，エネルギー保存則の定式化などをおこなった．

[*2] ジョサイア・ウィラード・ギブス（Josiah Willard Gibbs, 1839～1903）アメリカの物理学者．アメリカで最初の博士号取得者の1人である．学位論文は歯車の形に関するもので，ギブスの幾何学的な澄明さが現れていたという．

❷ 内部エネルギー

断熱過程で自由に仕事に変換できるエネルギーは内部エネルギーである．断熱過程（$dQ=0$）は等エントロピー過程（$dS=dQ/T=0$）であるので，熱力学第1法則から

$$p\mathrm{d}V=-\mathrm{d}U \tag{14.53}$$

が得られる．したがって，内部エネルギーの減少分をすべて外部への仕事に変えられる．

❸ ヘルムホルツの自由エネルギー

完全な断熱を実現することよりも温度を一定に保つほうが容易である．等温過程で自由に仕事に変換できるエネルギーがヘルムホルツの自由エネルギーである．温度 T が一定のとき，熱力学第1法則は

$$p\mathrm{d}V=-\mathrm{d}(U-TS) \tag{14.54}$$

と書ける．この式は，内部エネルギー U から TS（**束縛エネルギー**という）を引いた残りである

$$F=U-TS \tag{14.55}$$

が自由に仕事に変えられることを表している．この F がヘルムホルツの自由エネルギーである．

なお，一般に閉じた系が外に仕事をしながら，外から熱を吸収するときは，熱力学第1法則より

$$\mathrm{d}U\leq T\mathrm{d}S-p\mathrm{d}V \tag{14.56}$$

となる．よって，ヘルムホルツの自由エネルギーの微小変化

$$\mathrm{d}F=\mathrm{d}U-T\mathrm{d}S-S\mathrm{d}T \tag{14.57}$$

は

$$\mathrm{d}F\leq -p\mathrm{d}V-S\mathrm{d}T \tag{14.58}$$

となる．これから，温度だけでなく体積も一定に保つと

$$\mathrm{d}F\leq 0 \tag{14.59}$$

となり，ヘルムホルツの自由エネルギーはつねに減少することがわかる．ヘルムホルツの自由エネルギーが変化しなくなるとき，すなわち $\mathrm{d}F=0$ が平衡状態となる条件になる．

❹ ギブスの自由エネルギー

等温定圧過程（等温かつ定圧の場合）で自由に仕事に変えられるエネルギーがギブスの自由エネルギーである．いま，熱力学第1法則 $TdS=dU+pdV$ を拡張し，粒子数の変化などにより外部へした仕事 δW を含めて

$$TdS=dU+pdV+\delta W \tag{14.60}$$

とする．たとえば化学反応では分子の数が変化することも多い．ここで，温度 T と圧力 p が一定だとすると，第1法則は

$$\delta W=-d(U+pV-TS) \tag{14.61}$$

と書くことができる．右辺の $U+pV-TS$ がギブスの自由エネルギー

$$G=U+pV-TS \tag{14.62}$$

である．よって，等温定圧時に自由に外への化学的な仕事として利用できるエネルギーがギブスの自由エネルギーである．ヘルムホルツの自由エネルギーと同様に考えると，温度と圧力を一定にしたとき G の微小変化が

$$dG\leq 0 \tag{14.63}$$

となり，ギブスの自由エネルギーはつねに減少することを示せる．よって，平衡の条件は $dG=0$ である．

❺ エンタルピー

式（12.32）でも示したが，内部エネルギー U，圧力 p，体積 V から

$$H=U+pV \tag{14.64}$$

で定義される関数 H を**エンタルピー**という．物質の発熱と吸熱にかかわる状態量である．定圧条件下にある系が発熱して外部に熱を出すとエンタルピーが小さくなり，吸熱して外部より熱を受け取るとエンタルピーが大きくなる．試験管やビーカー，フラスコなどを用いる化学実験は大気圧のもとでおこなわれることが多い．大気圧が実験中に大きく変化しなければ，定圧と考えてもよい．このことから，エンタルピーは化学でも大切な物理量の1つである．

« 章 末 問 題 »

14.1 基礎 熱効率

熱機関が高温物体から熱量 500 J を吸収し低温物体に熱量 425 J を放出した．得られた仕事と熱効率を求めよ．

14.2 基礎 サイクルの仕事と効率

n [mol] の単原子分子理想気体の状態を図のように変化させた．状態 A，B，C，D の温度をそれぞれ T_A，T_B，T_C，T_D とする．

(1) $T_A = T$ のとき，T_B，T_C，T_D を求めよ．

(2) 過程 A→B での，内部エネルギーの変化量，外部とやり取りされた熱量，外部とやり取りされた仕事を求めよ．

(3) 過程 B→C，過程 C→D，過程 D→A について，(2) と同じ物理量を求めよ．

(4) このサイクルの熱効率を求めよ．

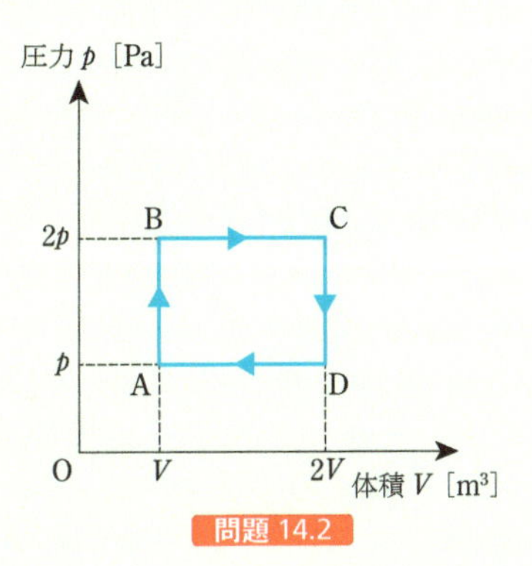

問題 14.2

14.3 基礎 カルノー・サイクルの効率

600 K の高温熱源と 300 K の低温熱源の間ではたらくカルノー・サイクルの効率を求めよ．

14.4 発展 オットー・サイクルの効率

作業物質として比熱比 4/3 のガスを用いたオットー・サイクルの圧縮比が 8 のとき，オットー・サイクルの効率を求めよ．

14.5 発展 ディーゼル・サイクルの効率

作業物質として比熱比 1.4 のガスを用いたディーゼル・サイクルの圧縮比が 16，締切比が 2.0 のとき，ディーゼル・サイクルの効率を求めよ．

14.6 基礎 不可逆過程

次の中で不可逆な現象はどれか．

(1) 水の気化

(2) ダイナマイトの爆発

(3) ジュール熱（金属に電流を流したときに発生する熱）の発生

(4) インクの水中での拡散

14.7 発展 トムソンの原理とクラウジウスの原理

トムソンの原理とクラウジウスの原理が等価であることを示せ．

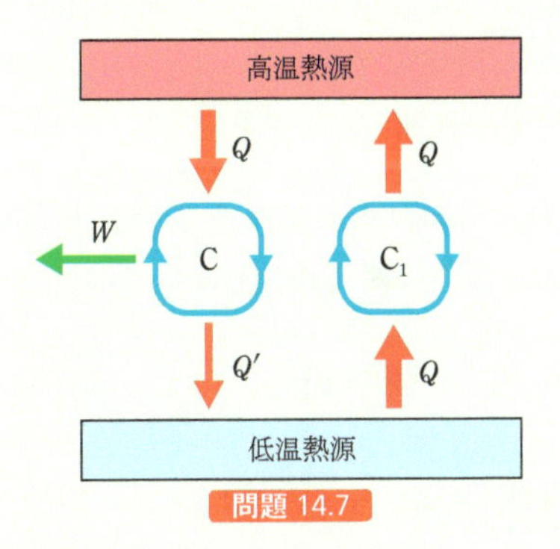

問題 14.7

14.8 発展 摩擦があるカルノー・サイクル

図 14.5 のように，断面積 S のシリンダー中に n [mol] の理想気体を入れたカルノー・サイクルがある．ただし，等温圧縮時には，ピストンとシリンダーとの間に一定の大きさ f の摩擦力がはたらくとする（等温膨張，断熱変化の場合

には摩擦はない)．このような一種のカルノー・サイクルは不可逆過程を含む一般のサイクルの一例である．このサイクルに対する熱効率を求めよ．

14.9 基礎 エントロピー

水1gを可逆的に0℃から100℃まで熱すると，エントロピーはどれだけ増加するかを求めよ．ただし，水の比熱は温度によらず一定で1 cal/(g·K) とする．

14.10 発展 等温圧縮率とヘルムホルツの自由エネルギー

等温圧縮率は $\kappa=-\frac{1}{V}\left(\frac{\partial V}{\partial p}\right)_T$ であった．$\frac{1}{\kappa}=V\left(\frac{\partial^2 F}{\partial V^2}\right)_T$ を示せ．

14.11 発展 熱膨張率とヘルムホルツの自由エネルギー

体積膨張率は $\beta=\frac{1}{V}\left(\frac{\partial V}{\partial T}\right)_p$ であった．$\beta=-\kappa\frac{\partial^2 F}{\partial T\partial V}$ を示せ．

14.12 発展 エンタルピー

単位質量あたりのエンタルピーを h とするとき，次の2つの関係式を導け．

$$\mathrm{d}H=V\mathrm{d}p+\mathrm{d}Q, \qquad C_p=\left(\frac{\partial h}{\partial T}\right)_p$$

14.13 発展 エンタルピー

単位質量あたりの U, V, S を u, v, s とする．$\left(\frac{\partial h}{\partial s}\right)_p=T$, $\left(\frac{\partial h}{\partial p}\right)_s=v$ を示せ．

第15章 電場

§ 15.1 電場

❶ 電荷

物体の帯びている電気を**電荷**という．電荷には正の電気をもつ**正電荷**と，負の電気をもつ**負電荷**の2種類がある．電荷間には**静電気力**（**クーロン力**）がはたらく．同種（同符号）の電荷の間には斥力がはたらき互いに反発し合い，異種（異符号）の電荷の間には引力がはたらき互いに引き合う．電荷がもつ電気の量を**電気量**（単位はC（**クーロン**））という．1アンペアの電流が1秒間に運ぶ電気量が1Cである．大きさが無視できる点状の電荷を点電荷という（点電荷のことを単に電荷ということもある）．

さて，われわれの世界の物質はすべて原子からできている（図15.1）．原子の中心には原子核があり，原子核のまわりには電子がある．また，原子核は陽子と中性子からできている．陽子は正電荷，電子は負電荷をもち，中性子は電気的に中性である．物体が電気を帯びる現象を**帯電**といい，帯電が起こるのは，摩擦などによって電子の移動が起こり，一方の物体が電子を得て負の電気量が多くなり，もう一方の物体が電子を失って正の電気量が多くなるためである．

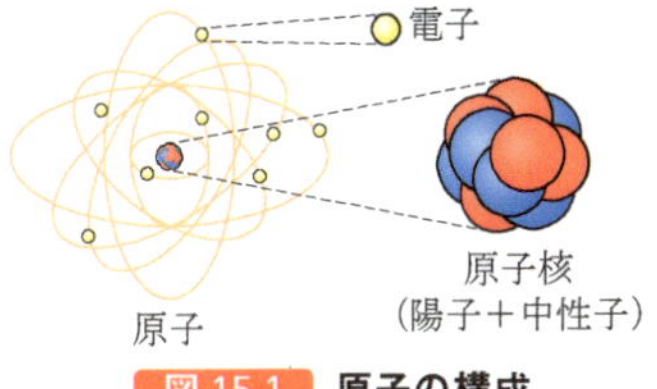

図15.1 原子の構成

物体が帯電するときには，2つの物体が電子を授受するだけであり，電子そのものが生成や消滅をしているわけではない．したがって，2つの物体がもっている電気量の総和（電子の総和）は変わらない．これを**電気量保存の法則**という．

物体の間でやり取りされる電気量の最小単位

$$e \approx 1.60 \times 10^{-19}\ \mathrm{C} \tag{15.1}$$

を**電気素量**もしくは**素電荷**という*．物体の帯電は電子の授受で生じるのだから，電子がもつ電気量は

$$-e \approx -1.60 \times 10^{-19}\ \mathrm{C}$$

である．すなわち，電気素量は電子がもっている電気量の大きさに等しい．そして，すべての物体のもつ電気量 q は，電気素量の整数倍であり，整数 n を使って $q=ne$ という形に書ける．

* 付表に電気素量の詳しい値を記してある．

一般に，ある物理量の値が連続的でなく，ある量の整数倍の値しかとることができないとき，その量は量子化されているという．すなわち，電荷は量子化されている．しかし，電気素量の値が極めて小さいため，マクロな物体の電磁気学では電荷は連続的であると考えてよい．

なお，中性の原子では陽子と電子の数は等しい．すなわち，原子核がもつ正の電気量と，まわりにある電子がもつ負の電気量は打ち消し合い，原子は全体として中性である．また，原子は電子を放出したり吸収したりすることもある．電子を放出した原子は正の電気を帯びた陽イオンになり，電子を吸収した原子は負の電気を帯びて陰イオンになる．

❷ クーロンの法則

2つの点電荷の間にはたらく静電気力は，**クーロンの法則**[*1]「2つの点電荷の間にはたらく静電気力は，それぞれの電気量の積に比例し，距離の2乗に反比例する」にしたがう．すなわち，静電気力 $\vec{F}$ の大きさを F，電荷を q_1，q_2，電荷間の距離を r とすると

$$F = k\frac{|q_1||q_2|}{r^2} \tag{15.2}$$

が成り立つ．この静電気力 $\vec{F}$ を**クーロン力**[*2]ともいう（図 15.2）．2つの電荷にはたらくクーロン力はニュートンの運動の第3法則（作用・反作用の法則）にしたがって，2物体を結ぶ直線に沿って互いに逆向きにはたらく．電荷の積 q_1q_2 が正のときは斥力，負のときは引力となる．k は**クーロン定数**とよばれる定数で

$$k \approx 9.0\times10^9\ \mathrm{N\cdot m^2/C^2} \tag{15.3}$$

である．また，**真空の誘電率** $\varepsilon_0 = 8.854187817\times10^{-12}\ \mathrm{C^2/(N\cdot m^2)}$ を使って[*3]

$$k = \frac{1}{4\pi\varepsilon_0} \tag{15.4}$$

と書ける．クーロンの法則は電荷の大きさが電荷間の距離 r に比べて充分に小さい場合に適用できる．

実際の物質には大きさがあるから，点電荷の間の力を直接測定することはできない．クーロンはねじり秤を用いた間接的な方法でクーロンの法則を導いた．キャベンディッシュ[*4]も他の方法で，クーロンの法則が成り立つことを確認している．

❸ 電場

電荷 Q まわりの空間は，電荷がないときとは異なった性質をもっている．たとえば，その空間に別の電荷 q をもってくると，電荷 q にクーロン力がはたらく．このような性質をもつ空間を**電場**といい，時間的に変化しない電場を**静電場**という．電場の概念はファラデー[*5]によって考案された．

[*1] シャルル・オーギュスタン・ド・クーロン（Charles Augustin de Coulomb, 1736〜1806）　フランスの物理学者・工学者．電磁気学のクーロンの法則が有名だが，クーロンが最初に才能を発揮したのは力学や工学の分野であった．1784年に微小な力を測定できるねじれ秤の開発に成功し，1785年のクーロンの法則の発見に繋がった．

[*2] クーロン力 $\vec{F}$（ベクトルであるので矢印付き）の大きさを F（矢印なし）と書いた．クーロン力以外でも，ベクトル $\vec{A}$ の大きさを A と書くことがある．

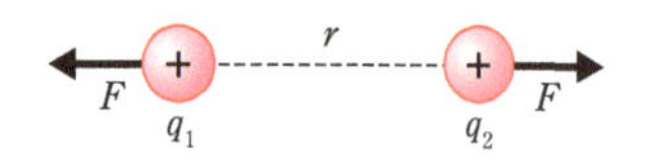

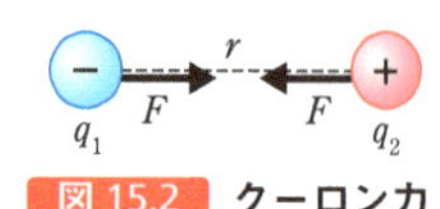

図 15.2　クーロン力

[*3] 誘電率の単位は F/m とも書ける（16.4 節参照）．

[*4] ヘンリー・キャベンディッシュ（Henry Cavendish, 1731〜1810）　イギリスの物理学者．貴族の家系の出身で，結婚せず学術的会合以外の社交もほとんどしなかった．さまざまな業績があり，水が水素と酸素からできていることも発見しているが，生前の論文は極めて少なく，遺稿が19世紀にケルビンやマクスウェルによって紹介された．

解いてみよう！
15.1 〜 15.6

[*5] マイケル・ファラデー（Michael Faraday, 1791〜1867）　イギリスの物理学者・化学者．大変貧しい鍛冶屋に生まれ，満足に学校へ通うことができなかったが，12歳ごろからはじめた製本屋の手伝いの中でさまざまな書物を自習した．電極など多くの専門用語も創出した．電気容量の単位ファラドはファラデーの名からとっている．

ファラデーの生家は経済面の苦しさはあっても，信仰深く心豊かで親子仲のよい家庭であったようだ．ファラデー自身が築いた家庭には子どもはいなかったが，妻サラとの結婚生活を大変幸せに送ったそうである．

電場の向きを，その電場中に試験電荷（+1 C の点電荷）をおいたときに試験電荷にはたらく力の向きと定める（図 15.3）．また，その力の大きさを電荷 q で割った値を**電場の強さ**と定める．このように，電場は大きさと向きをもつベクトル量である．電場 $\vec{E}$[N/C] の中に試験電荷ではなく電荷 q を置くと，その電荷には

$$\vec{F}=q\vec{E} \tag{15.5}$$

の力がはたらく[*1]．

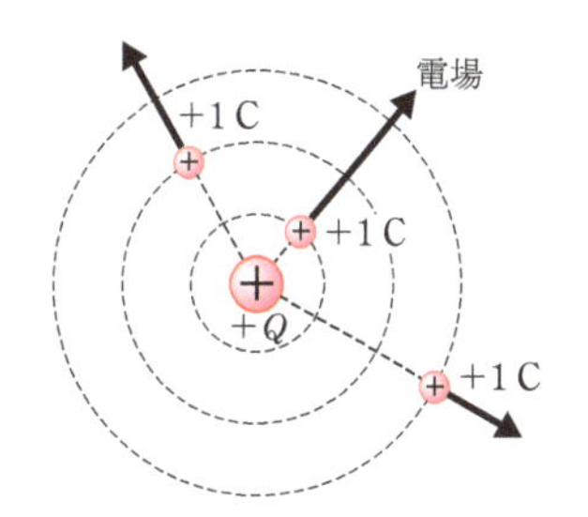

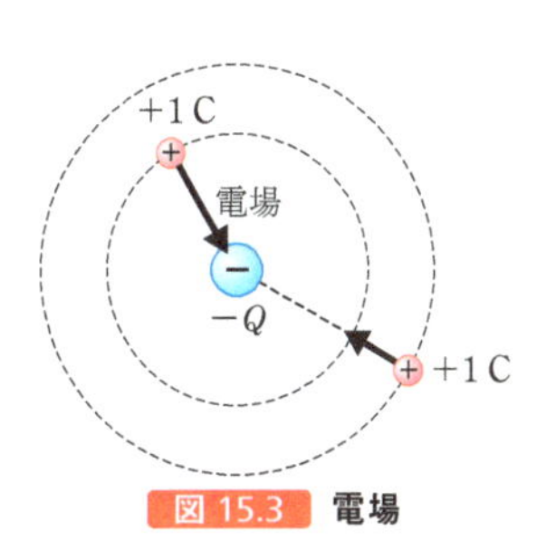

図 15.3 電場

[*1] 電場の単位 [N/C] は [V/m] と書くことができる（15.2 節参照）．

さて，点電荷まわりの電場を具体的に考えよう．点電荷 Q と q の間には

$$F=k\frac{qQ}{r^2}=q\left(k\frac{Q}{r^2}\right) \tag{15.6}$$

の大きさの力がはたらく．この力の大きさは点電荷 q を強さ E の電場の中においたときに受ける力の大きさ $F=qE$ と同じとなるはずである．したがって，点電荷 Q まわりには

$$E=k\frac{Q}{r^2} \tag{15.7}$$

の強さの電場が生じている．

クーロン力の式（15.2）を電場を使って式（15.5）に書き換えることは，単なる数学的な書き換え以上に重要な意味をもっている．まず，クーロン力の式（15.2）では，空間的に離れた 2 つの電荷の間にクーロン力が直接はたらくと考えている．これを力の遠隔作用という．しかし，これが正しければ，遠く離れた電荷 Q の電気量や位置が変化した瞬間に，q にはたらく力が変化する．これは，相互作用の伝達の速度が無限大であることを意味する．しかし，アインシュタイン[*2]の特殊相対性理論によれば，相互作用の伝搬速度は有限であり，光速度を超えることはできない．電荷 Q が変化したことを，相手の電荷 q に伝えてくれる何かの存在が必要である．電場がこの役割を担っている．

[*2] アルバート・アインシュタイン（Albert Einstein，1879～1955） ドイツの物理学者．1905 年に 3 つの偉大な理論を相次いで発表する．光電効果の理論，ブラウン運動の理論，特殊相対性理論である．1916 年の一般相対性理論と合わせて，アインシュタインといえば相対性理論が有名だが，量子力学や統計物理学の分野でも数々の貢献をしている．アインシュタインの言葉「神はサイコロを振らない」は有名である．

クーロン力の式（15.2）を電場を使って式（15.5）のように書いたとき，電荷 q はその点の電場から作用を受けると考えることができる．これを力の近接作用という．

21 章で紹介するが，電荷がなくても電場が存在することもある．時間的に変化する電場は磁場と対になって**電磁場**として存在し，電磁場を作り出したものがなくなっても空間を伝搬し続ける．さらに，電荷 q に力をおよぼすためには別の電荷 Q がつくる電場は必ずしも必要ではなく，電磁波として伝搬してきた電場でもよい．

❹ 重ね合わせの原理

電場には重ね合わせの原理が成り立つ．電荷 q に電荷 q_1 がおよぼすクーロン力は

$$\vec{F}_1 = q\vec{E}_1 \tag{15.8}$$

と書けた．ここで，電場 $\vec{E}_1$ は単位ベクトルを用いて

$$\vec{E}_1 = \frac{1}{4\pi\varepsilon_0}\frac{q_1}{r_1{}^2}\frac{\vec{r}_1}{r_1} \tag{15.9}$$

で与えられる．$\vec{r}_1$ は q_1 から見た q の位置ベクトルである．ここに別の電荷 q_2 が来ても，電荷 q_1 による電場 $\vec{E}_1$ そのものは変化しない．2個の電荷の間の相互作用は他の電荷の存在に無関係であり，複数の電荷がつくる電場は各電荷のベクトルの和に等しい．電荷 q_j から見た電荷 q の位置ベクトルを $\vec{r}_j$ と書くと，n 個の電荷（$j=1, 2, \ldots, n$）が q におよぼす力の和は

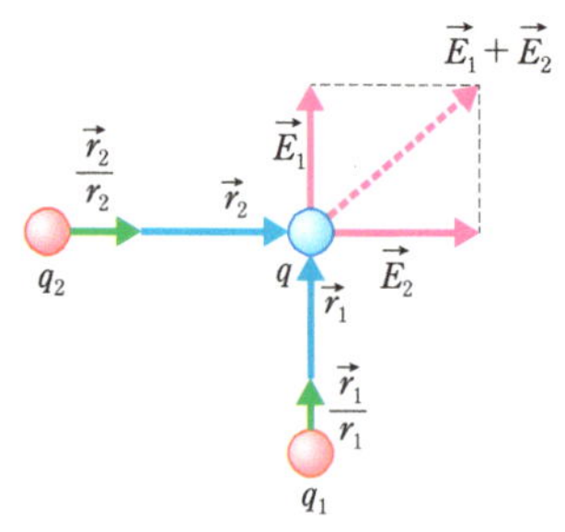

図 15.4　**重ね合わせの原理**

$$\vec{F} = q\vec{E} \tag{15.10}$$

$$\vec{E} = \sum_{j=1}^{n}\vec{E}_j = \frac{1}{4\pi\varepsilon_0}\sum_{j=1}^{n}\frac{q_j}{r_j{}^2}\frac{\vec{r}_j}{r_j} \tag{15.11}$$

となる．これを**電場の重ね合わせの原理**という（図 15.4）．重ね合わせの原理はけっして自明ではなく，多くの実験によって確かめられた自然法則である．

荷電粒子が複数集まった複合粒子（たとえば原子核）が遠く離れた点につくる電場を求めよう（図 15.5）．各粒子の電荷を q_j，位置ベクトルを $\vec{r}_j$ とすると，位置ベクトル $\vec{r}$ の点での電場は

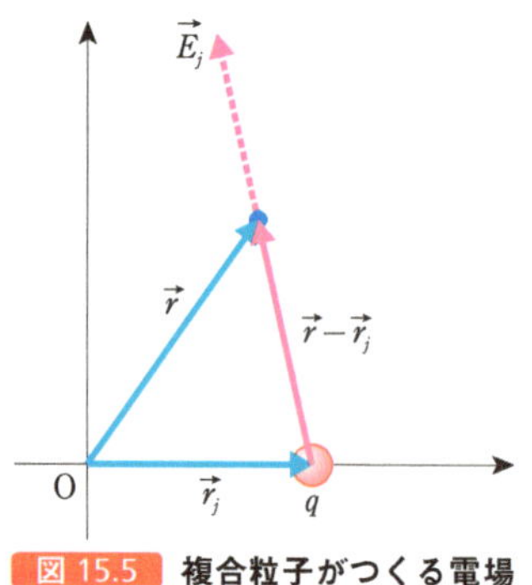

図 15.5　**複合粒子がつくる電場**

$$\vec{E} = \frac{1}{4\pi\varepsilon_0}\sum_j \frac{q_j}{|\vec{r}-\vec{r}_j|^3}(\vec{r}-\vec{r}_j) \tag{15.12}$$

となる．ここで $|\vec{r}-\vec{r}_j|$ が複合粒子の大きさに比べて充分に大きければ，$\vec{r}-\vec{r}_j$ はすべての j について同じであると考えてよい*．よって $\vec{r}-\vec{r}_j=\vec{R}$ とすると

$$\vec{E} = \frac{1}{4\pi\varepsilon_0}\frac{\vec{R}}{R^3}\sum_j q_j \tag{15.13}$$

となる．この電場は

$$q = \sum_j q_j = q_1 + q_2 + \cdots \tag{15.14}$$

の電荷をもつ1つの粒子がつくる電場と同じである．これから，多数の荷電粒子の集合体の全電荷は各粒子の電荷の和に等しく，各粒子の相互の位置や速度によらないことがわかる．

* たとえば，複合粒子から充分遠く離れた点では，$|\vec{r}-\vec{r}_j|$ は複合粒子の大きさに比べて充分に大きい．

❺ 電気力線

電場の中に試験電荷を置くと力を受けて試験電荷が動く．この動きに合わせて描いた線を**電気力線**という．試験電荷にはたらく力の向きを電気力線の向きとすると，電気力線は正電荷から出て負電荷に入る（図 15.6）．電気力線の接線の向きは電場の向きとなり，電気力線を1 m² あたり E 本描けば，電気力線の密度で電場の強さを表せる．電気力線を使

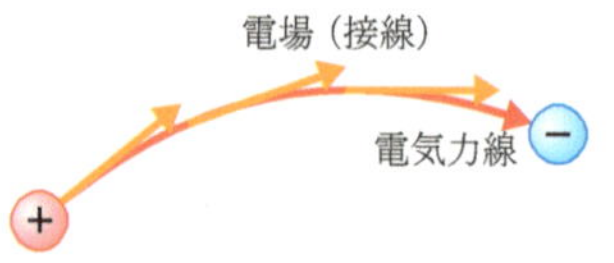

図 15.6　**電気力線と電場**

うと，目にみえない電場を可視化することができる．

電気力線は流体の流れとの類推で理解するとよい．いま，電場となっている空間には仮想的な流体が満ちていて，この流体がその点の電場の強さに比例する速さで電場と同じ向きに流れていると考えよう．この流れの中に流体とともに動く小さな粒があるとすると，その粒の軌跡が電気力線になる．そして，電気力線（流体）は次の①～④の性質をもつ．①1つの正の電荷からは電場を表す流体がわき出し，負の点電荷には電場を表す流体が吸い込まれていく（図 15.7）．②電気力線は必ずわき出しに始まって吸い込みに終わるか，あるいは無限大まで続く．③力線の向きはその点の電場の向きとして一義的に決まる．④2本の力線が交わることはない（図 15.8）．

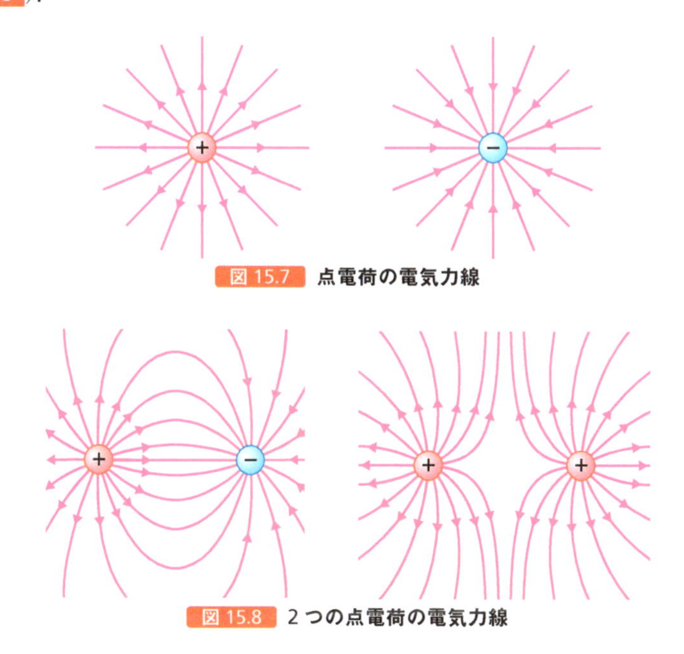
図 15.7 点電荷の電気力線

図 15.8 2つの点電荷の電気力線

Q の正電荷から出る電気力線の総数を求める．まず，点電荷について考えよう（図 15.9）．正電荷を中心とした半径 r の球面S上では，電場の方向は面に垂直で，電場の強さは式（15.7）より $E=kQ/r^2$ である．このように，電場を求めるために用いる閉曲面を**ガウス面**という．球面Sを貫く電気力線は $1\,\mathrm{m}^2$ あたり E 本，球面Sの表面積は $4\pi r^2$ であるから球面Sを貫く電気力線の総数は

$$N=E\times4\pi r^2=4\pi kQ \tag{15.15}$$

となる．$-Q$ の負電荷に入る電気力線の総数も同じである．

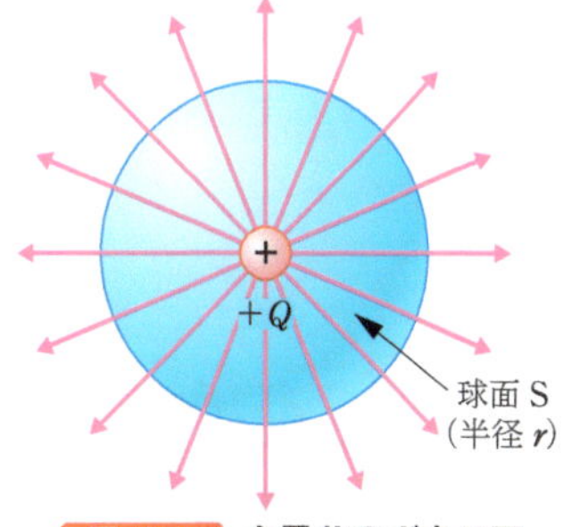

図 15.9 点電荷のガウス面

無限に広い平面が一様に正に帯電している場合を考えよう．面積 S に Q の電荷が分布しているとして，平面がつくる電場の向きと強さを求める（図 15.10）．電気力線が平面から垂直に出ていくので，電場の向きも面に垂直である．電場の強さ E を求めるために底面積 S の円柱を考える．円柱から出ていく電気力線は上面と下面を貫く $2ES$ 本である．これ

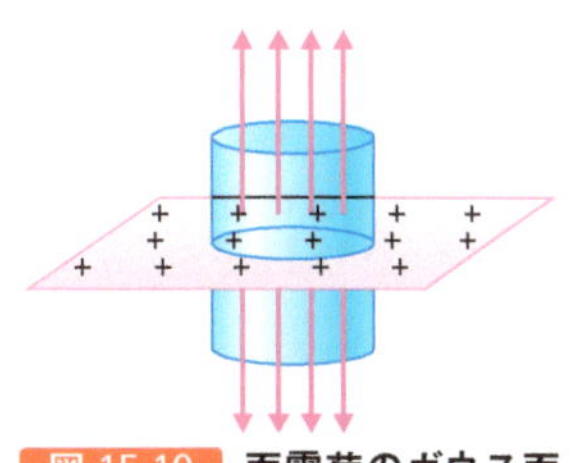
図 15.10 面電荷のガウス面

が円柱内部の電荷 Q から出てくる電気力線の本数 $4\pi kQ$ に等しいので

$$E = 2\pi k \frac{Q}{S} \tag{15.16}$$

となる．

❻ 電場に関するガウスの法則

任意の面を単位時間に通過する電気力線の束の量を**電束**という．電場が仮想的な流体で満たされていると考え，電束をこの流体の流れと見なすと理解しやすい．

一様な電場を考える．面積 S の面 S が電場 $\vec{E}$ の向きと垂直のとき，電場の流れは

$$\Phi_E = ES \tag{15.17}$$

となる（図 15.11(a)）．また，面積 S の面 S が電場に垂直な面と角度 θ をなすときは $\Phi_E = ES\cos\theta$ となる（図 15.11(b)）．

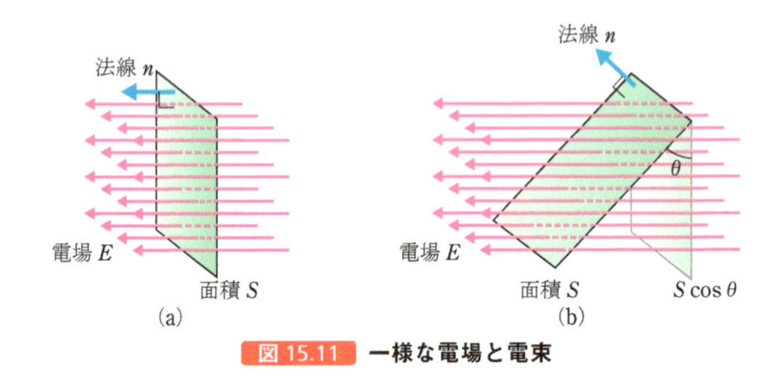

図 15.11　一様な電場と電束

電場が場所によって変化し，電場と面が垂直にはならない場合には，まず面を細かに分割した面積要素 dS を通過する微小電束

$$\mathrm{d}\Phi_E = E\mathrm{d}S\cos\theta \tag{15.18}$$

を求める（図 15.12）．ここで E は dS の場所での電場の強さで，θ は面 dS の法線ベクトルと電場ベクトルの間の角度である（法線ベクトルとは，表と裏が定義された平面に垂直で裏から表に向かう長さ 1 のベクトルである）．$\theta=0$ ならば面と電場が垂直であり，また $\theta=\pi/2$ ならば面と電場が平行である．法線ベクトルは外側に向くと約束すると，式 (15.18) の $E\cos\theta$ は電場 $\vec{E}$ の法線方向成分 E_n を表している．

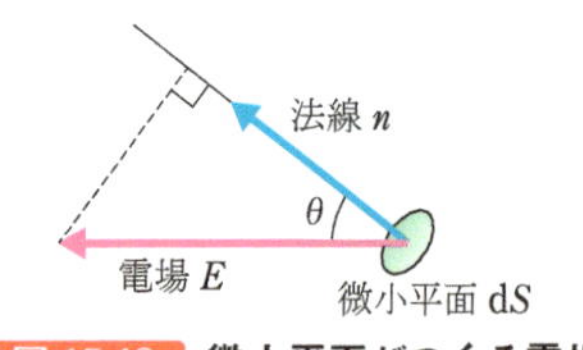

図 15.12　微小平面がつくる電場

$$E_n = \vec{E}\cdot\vec{n} = E\cos\theta \tag{15.19}$$

全電束は微小電束を面全体について足し合わせればよい*．

$$\Phi_E = \int_{(S)} \mathrm{d}\Phi_E \tag{15.20}$$

* 積分記号の下の (S) は「考えている面 S 全体について積分せよ」という意味である．

ある閉曲面の内側に点電荷がある場合を考える（図 15.13）．微小面

$\mathrm{d}S$ を点電荷 q から見た**立体角** $\mathrm{d}\Omega$ は，$\mathrm{d}S\cos\theta/\mathrm{d}\Omega=r^2/1^2$ の関係から

$$\mathrm{d}\Omega=\frac{\cos\theta\,\mathrm{d}S}{r^2} \tag{15.21}$$

で与えられる[*1]．したがって，電荷が閉曲面内にある場合の電束は

$$\Phi_E=\int E\mathrm{d}S\cos\theta=\int Er^2\mathrm{d}\Omega=\frac{q}{4\pi\varepsilon_0}\int\mathrm{d}\Omega=\frac{q}{4\pi\varepsilon_0}\cdot4\pi=\frac{q}{\varepsilon_0} \tag{15.22}$$

となる．電荷が閉曲面の外にある場合（図 15.14）には，$\cos\theta\,\mathrm{d}S=r^2\mathrm{d}\Omega$ より

$$\cos(\pi-\theta')\mathrm{d}S'=-\cos\theta'\,\mathrm{d}S'=-r'^2\mathrm{d}\Omega \tag{15.23}$$

である．したがって，電荷が閉曲面の外にある場合の電束は

$$\begin{aligned}\Phi_E&=\int E\mathrm{d}S\cos\theta+\int E'\mathrm{d}S'\cos\theta'\\&=\frac{q}{4\pi\varepsilon_0}\int\mathrm{d}\Omega-\frac{q}{4\pi\varepsilon_0}\int\mathrm{d}\Omega=0\end{aligned} \tag{15.24}$$

となる．

このように，閉曲面内に電荷がある場合には，点電荷から引いた半直線が閉曲面と奇数回交わる．これに対して，閉曲面外に電荷がある場合には偶数回交わるので，正負が打ち消し合って 0 になる．

電荷が多数存在する場合は重ね合わせの原理によって，閉曲面の内部に存在する電荷の代数和をとればよい．したがって，

$$\varepsilon_0\oint E_n\mathrm{d}S=\sum_j q_j \tag{15.25}$$

が得られる．これが**ガウスの法則**である[*2]．電荷が密度 ρ で連続的に分布している場合は

$$\varepsilon_0\oint E_n\mathrm{d}S=\int\rho\mathrm{d}V \tag{15.26}$$

[*1] 単位半径の球を考え，その球の中心から球面上のある部分を見たときの広がりを表しているのが立体角である．立体角の単位は sr（ステラジアン）であり，全立体角は球の全表面積 4π である．

[*2] カール・フリードリヒ・ガウス（Carl Friedrich Gauss，1777～1855） ドイツの数学者・物理学者．ガウスは神童だった．3 歳のときには父親の給与計算の誤りを正し，8 歳頃には 1 から 100 までの和を即座に答えたという．最小二乗法の開発，複素関数論の発展など幅広い数学の分野でも多くの業績を残している．

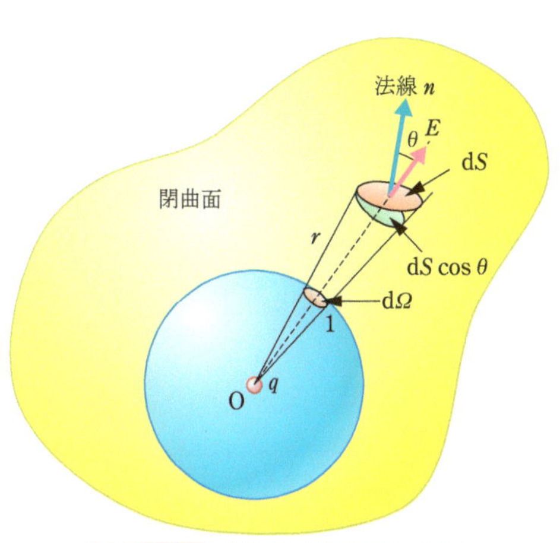

図 15.13 立体角（閉曲面の内側）

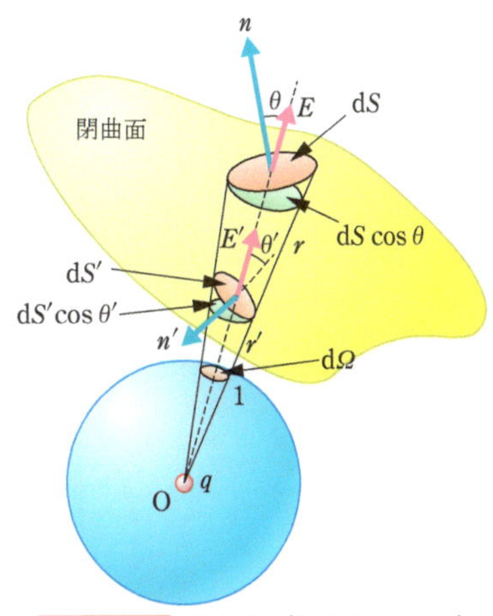

図 15.14 立体角（閉曲面の外側）

となる．右辺の積分は閉曲面で囲まれた体積 V についておこなう．

ここで，ガウスの法則を導くときに，クーロンの法則に従う電場を用いていることに着目してほしい．言い換えれば，クーロンの法則が成立しないとガウスの法則も成り立たない．また逆に，ガウスの法則からクーロンの法則を導くこともできる．見た目は異なるが，ガウスの法則とクーロンの法則は等価である．ガウスの法則は電磁気学の基本法則の1つである．

電場の向きが対称性などによって簡単にわかる場合に，ガウス面を上手に選ぶことで，ガウスの法則を用いて電場の強さを簡単に求めることができる．いくつかの例を見てみよう．

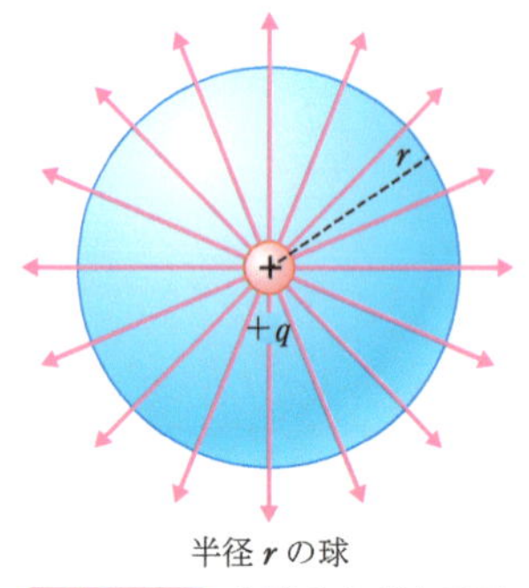

図 15.15　**点電荷のガウス面**

例1　点電荷まわりの電場

点電荷 q を中心とした半径 r の球面を閉曲面（ガウス面）とする（図 15.15）．この球面上で電場は面に垂直であり，強さ $E_n=E$ はどの点でも同じである．よって，ガウスの法則を用いるとき，電場の強さ E を積分の外に出すことができる．球面の面積が $\oint \mathrm{d}S=4\pi r^2$ であることから

$$\oint E_n \mathrm{d}S=E\oint \mathrm{d}S=4\pi r^2 E=\frac{q}{\varepsilon_0} \tag{15.27}$$

したがって，

$$E=\frac{q}{4\pi\varepsilon_0 r^2} \tag{15.28}$$

を得る．これはクーロン力から導いた結果ともちろん等しい．

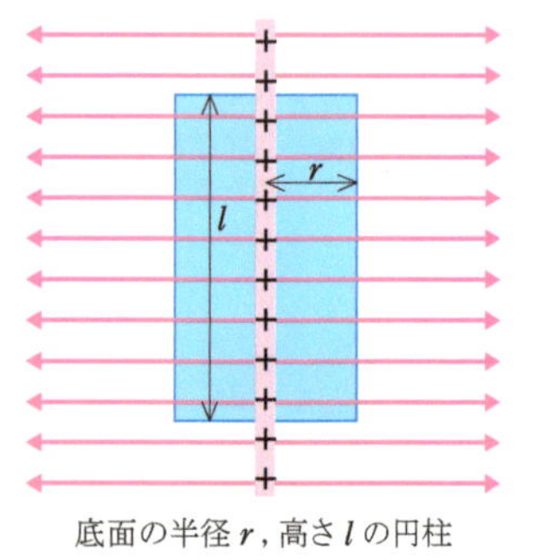

図 15.16　**直線電荷のガウス面**

例2　無限に長い直線上の電荷まわりの電場

無限に長い直線上に一様に**線電荷密度** λ の正の電荷が分布しているとき，直線から距離 r にある点の電場の強さを求めよう（図 15.16）．直線を中心軸とした半径 r，高さ l の円柱の表面を閉曲面（ガウス面）とする．電場は円柱の側面から垂直に外向きであり，側面上はどこでも等しい．閉曲面を円柱の上面，下面と側面とに分けてガウスの法則を適用すると

$$\oint E_n \mathrm{d}S=\int_{(上面)} E_n \mathrm{d}S+\int_{(下面)} E_n \mathrm{d}S+\int_{(側面)} E_n \mathrm{d}S=\frac{q}{\varepsilon_0} \tag{15.29}$$

となる．上面と下面では電場は面に平行なので $E_n=0$ となる．よって第1項と第2項は0になる．第3項では電場の強さ $E_n=E$ が一定であるので積分の外に出せる．$\int \mathrm{d}S$ は円柱の側面積 $2\pi rl$ であり，右辺の電荷は線電荷密度を用いて $q=\lambda l$ なので $2\pi rlE=\lambda l/\varepsilon_0$ となる．よって

$$E=\frac{\lambda}{2\pi\varepsilon_0}\frac{1}{r} \tag{15.30}$$

となる．

例3 無限に広い平面上の電荷まわりの電場

無限に広い平面上に一様に**面電荷密度** σ の正の電荷が分布している場合を考えよう（図 15.17）．平面で二等分された断面積 S，高さを $2a$ の円柱の表面を閉曲面（ガウス面）とする．ガウスの法則

$$\oint E_n \mathrm{d}S = \frac{q}{\varepsilon_0} \tag{15.31}$$

の左辺を例2と同様に上面と下面，側面の3つの部分に分ける．側面では電場は面に平行なので $E_n = 0$ となる．上面と下面では電場は面に垂直で強さは同じである．電荷は面電荷密度を用いて $q = \sigma S$ なので $2ES = \sigma S/\varepsilon_0$，よって

$$E = \frac{\sigma}{2\varepsilon_0} \tag{15.32}$$

となる．

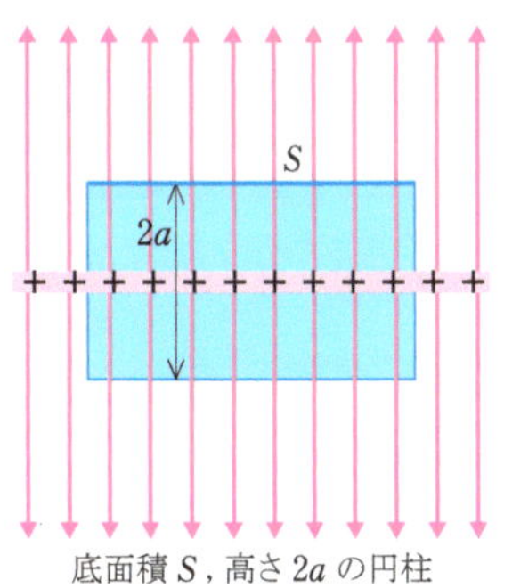

図 15.17 面電荷のガウス面

例4 球対称に電荷が分布している場合の電場

半径 a の球内に電荷が**電荷密度**（体積電荷密度）ρ で一様に分布しているとき，中心から距離 r の点における電場を求める（図 15.18）．電場は中心から外側に向かう．$r>a$ の場合と $r<a$ の場合を別々に考える．

$r>a$ のとき，半径 r の同心球の球面を閉曲面（ガウス面）とする．この球面上で電場は面に垂直であり，強さはどの点でも同じであるので

$$\oint E_n \mathrm{d}S = E \oint \mathrm{d}S = 4\pi r^2 E = \frac{4}{3}\,\frac{\pi a^3 \rho}{\varepsilon_0} \tag{15.33}$$

したがって

$$E = \frac{a^3 \rho}{3\varepsilon_0 r^2} = \frac{1}{4\pi\varepsilon_0}\,\frac{Q}{r^2} \tag{15.34}$$

となる．ここで $Q = (4\pi/3)a^3\rho$ は全電荷である．式 (15.34) は電荷 Q が全部中心に集中したと考えたときにその点電荷がつくる電場に等しい．

$r<a$ のときにも同様に半径 r の球面を閉曲面（ガウス面）とする．ガウスの法則は閉曲面の内部の電荷のみを q とするので，

$$E = \frac{1}{4\pi\varepsilon_0}\,\frac{1}{r^2}\,\frac{4}{3}\pi r^3 \rho = \frac{\rho r}{3\varepsilon_0} = \frac{Q}{4\pi\varepsilon_0}\,\frac{r}{a^3} \tag{15.35}$$

となる．電場は中心からの距離に比例している．なお，$r=a$ において式 (15.34) と式 (15.35) は等しい．すなわち，球の表面で電場は連続である．

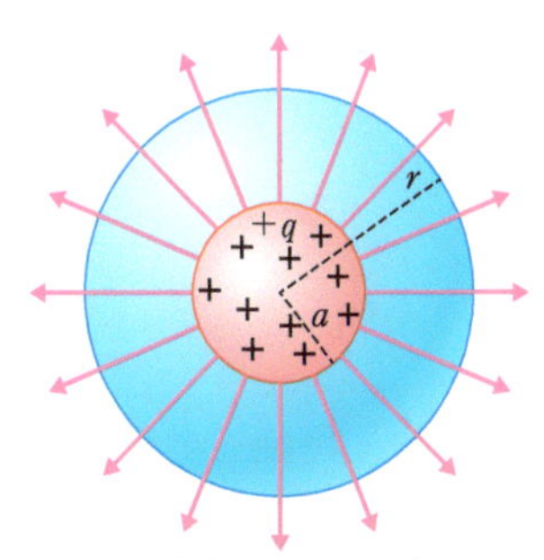

(a) 半径 $r>a$ の球

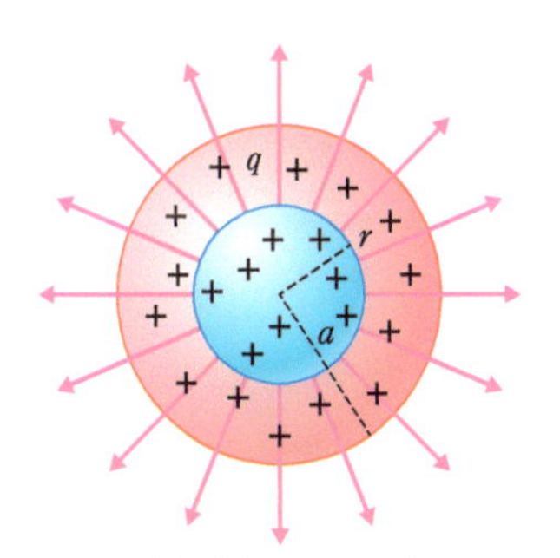

(b) 半径 $r<a$ の球

図 15.18 球電荷のガウス面

解いてみよう! 15.20 ～ 15.24

§ 15.2 電位

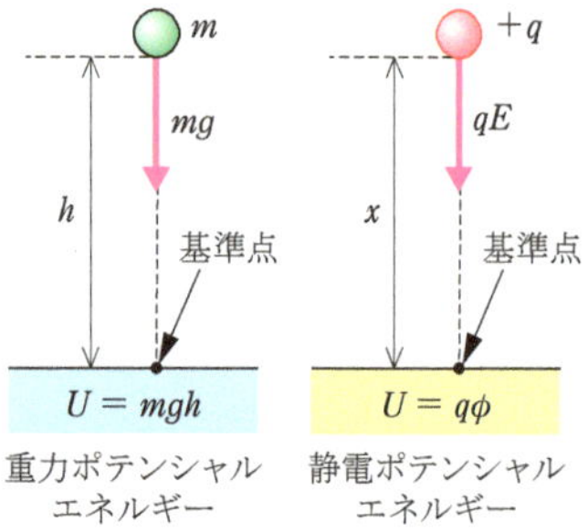

❶ 電位（静電ポテンシャル）

m mg h 基準点 $U = mgh$ 重力ポテンシャルエネルギー

$+q$ qE x 基準点 $U = q\phi$ 静電ポテンシャルエネルギー

図 15.19 重力ポテンシャルと静電ポテンシャル

高所にある物体は重力によるポテンシャルエネルギーをもっている（図 15.19）．このポテンシャルエネルギーは，この物体が基準点（面）まで移動するときに重力がする仕事に等しい．同様に，電場の中にある $+1\,\mathrm{C}$ の試験電荷を基準点まで移動するときに静電気力がした仕事を**静電ポテンシャル**もしくは**電位**という．単位は V（**ボルト**）である．電場の中にある $+1\,\mathrm{C}$ の試験電荷が受けた仕事が電位（ϕ と書く）であるから，q の電荷がもつ静電気力によるポテンシャルエネルギー U は

$$U = q\phi \tag{15.36}$$

である．

詳しく解説しよう．クーロン力は保存力であるので，ポテンシャルエネルギー U を用いて

$$\vec{F} = -\vec{\nabla} U \tag{15.37}$$

と表すことができる（4.7 節参照）．ここで，$\vec{\nabla} = \left(\frac{\partial}{\partial x}, \frac{\partial}{\partial y}, \frac{\partial}{\partial z}\right)$ はナブラ演算子である．電荷 q が q' におよぼす力の大きさを F とすると

$$F = \frac{1}{4\pi\varepsilon_0}\frac{qq'}{r^2} = -\frac{\mathrm{d}U}{\mathrm{d}r} \tag{15.38}$$

であるので，ポテンシャルエネルギーは

$$U = \frac{1}{4\pi\varepsilon_0}\frac{qq'}{r} \tag{15.39}$$

となる．

一方，クーロン力は電場を用いて

$$\vec{F} = q'\vec{E} \tag{15.40}$$

と表すことができた．このとき，ポテンシャルエネルギー U を

$$U = q'\phi \tag{15.41}$$

とすると，電場を次のように書くことができる．

$$\vec{E} = -\vec{\nabla}\phi \tag{15.42}$$

この ϕ が電位（静電ポテンシャル）である．すなわち，電位（静電ポテンシャル）ϕ がわかれば，それを微分してマイナスの符号をつけることで電場を求めることができる．

1 個の電荷 q がつくる静電ポテンシャルは

$$\phi=\frac{1}{4\pi\varepsilon_0}\frac{q}{r} \tag{15.43}$$

となる．そして，クーロン力や電場に重ね合わせの原理が成り立つことから，電荷が n 個のときの電位（静電ポテンシャル）にも重ね合わせの原理

$$\phi=\frac{1}{4\pi\varepsilon_0}\sum_{j=1}^{n}\frac{q_j}{r_j} \tag{15.44}$$

が成り立つ．ここで，r_j は q_j と静電ポテンシャルを求める点との距離である．

❷ 電位差（電圧）

電位の基準点を定めたときに，測定できる量は電位（静電ポテンシャル）そのものではなくて**電位差**（**静電ポテンシャルの差**）である．この電位差のことを**電圧**という*．電位（静電ポテンシャル）の基準を無限遠にとり，無限遠での ϕ を 0 とすることが多い．

* 「電圧」というと，オームの法則や電池，壁にあるコンセントなどを思い浮べるかもしれない．これらで用いられている電圧の正体も電位差である．

電荷が電位 ϕ_A の点 A から電位 ϕ_B の点 B へ移動するとき，クーロン力がする仕事 W はポテンシャルエネルギー U の差であるから

$$W=U_A-U_B=q\phi_A-q\phi_B=q(\phi_A-\phi_B)=qV \tag{15.45}$$

となる．ここで，2 点 AB 間の電位差（静電ポテンシャルの差）

$$V=\phi_A-\phi_B \tag{15.46}$$

が AB 間の電圧である．電圧の単位は電位（静電ポテンシャル）と同じ V である．AB 間の電位差（電圧）は，1 C の電荷を A から B まで移動させるときに電場がおこなう仕事に等しい．

電場と電位のどちらかがわかっているときに，もう一方を知る方法を見ておこう．まず，電位から電場を求める式は式 (15.42)，すなわち

$$E_x=-\frac{\partial\phi}{\partial x},\quad E_y=-\frac{\partial\phi}{\partial y},\quad E_z=-\frac{\partial\phi}{\partial z} \tag{15.47}$$

である．次に，この式を電位の全微分

$$\mathrm{d}\phi=\frac{\partial\phi}{\partial x}\mathrm{d}x+\frac{\partial\phi}{\partial y}\mathrm{d}y+\frac{\partial\phi}{\partial z}\mathrm{d}z \tag{15.48}$$

に代入すると，

$$\mathrm{d}\phi=-(E_x\mathrm{d}x+E_y\mathrm{d}y+E_z\mathrm{d}z)=-(\vec{E}\cdot\mathrm{d}\vec{r}) \tag{15.49}$$

を得る．これを線積分すると，電場から AB 間の電位差（電圧）を求める式が得られる．

$$V=\phi_A-\phi_B=-\int_B^A\vec{E}\cdot\mathrm{d}\vec{r}=\int_A^B\vec{E}\cdot\mathrm{d}\vec{r} \tag{15.50}$$

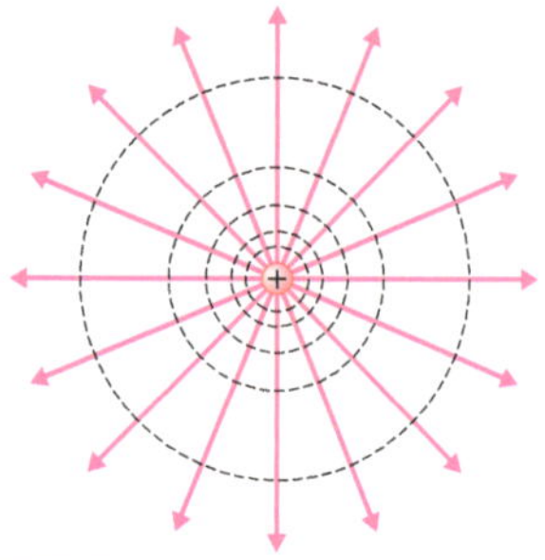

❸ 等電位面

$\phi_A=\phi_B$ のとき2点AとBは**等電位**であるという．そして，電位が等しい点をつなげた面を**等電位面**という（図 15.20）．等電位面に沿って電荷を動かすとき，電場は仕事をしない（電気力線に垂直な方向に静電気力は，はたらかない）．すなわち，電気力線と等電位面はつねに直交する（空間の各点の電場の方向はその点を通る等電位面に垂直である）．たとえば1個の点電荷に対して等電位面は電荷を中心とする球面である．

等電位線を一定の電位差ごとに描くと，電位の傾き（電場の強さ）が大きいほど，等電位線の間隔は密になる．よって等電位面（等電位線）の間隔が密なところほど電場が強い．

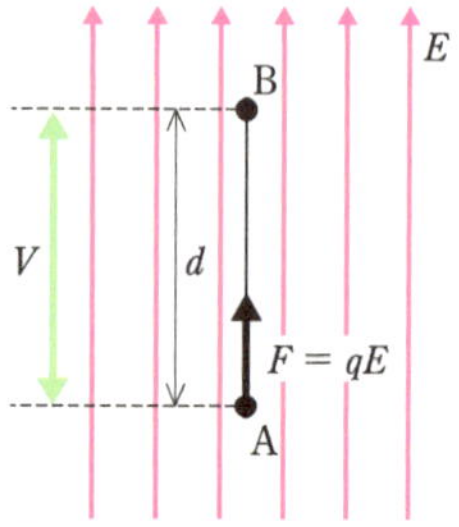

図 15.20　点電荷まわりの等電位面

❹ 一様な電場の電位

強さと向きがどこでも一定である電場を一様な電場という（図 15.21）．強さ E の一様な電場の中にある正電荷 q は電場から大きさ qE の静電気力を受ける．この電荷が電場の向きに点Aから点Bまで距離 d 移動すると，静電気力のする仕事は $W=qEd$ となる．AB間の電位差（電圧）を V とすれば $W=qV$ より

$$V=Ed \tag{15.51}$$

となり，この式を変形すると

$$E=\frac{V}{d} \tag{15.52}$$

となる．これから，電場の単位は[V/m]とも書ける．

図 15.21　一様な電場

❺ 点電荷まわりの電位

点電荷 q から距離 r_1 の点Aと r_2 の点Bの電位差（電圧）は式（15.50）より

$$V=\phi_A-\phi_B=\int_{r_1}^{r_2}\vec{E}\cdot d\vec{r}=\frac{q}{4\pi\varepsilon_0}\int_{r_1}^{r_2}\frac{dr}{r^2}=\frac{q}{4\pi\varepsilon_0}\left(\frac{1}{r_1}-\frac{1}{r_2}\right) \tag{15.53}$$

となる（図 15.22）．クーロン力は保存力であるからABを直線でつないでも，任意の曲線でつないでも仕事，すなわち電位差の計算結果は同じである．

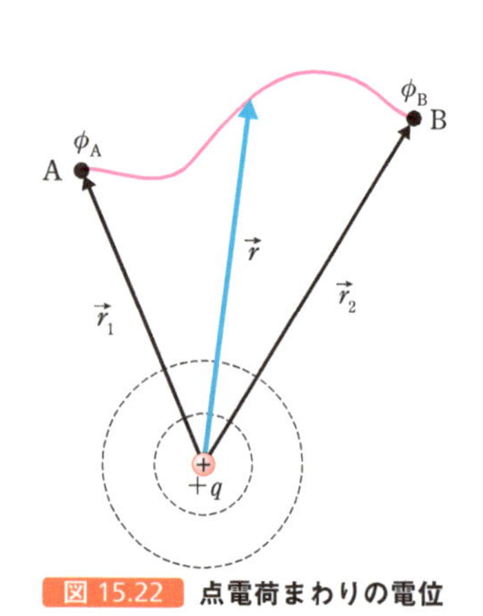

図 15.22　点電荷まわりの電位

点電荷まわりの電場は電荷に近いほど強く無限遠で0となるから，電位の基準を無限遠で0にとる．このとき，電気量 q の電荷から距離 r 離れた点の電位差（電圧）V は

$$V=\frac{1}{4\pi\varepsilon_0}\frac{q}{r} \tag{15.54}$$

と表される．

15.16 ～ 15.19

❻ 電気双極子の電位と電場

大きさが等しく符号が反対の 2 個の電荷 $\pm q$ が短い距離 l だけ離れて並んだものを**電気双極子**という．たとえば，塩化水素の分子は小さな電気双極子である．負電荷から正電荷へ引いたベクトル $\vec{l}$ と電荷 q の積を**電気双極子モーメント**という（図 15.23）．

$$\vec{p} = q\vec{l} \tag{15.55}$$

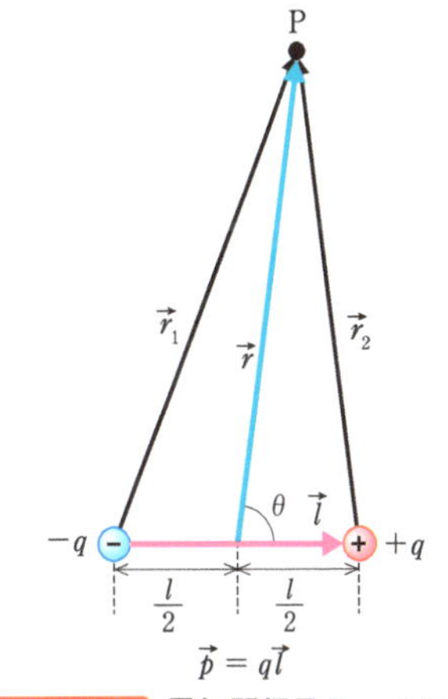

図 15.23 **電気双極子モーメント**

電気双極子から遠く離れた点 P の静電ポテンシャル（電位）を求めよう．図 15.23 のように角度 θ や距離 r, l などをとると，点 P が遠いので $r \gg l$ である．余弦定理から

$$r_1{}^2 = r^2 + \left(\frac{l}{2}\right)^2 + rl\cos\theta \approx r^2\left(1 + \frac{l}{r}\cos\theta\right) \tag{15.56}$$

であるので

$$r_1 \approx r\left(1 + \frac{l}{2r}\cos\theta\right) \tag{15.57}$$

と書ける．同様にして

$$r_2 \approx r\left(1 - \frac{l}{2r}\cos\theta\right) \tag{15.58}$$

である．よって，静電ポテンシャル（電位）は電位の基準を無限遠で 0 として

$$\phi = \frac{q}{4\pi\varepsilon_0}\frac{1}{r}\left\{\frac{1}{1-\left(\frac{l}{2r}\right)\cos\theta} - \frac{1}{1+\left(\frac{l}{2r}\right)\cos\theta}\right\} \approx \frac{q}{4\pi\varepsilon_0}\frac{l}{r^2}\cos\theta \tag{15.59}$$

となり，電気双極子モーメントを用いて書き直すと

$$\phi = \frac{p}{4\pi\varepsilon_0}\frac{\cos\theta}{r^2} \tag{15.60}$$

となる．

静電ポテンシャル（電位）から電場を求めよう．電場 $\vec{E}$ を r の方向の成分 E_r とこれに垂直な方向（θ の増える方向）の成分 E_θ に分けると

$$E_r = -\frac{\partial\phi}{\partial r} = \frac{p}{4\pi\varepsilon_0}\frac{2\cos\theta}{r^3} \tag{15.61}$$

$$E_\theta = -\frac{1}{r}\frac{\partial\phi}{\partial\theta} = \frac{p}{4\pi\varepsilon_0}\frac{\sin\theta}{r^3} \tag{15.62}$$

となる．このように，電場が距離の 3 乗に反比例することが電気双極子のつくる電場の特徴である（図 15.24）．

電気双極子が電場 $\vec{E}$ の中におかれたときにはたらく力を求めよう．電場は一様であるとする（電気双極子が小さい場合は，つねに電場は一様であると考えてよい）．$\pm q$ にはたらく力は $\pm qE$ であるから，電気双極子の

中心は静止しているが，電気双極子を電場の方向に向けるようなトルクがはたらく（図 15.25）．このトルクの大きさは

$$\tau = qEl\sin\theta = pE\sin\theta \tag{15.63}$$

であり，ベクトルで書けば

$$\vec{\tau} = \vec{p} \times \vec{E} \tag{15.64}$$

となる．ベクトルの外積の定義より，トルク $\vec{\tau}$ の向きは右ネジの進む向きである（図 15.25）．

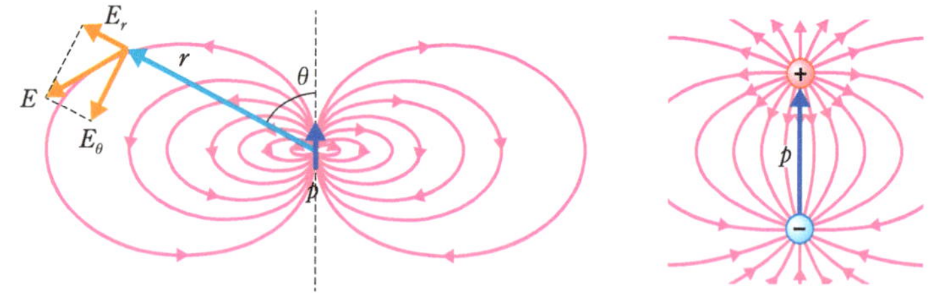

(a) 充分遠方での電場　(b) 電気双極子近辺の電場

図 15.24　電気双極子がつくる電場

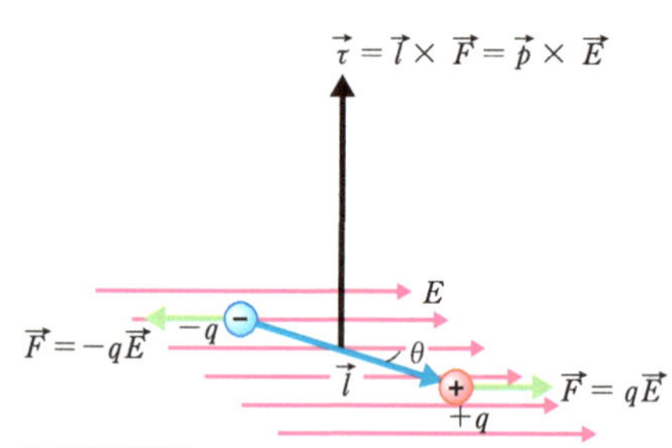

図 15.25　電気双極子が電場から受ける力

≪ 章　末　問　題 ≫

クローン定数を $9.0 \times 10^9\ \mathrm{N \cdot m^2/C^2}$ とし，真空の誘電率を $8.85 \times 10^{-12}\ \mathrm{C^2/(N \cdot m^2)}$ とする．

15.1 基礎　クーロン力

$r = 2.0\ \mathrm{m}$ 離れておかれた $q_1 = 2.0\ \mu\mathrm{C}$ と $q_2 = -6.0\ \mu\mathrm{C}$ の電荷の間に作用するクーロン力の大きさを求めよ．

15.2 基礎　クーロン力

小球 A は $q_\mathrm{A} = +2.0 \times 10^{-6}\ \mathrm{C}$ の電荷をもっている．$r = 30\ \mathrm{cm}$ 離れたところに小球 B をおいたら，互いに 0.08 N の力で引き合った．小球 B のもつ電気量を求めよ．

15.3 基礎　クーロン力

それぞれ $q = 2.0\ \mu\mathrm{C}$ の電荷が図のように配置されているとき，原点の電荷に作用するクーロン力の大きさを求めよ．

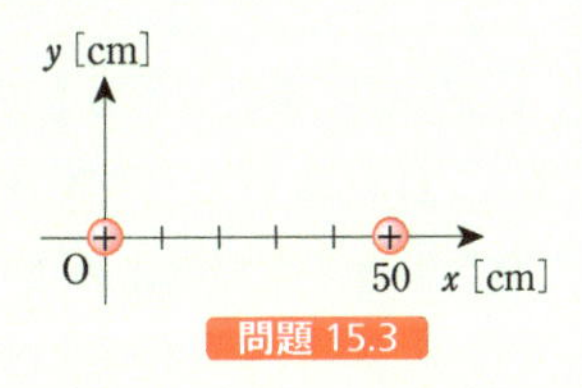

問題 15.3

15.4 基礎　クーロン力の重ね合わせ

それぞれ $q = 2.0\ \mu\mathrm{C}$ の電荷が図のように配置されているとき，原点の電荷に作用するクーロン力の大きさと向きを求めよ．

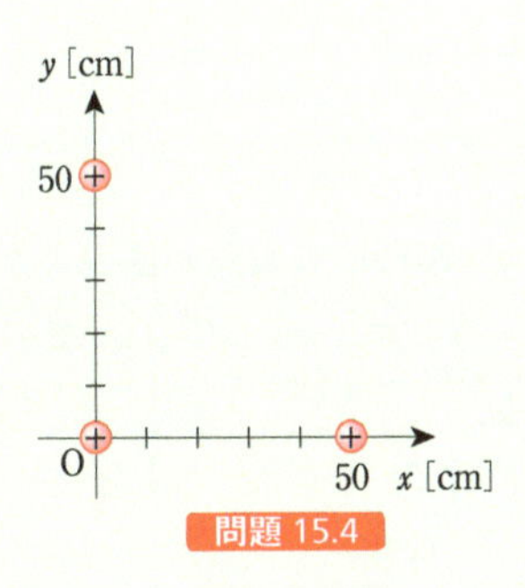

問題 15.4

15.5 基礎　クーロン力の重ね合わせ

それぞれ $q = 2.0\ \mu\mathrm{C}$ の電荷が図のように配置されているとき，原点の電荷に作用するクーロン力の大きさを求めよ．

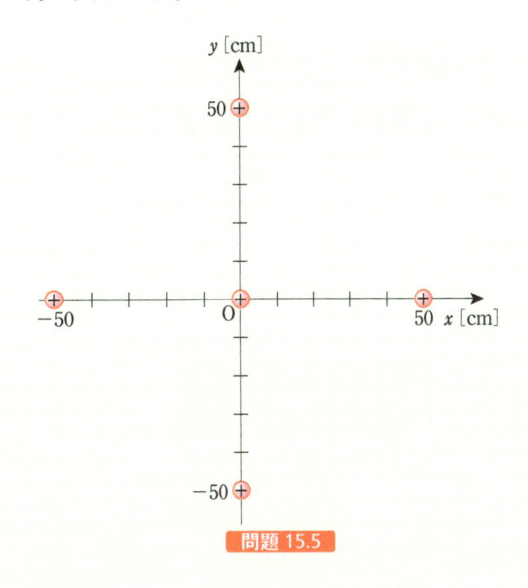

問題 15.5

15.6 基礎　クーロン力と万有引力

水素原子の電子と陽子の間のクーロン力の大きさは，電子と陽子の間の万有引力の大きさの約何倍になるか計算せよ．ただし，電子と陽子の電荷の大きさを $1.6 \times 10^{-19}\ \mathrm{C}$，万有引力定数を $G = 6.67 \times 10^{-11}\ \mathrm{N \cdot m^2/kg^2}$，電子の質量を $9.11 \times 10^{-31}\ \mathrm{kg}$，陽子の質量を $1.67 \times 10^{-27}\ \mathrm{kg}$ とする．

15.7 発展　クーロン力

絶縁した糸で $1.0 \times 10^{-2}\ \mathrm{kg}$，$+3.5 \times 10^{-7}\ \mathrm{C}$ の電荷 A がつるされている．この電荷 A に別の電荷 B を近づけたところ，A と B の距離は 0.3 m となり，糸は鉛直線から 30° 傾いた．AB 間の引力の大きさと B の電気量を求めよ．

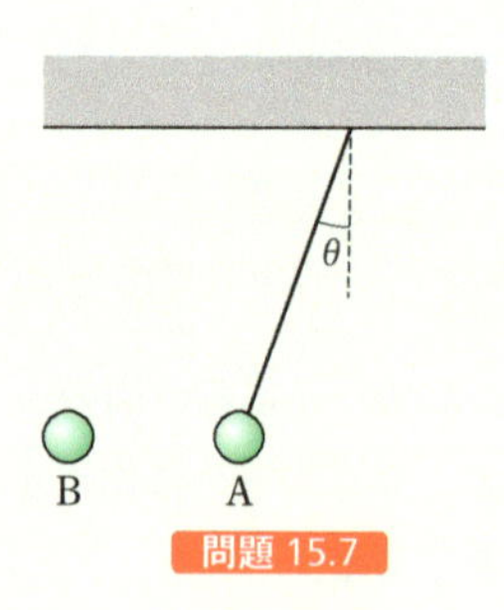

問題 15.7

15.8 発展 クーロン力

それぞれ質量 m をもつ帯電した2つの小さな球が，長さ L のひもに取り付けられており，$2a$ だけ離れて角度 θ でつり合っている．この2つの球が同じ正の電荷をもつとし，クーロン定数を k とする．

(1) ひもの張力を T，電荷を q とするとき，運動方程式を書け．

(2) ひもの張力を求めよ．

(3) 各球の電荷を求めよ．

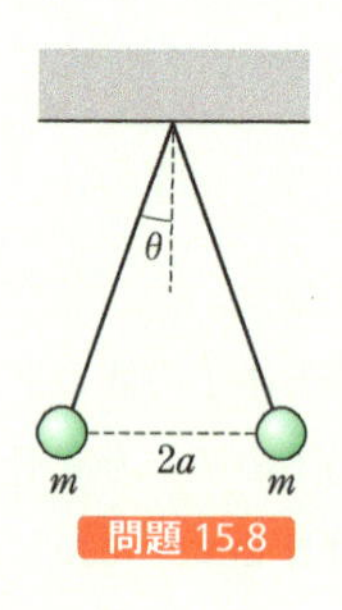

問題 15.8

15.9 基礎 電場

$q=1.0\,\mathrm{C}$ の電荷が図のように配置されているとき，原点での電場の強さを求めよ．

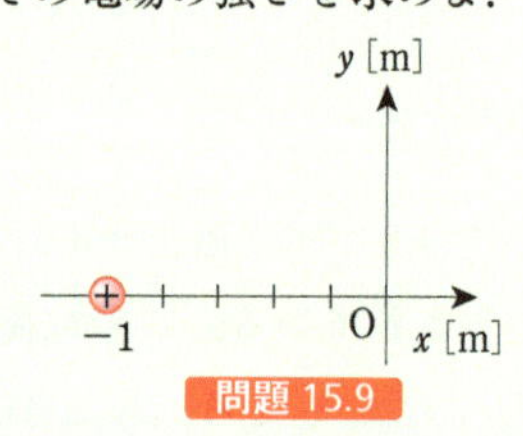

問題 15.9

15.10 基礎 電場の重ね合わせ

$q_1=+9.0\times10^{-4}\,\mathrm{C}$ の電荷と $q_2=-4.0\times10^{-4}\,\mathrm{C}$ の電荷が図のように配置されているとき，点Pでの電場の強さと向きを求めよ．

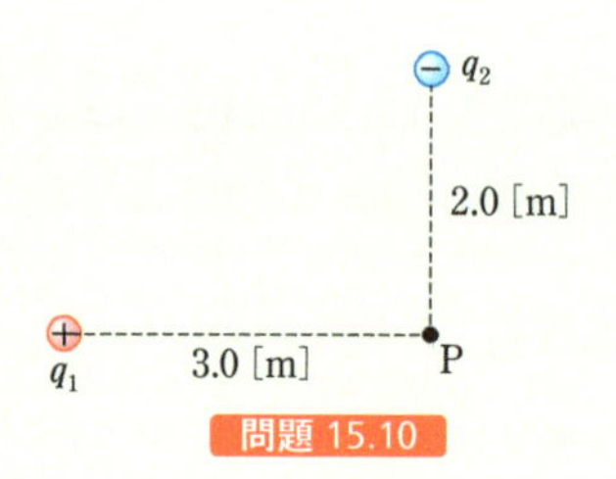

問題 15.10

15.11 基礎 電場の重ね合わせ

$q_A=+1.0\times10^{-6}\,\mathrm{C}$ の電荷Aと $q_B=-4.0\times10^{-6}\,\mathrm{C}$ の電荷Bが $r=60\,\mathrm{cm}$ 離れて配置されている．

(1) A，Bの電荷にはたらく力の大きさを求めよ．

(2) AB間の中点での電場の強さと向きを求めよ．

問題 15.11

15.12 基礎 電場の重ね合わせ

$2.0\times10^{-9}\,\mathrm{C}$ の正・負等量の2つの電荷を 0.40 m 離れた2点A，Bにおいた．ABの中点から 0.15 m の点Pにおける電場を求めよ．

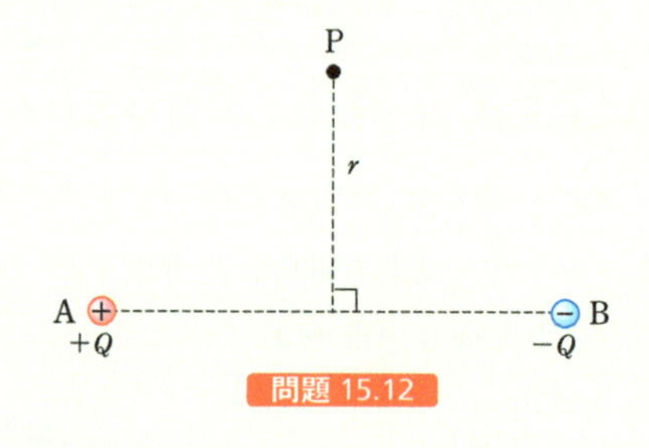

問題 15.12

15.13 基礎 電場の重ね合わせ

それぞれ $q=2.0\,\mu\mathrm{C}$ の電荷が図のように配置されているとき，原点および点Aでの電場の強さを求めよ．

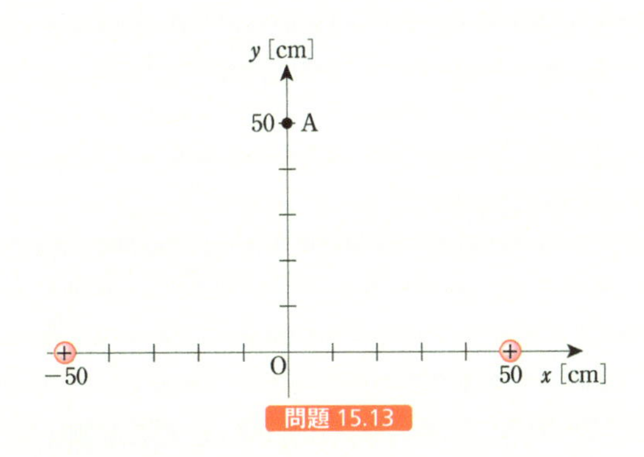

問題 15.13

15.14 基礎　電場と力

電子を浮かせて静止させておくために必要な電場の強さを求めよ．ただし，電気素量を $e=1.6\times10^{-19}$ C，電子の質量を $m_e=9.11\times10^{-31}$ kg とする．

15.15 基礎　電場と力

$+2.0\times10^{-9}$ C の電荷 A から 0.3 m 離れた点 P の電場の強さを求めよ．また，この点 P に -3.0×10^{-9} C の電荷 B をおいたとき，電荷 B が受ける力を求めよ．

15.16 基礎　電場の重ね合わせと電位

点 A(−1, 0) に 5.0×10^{-9} C の正電荷，点 B(4, 0) に -2.0×10^{-8} C の負電荷を固定した．

(1) 電場の強さが 0 になる点の座標を求めよ．

(2) 点 P(0, 2) の電場の強さを求めよ．

(3) AB 間で電位が 0 になる点の座標を求めよ．

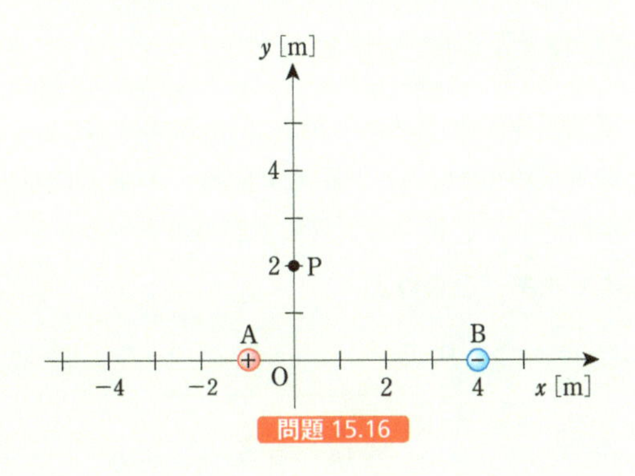

問題 15.16

15.17 基礎　電位

-3.0×10^{-6} C の電荷 Q から 1.5 m 離れた点 A の電位を求めよ．また，電荷 Q から 1.0 m 離れた点を B とするとき，AB 間の電位差を求めよ．ただし，電位の基準は無限遠を 0 とする．

15.18 基礎　電場と電位

大きさ $q=2.0\ \mu$C の正と負の電荷が図のように配置されているとき，点 A，B および原点での電場の強さおよび電位を求めよ．

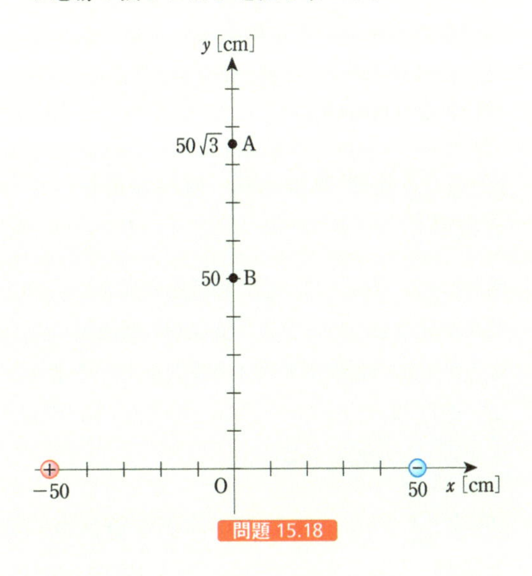

問題 15.18

15.19 基礎　一様な電場の電位

一様な電場 E の中に電荷 q が置かれている．

(1) AB 間の距離が 0.30 m，電位差が 6.0×10^{3} V のときの電場の強さを求めよ．

(2) 電荷 $q=1.6\times10^{-19}$ C が電場から受ける力の大きさを求めよ．

(3) 電荷 q を A から B まで運ぶときに静電気力がする仕事を求めよ．

(4) 電荷 q が質量 1.2×10^{-26} kg のリチウムイオンだとする．はじめ A に静止していたとするとき，B に来たときの速さを求めよ．

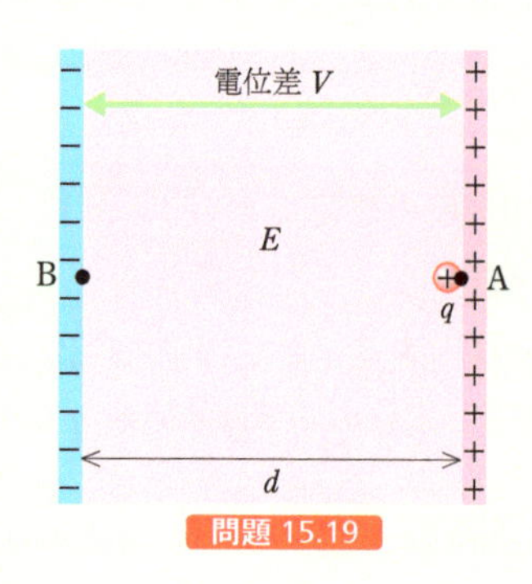

問題 15.19

15.20 基礎 点電荷がつくる電場

正の点電荷 q を中心とした半径 r の球面上の電場の強さをガウスの法則を用いて求めよ．また，$q=1.6\times10^{-19}$ C, $r=1.0\times10^{-10}$ m とするとき電場を計算せよ．

15.21 基礎 無限に長い直線電荷がつくる電場

無限に長い直線上に一様に線電荷密度 λ の正の電荷が分布しているとき，直線から距離 r にある点の電場の強さをガウスの法則を用いて求めよ．また，$\lambda=1.6\times10^{-19}$ C/m, $r=1.0\times10^{-10}$ m とするとき電場を計算せよ．

15.22 基礎 無限に広い平面電荷がつくる電場

無限に広い平面上に一様に面電荷密度 σ の正の電荷が分布しているとき，平面から距離 r にある点の電場の強さをガウスの法則を用いて求めよ．また，$\sigma=1.6\times10^{-19}$ C/m^2 とするとき電場を計算せよ．

15.23 基礎 球対称分布する電荷がつくる電場

半径 a の球内に電荷が電荷密度（体積電荷密度）ρ で一様に分布しているとき，中心から距離 r の点における電場の強さをガウスの法則を用いて求めよ．ただし，(1) $r<a$ の場合，(2) $r\geq a$ の場合を別々に考えよ．また，全電荷を $Q=1.6\times10^{-19}$ C，半径を $a=1.0\times10^{-10}$ m とするとき $r=a$ における電場を計算せよ．

15.24 基礎 薄い球殻上に分布する電荷がつくる電場

半径 a の一様に帯電した薄い球殻が全電荷 Q をもっている．中心から距離 r の点における電場の強さをガウスの法則を用いて求めよ．ただし，(1) $r\geq a$ の場合，(2) $r<a$ の場合を別々に考えよ．また，全電荷を $Q=1.6\times10^{-19}$ C，半径を $a=1.0\times10^{-10}$ m とするとき $r=a$ における電場を計算せよ．

15.25 発展 電場と電位

電場が電位から導かれる必要十分条件が $\mathrm{rot}\,\vec{E}=0$ であることを示せ．

15.26 発展 同心導体球殻の電位

3つの同心導体球殻があり，半径は内側から順に a, b, c である．それぞれの球殻の電荷が Q_1, Q_2, Q_3 であるときの各球殻の電位を求めよ．

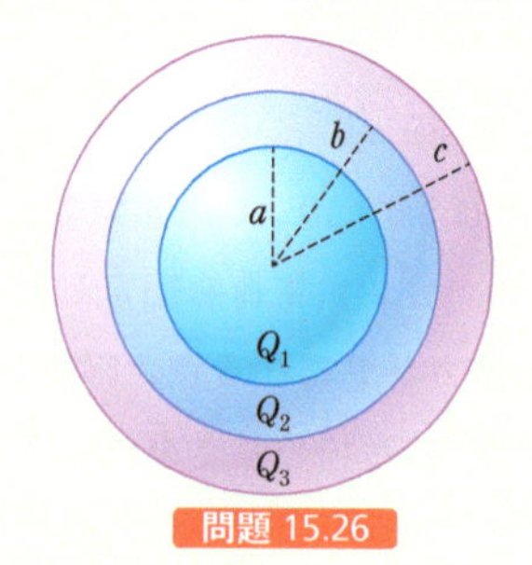

問題 15.26

15.27 発展 電気双極子

電気双極子モーメントが p_1 と p_2 である2つの電気双極子 D_1, D_2 が距離 r 離れて x 軸上におかれているとき，電気双極子間のポテンシャルエネルギーを求めよ．

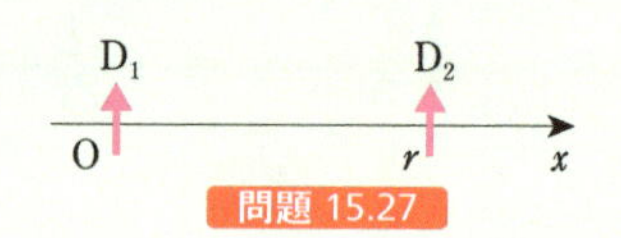

問題 15.27

第16章 導体と不導体

§ 16.1 導体，不導体，半導体

電荷の流れを電流という．物質に電流が流れる様子によって，物質は**導体**，**不導体**（**絶縁体**や**誘電体**ともいう），**半導体**に分類される．

電流が流れやすい物質を導体という．導体の中には自由に動ける電荷（電子やイオン）があり，導体に電場をかけるとこれらの電荷が動き電流が流れる．金属，電解質溶液，プラズマなどは導体である．たとえば金属の中には，外部からの電場や磁場に応答して自由に動ける電子が存在する．この電子は**自由電子**（**伝導電子**）とよばれる．

電気を通しにくい物質を不導体（絶縁体）という．不導体では，すべての電子が原子核に強く束縛されていて自由に動くことができない．すなわち，金属の自由電子のように動ける電子がないため，電場をかけても電流はほとんど流れない．空気などの気体は，普通は不導体として振る舞い電流は流れない．（しかし，空気中におかれた2つの電極の間に高い電圧を加えると，空気中を電流が流れるようになる．気体の中を電流が流れる現象を**気体放電**という）．

半導体とは導体と不導体の中間に属する物質である．半導体では温度や電場によって電流の流れやすさが変化する．ゲルマニウムやシリコン（ケイ素）が半導体の例である（図 16.1）．これらの物質では，低温では原子同士が固く結合しており電子は自由に動くことができない（したがって電流が流れない）．しかし，高温では電子の一部が励起して原子の束縛を振り切り動けるようになる．そして，電子が抜けた穴は周囲と比べて正の電荷をもつ穴（**正孔**，**ホール**という）となり，この正孔が電荷として電流を生み出す．

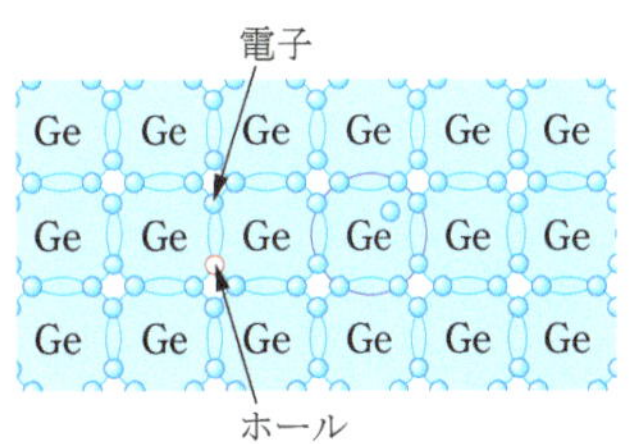

図 16.1 半導体の例（真性半導体）

§ 16.2 導体の性質

❶ 静電誘導

孤立した金属などの導体に正電荷を近づけると，正電荷がつくる電場が導体内部の自由電子にはたらく．そして正電荷に向かって電子が集まって

くるため，導体の一部が負に帯電する．一方，近づけた正電荷と反対側の導体の一部は電子が不足するので正に帯電する．逆に導体に負電荷を近づけると，近づけた負電荷側の導体の一部が正に帯電し，反対側は負に帯電する．このように電荷を近づける（外部から電場をかける）と導体の電荷が分離する現象を導体の**静電誘導**という（図 16.2）．

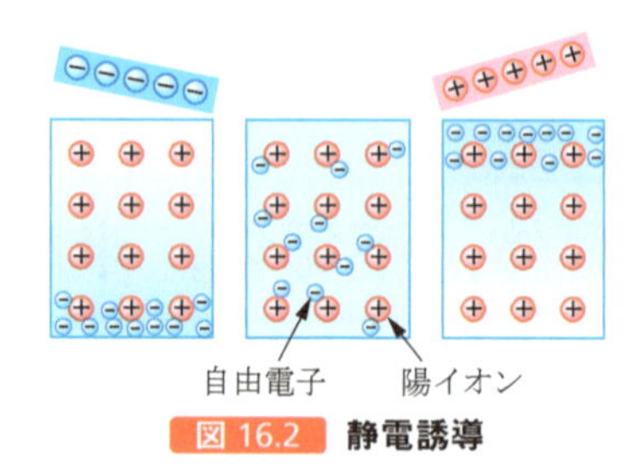

図 16.2　**静電誘導**

❷ 導体内部の電場

導体の内部の電場はつねに0である（図 16.3）．電場の中に導体を置くと，導体内の自由電子は電場と逆向きの力を受けて移動する．その結果，導体表面のある側に正電荷が現れ，反対側には負電荷が現れる（静電誘導）．この静電誘導によって分離した電荷は新たな電場をつくるが，その向きははじめの電場を打ち消す向きである．すなわち，導体内部では外部の電場を打ち消すように電子が移動していき，電子の移動は導体の内部の電荷が0になるまで続く．このように，導体の内部の電場はつねに0に保たれ，導体全体は等電位になる．

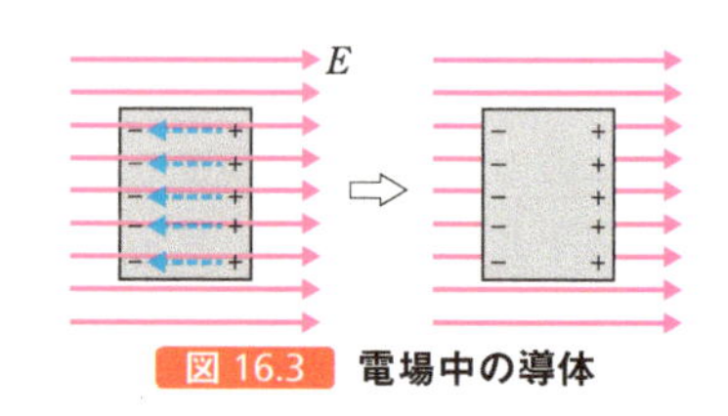

図 16.3　**電場中の導体**

❸ 導体の電荷分布

導体の内部に電場は存在しないので，導体がもつ電荷はすべて表面に分布する．もし仮に導体内部に電荷があれば，それは電場をつくるが，これは導体内の電場が0であることと矛盾する．導体内部に電荷を持ち込めば，たちまち周囲から電子が集まって（あるいは逃げて）この電荷を打ち消してしまう．したがって導体が帯電したとき，電荷の分布は表面に限られる．

導体の表面は等電位面なので，電気力線は導体の表面から垂直に出入りする（電場は表面に垂直である）．図 16.4 のように，点電荷から出た電気力線は導体の表面の負電荷で終わり，逆の面の正電荷から新しい電気力線が出ていく．導体内部には電場がないので電気力線も導体内部には入り

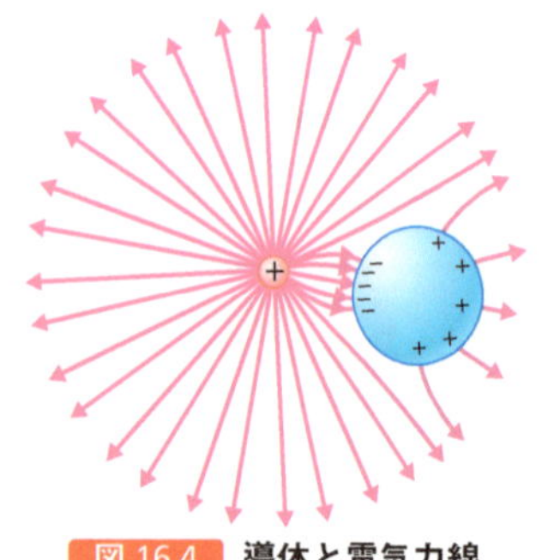
図 16.4　**導体と電気力線**

込まない．このことからも，電荷は導体内部には現れず，表面だけに分布する．

❹ 導体表面付近の電場

電荷密度（単位面積あたりの電荷量）σ の導体の表面上のとても小さな円（面積 S）を考える（図 16.5）．導体が複雑な形をしていても，円はとても小さいので平面上にあると考えてよい．また，この円上での電場は一定と見なせる．円に垂直な円筒を閉曲面（ガウス面）としてガウスの法則を適用する．閉曲面の側面では電場は面に平行であり，下面（導体内部）では電場は 0 なので，上面だけが残る．したがって

図 16.5 導体表面付近の電場

$$\oint E_n \mathrm{d}S = \int_{(上面)} E \mathrm{d}S = E \int_{(上面)} \mathrm{d}S = ES = \frac{\sigma S}{\varepsilon_0} \tag{16.1}$$

となり，導体表面付近の電場の強さは

$$E = \frac{\sigma}{\varepsilon_0} \tag{16.2}$$

となる．無限に広い平面が一様に帯電しているときの電場は $\sigma/2\varepsilon_0$ であった．導体表面の電場が 2 倍になるのは，下面での積分が 0 となるためである．導体内部に入れなかった下向きの電場が表面で反射されて強さが 2 倍になったと思えばよい．

❺ 静電遮蔽

導体内部に空洞がある場合でも外部の電気力線は内部には侵入しない．したがって内部の空洞に孤立した別の電荷がない場合には，導体そのものが帯電していても，内部には電場が生じない．よって，内部空洞があっても電荷は外側の導体表面にのみ分布する．このことは，空洞を囲む閉曲面（ガウス面）を導体内にとってガウスの法則を適用すれば明らかである．実際

$$\oint E_n \mathrm{d}S = \frac{q}{\varepsilon_0} = 0 \tag{16.3}$$

から空洞内の電荷は $q=0$ となる．

このように導体の外側と内側とは電気的に完全に遮蔽されている．したがって，内部の空間に電荷があるときでも，その電荷による内部の空間の電場は外部の電場の影響を受けない．この現象を**静電遮蔽**（**電気遮蔽**）という．

❻ 接地

地球は大きな導体である．よって地球全体は等電位であり，地球の電位を基準として 0 V とすることも多い．導体を地球に接続することを**接地**（**アース**）という．接地した導体の電位は地球の電位と等しく 0 V である．

§ 16.3 不導体の性質

❶ 誘電分極

不導体内の電子は，不導体を構成している原子や分子，イオンから大きくは離れない．しかし，不導体に帯電体を近づけると，静電気力によって電子の位置がずれて不導体の表面には電荷が現れる．これを**誘電分極**といい，分極によって現れた電荷を**分極電荷**という．不導体のことを誘電体ともよぶのはこのためである．

このように電場の中に不導体を置くと，誘電分極によって表面に電荷が現れる（図 16.6）．この電荷が不導体の内部につくる電場 $\vec{E}'$ は，元の外部電場 $\vec{E}_0$ と逆向きであるため，不導体内部の電場 $\vec{E}=\vec{E}_0+\vec{E}'$ は外部の電場 $\vec{E}_0$ より小さくなる．

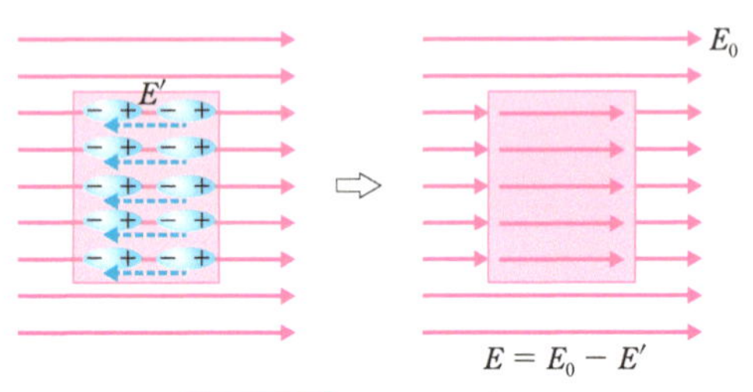

図 16.6　電場中の誘電体

❷ 分極ベクトルと電気感受率

Ar 原子では原子核のまわりを 18 個の電子が雲のように取り囲んでいる（**電子雲**という）．外部電場のないときには電子雲の分布は中心にある原子核について対称である．よって，負電荷の中心は原子核の正電荷の位置と一致する．このように正負の電荷の中心が一致している分子を**無極性分子**という．Ar，Ne などの希ガスや，CO_2，H_2，O_2，CH_4 なども無極性分子である．この無極性分子に電場をかけると，クーロン力によって正電荷（原子核）と負電荷（電子雲）の位置が少しずれる．その結果，分子は電気双極子となる．

また，H_2O，CO，NH_3 などの**有極性分子**では，外部電場がなくても電子雲が偏っていて，その中心は正電荷の中心と一致していない．よって，はじめから分子は電気双極子として振る舞っている．しかし，外部電場がない場合には，各分子は分子の熱運動によってそれぞれ自由な方向を向いているので，物質全体としての電荷の偏りはない．

電場の中におかれた有極性分子（電気双極子）は電場から力を受けるが，電場によって向きを揃える力と，熱運動によって向きがバラバラになる力とのバランスで，電場の方向を向く双極子の数が決まる．このとき，単位体積あたりの双極子モーメントを**分極ベクトル**という．等方性をもつ物質ならば分極ベクトル$\vec{P}$は電場$\vec{E}$（内部電場*）が極端に強くないかぎり電場に比例すると考えられるので，

$$\vec{P}=\varepsilon_0\chi_e\vec{E} \tag{16.4}$$

と書ける．比例定数χ_eを**電気感受率**という．異方性をもつ物質では分極ベクトルと電場が異なった方向を向き，電気感受率が単純な比例定数ではなくなる．

* 誘電体を外部電場$\vec{E_0}$の中に置くと，内部の電場は分極の効果で，$\vec{E}=\vec{E_0}+\vec{E'}$となった（16.3 節①参照）．$\vec{P}$が関係するのは$\vec{E}$であって$\vec{E_0}$ではない．

等方性をもつ物質の分極ベクトルの大きさは**分極電荷密度**と同じになる．たとえば 図 16.7 のように，断面積S，長さlの一様な棒の中の分極ベクトルは一定で，電場の方向を向いている．$\vec{P}$は単位体積あたりのモーメントなので，棒全体の双極子モーメントは体積Slをかけて$P(Sl)$となる．これを$(PS)l$と見なすと，PSが表面の電気量であるから，分極電荷密度をσ'と書くと

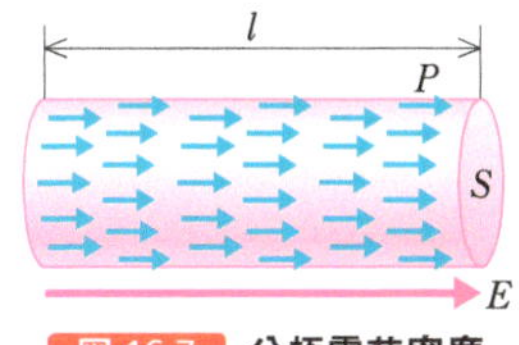

図 16.7 分極電荷密度

$$P=\sigma' \tag{16.5}$$

が得られる．なお，分極電荷密度は外から与えられた電荷とは異なることに注意しておく．

§ 16.4 コンデンサー

❶ コンデンサーと電気容量

2 つの導体の一方を正に，もう片方を負に帯電して電荷をためる装置を**コンデンサー**（**キャパシター**）という（図 16.8）．電荷をためることをコンデンサーの**充電**といい，ためた電気を放出することをコンデンサーの**放電**という．また，帯電している 2 つの導体をコンデンサーの極という．

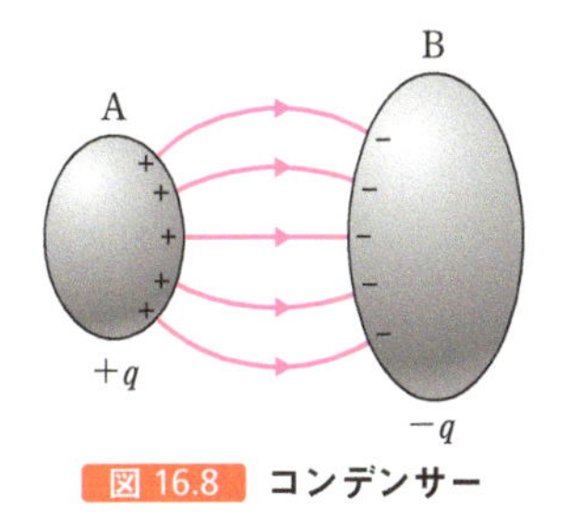

図 16.8 コンデンサー

コンデンサーを充電するためには極に電圧をかけて電子を送り込めばよい．ある程度の電子が極にたまると，新たな電子を入れようとしても負電荷をもつ電子同士の反発などで入らなくなる．コンデンサーがどれだけ電気をためることができるのかを表す物理量を**電気容量**（**静電容量**，**キャパシタンス**）という．

いま，導体 A を$+q$に，導体 B を$-q$に帯電したとき，A と B の間の電位差（電圧）は

$$V=\phi_A-\phi_B=\int_A^B\vec{E}\cdot d\vec{r} \tag{16.6}$$

となる．A から始まり B に終わる 1 本の電気力線に沿って線積分すると，電場$\vec{E}$が電荷qに比例するので，式 (16.6) より電位差Vもqに比例する．よって，コンデンサーの電位差と充電された電気量との間に，次の比例関

係が導かれる．

$$q = CV \tag{16.7}$$

比例定数 C は電位差を一定にしたときに導体 A，B でつくられたコンデンサーがどれだけの電荷を蓄えることができるかを表している．これがコンデンサーの電気容量である．電気容量は導体の形，大きさ，距離などに関係し，q や V には関係しない．電気容量の単位は [F]＝[C/V] でありファラドと読む．1 F の電気容量は非常に大きく，通常は $1\,\mu\mathrm{F}=10^{-6}\,\mathrm{F}$，$1\,\mathrm{pF}=10^{-12}\,\mathrm{F}$ などがよく使われている．

なお，点電荷のつくる電位差は $V=\dfrac{1}{4\pi\varepsilon_0}\dfrac{q}{r}$ であった（15.2 節参照）．これから $\varepsilon_0=\dfrac{1}{4\pi r}\dfrac{q}{V}$ と書けるが，$\dfrac{q}{V}$ の単位が [C/V]＝[F] であるので，誘電率の単位を [F/m] と書くことができる（15.1 節参照）．

❷ 静電エネルギー

電気容量 C のコンデンサーの両極を導線でつなぐと放電して電流が流れる．この電流は仕事をしたり熱を発生したりするから，帯電しているコンデンサーはある種のエネルギーをもっている．このエネルギーを**静電エネルギー**という．

コンデンサーを充電するためには，極板間の電位差に逆らって電荷を運ぶ必要がある．このときになされた仕事が，充電されたコンデンサーに静電エネルギーとして蓄えられる．電荷 $\pm q$ が充電されているコンデンサーの両極間の電位差を V とする．コンデンサーの片方の極からもう片方の極へ，さらに $\mathrm{d}q$ の電荷を電場に逆らって運ぶために必要な仕事は

$$\mathrm{d}W = -\int_{\mathrm{A}}^{\mathrm{B}} \mathrm{d}q\,\vec{E}\cdot\mathrm{d}\vec{r} = \mathrm{d}q\int_{\mathrm{A}}^{\mathrm{B}}\vec{E}\cdot\mathrm{d}\vec{r} = \mathrm{d}q\,(\phi_{\mathrm{A}}-\phi_{\mathrm{B}}) = V\mathrm{d}q \tag{16.8}$$

となる．電荷 q が充電されたコンデンサーがもつ静電エネルギーは，充電されていない電位差が 0 の状態から電位差が V になるまでにおこなう仕事に等しい．したがって静電エネルギー U は

$$U=\int_0^q V\mathrm{d}q=\frac{1}{C}\int_0^q q\mathrm{d}q=\frac{1}{2}\frac{q^2}{C}=\frac{1}{2}qV=\frac{1}{2}CV^2 \tag{16.9}$$

となる．

なお，コンデンサーを充電するときに電池がする仕事が qV であるにもかかわらず，充電されたコンデンサーの静電エネルギーは $U=\dfrac{1}{2}qV$ となる．これは，充電とともにコンデンサーの両極間の電位差が変化するからである*．

* ばねのポテンシャルエネルギーが，(仕事)＝(力)×(移動距離)＝$kx\cdot x$ にならずに，$\dfrac{1}{2}kx^2$ になることと同様である（4.6 節③参照）．

❸ 平行板コンデンサー

接近して置かれた 1 組の金属版を極板とするコンデンサーを**平行板コン**

デンサー（**平行平板コンデンサー**）という（図 16.9）．極板間を真空にして，両極 A，B に $+q$ と $-q$ の電荷を与えると，電荷はすべて内側の表面に集まって電荷密度は $\sigma=q/S$ になる．ここで，極板は充分広く（$S\gg d^2$），端の影響が無視でき，電荷密度 σ は一様と見なせるとする．平行板コンデンサーに電荷がたまると，極板間に一様な電場が生じる．このときの電気力線は，A に始まって B で終わる．電場の強さは

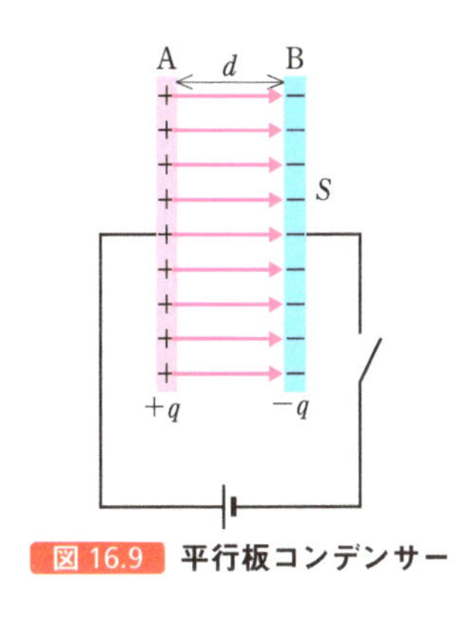

図 16.9 平行板コンデンサー

$$E=\frac{\sigma}{\varepsilon_0}=\frac{q}{\varepsilon_0 S} \tag{16.10}$$

両極間の電位差は

$$V=Ed=\frac{qd}{\varepsilon_0 S}=\frac{q}{C} \tag{16.11}$$

である．よって，極板間が真空の場合の平行板コンデンサーの電気容量は

$$C=\frac{\varepsilon_0 S}{d} \tag{16.12}$$

となる．

❹ 同心球コンデンサー

図 16.10 のように半径 a の内球 A と半径 b の同心の球殻 B とでできているコンデンサーを**同心球コンデンサー**という．同心球コンデンサーに $\pm q$ の電荷を与える．中心から $r(a<r<b)$ の点における電場の強さ E はガウスの法則より

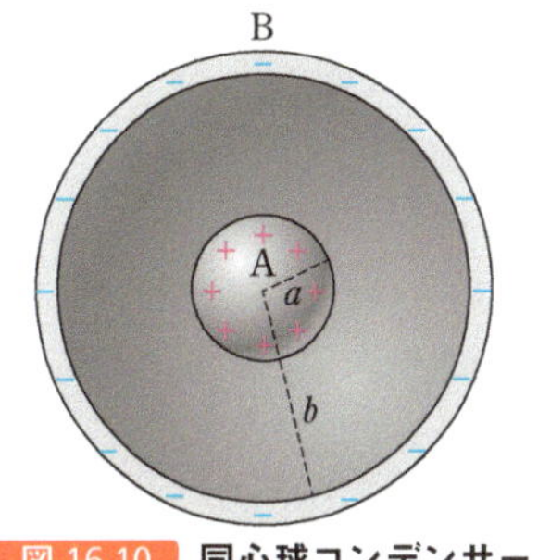

図 16.10 同心球コンデンサー

$$E=\frac{1}{4\pi\varepsilon_0}\frac{q}{r^2} \tag{16.13}$$

である．A と B との間の電位差は

$$V=\int_{\mathrm{A}}^{\mathrm{B}} E\mathrm{d}r=\int_a^b \frac{q}{4\pi\varepsilon_0}\frac{\mathrm{d}r}{r^2}=\frac{q}{4\pi\varepsilon_0}\left(\frac{1}{a}-\frac{1}{b}\right) \tag{16.14}$$

となる．よって，電気容量は

$$C=\frac{4\pi\varepsilon_0}{\frac{1}{a}-\frac{1}{b}}=4\pi\varepsilon_0\frac{ab}{b-a} \tag{16.15}$$

である．特に $b\to\infty$ のときには

$$C=4\pi\varepsilon_0 a \tag{16.16}$$

であるが，これは半径 a の金属球が空間に孤立しているときの電気容量と考えられる．

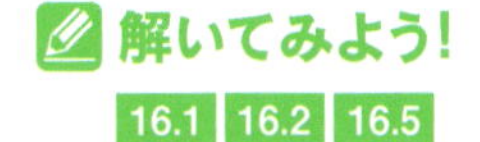

❺ コンデンサーと誘電体

平行板コンデンサーに電圧をかけて充分時間が経つと，極板には新しい電子が入らなくなり充電が終了する（図 16.11）．ここで，コンデンサーの極板間に誘電体を入れても，誘電体（不導体）には電流がほとんど流れ

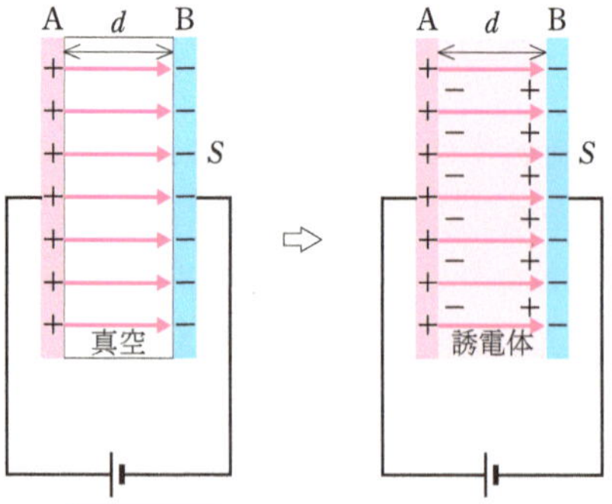

図 16.11　コンデンサーと誘電体

ないために，極板間が電気的につながって放電することはない（金属などの導体を入れると放電する）．だが，誘電分極により現れた分極電荷が極板上の電荷の一部を打ち消し，極板間の電場が弱まる．その結果，さらに外部から電荷を極板に入れることができるようになる．このように誘電体をコンデンサーに入れると，コンデンサーの電気容量が増加する．このため，通常は誘電体を挟んだコンデンサーが使用されている．

なお，たくさんの電荷をコンデンサーに蓄えようとして高すぎる電圧を加えると，絶縁体の絶縁が破れて極板間に電流が流れてしまう．コンデンサーに加えられる電圧の限界値を**耐電圧**という．

両極間を真空にした面積 S，間隔 d の平行板コンデンサーの電気容量は $C_0=\varepsilon_0 S/d$ であった．このコンデンサーの極板間に誘電体を入れたときの電気容量を求めておこう．

$\sigma=q/S$ をコンデンサーに与えた電荷密度，$\sigma'=q'/S$ を誘導体の表面の分極電荷密度とする．誘電体を入れたコンデンサーの電気容量を極板間の電位差 $V=Ed$ から求めるために，まず誘電体内の電場をガウスの法則で求めよう（図 16.12）．微小面積 δS を底面にもつ円柱の上面が金属板の中にあり，下面は誘電体の中にあるとき，金属板の中では電場が 0 なので

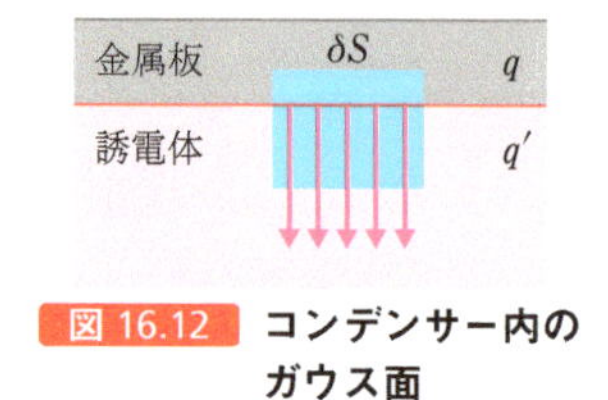

図 16.12　コンデンサー内のガウス面

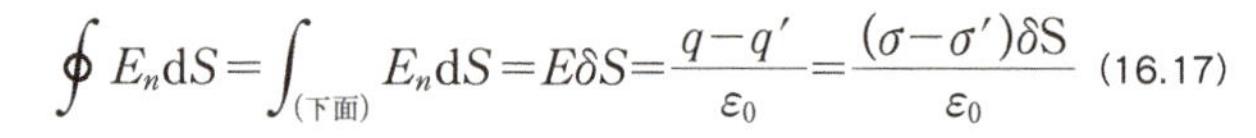

$$\oint E_n \mathrm{d}S=\int_{(\text{下面})} E_n \mathrm{d}S=E\delta S=\frac{q-q'}{\varepsilon_0}=\frac{(\sigma-\sigma')\delta S}{\varepsilon_0} \tag{16.17}$$

から誘電体内の電場は

$$E=\frac{\sigma-\sigma'}{\varepsilon_0} \tag{16.18}$$

となる．これは，分極電荷密度と電気感受率の関係

$$\sigma'=P=\varepsilon_0\chi_e E \tag{16.19}$$

を用いると，

$$\varepsilon_0(1+\chi_e)E=\sigma \tag{16.20}$$

となる．

ここで**比誘電率**

$$\varepsilon_r = 1 + \chi_e \tag{16.21}$$

と**誘電率**

$$\varepsilon = \varepsilon_r \varepsilon_0 = (1 + \chi_e)\varepsilon_0 \tag{16.22}$$

を定義する．式（16.20）と式（16.22）より電場が

$$E = \frac{\sigma}{\varepsilon} \tag{16.23}$$

となるので，両極間の電位差を

$$V = Ed = \frac{qd}{\varepsilon S} = \frac{q}{C} \tag{16.24}$$

と書ける．よって，誘電率 ε の誘電体を入れたコンデンサーの電気容量は

$$C = \frac{\varepsilon S}{d} \tag{16.25}$$

となる．

解いてみよう！ 16.3 16.4

誘電体が入っていない（真空の）場合の電気容量は $C_0 = \varepsilon_0 S/d$ であった．したがって，真空を誘電率 ε_0 の誘電体だと考えれば，電気容量は同じ式で表されて便利である．真空が誘電率 ε_0 をもつことを，真空は分極しないから分極ベクトルの大きさは $P=0$ であり，比誘電率は $\varepsilon_r = 1$，すなわち誘電率が $\varepsilon = \varepsilon_0$ となると考えることもできる．なお，一般の誘電体の誘電率は真空の誘電率よりも大きいので，誘電体を入れると電気容量が大きくなる．

誘電率よりも比誘電率のほうが測定は容易である（表 16.1）．比誘電率は，誘電体を入れた場合と真空の場合の電気容量を測定すれば

$$\varepsilon_r = \frac{\varepsilon}{\varepsilon_0} = \frac{C}{C_0} \tag{16.26}$$

から求まるからである．なお，空気の比誘電率はほとんど 1 である．したがって，実際に真空状態にしなくても，空気を入れたままで計測し，空気の誘電率の代わりに真空の誘電率 ε_0 を使って計算しても多くの場合はかまわない．

表 16.1 物質の比誘電率

物質	比誘電率 ε_r
空気（乾燥）	1.00054
ゴム（シリコーン）	8.5〜8.6
パラフィン油	2.2
ソーダガラス	7.5
チタン酸ストロンチウム	332

（出典：理科年表　平成 30 (2018) 年）

§ 16.5 電束密度

❶ 電束密度

誘電率 ε の誘電体を入れたコンデンサーに電荷密度 σ の電荷が与えられたとき，誘電体内の電場の強さは $E = \sigma/\varepsilon$ であった．このように，電場は分極電荷ではなく与えられた真電荷で決まる（図 16.13）．

ここで，真電荷（$\sigma = \varepsilon E$）のみを実在する電荷と見なし，**電束密度**を

$$\vec{D}=\varepsilon\vec{E} \tag{16.27}$$

とすると，電束密度は真空中でも誘電体中でも同じである．また，式(16.12)と式(16.14)より，電束密度を

$$\vec{D}=\varepsilon_0\vec{E}+\vec{P} \tag{16.28}$$

と電場と分極ベクトルで描くこともできる．

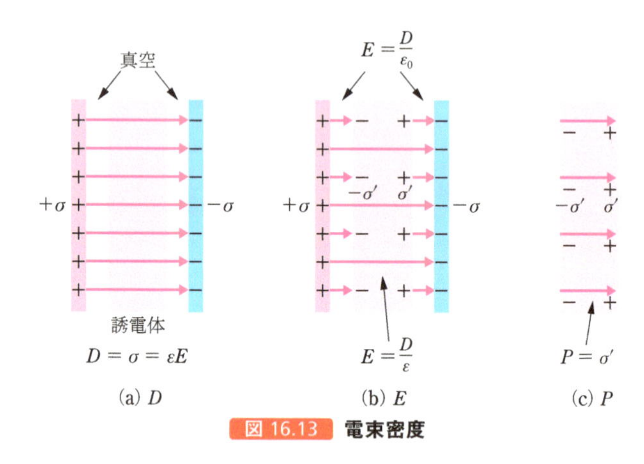

図 16.13　電束密度

❷ 電束密度に関するガウスの法則

電束密度を用いてガウスの法則を定式化すると，分極電荷があったとしても真電荷のみで考えればよいので便利である．たとえば，図 16.14 のように平行板コンデンサーの極板を含むように円柱をとり，電場 $\vec{E}$ に関するガウスの法則を適用する．金属中の電場は 0 であるから

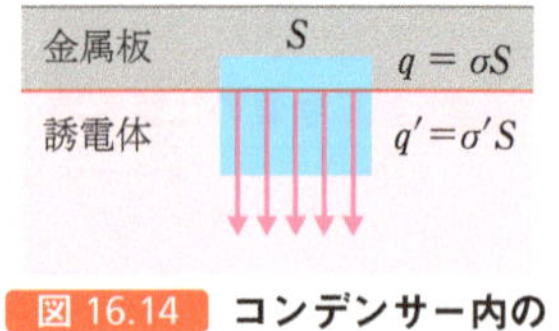

図 16.14　コンデンサー内のガウス面

$$\varepsilon_0\oint E_n\mathrm{d}S=\varepsilon_0 ES=(\sigma-\sigma')S \tag{16.29}$$

を得る．ここで $q=\sigma S$ はコンデンサーの表面（表面積 S）に与えられた真電荷である．これに対して σ' が分極電荷密度であるので $q'=\sigma' S$ は分極電荷であり，あらかじめコンデンサーに与えられた真電荷とは異なり，誘電体が生み出した電荷である．したがって電場に関するガウスの法則では

$$\varepsilon_0\oint E_n\mathrm{d}S=q-q' \tag{16.30}$$

となり，真電荷と分極電荷の両方を考慮する必要がある．

一方，分極電荷と分極ベクトルの関係を用いて

$$\varepsilon_0\oint E_n\mathrm{d}S=\varepsilon_0 ES=(\sigma-\sigma')S=(\sigma-P)S=q-\oint P_n\mathrm{d}S \tag{16.31}$$

とすると，ガウスの法則は

$$\oint(\varepsilon_0 E_n+P_n)\mathrm{d}S=\oint D_n\mathrm{d}S=q \tag{16.32}$$

とも書けるので，**電束密度に関するガウスの法則**

$$\oint D_n \mathrm{d}S = q \qquad (16.33)$$

が得られる．このほうが真電荷のみを考えればよいので単純である．誘電体があってもなくても，電束密度$\vec{D}$に関するガウスの法則は真電荷のみを考えればよい．このように，誘電体を考えるときには，電場$\vec{E}$よりも電束密度$\vec{D}$のほうが便利である．真電荷qがわかれば電束密度に関するガウスの法則から電束密度$\vec{D}$が求まる．電場や分極が知りたければ，$\vec{E}=\vec{D}/\varepsilon$，$\vec{P}=\vec{D}-\varepsilon_0\vec{E}$を用いて求めればよい．

単にガウスの法則といったら，電場に関するガウスの法則を指す場合と，電束密度に関するガウスの法則を指す場合とがあるので，文脈で判断しなければならない．なお，ここでは極板間が一様な電場になる平行板コンデンサーを例に電束密度に関するガウスの法則を説明した．分極$\vec{P}$が場所によって変わる場合のような一般的な場合でも，電束密度に関するガウスの法則は成立する．

❸ 電束密度の連続性

2つの誘電体の境界では電束密度の法線成分は連続である．たとえば，誘電体1（誘電率ε_1）と誘電体2（誘電率ε_2）の2つの誘電体の境界を含むような円柱に電束密度に関するガウスの法則を適用する（図16.15）．薄い円柱を考えて側面を無視すると，上面と下面の面積をSとして

$$\oint D_n \mathrm{d}S = (D_{1n} - D_{2n})S = 0 \qquad (16.34)$$

となる．右辺は真電荷がないので0であるから，$D_{1n}=D_{2n}$が得られる．したがって，電束密度の法線成分は境界面で等しい．

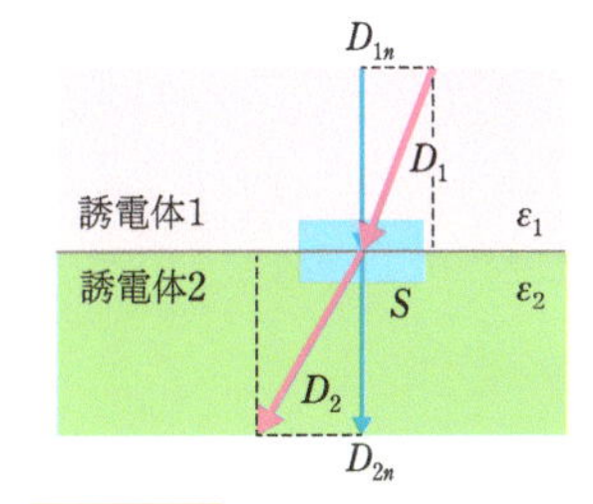

図16.15　2つの誘電体の境界

§ 16.6 電場のエネルギー

コンデンサーの静電エネルギーは，コンデンサーのどの部分に蓄えられているのだろうか．誘電体を入れた平行板コンデンサー（電気容量$C=\varepsilon S/d$）の静電エネルギーは

$$U=\frac{1}{2}CV^2=\frac{1}{2}\varepsilon\frac{S}{d}V^2=\frac{1}{2}\varepsilon Sd\left(\frac{V}{d}\right)^2 \qquad (16.35)$$

となる．Sdは極板の間の体積であり，V/dは電場の強さEである．よって，単位体積あたりの静電エネルギーは

$$u=\frac{1}{2}\varepsilon E^2=\frac{1}{2}\vec{D}\cdot\vec{E} \qquad (16.36)$$

となる．これから，電場$\vec{E}$が存在する空間そのものに$\frac{1}{2}\vec{D}\cdot\vec{E}$のエネル

ギー密度があると考えられる．コンデンサーの静電エネルギーは，極板間の電場に蓄えられているのである．静電エネルギーは極板内部の電荷がもっているように感じるかもしれないが，そうではない．弾性体が変形したときにもつエネルギーは，弾性体を構成している分子そのものではなく，弾性体のひずみの中に蓄えられている．同様に，電場も空間の一種のひずみと解釈することができ，その電場の中にエネルギーが蓄えられている．

なお，$u=\dfrac{1}{2}\varepsilon E^2=\dfrac{1}{2}\vec{D}\cdot\vec{E}$ は誘電率 ε の誘電体内部の電場 $\vec{E}$ で成り立つ．すなわち，コンデンサーという物体が存在しなくても，電場そのものがエネルギーをもつことができる．

« 章 末 問 題 »

16.1 基礎 蓄えられる電荷

図のような回路でコンデンサーの極板に蓄えられた電荷を求めよ．

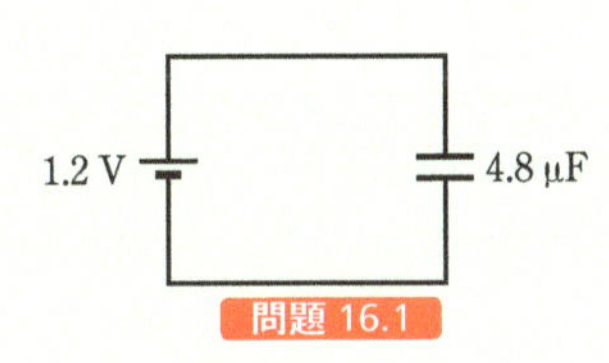

問題 16.1

16.2 基礎 コンデンサーの容量

半径が $r=1.0$ cm の円形極板 2 枚を極板間隔が $d=1.0$ mm になるようにした平行板コンデンサーの電気容量を求めよ．ただしコンデンサーは真空中にある．

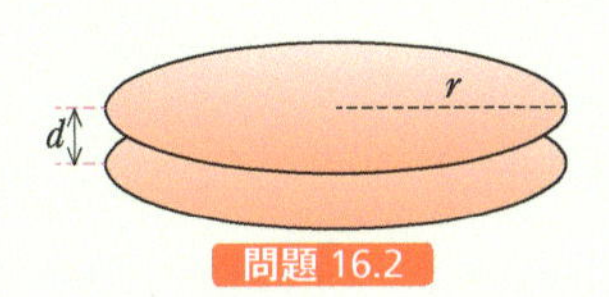

問題 16.2

16.3 基礎 コンデンサーの容量

電気容量が $C_0=4.8$ mF で極板間が真空になっているコンデンサーの極板間にポリエチレンを挿入したときの電気容量を求めよ．ただし，ポリエチレンの比誘電率を $\varepsilon_r=2.56$ とする．

16.4 基礎 コンデンサーの容量

極板面積が 3.4×10^{-2} m^2，極板間隔が 1.0×10^{-2} m の平行板コンデンサーがある．極板間は真空である．このコンデンサーを電源につなぎ，極板間の電位差を 5.0×10^3 V にした後で電源を外した．

(1) このコンデンサーの電気容量を求めよ．

(2) 極板上の電気量を求めよ．

(3) 極板間をチタン酸バリウム（比誘電率 5000）で満たしたときの電気容量を求めよ．

(4) 極板間を雲母（比誘電率 7.0）で満たしたときの電位差を求めよ．

16.5 基礎 コンデンサーの静電エネルギー

電気容量 2.0 μF のコンデンサーを 3.0×10^2 V で充電したときに蓄積される静電エネルギーを求めよ．

16.6 発展 コンデンサーの極板間引力

極板面積 S，極板間隔 d の平行板コンデンサーがある．極板間は空気（誘電率 ε）で，電荷 Q が蓄積されている．

(1) 静電エネルギーを求めよ．

(2) 極板上の電荷が逃げないようにして極板間隔を Δd だけ静かに広げたときの静電エネルギーの増加量を求めよ．

(3) 正負に帯電している 2 枚の極板の間にはたらく引力の大きさを求めよ．

16.7 発展 円筒コンデンサー

内筒の半径 a，外筒の半径 b，長さ l の円筒コンデンサーの電気容量を求めよ．

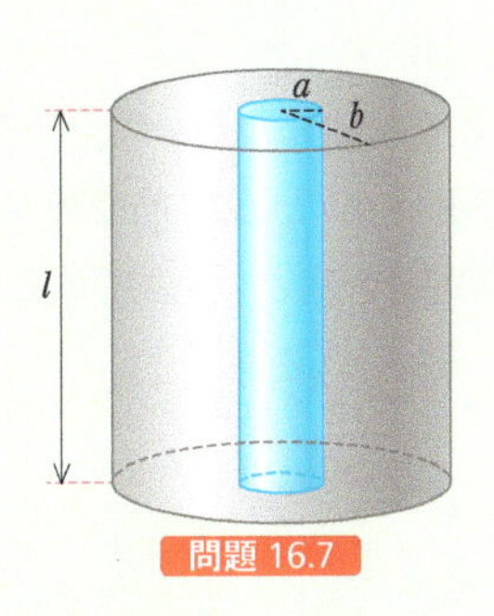

問題 16.7

16.8 発展 導体の接続

導体 1（電位 V_1，容量 C_1）と導体 2（電位 V_2，容量 C_2）が充分離れて置かれている．細い導線で 2 つの導体をつないだとき，流れる電気量と電位を求めよ．

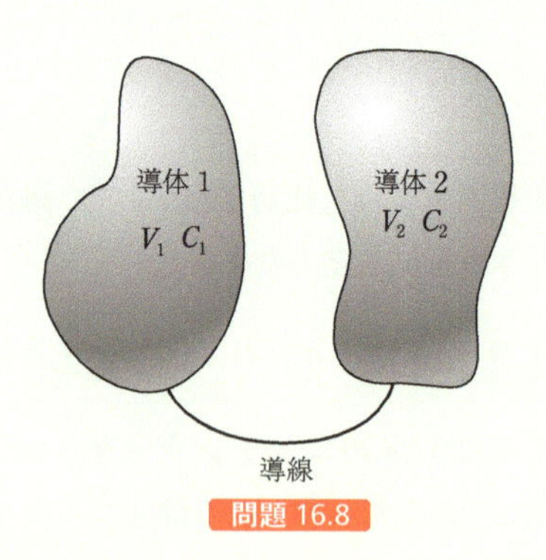

問題 16.8

16.9 発展 塩化ナトリウムの誘電分極

塩化ナトリウム (NaCl) の結晶の中にある Na^+ の電荷密度を求めよ．また，この結晶を強さ E の一様な電場内に入れると誘電分極により正負電荷のずれが生じる．このずれの大きさを求めよ．ただし，NaCl の密度は 2.17 g/cm^3，比誘電率は約 2.3 である．また，Na と Cl の原子量をそれぞれ 23.0，35.5 とし，Na^+ 1 個がもつ電荷は $e = 1.6 \times 10^{-19}$ C，アボガドロ数は 6.02×10^{23} とする．

16.10 発展 コンデンサーの電束密度と分極ベクトル

厚さが d_1，d_2 で誘電率が ε_1，ε_2 の 2 枚の誘電体の板を重ね，両面に導体の電極をつけてつくられたコンデンサーがある．このコンデンサーを起電力 V の電池につないだとき，各誘電体内の電場の強さ E_1 と E_2，電束密度 D_1 と D_2，電極面の真電荷密度 σ，各誘電体の分極ベクトルの大きさ P_1 と P_2 を求めよ．

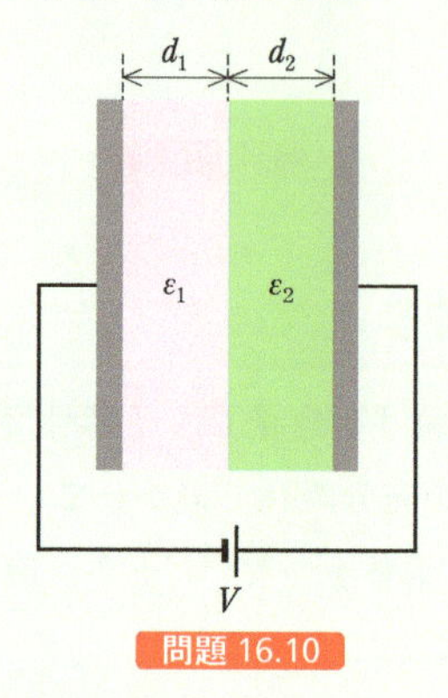

問題 16.10

第17章 直流

§ 17.1 直流

❶ 直流

自由電子やイオンなどの電荷の流れが**電流**であった（16.1 節参照）．つねに一定の向きに流れる電流を**直流**という（これに対して，電流の向きが時間とともに交互に入れ替わる電流を**交流**という（20 章参照））．

❷ 電流の向きと大きさ

金属でできた導線の中の電流は，負の電気をもった自由電子の流れである．導線を電池につなぐと，自由電子は電池の負極から出て正極に流れ込む．一方，電流の向きは正の電気の流れの向きと定められている．よって，電流の向きは自由電子の流れの向きと逆である．

電流の大きさは「単位時間に電流が流れている導体の断面を通過する電気量」と定義されている．具体的には，導体断面を時間 t に Q [C] の電荷が通過したとすると，電流の大きさ I [A] は

$$I=\frac{Q}{t} \tag{17.1}$$

で求まる．

電荷 $-e$ [C] の自由電子の速さを v とし，単位体積中の自由電子の数を n，導体の断面積を S とする（図 17.1）．自由電子は時間 t に vt 進むから，時間 t に断面積 S を通過する電子の数は $n\times vt\times S$ である．電子 1 個の電気量の大きさは e であるので，時間 t に通過する電気量 Q は $e\times(n\times vt\times S)$．したがって電流の大きさは

$$I=envS \tag{17.2}$$

となる．

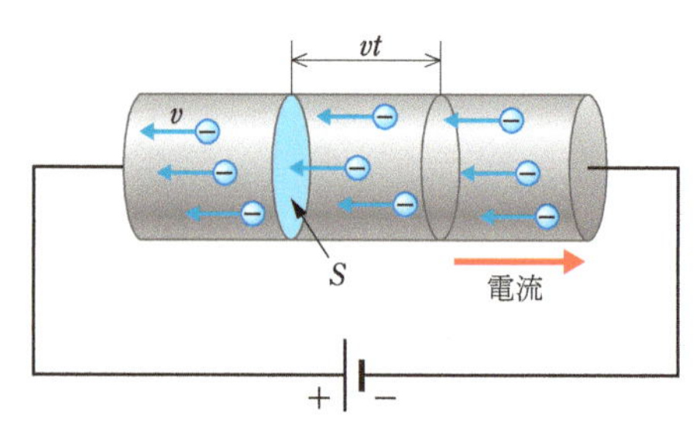

図 17.1　自由電子の流れと直流電流

❸ ジュール熱

導体に電流が流れると熱が発生する．この熱を**ジュール熱**という．ジュール熱を Q，電流を I，電圧を V，電流が流れた時間を t とすると

$$Q = IVt \tag{17.3}$$

が成り立つ．これを**ジュールの法則**という．

熱はエネルギーであるので，単位時間に発生するジュール熱，すなわち仕事率でジュールの法則を書くと

$$P = I^2R \tag{17.4}$$

となる．オームの法則から

$$P = VI = V^2/R \tag{17.5}$$

と書くこともできる．単位は [W] である．

ジュール熱の発生はエネルギー保存則で説明できる．たとえば，帯電したコンデンサーの両極を導線でつないで放電させる．時刻 t での電位差を V，電荷を q とする．エネルギー保存則より，コンデンサーが $\mathrm{d}t$ 秒間に失うエネルギーがジュール熱になるので

$$P = -\frac{\mathrm{d}U}{\mathrm{d}t} = -\frac{q}{C}\frac{\mathrm{d}q}{\mathrm{d}t} = IV \tag{17.6}$$

を得る*．

また，ミクロな視点でのジュール熱の正体は，電場のエネルギーが導体内のイオンの熱運動へ変換されたものである．導体中の電子は電場からエネルギーを得て流れている．電子は陽イオンと衝突してエネルギーをイオンに渡す（言い換えれば，電子はイオンから受ける抵抗力に打ち勝って進むのでエネルギーを失う）．その結果，イオンの熱運動が激しくなって温度が上昇する．この熱がジュール熱である（図 17.2）．

電場のおこなった仕事がすべて熱に変換されるとしよう．1つの電子が長さ l の導体の中を速さ v で距離 s 移動したとき，t 秒間に電場 $\vec{E}$ からされる仕事 w は

* 式 (16.9) より

$$U = \frac{1}{2}\frac{q^2}{C}$$

である．これから，

$$\mathrm{d}U = \frac{q}{C}\,\mathrm{d}q$$

となる．また，式 (16.7) より $q = CV$ であることと，電流が時間とともに減少していくので，

$$\frac{\mathrm{d}q}{\mathrm{d}t} = -I$$

であることを用いると，式 (17.6) を得る．

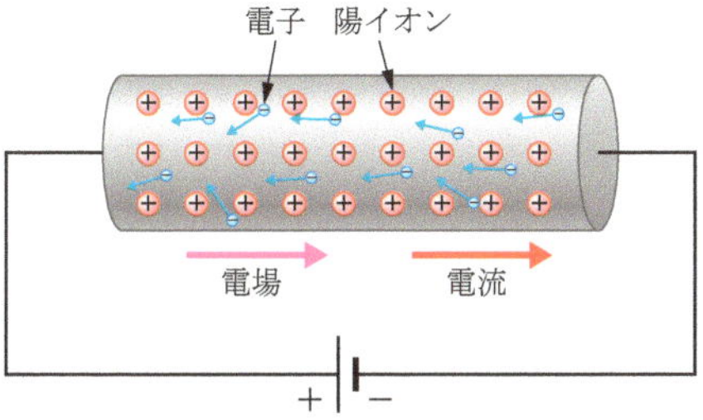

図 17.2　**自由電子の運動とジュール熱**

$$w = F_E s = eEs = e \cdot \frac{V}{l} \cdot vt \tag{17.7}$$

となる．したがって，導体内のすべての自由電子がされる仕事は，電子密度を n，導体の断面積を S とすれば，導体の中には nlS 個の自由電子があるので

$$Q = W = wnlS = \left(e \cdot \frac{V}{l} \cdot vt\right) nlS = envS \cdot Vt = IVt \tag{17.8}$$

となる．この仕事がジュール熱 Q にほかならない．

❹ 電力量と電力

電流がする仕事を**電力量** W [J] といい，その仕事率を**電力** P [W] という．また，電気回路などで使われる電力などを**消費電力**という．電力量と電力はそれぞれ以下のように求まる．

解いてみよう！ 17.1

$$W = IVt \tag{17.9}$$

$$P = \frac{W}{t} = IV = I^2 R = \frac{V^2}{R} \tag{17.10}$$

§ 17.2 抵抗

❶ 抵抗

電気を通す導体の長さ・太さ（断面積）・材質により，電流の流れ方は異なる（図 17.3）．電流の流れにくさのことを**電気抵抗**あるいは単に**抵抗**という．電気抵抗の単位にはΩ（**オーム**）が用いられる．1Ωは，導体の両端に 1V の電圧を加えたとき，導体を流れる電流が 1A になるときの抵抗値である．

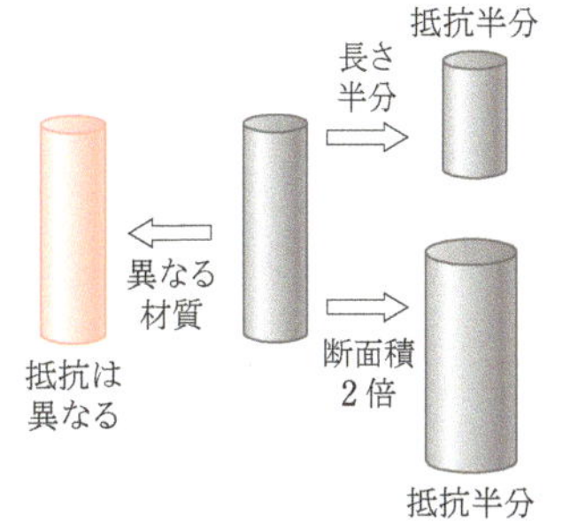

図 17.3　**電流の流れ方**

❷ オームの法則

電流密度 $\vec{j}$ と**電気伝導率** σ および電場 $\vec{E}$ の間に成り立つ

$$\vec{j}=\sigma\vec{E} \tag{17.11}$$

を**オームの法則**という*．ここで，電流密度とは，電流 $\vec{I}$ を電流に垂直な面積 S で割ったベクトル量であり，単位面積あたりの電流を意味する．オームの法則というと $V=RI$ を思い出す人も多いかもしれない．この有名な $V=RI$ は電気回路で成り立つオームの法則であり，抵抗 R の電気回路に電圧 V をかけたときに流れる電流 I に関するものである．式（17.11）は電気回路を含めより一般に成り立つオームの法則である（17.3 節参照）．

* ゲオルグ・シモン・オーム（Georg Simon Ohm，1789〜1854）ドイツの物理学者．苦学という言葉がオームには似合うようだ．経済的な理由で小さな学校やギムナジウムで教えながら電流の研究を独自に進めた．1852 年，ようやくミュンヘン大学の正教授の地位についたが，そのわずか 2 年後にオームの生涯は終わった．

金属でできた導線に流れる電流を考えよう．静電平衡が成り立つときには金属などの導体内では電場は 0 と学んだが，いまは導線に電池をつなぎ，つねに導線の両端に一定の電位差 V がある状態を考える．導線の長さを l とすると，導線内の電場の強さは

$$E=\frac{V}{l} \tag{17.12}$$

となる．この電場によって，電子は金属の中にあるイオンとの散乱を繰り返しながらジグザグと流れていく．この流れを電子の**ドリフト運動**という．

自由電子には電場 $\vec{E}$ から受ける力 $\vec{F}_E$ と陽イオンから受ける抵抗力 $\vec{F}$ がはたらく（図 17.4）．自由電子が陽イオンから受ける抵抗力は，陽イオンの熱運動によって自由電子の運動が妨げられるために生じる．この抵抗力は速度に比例すると考えられるので $-m\gamma v$ とすると，運動方程式は

$$m\frac{\mathrm{d}v}{\mathrm{d}t}=-eE-m\gamma v \tag{17.13}$$

となる．$v'=v+(e/m\gamma)E$ とおくと，方程式は簡単な変数分離形

$$\frac{\mathrm{d}v'}{\mathrm{d}t}=-\gamma v' \tag{17.14}$$

となり，解は $t=0$ での v' の値を v_0 として

$$v'=v_0\exp(-\gamma t) \tag{17.15}$$

となる．よって電子の速さは

$$v=v_0\exp(-\gamma t)-\frac{e}{m\gamma}E \tag{17.16}$$

となる．右辺第 1 項は時間経過とともに急速に 0 に近づくので，時間が充

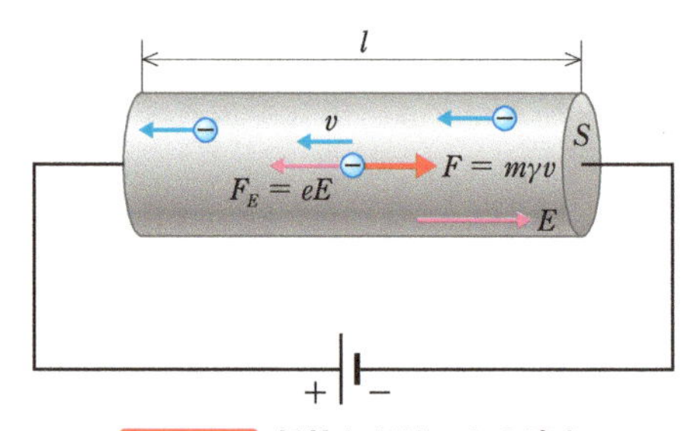

図 17.4　**抵抗とドリフトの速さ**

分経過したあとは第2項のみを考えればよい．これが**ドリフトの速さ** v_d である．

$$v_\mathrm{d} = -\frac{e}{m\gamma}E \tag{17.17}$$

電子密度を n とすると，一定のドリフトの速さで単位時間に電場 $\vec{E}$ に垂直な面 $\mathrm{d}S$ を通る電子数は $nv_\mathrm{d}\mathrm{d}S$ である．よって，電流密度ベクトルは

$$\vec{j} = -ne\vec{v}_\mathrm{d} \tag{17.18}$$

となる．これからオームの法則

$$\vec{j} = \sigma\vec{E} \tag{17.19}$$

が得られる．

ここで例として，直径 1 mm の銅線に 10 A の電流が流れているときのドリフトの速さを $\vec{j} = -ne\vec{v}_\mathrm{d}$ から求めてみよう．電流密度の大きさは

$$j = \frac{10}{\pi\times(5\times10^{-4})^2} = 1.27\times10^7\ \mathrm{A/m^2} \tag{17.20}$$

である．自由電子密度は銅原子密度と等しいので，銅の密度 $d = 8.93\ \mathrm{g/cm^3}$，銅の原子量 $M = 63.5$，アボガドロ定数 $N_\mathrm{A} = 6.02\times10^{23}$ を用いて

$$n = N_\mathrm{A}\frac{d}{M} = 8.47\times10^{22}/\mathrm{cm^3} = 8.47\times10^{28}/\mathrm{m^3} \tag{17.21}$$

である．したがって，$e = 1.60\times10^{-19}$ C より，ドリフトの速さは

$$v_\mathrm{d} = \frac{1.27\times10^7}{8.47\times10^{28}\times1.60\times10^{-19}} = 9.4\times10^{-4}\ \mathrm{m/s} = 3.4\ \mathrm{m/h} \tag{17.22}$$

となる．

❸ 抵抗率

均一な導体の抵抗 R は，導体の長さを l，断面積を S とすると

$$R = \rho\frac{l}{S} \tag{17.23}$$

となる．ここで ρ は**抵抗率**とよばれている．電流の大きさは，電流密度に面積をかけて

$$I = \int\vec{j}\cdot\mathrm{d}\vec{S} = jS = \sigma ES = \sigma\frac{V}{l}S \tag{17.24}$$

となるから，電気回路のオームの法則（17.3 節参照）

$$I = \frac{V}{R} \tag{17.25}$$

と比較すると，

$$R = \frac{1}{\sigma S} = \rho\frac{l}{S} \tag{17.26}$$

となる．抵抗率 $\rho=1/\sigma$ の単位は [Ω·m] である．また，電気伝導率 σ の単位は [1/(Ω·m)]=[S/m]（ジーメンス毎メートル）である*．また，式 (17.17)，(17.18)，(17.19) より

$$\rho=\frac{\gamma m}{e^2 n} \tag{17.27}$$

となる．定数 γm は陽イオンが電子の移動を妨げる度合いを表していた．よって，抵抗率は導体によって異なり，その導体がどれだけ自由電子の運動を妨げるかを示す量である．表 17.1 より銀や銅は抵抗率が小さく他の金属よりも電流が流れやすい．また，合金であるニクロムは抵抗率が大きくジュール熱を放出しやすい．

* エルンスト・ヴェルナー・フォン・ジーメンス(Ernst Werner von Siemens, 1816～1892)　ドイツの工学者．1847 年にジーメンス－ハルスケ商会（後のジーメンス社）を設立．電気通信や発電の分野で活躍した．ジーメンス社がいかに成功していたかは，12万人がはたらくジーメンス社の工場があるベルリン近郊の地域が「ジーメンスシュタット（ジーメンス市）」とよばれていたことからも明確である．

表 17.1　物質の抵抗率

物質（0℃）	抵抗率 ρ [Ω·m]	
銀	1.5×10^{-8}	導体
銅	1.6×10^{-8}	導体
金	2.1×10^{-8}	導体
アルミニウム	2.5×10^{-8}	導体
ニクロム	107.3×10^{-8}	導体
セラミック（アルミナ）	$\sim1\times10^{9}$	絶縁体
ゴム	$\sim1\times10^{13}$	絶縁体

（出典：理科年表　平成 26（2014）年，平成 30（2018）年）

解いてみよう! 17.3

④ 抵抗率の温度変化

一般に，導体の抵抗は温度が上昇すると増加する．温度上昇にともない，導体中の陽イオンの熱運動が激しくなって，電流の源である自由電子の運動を妨げるためである．抵抗率の温度依存性は，温度範囲が狭い場合には

$$\rho=\rho_0(1+\alpha t) \tag{17.28}$$

と表すことができる．ここで ρ_0 は 0℃のときの抵抗率，ρ は t[℃] のときの抵抗率である．また，α [1/℃] は抵抗率の増加率を表しており，抵抗率の**温度係数**という（表 17.2）．

表 17.2　抵抗率の温度係数

物質	温度係数 α [1/℃]
銀	4.1×10^{-3}
銅	4.3×10^{-3}
金	4.0×10^{-3}
アルミニウム	4.2×10^{-3}
ニクロム	1.01×10^{-4}

（出典：岩波　理化学辞典　第 4 版，理科年表　平成 30（2018）年）

⑤ 非直線抵抗（非線形抵抗）

後述するオームの法則（17.3 節参照）では電流は電圧に比例するとしている．しかし，温度上昇とともに導体の抵抗は変化するため，電流を流すと温度が大きく変化する導体では，電流は電圧に比例しない．このような抵抗を**非直線抵抗**（**非線形抵抗**）という．たとえば電球のフィラメントでは，電流と電圧の関係を示すグラフは直線にならない．

§ 17.3　抵抗と電源の直流回路

① オームの法則

電圧 V と電流 I の間には比例関係が成り立つ．比例定数を R とすると

$$V=RI \tag{17.29}$$

となる．これを（直流回路の）**オームの法則**という（図 17.5）．

$$I=\frac{V}{R} \tag{17.30}$$

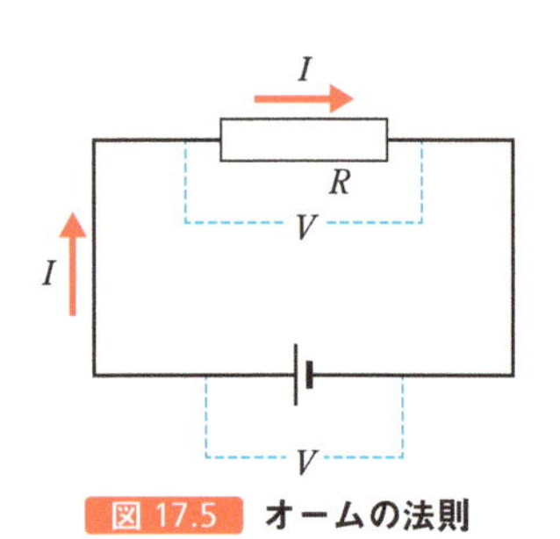

図 17.5　オームの法則

と変形すると，比例定数 R が大きいほど電流が流れにくいことがわかる．この比例定数は抵抗にほかならない．

❷ 抵抗の直列接続

2つの抵抗 R_1 と R_2 を直列に接続して電圧を加えると，2つの抵抗には等しい電流 I が流れる（図 17.6）．オームの法則より，抵抗 R_1 に加わる電圧は $V_1 = IR_1$ となり，抵抗 R_2 に加わる電圧は $V_2 = IR_2$ となる．直列に接続された2つの抵抗全体に加わる電圧は $V = V_1 + V_2 = I(R_1 + R_2)$ である．合成抵抗を R とすればオームの法則より $V = IR$ である．よって，2つの抵抗 R_1 と R_2 を直列に接続した場合の合成抵抗 R は

$$R = R_1 + R_2 \tag{17.31}$$

となる．同様に，n 個の抵抗を直列接続した場合の合成抵抗 R は

$$R = R_1 + R_2 + \cdots + R_n \tag{17.32}$$

となる．

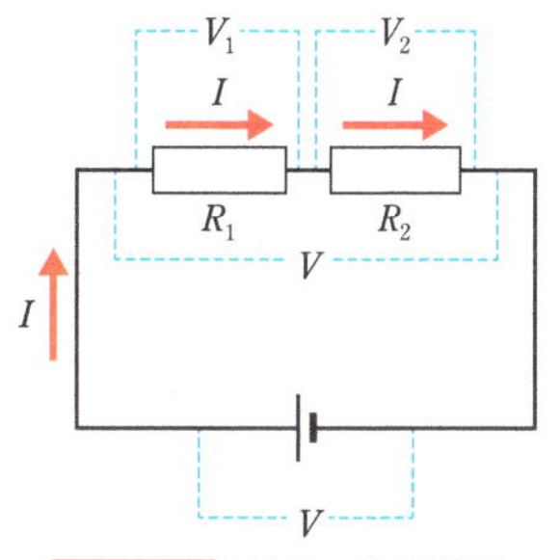

図 17.6 抵抗の直列接続

❸ 抵抗の並列接続

2つの抵抗 R_1 と R_2 を並列に接続して電圧を加えると，2つの抵抗には等しい電圧 V が加わる（図 17.7）．オームの法則より，抵抗 R_1 を流れる電流は $I_1 = V/R_1$ となり，抵抗 R_2 を流れる電流は $I_2 = V/R_2$ となる．並列に接続された2つの抵抗全体に流れる電流は $I = I_1 + I_2 = V(1/R_1 + 1/R_2)$ である．合成抵抗を R とすればオームの法則より $I = V/R$ である．よって，2つの抵抗 R_1 と R_2 を並列に接続した場合の合成抵抗 R は

$$\frac{1}{R} = \frac{1}{R_1} + \frac{1}{R_2} \tag{17.33}$$

となる．同様に，n 個の抵抗を並列に接続した場合の合成抵抗 R は

$$\frac{1}{R} = \frac{1}{R_1} + \frac{1}{R_2} + \cdots + \frac{1}{R_n} \tag{17.34}$$

となる．

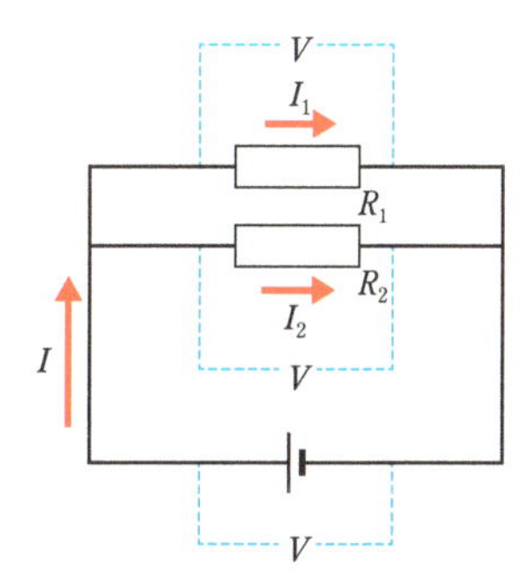

図 17.7 抵抗の並列接続

❹ キルヒホッフの法則

複雑な回路を流れる電流を算出するときには，次の**キルヒホッフの法則**が用いられる*．

(1) **キルヒホッフの第1法則**：回路の分岐点に流れ込む電流の和は，流れ出る電流の和に等しい（図 17.8）．

$$\sum_k I_k = I_1 + I_2 + \cdots = 0 \qquad \sum_{\text{in}} I_{\text{in}} = \sum_{\text{out}} I_{\text{out}} \tag{17.35}$$

* グスタフ・ロベルト・キルヒホッフ (Gustav Robert Kirchhoff, 1824～1887) ドイツの物理学者．1846 年に電気回路におけるキルヒホッフの法則を提唱した論文で博士号を取得した．この当時，ブンゼン，ヘルムホルツとともに「ハイデルベルグの三つ星」とよばれるほどの名声を得ていた．

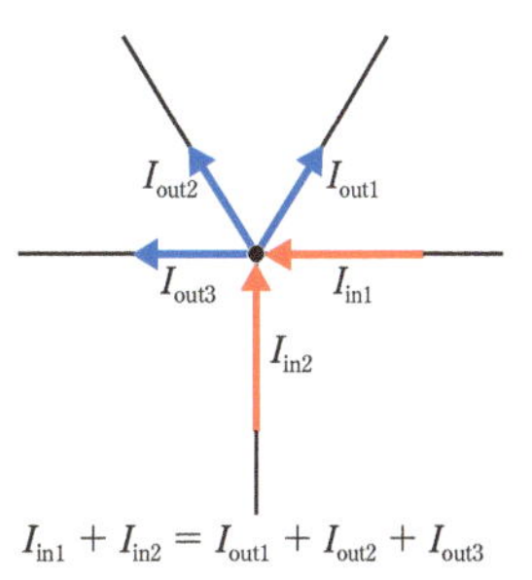

図 17.8 キルヒホッフの第1法則

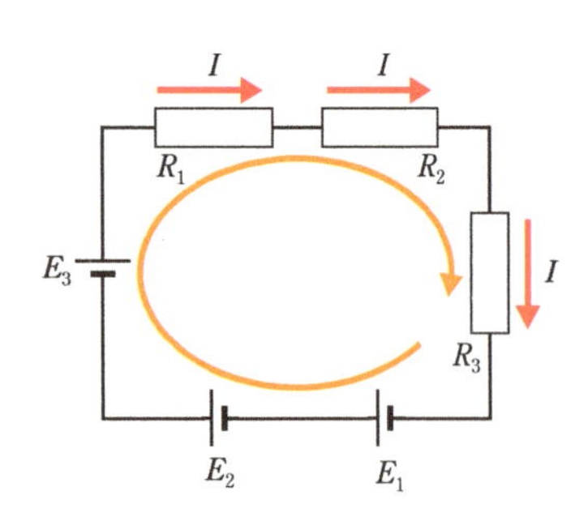

$E_1 + E_2 + E_3 = IR_1 + IR_2 + IR_3$

図 17.9　キルヒホッフの第2法則

(2) **キルヒホッフの第2法則**：閉じた回路を1周したときの起電力の和は電圧降下の和に等しい（図 17.9）．具体的には，まず回路内のそれぞれのループに電流がまわる向きを決める．そして，この向きと同じ向きの電流を正，反対向きに流れる場合を負とする．このとき，このループにおける起電力の代数和は，そのループにおいての電圧降下の代数和に等しい．

$$\sum_k E_k = \sum_k R_k I_k \tag{17.36}$$

起電力とは電池などがつくり出している電位差（電圧）のことである（図 17.10）．また，**電圧降下**とは，回路に存在する抵抗 R に電流が流れると，電圧（電位差）RI だけ電圧が下がり，抵抗の両端に電位差（電圧）が生じる現象である（図 17.11）．電位差そのものを電圧降下ということもある．

キルヒホッフの第1法則を適用するときには，回路の分岐点での電流の向きを適当に仮定して計算を開始する（図 17.12）．計算結果が負になれば，仮定と反対向きに電流が流れていたことになる．キルヒホッフの第2法則を適用するときには，閉じた回路に沿って1周する向きを適当に仮定する．その上で，起電力と電圧降下の符号を次のように割り振る．

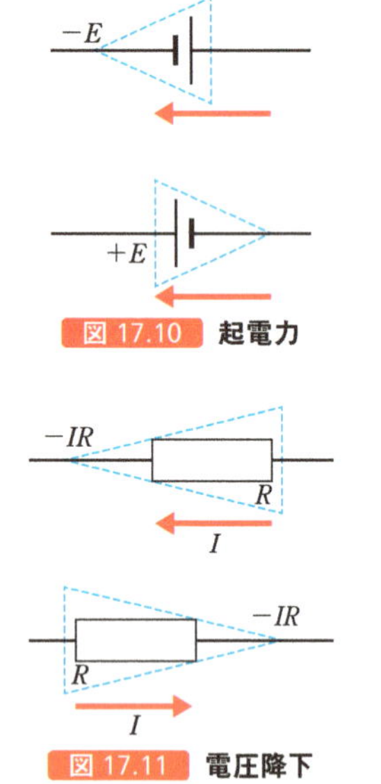

図 17.10　起電力

図 17.11　電圧降下

起電力：閉じた回路の向きに電流を流そうとする場合には，起電力の符号を正（+）とし，反対向きの場合には負（−）とする．

電圧降下：閉じた回路の向きと，キルヒホッフの第1法則を適用するときに仮定した電流の向きが同じ場合には，電圧降下の符号を負（−）とし，反対向きの場合には正（+）とする．

解いてみよう！
17.4　17.5　17.9　17.10

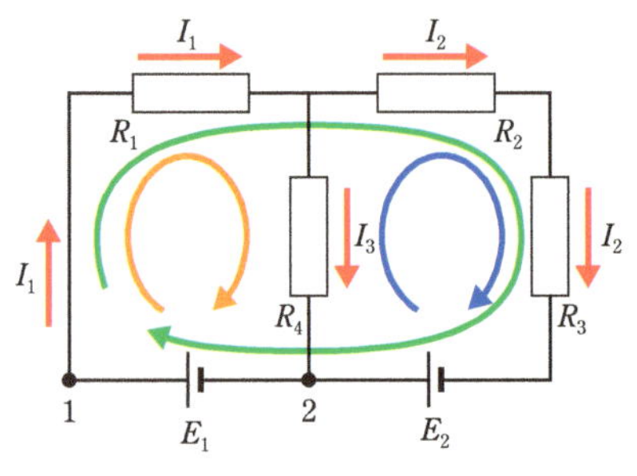

$-I_1R_1 - I_3R_4 + E_1 = 0$

$I_3R_4 - I_2R_2 - I_2R_3 + E_2 = 0$

$-I_1R_1 - I_2R_2 - I_2R_3 + E_2 + E_1 = 0$

図 17.12　キルヒホッフの法則の適応例

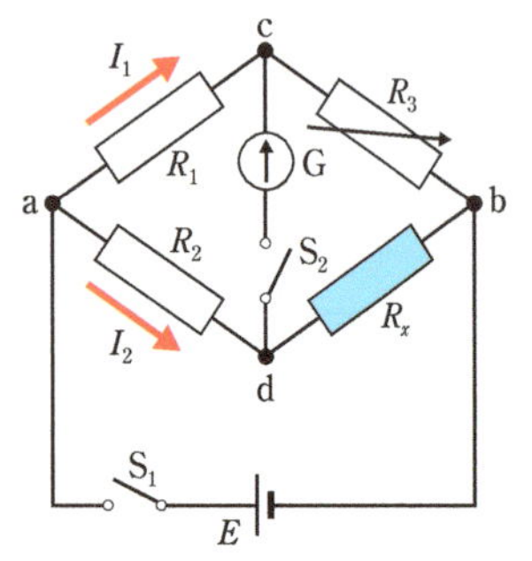

図 17.13　ホイートストンブリッジ回路

⑤ ホイートストンブリッジ回路

抵抗値の測定には**ホイートストンブリッジ回路**を用いることができる（図 17.13）．測定したい未知の抵抗 R_x と，抵抗がわかっている2つの抵抗 R_1，R_2 および**可変抵抗** R_3 と検流計Gを用意する．これらと電池 E

とスイッチ S_1, S_2 を図 17.13 のように接続する．スイッチ S_1 を閉じ，そのあとでスイッチ S_2 を閉じても検流計 G に電流が流れなくなるように可変抵抗 R_3 の抵抗値を調節する．2 つのスイッチ S_1 と S_2 を閉じたときに抵抗 R_1, R_2 に流れる電流を I_1, I_2 とする．検流計 G に電流が流れないときには，R_3, R_x に流れる電流も I_1, I_2 となる．また，点 c と点 d は等電位であるので，$R_1I_1=R_2I_2$ および $R_3I_1=R_xI_2$ が成り立つ．よって

$$\frac{R_1}{R_2}=\frac{R_3}{R_x} \tag{17.37}$$

が成り立つ．これから，未知の抵抗 R_x を求めることができる．

§ 17.4 コンデンサーと電源の直流回路

❶ コンデンサーの直列接続

コンデンサーと電源のみが導線でつながれている直流回路を考える（図 17.14）．導線などがもつ抵抗は無視できるとする．電気容量が C_1 と C_2 の 2 つのコンデンサーを直列につないだときのコンデンサーの両端の電圧をそれぞれ V_1, V_2 とすると

$$V_1=\frac{Q}{C_1},\quad V_2=\frac{Q}{C_2} \tag{17.38}$$

合成容量を C とすると $V=Q/C$ だから $V=V_1+V_2$ より，合成容量は

$$\frac{1}{C}=\frac{1}{C_1}+\frac{1}{C_2} \tag{17.39}$$

となる．3 つ以上のコンデンサーの場合も同様である．

$$\frac{1}{C}=\frac{1}{C_1}+\frac{1}{C_2}+\frac{1}{C_3}+\cdots \tag{17.40}$$

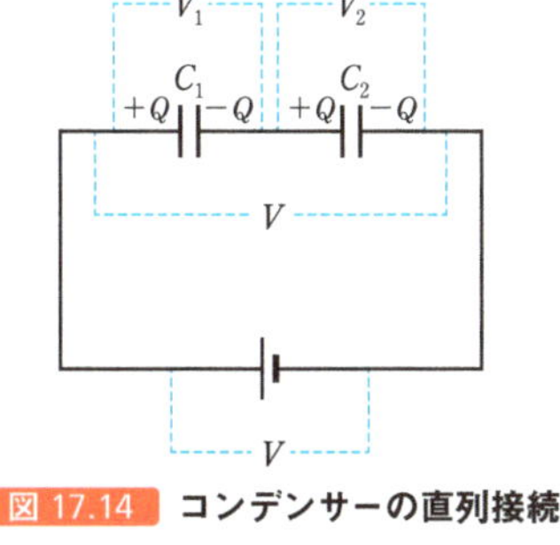

図 17.14　コンデンサーの直列接続

❷ コンデンサーの並列接続

図 17.15 のように，電気容量が C_1 と C_2 の 2 つのコンデンサーを並列につないだときのコンデンサーに蓄えられる電荷をそれぞれ Q_1, Q_2 とすると

$$Q_1=C_1V,\quad Q_2=C_2V \tag{17.41}$$

合成容量を C とすると $Q=CV$ だから $Q=Q_1+Q_2$ より，合成容量は

$$C=C_1+C_2 \tag{17.42}$$

となる．これは，平行板コンデンサーの面積が $S=S_1+S_2$ となったと考えても導ける．3 つ以上のコンデンサーの場合も同様である．

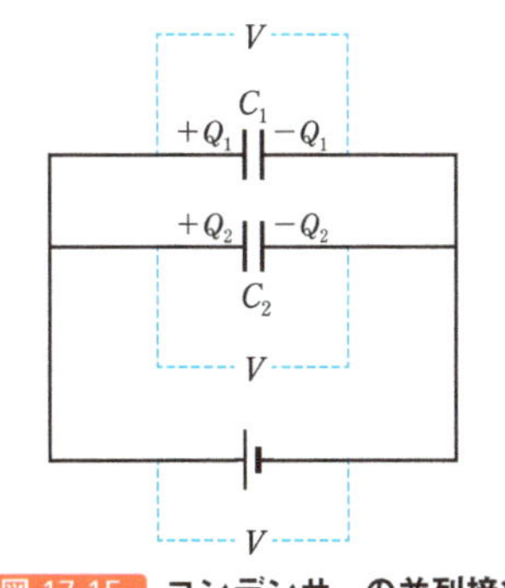

図 17.15　コンデンサーの並列接続

解いてみよう!
17.11 ～ 17.13

$$C=C_1+C_2+C_3+\cdots \tag{17.43}$$

§ 17.5 電流計と電圧計

❶ 内部抵抗

電池とは電位差（起電力）を作り出す装置である．電池の両端の電圧を**端子電圧**という．また，電池の内部の抵抗 r を**内部抵抗**という．可変抵抗 R と内部抵抗 r の電池を直列に接続する（図 17.16）．直列接続された可変抵抗と電池に電圧（起電力）E が加わると $E=IR+Ir$ が成り立つ．IR は電池の端子電圧 V と等しいので $E=V+Ir$，よって $V=E-Ir$ が得られる．すなわち，電流 I を流している電池の端子電圧 V は電池の起電力 E そのものではなく，起電力から内部抵抗による電圧降下 Ir を引いた値となる．また，$I=0$ のときに $V=E$ となることから，起電力は電流が流れていないときの端子電圧に等しい．この可変抵抗の抵抗値を変化させながら電池の端子電圧を測定すると，$V=E-Ir$ より端子電圧は電流 I の増加とともに減少する．

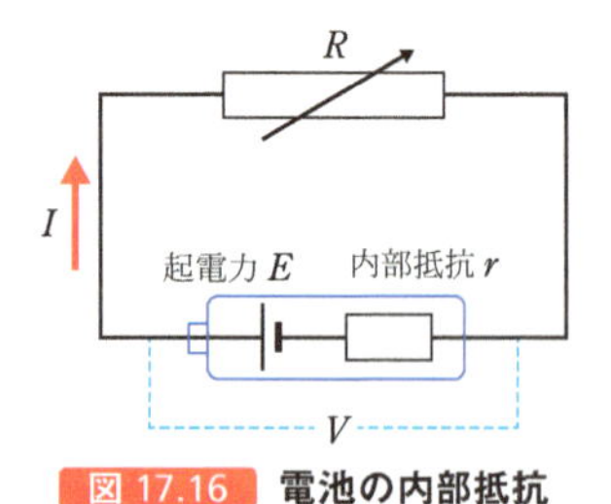

図 17.16　電池の内部抵抗

❷ 電流計

電流計とは回路に流れる電流の大きさを測定するための測定器であり，電流を測りたい回路部分に直列に接続して使用する．電流計の内部にも抵抗（内部抵抗）があるため，電流計を直列接続することによって，回路の電流は接続前と変化してしまうが，実際の電流計の内部抵抗は小さいため問題はない．

❸ 分流器

電流計に抵抗を並列に接続すると，電流の測定範囲を広げることができる．この抵抗を電流計の**分流器**という（図 17.17）．並列に接続された内部抵抗 r_A の電流計と抵抗 R_s の分流器に電圧を加えると，それぞれ等しい電圧 V が加わる．オームの法則より，電流計を流れる電流を I_0 とし，分流器を流れる電流を I_s とすると，$V=I_0r_A$ および $V=I_sR_s$ が成り立つ（$I_0r_A=I_sR_s$）．電流計と分流器の並列回路全体に電流 nI_0 を流すと，$nI_0=I_0+I_s$ より，電流計には電流 I_0 が流れ，分流器に流れる電流は $I_s=(n-1)I_0$ となる．よって $I_0r_A=I_sR_s=(n-1)I_0R_s$ より $R_s=r_A/(n-1)$ を得る．

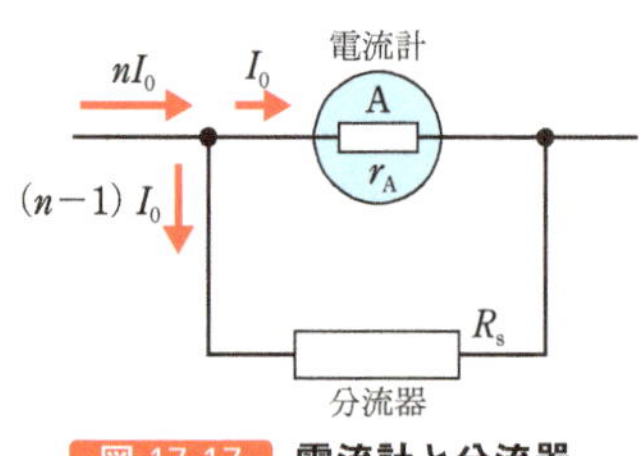

図 17.17　電流計と分流器

このように，内部抵抗 r_A をもつ電流計の測定範囲を n 倍に広げるためには，抵抗

$$R_s=\frac{r_A}{n-1} \tag{17.44}$$

をもつ分流器を電流計に並列接続する．このとき，電流計の指針が示す値の n 倍が測定点で実際に流れている電流値になる．

解いてみよう! 17.15

❹ 電圧計

電圧計とは回路に加わる電圧を測定するための測定器であり，電圧を測りたい回路部分に並列に接続して使用する．並列に接続することで，電圧測定部分と電圧計の電圧が等しくなるからである．電圧計の内部にも抵抗（内部抵抗）があるため，電圧計を接続することによって，回路の電流は接続前から変化する．回路の電流変化を小さくするために，並列接続する電圧計の内部抵抗は大きく設計されている．

❺ 倍率器

電圧計に抵抗を直列に接続すると，電圧の測定範囲を広げることができる．この抵抗を電圧計の**倍率器**という（図 17.18）．直列に接続された内部抵抗 r_V の電圧計と抵抗 R_m の倍率器に電圧を加えると，それぞれ等しい電流 I が流れる．オームの法則より，電圧計に加わる電圧を V_0 とし，倍率器に加わる電圧を V_m とすると，$I=V_0/r_V$ および $I=V_m/R_m$ が成り立つ（$V_0/r_V=V_m/R_m$）．電圧計と倍率器の直列回路全体に電圧 nV_0 を加えると，$nV_0=V_0+V_m$ より，電圧計には電圧 V_0 が加わり，倍率器に加わる電圧は $V_m=(n-1)V_0$ となる．よって $V_0/r_V=V_m/R_m=(n-1)V_0/R_m$ より $R_m=(n-1)r_V$ を得る．

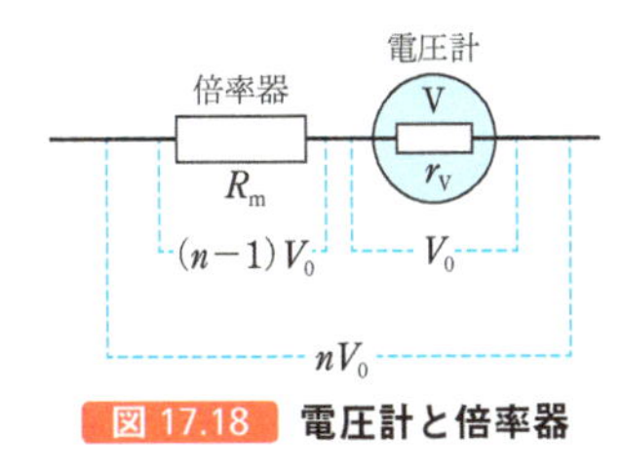

図 17.18 電圧計と倍率器

このように，内部抵抗 r_V をもつ電圧計の測定範囲を n 倍に広げるためには，抵抗

$$R_m=(n-1)r_V \tag{17.45}$$

をもつ倍率器を電圧計に直列接続する．このとき，電圧計の指針が示す値の n 倍が測定点で実際に加わっている電圧になる．

解いてみよう! 17.16

《章末問題》

17.1 基礎 ジュール熱

電熱線に 20 V の電圧を加えたら 1 分間に 1.2×10^3 J のジュール熱が発生した．この電熱線の抵抗を求めよ．

17.2 発展 ドリフトの速さ

ある金属の直径 1 mm の導線に 10 A の電流が流れている．このとき，電子のドリフトの速さを求めよ．ただし，電気素量を $e=1.6\times10^{-19}$ C，自由電子密度を $n=3.4\times10^{29}$ 個/m^3 とする．

17.3 基礎 抵抗と抵抗率

半径 0.24 mm，長さ 10 m の銅線に 3.5 V の電圧を加えたら 4.0 A の電流が流れた．この銅線の抵抗と抵抗率を求めよ．

17.4 基礎 電球の消費電力

100 V 用 60 W の電球 A と 100 V 用 100 W の電球 B に 100 V の電圧を加えた．ただし，電球はその消費電力が大きくなるほど明るく点灯し，電球の抵抗の温度変化は充分小さいものとする．また，100 V 用 x[W] の電気器具は，100 V の電圧を加えるとき x[W] の電力を消費するとする．

(1) A と B を並列に接続した場合，A と B のどちらが明るく点灯するか．

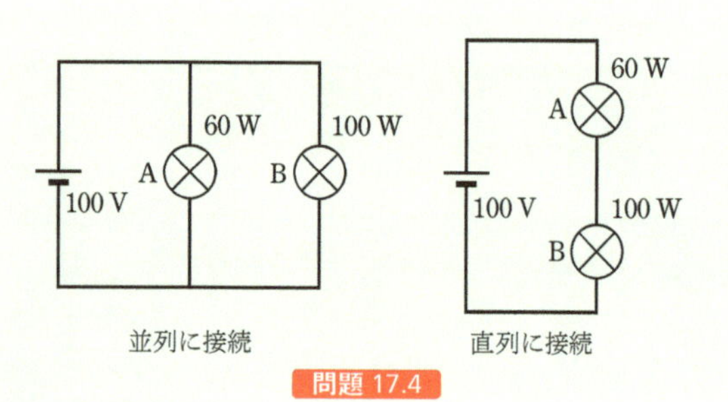

問題 17.4

(2) A と B と直列に接続した場合，A と B のどちらが明るく点灯するか．

17.5 基礎 抵抗の合成

図のように 3 つの抵抗を接続した．

(1) AB 間の抵抗を求めよ．

(2) AC 間の抵抗を求めよ．

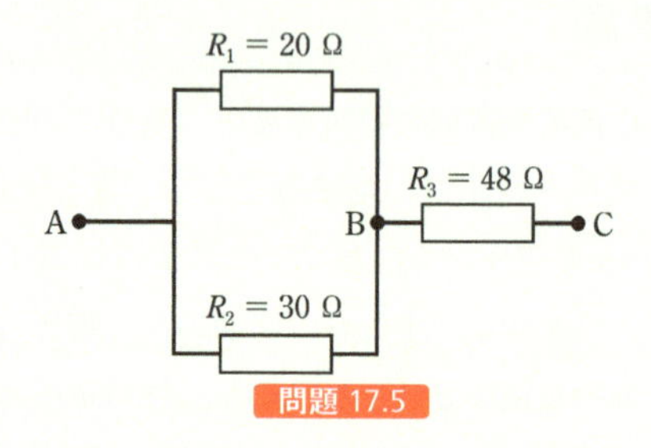

問題 17.5

17.6 発展 抵抗の合成

導線 6 本で正四面体をつくる．ただし，導線 1 本がもつ抵抗値を r とする．このとき，任意の 2 つの頂点の間の抵抗を求めよ．

問題 17.6

17.7 発展 無限に続く抵抗の合成

図のように無限に続くはしご形の回路がある．このとき，AB 間の抵抗 R を求めよ．

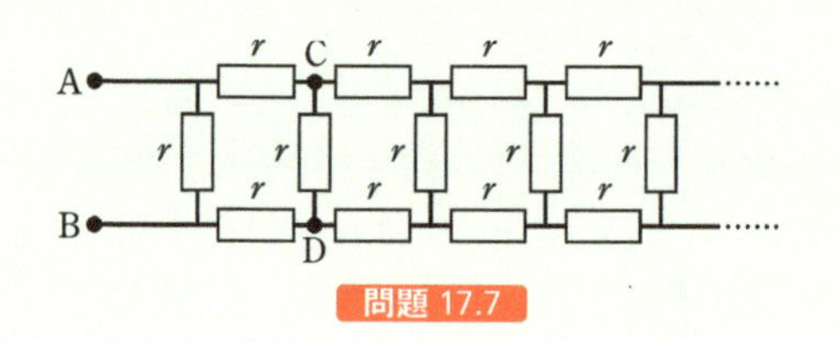

問題 17.7

17.8 発展 同軸円筒間の抵抗

半径 a と半径 b $(a<b)$ の2つの円筒からなる長さ l の同軸円筒があり，同軸円筒間には電気伝導率 σ の物質が一様に満たされている．このとき，両円筒間の電気抵抗を求めよ．

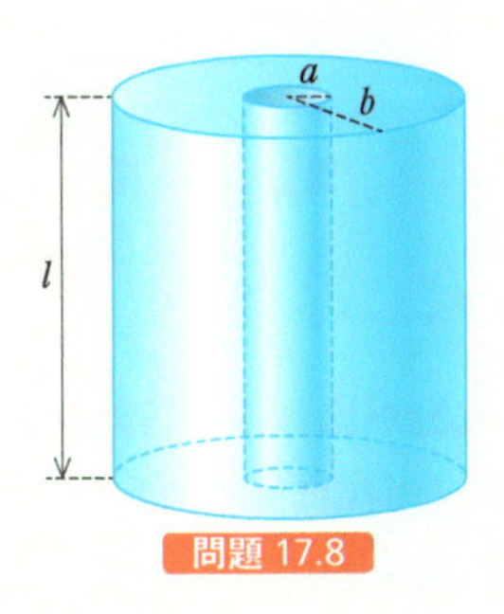

問題 17.8

17.9 基礎 キルヒホッフの法則

図のような回路で 1.0 Ω の抵抗に流れる電流の向きと大きさを求めよ．

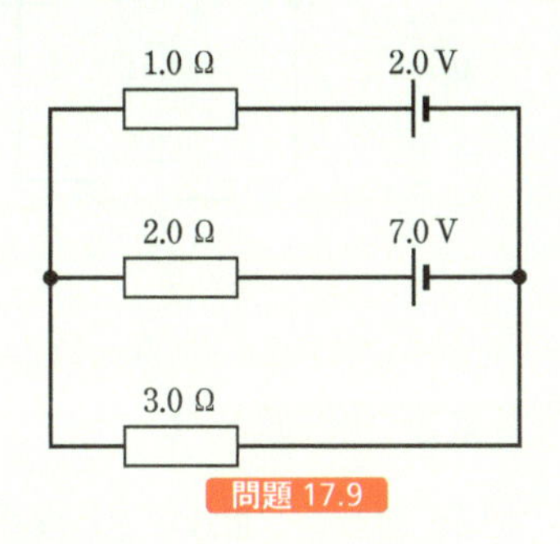

問題 17.9

17.10 基礎 キルヒホッフの法則

図のような回路がある．ただし，電池には内部抵抗はないものとする．

(1) AB 間の電位差を求めよ．

(2) AB 間に抵抗を接続すると，電池に流れる電流の $\frac{1}{3}$ の大きさの電流がこの抵抗に流れた．このとき，電池を流れる電流を求めよ．

(3) (2) で AB 間に接続した抵抗の抵抗値を求めよ．

(4) 次に，AB 間に 24 V の電池を，A 側を正極にして接続した．このとき，6.0 Ω の抵抗に流れる電流の向きと大きさを求めよ．

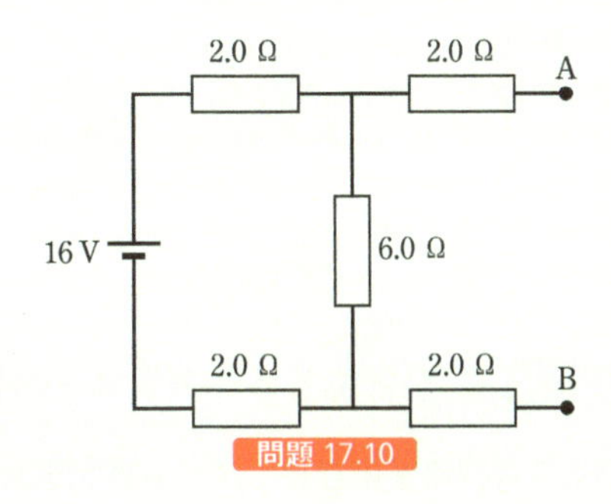

問題 17.10

17.11 基礎 コンデンサーの合成

図のように $C_1=3\,\mu\text{F}$，$C_2=4\,\mu\text{F}$，$C_3=2\,\mu\text{F}$ のコンデンサーを接続した．

(1) AB 間の合成容量 C_{AB} を求めよ．

(2) A の電位が 0，B の電位が $V_B=1200$ V のとき，P の電位 V_P を求めよ．

(3) 各コンデンサーの電荷を求めよ．

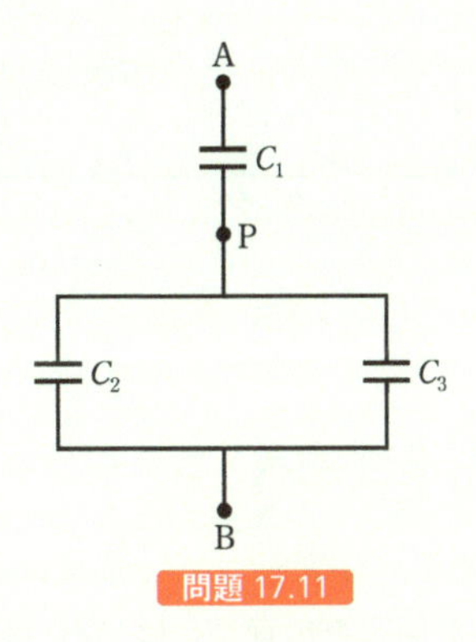

問題 17.11

17.12 基礎 コンデンサー回路のスイッチの開閉

図のような回路を用意し，はじめスイッチ S_1，S_2 を開いておく．

(1) S_1 のみ閉じたとき，C_2 に加わる電圧 V_2 を求めよ．

(2) S_1 を開いてから S_2 を閉じたとき，C_2 に加わる電圧 V_2' を求めよ．

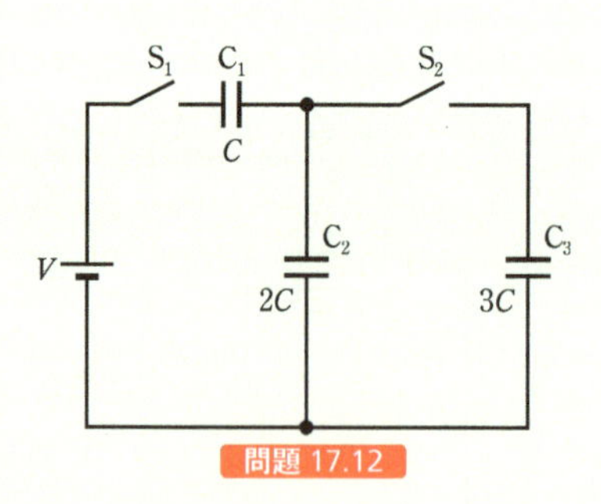

問題 17.12

17.13 基礎 抵抗とコンデンサーの回路

図のような回路を用意し，はじめコンデンサーは放電されているとする．次の場合について，2.0 Ω の抵抗を流れる電流を求めよ．

(1) スイッチを閉じた直後

(2) スイッチを閉じて充分に時間が経過したとき

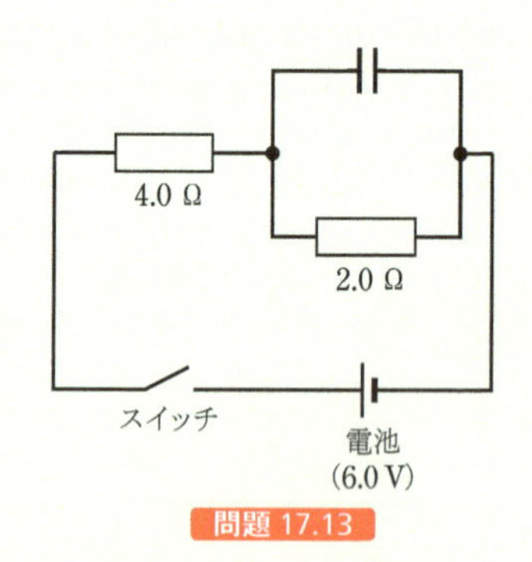

問題 17.13

17.14 発展 抵抗とコンデンサーの直流回路

図のような回路を用意し，はじめコンデンサーは放電されており，スイッチ S_1 と S_2 も開いているとする．

(1) S_1 だけを閉じた直後に 5.0 kΩ の抵抗を流れる電流を求めよ．

(2) S_1 を閉じて充分に時間が経過したとき，電池から流れ出る電流を求めよ．

(3) S_1 を閉じて充分に時間が経過してから S_2 を閉じたところ，検流計 G に電流は流れなかった．このとき，電気容量 C_1 は C_2 の何倍か求めよ．

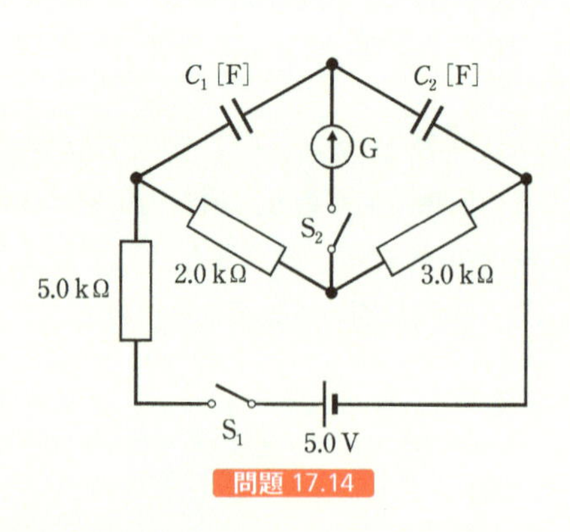

問題 17.14

17.15 基礎 分流器

1.0 mA の電流が流れると指針が 1 目盛だけ振れる電流計（内部抵抗 1.8 Ω）がある．抵抗 R に 10 mA の電流が流れたとき，指針が 1 目盛り振れるようにしたい．このために接続する分流器の抵抗値を求めよ．

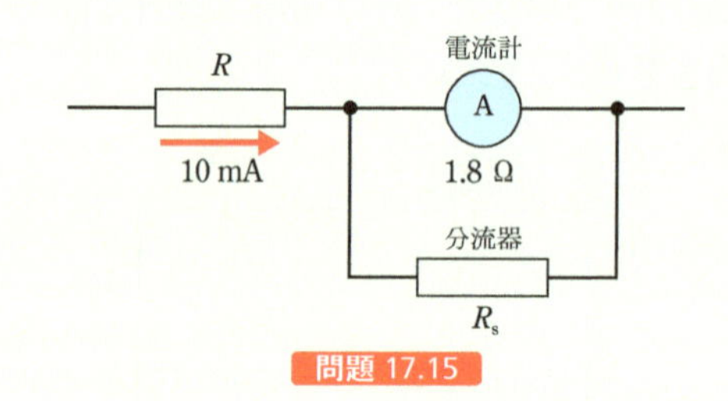

問題 17.15

17.16 基礎 倍率器

1.0 V の電圧が加わると指針が 1 目盛だけ振れる電圧計（内部抵抗が 1.0 kΩ）がある．抵抗 R に 10 V の電圧が加わったとき，指針が 1 目盛り振れるようにしたい．このために接続する倍率器の抵抗値を求めよ．

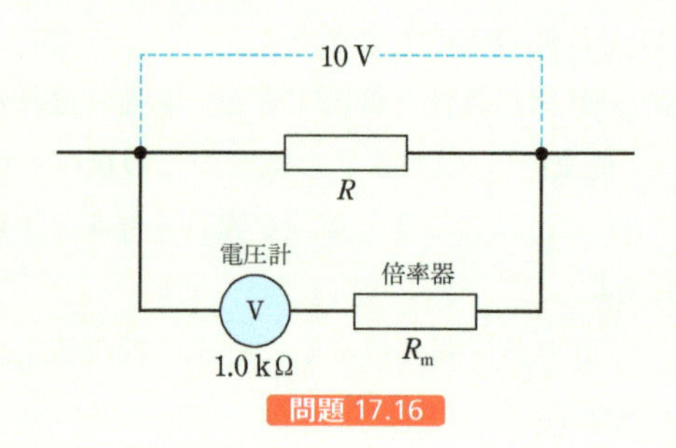

問題 17.16

第 18 章 磁場

§ 18.1 磁場

❶ 磁荷

棒磁石に鉄粉を近づけると，ほとんどが棒磁石の両端にくっつく．この部分を**磁極**という．磁極には **N 極**と **S 極**の 2 種類がある．N 極と N 極，もしくは S 極と S 極を近くに置くと斥力がはたらき反発する．一方，N 極と S 極を近くに置くと引力がはたらき引き合う．

N 極のみ，もしくは S 極のみの物体（これを**磁気単極子**という）は発見されていない．たとえば棒磁石は，片方が N 極ならばもう片方は必ず S 極である．棒磁石を二分しても，N 極のみの棒磁石や S 極のみの棒磁石は得られない．どんなに棒磁石を分割しても必ず N 極と S 極が現れる．これは電荷とは大きな違いである．しかし，静電気のときの電荷と同じように磁極の強さを表す量として**磁荷**（磁気量ともいう）を考えると便利である．長い棒磁石の両端にある磁極は磁荷と考えることができる．

電荷同士の間にはたらく力がクーロンの法則に従うように，磁荷 q_{m1} と q_{m2} が距離 r 離れているときに磁荷同士にはたらく磁気力の大きさも同じ形の法則

$$F = k_m \frac{|q_{m1}||q_{m2}|}{r^2} \qquad (18.1)$$

に従う．これを**磁荷に関するクーロンの法則**という（図 18.1）．磁荷の単位はウェーバー[Wb] である．真空中での強さの等しい磁極を 1 m 離して置いたときに，磁極にはたらく力の大きさが $\frac{10^7}{(4\pi)^2}$ N となるときの磁荷が 1 Wb である．N 極の磁荷は正，S 極の磁荷は負である．k_m は比例定数で，真空中では

$$k_m = \frac{1}{4\pi\mu_0} \ \mathrm{N \cdot m^2/Wb^2} \qquad (18.2)$$

である．ここで

$$\mu_0 = 4\pi \times 10^{-7} \ \mathrm{Wb^2/(N \cdot m^2)} \qquad (18.3)$$

を**真空の透磁率**という*.

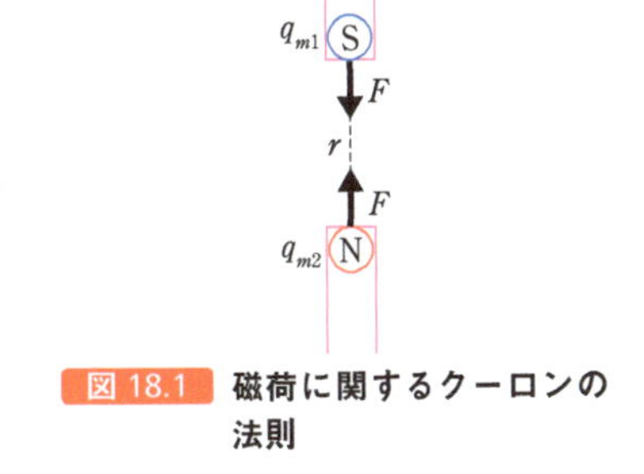

図 18.1 **磁荷に関するクーロンの法則**

* 透磁率の単位は，Wb/(A·m) もしくは H/m とも書ける（18.3 節，19.2 節参照）．

❷ 磁荷による磁場の定義

電荷のまわりには電場 $\vec{E}$ があり，その電場内におかれた電荷 q は，電場によって力 $\vec{F}=q\vec{E}$ を受ける．同様に，磁荷のまわりの空間には**磁場**がある．その磁場内におかれた磁荷 q_m が受ける力 $\vec{F}$ によって，**磁場の強さ** $\vec{H}$ を次のように定義する．

$$\vec{F}=q_m\vec{H} \tag{18.4}$$

$\vec{H}$ の単位は N/Wb である*．

* 磁場の強さの単位は，A/m とも書ける（19.2 節参照）．

❸ 磁気双極子

N 極と S 極はつねに組で現れるのだから，1 つの磁荷を単独で考えるのではなく，同じ大きさで符号が互いに逆になっている 2 つの磁荷 $+q_m$ と $-q_m$ をまとめて考えると便利である．これを**磁気双極子**という．そして，この 2 つの磁荷が l だけ離れている場合，$-q_m$ から $+q_m$ の向きの位置ベクトルを $\vec{l}$ として

$$\vec{p}_m=q_m\vec{l} \tag{18.5}$$

で磁気双極子を表す．この $\vec{p}_m$ を**磁気双極子モーメント**（もしくは**磁気モーメント**）という．

電気双極子の 2 つの電荷を 2 つの磁荷にすれば磁気双極子になる．実際，電気双極子モーメント $\vec{p}=q\vec{l}$ と磁気双極子モーメントは電荷を磁荷に変えれば同じである．また，電荷に関するクーロンの法則と磁荷に関するクーロンの法則も電荷を磁荷に変えれば同じであり，電場の定義（$\vec{F}=q\vec{E}$）と磁場の定義（$\vec{F}=q_m\vec{H}$）も電場と磁場，電荷と磁荷を入れ替えれば同じである．したがって，電気双極子から遠く離れた点の電場 $E_r=\dfrac{p}{4\pi\varepsilon_0}\dfrac{2\cos\theta}{r^3}$ および $E_\theta=\dfrac{p}{4\pi\varepsilon_0}\dfrac{\sin\theta}{r^3}$ で，$p\to p_m$，$E\to H$，$\varepsilon_0\to\mu_0$ と入れ替えると，磁気双極子がつくる磁場が

$$\begin{cases} H_r=\dfrac{p_m}{4\pi\mu_0}\dfrac{2\cos\theta}{r^3} & (18.6) \\[2ex] H_\theta=\dfrac{p_m}{4\pi\mu_0}\dfrac{\sin\theta}{r^3} & (18.7) \end{cases}$$

と求まる（図 18.2）．

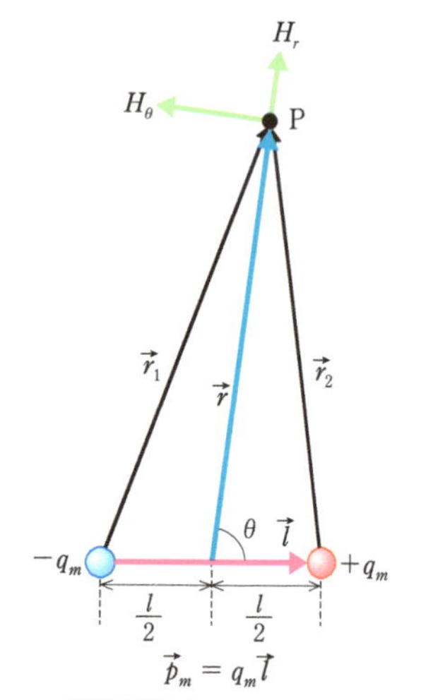

図 18.2　磁気双極子

❹ 電荷にはたらく力による磁場の定義

磁荷にはたらく力を用いた磁場の定義はわかりやすいが，実際には磁荷は存在しない．このため，磁荷を用いない磁場の定義も必要である．

電流が流れている導線は磁石から力を受ける．電流は電荷の流れであるので，運動している電荷が受ける力によって磁場を定義できる．電場だけでなく磁場も電荷にはたらく力で定義できることは，電場と磁場の間に密

接な関係があることを示している.

磁場中に静止している荷電粒子には力ははたらかない. 電気量 q の荷電粒子が速度 $\vec{v}$ で直線運動からずれて運動しているとき, その荷電粒子は磁場から力を受けている (図 18.3). すなわち, その場所には磁場があるとし, 磁場の存在を**磁束密度** $\vec{B}$ で次のように定義する.

$$\vec{F}=q\vec{v}\times\vec{B} \tag{18.8}$$

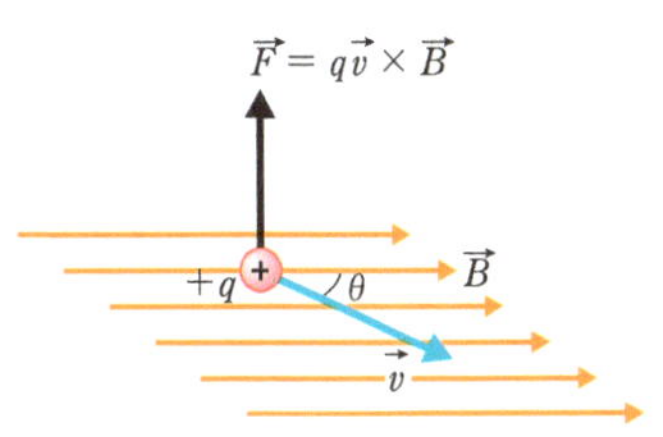

図 18.3 荷電粒子が磁場から受ける力

磁束密度の単位は T (**テスラ**)*1 または [Wb/m^2]*2 である. また, 10^{-4} T を G (**ガウス**) という ($1\,\text{T}=10^4\,\text{G}$). なお, 磁束密度のことを単に磁場という場合もある.

18.4 節で紹介するが, 真空中での磁束密度と磁場の強さには

$$\vec{B}=\mu_0\vec{H} \tag{18.9}$$

の関係がある.

*1 ニコラ・テスラ (Nikola Tesla, 1856~1943) アメリカの電気工学者. 学生時代に直流の発電機が激しい火花を出すのを見て, 整流子やブラシなしモーターはつくれないかと考えた. 教授には一笑され, エジソンにも理解されなかったが, テスラは諦めずにテスラ電気会社を設立し, 直流ではなく交流による機器の開発に成功した.

*2 磁束の単位はウェーバ (Wb) である.

❺ 磁力線

電場の様子を電気力線で図示できたように, 目にみえない磁場の様子も**磁力線**を用いて図示できる. 磁力線は N 極から出て S 極に入る. また, 磁力線の接線は, 接点での磁束密度 $\vec{B}$ の向きを表している. さらに, 磁束密度の大きさが B の点では, 磁場の向きと垂直な断面を通る磁力線を, 単位面積あたり B 本の割合で引く. すなわち, 磁力線の密度が磁場の強さを表す. 電場の強いところで電気力線の密度が大きくなるのと同様に, 磁場の強いところでは磁力線の密度が大きい. 棒磁石の周辺に砂鉄をまくと, 砂鉄は磁化して小さな磁石となり磁力線に沿って模様をつくる (図 18.4).

図 18.4 磁石がつくる磁場

§ 18.2 磁場内での荷電粒子の運動

❶ ローレンツ力

空間に電場 $\vec{E}$ と磁束密度 $\vec{B}$ が存在するとき*3, 電荷 q にはたらく力は電場から受ける力と磁場から受ける力の和

$$\vec{F}=q(\vec{E}+\vec{v}\times\vec{B}) \tag{18.10}$$

になる. これを**ローレンツ力**という*4.

*3 正しくは「磁束密度 $\vec{B}$ の磁場が存在する」というべきであるが, 「磁束密度 $\vec{B}$ が存在する」と省略することも多い.

*4 ヘンドリック・アントーン・ローレンツ (Hendrik Antoon Lorentz, 1853~1928) オランダの物理学者. 1895 年にローレンツ力の定式化をおこなった. 1897 年から 1898 年にかけて電子の電荷と質量を算出して電子の存在の確立にも寄与し, その業績でノーベル賞を受賞している.

❷ 電流が磁場から受ける力

電流が磁場から受ける力をローレンツ力から導く (図 18.5). 長さ l の導線が磁束密度 $\vec{B}$ の中におかれているとする. 電子の電荷を $-e$, 数

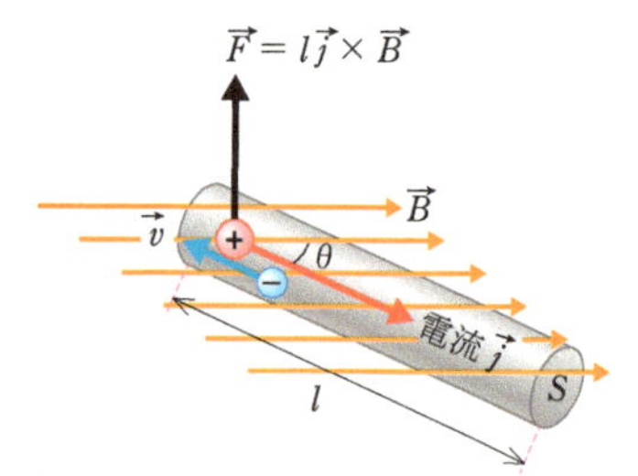

図 18.5　電流が磁場から受ける力

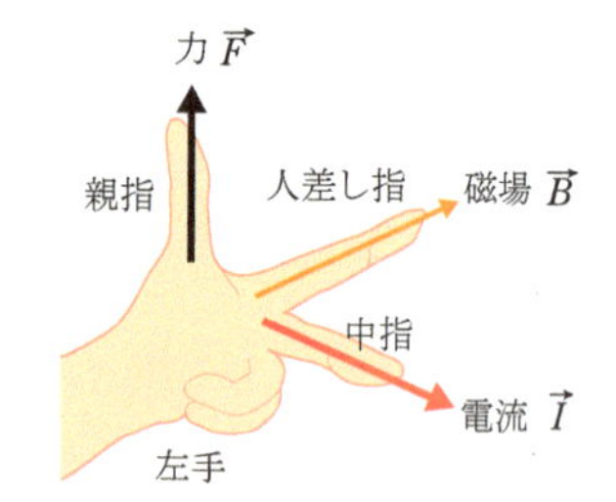

図 18.6　フレミング左手の法則

* ジョン・アンブローズ・フレミング (John Ambrose Fleming, 1849～1945) イギリスの電気工学者．1885年にフレミングの法則を発見．1901年に行われた大西洋横断の無線通信実験に使われた送信機の制作にも協力している．多様な業績が認められ，1912年にはナイトの称号を得ている．

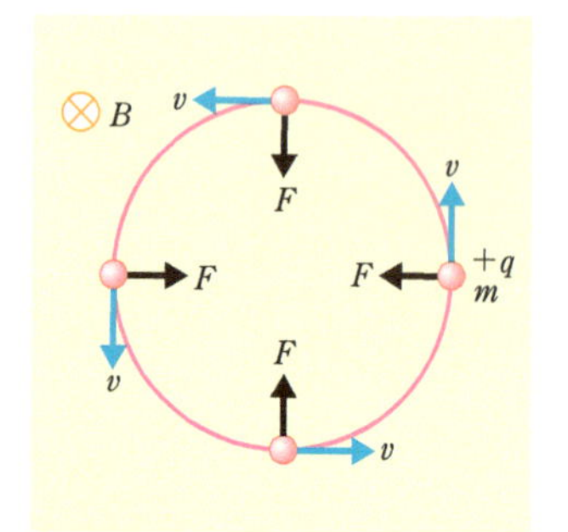

図 18.7　磁場中の荷電粒子の運動

密度を n，平均速度を $\vec{v}$ とすれば電流密度 $\vec{j}$ は

$$\vec{j}=-ne\vec{v} \tag{18.11}$$

である．したがって，1つの電子にはたらく（平均の）力は

$$\vec{f}=-e\vec{v}\times\vec{B}=\frac{1}{n}\vec{j}\times\vec{B} \tag{18.12}$$

である．導線全部の電子にはたらく力は，導線の断面積を S，長さ l とすると，

$$\vec{F}=nlS\vec{f}=lS\vec{j}\times\vec{B} \tag{18.13}$$

となる．ここで $\vec{j}S$ は電流 $\vec{I}$ であるから，電流が磁場から受ける力は

$$\vec{F}=l\vec{I}\times\vec{B} \tag{18.14}$$

となる．

導線が受ける力の向きは**フレミング左手の法則**を使って求めることができる（もしくはベクトルの外積の定義から求まる）（図 18.6）*．左手を出し，親指と人差し指と中指をそれぞれ直角に開く．そして，導線に流れる電流の向きに中指の向きを，磁石の磁場の向きに人差し指の向きを合わせると，親指の向きが力の向きになる．

❸ サイクロトロン運動

一様な磁場の中に荷電粒子を磁場と垂直に入射すると，荷電粒子は等速円運動をする（図 18.7）．磁場から受けるローレンツ力は粒子の運動方向に垂直であり，粒子に仕事をしないので，速さは一定である．したがってローレンツ力の大きさも一定であり，この力が向心力となって粒子は等速円運動をする．

磁束密度 $\vec{B}$ の一様な磁場の中に，質量 m，電気量 q の粒子を，磁場に垂直に速さ v で入射させた場合の荷電粒子の運動方程式は

$$m\frac{v^2}{r}=qvB \tag{18.15}$$

である．この方程式から等速円運動の半径 r は

$$r=\frac{mv}{qB} \tag{18.16}$$

となる．また，角速度は

$$\omega=qB/m \tag{18.17}$$

と表されるから，等速円運動の周期 T は

$$T=\frac{2\pi r}{v}=\frac{2\pi m}{qB} \tag{18.18}$$

である．q/m を，その荷電粒子の**比電荷**という．磁場内の荷電粒子のこ

のような運動を**サイクロトロン運動**，rを**ジャイロ半径（ラーモア半径）**，$\nu=\omega/2\pi$ を**サイクロトロン振動数**という．荷電粒子の電荷 q と質量 m は一定であるので，磁束密度 $\vec{B}$ を固定するとサイクロトロン振動数も一定になる．

荷電粒子を加速する装置を**加速器**という．アルファベットの大文字のDの形をした中空の電極 D_1 と D_2 を用意して，隙間（ギャップ）を少し空けて真空中に置き垂直に磁場を加えてつくった加速器を**サイクロトロン**という（図 18.8）．正の電荷をもつ荷電粒子を電極 D_1 に入れると円軌道を描いてギャップに到達する．この瞬間に電極 D_1 側が高くなるようにギャップ間に電位差をつくると，荷電粒子はギャップ内で加速される．加速された荷電粒子は D_2 に入り，再び円軌道を描いてギャップに到達する．今度は D_2 側が高くなるように電位差をつくると，荷電粒子は再び加速されて電極 D_1 に入る．これを繰り返すことで，荷電粒子をどんどん加速していく．なお，粒子がサイクロトロン内を半周する時間は速さによらない．したがって，粒子の回転周期と同じ周波数の交流電圧を2つの電極間に加えると，荷電粒子がギャップを通過するたびに，電極間の電位差の高低をタイミングよく入れ替えることができる．

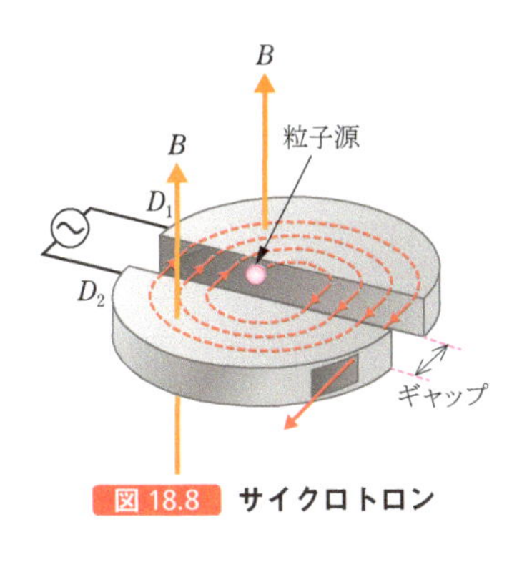

図 18.8　**サイクロトロン**

サイクロトロンでは加速されて荷電粒子が速くなるたびに，軌道半径が大きくなる．このため，より速くするためには大きな電極が必要になる．これに対して，軌道半径を一定に保つために，磁場の強さと加速電圧の振動数を変化させる加速器を**シンクロトロン**という．

解いてみよう!
18.1　18.3

なお，磁場の中に荷電粒子を磁場と垂直ではない任意の向きに入射しても，磁束密度 $\vec{B}$ によって荷電粒子が受ける力はつねに速度に垂直なので，磁場による力のおこなう仕事は0である．このため，磁場中の粒子の運動エネルギーは一定であり，速度は変化するが速さは一定である（運動方向のみが変わる）．さらに磁場が一様ならば粒子の運動はらせん運動となる．

❹ ホール効果

電流が流れている導体の板に，電流に垂直に磁場を加えると電位差が生じる．この現象を**ホール効果**という*．これは，電流の源である荷電粒子が磁場からローレンツ力を受けて運動方向が曲げられて，荷電粒子が電流と磁場とに垂直な方向に集められるために起こる．

ホール効果を詳しく見ておこう（図 18.9）．電流 I が流れている断面積 $S=hd$（高さ h，幅 d）の導体板がある．この導体に磁束密度 $\vec{B}$ の磁場を z 方向（高さ h の向き）に加える．導体内を y 軸の負の向きに速さ v で動いている電子は，x 軸の正の向きに大きさ $F_L=evB$ のローレンツ力を受けて側面に集まる．これによって x 軸の正の向きに電場 $\vec{E}$ が生じ，電子は x 軸の負の向きに大きさ $F_C=eE$ のクーロン力を受ける．このときの電子の運動方程式は

* エドウィン・ハーバート・ホール（Edwin Herbert Hall，1855～1938）アメリカの物理学者．1879～80年にホール効果を発見した．

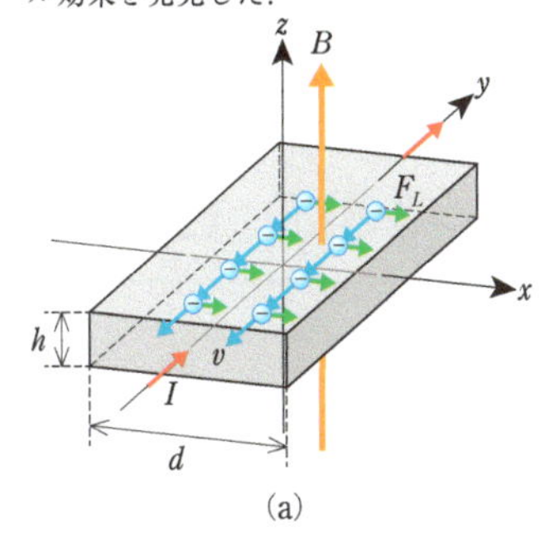

(a)

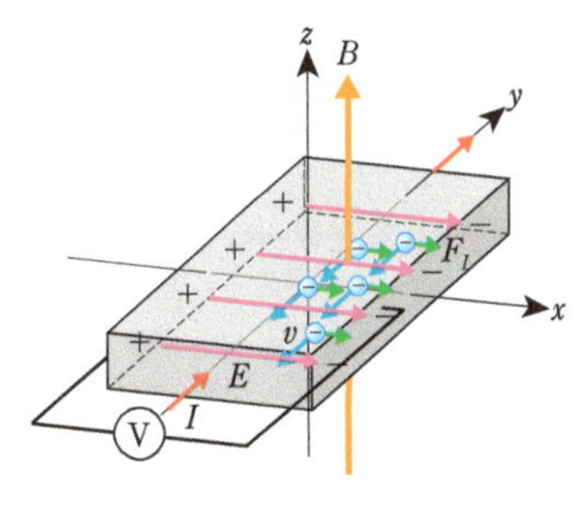

(b)

図 18.9　**ホール効果**

$$m\frac{d\vec{v}}{dt}=e\vec{E}+e\vec{v}\times\vec{B} \tag{18.19}$$

である．運動方程式を成分で分解して

$$\begin{cases} m\dfrac{dv_x}{dt}=ev_yB & (18.20) \\ m\dfrac{dv_y}{dt}=eE-ev_xB & (18.21) \end{cases}$$

とすると，電子の速さは次のようになる[*1]．

[*1] この連立微分方程式は，式（18.20）を時間で微分して得られる $\frac{dv_y}{dt}$ に式（18.21）を代入することで，解くことができる．

$$\begin{cases} v_x=a\cos\omega t+\dfrac{E}{B} & (18.22) \\ v_y=-a\sin\omega t & (18.23) \end{cases}$$

a は積分定数である．$\omega=qB/m$ をサイクロトロン角振動数という．電子1つ1つはさまざまな速さでドリフト運動をしているが，充分に時間が経過すれば（すなわち時間平均をとると），$\cos\omega t$ や $\sin\omega t$ の平均は0なので

$$\bar{v}_x=\frac{E}{B},\quad \bar{v}_y=0 \tag{18.24}$$

を得る．したがって，粒子は電場に垂直な向きに E/B の速さで動き一方向へ集まっていく．

このようにして，電子が集まった面は負に帯電し，反対側の面は正に帯電する．その結果，導体内には x 軸の正の向きに電場 $\vec{E}$ が発生し，電位差（ホール電圧）$V=Ed$ が生じるのである．ローレンツ力 $\vec{F_L}$ と電場からの力（クーロン力）$\vec{F_C}=e\vec{E}$ がつり合う電子は導体内をまっすぐ進む（定常状態）．この定常状態では $\vec{F_L}=\vec{F_C}$ より $vB=E$ である．また電流は $I=envS=envhd$ なので $v=I/(enhd)$．以上よりホール電圧は $V=IB/(enh)$ となる．

解いてみよう！ 18.5

§ 18.3 ビオ−サバールの法則とアンペールの法則

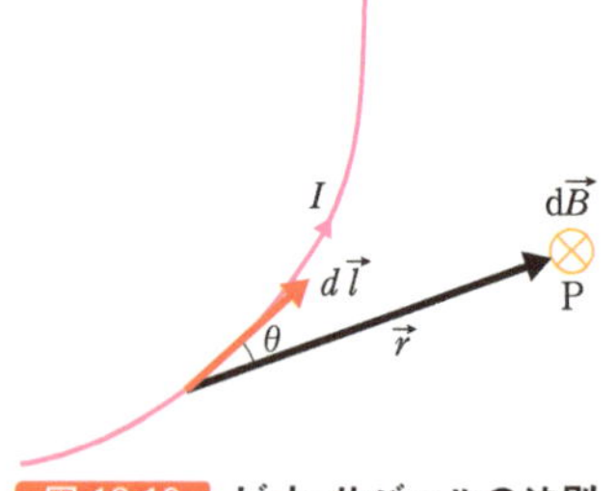

図 18.10 ビオ−サバールの法則

❶ ビオ−サバールの法則

電流のまわりにつくられる磁場に関する法則に**ビオ−サバールの法則**がある（図 18.10）[*2*3]．いま，電流が流れている導線の短い部分（長さ dl）を考えて，その部分を流れる電流を**電流素片**とよぶ．電流の向きと大きさを電流ベクトル $\vec{I}$ で表せば，電流素片はベクトル $\vec{I}dl=Id\vec{l}$ で表される．この電流素片が位置 $\vec{r}$ だけ離れた点Pにつくる磁束密度 $d\vec{B}$ は $\vec{r}$ 方向の単位ベクトルを $\hat{r}=\vec{r}/r$ として，次の式で与えられる．

$$d\vec{B}=\frac{\mu_0 I}{4\pi}\frac{d\vec{l}\times\hat{r}}{r^2}=\frac{\mu_0 I}{4\pi}\frac{d\vec{l}\times\vec{r}}{r^3} \tag{18.25}$$

これがビオ−サバールの法則である．ベクトル解析から，磁束密度 $d\vec{B}$ の向きは電流素片ベクトルの向き $d\vec{l}$ と位置ベクトル $\vec{r}$ に垂直であり，その

[*2] ジャン−バティスト・ビオ（Jean-Baptiste Biot, 1774〜1862）フランスの物理学者．電磁気学のビオ−サバールの法則が有名であるが，ビオの定理（1812年）など偏光に関する多くの業績もある．また，熱伝導，気体の膨張，冷却に関する研究などでも知られている．

大きさは電流素片ベクトルと位置ベクトル間の角度を θ として

$$\mathrm{d}B=\frac{\mu_0 I}{4\pi}\frac{\sin\theta}{r^2}\,\mathrm{d}l \tag{18.26}$$

となる．定数 μ_0 は真空中の透磁率

$$\mu_0=4\pi\times10^{-7}\ \mathrm{Wb/(A\cdot m)} \tag{18.27}$$

である（18.1 節参照）．代表的な例をいくつか見てみよう．

*3 フェリックス・サバール（Félix Savart，1791〜1841）フランスの物理学者．はじめは医学を志し，医学の博士号も取得している．バイオリンの物理に興味をもったのがきっかけで音響学の研究を開始．電磁気学分野では，ビオとともにビオ-サバールの法則を発見した．

例 1　無限に長い直線電流がつくる磁束密度

直線電流がつくる磁場を計算しよう（図 18.11）．磁束密度 $\vec{B}$ は図 18.12 の平面に垂直で，向きは紙面の表から裏に向かう．その大きさは

$$B=\int\mathrm{d}B=\frac{\mu_0 I}{4\pi}\int_{-\infty}^{\infty}\frac{\sin\theta}{r^2}\,\mathrm{d}l \tag{18.28}$$

ここで $r=\sqrt{a^2+l^2}$，$\sin\theta=\sin(\pi-\theta)=a/r$ を用いると，

$$B=\frac{\mu_0 I}{4\pi}\int_{-\infty}^{\infty}\frac{a\,\mathrm{d}l}{(a^2+l^2)^{3/2}}=\left[\frac{\mu_0 I}{4\pi a}\frac{l}{(a^2+l^2)^{1/2}}\right]_{-\infty}^{\infty} \tag{18.29}$$

となる．したがって

$$B=\frac{\mu_0 I}{2\pi a} \tag{18.30}$$

となる．

図 18.11　直線電流がつくる磁場

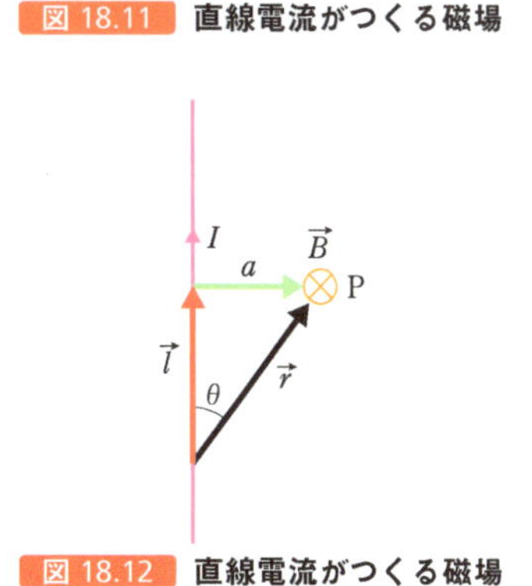

図 18.12　直線電流がつくる磁場

例 2　半径 a の円電流が中心から垂直方向に距離 x の点につくる磁束密度

対称性により，ある電流素片がつくる磁束密度 $\mathrm{d}\vec{B}$ の垂直方向成分 $\mathrm{d}B_\perp$ 以外は，他の部分の電流素片がつくる磁束密度によって打ち消される（図 18.13）．$\mathrm{d}\vec{l}$ と $\vec{r}$ のなす角 θ は $\pi/2$ であり，$\mathrm{d}B_\perp=\mathrm{d}B\sin\alpha$ とすると

$$B=\oint\mathrm{d}B_\perp=\frac{\mu_0 I}{4\pi}\oint\frac{\mathrm{d}l}{r^2}\sin\alpha=\frac{\mu_0 I}{4\pi}\frac{2\pi a}{r^2}\sin\alpha=\frac{\mu_0 Ia}{2r^2}\sin\alpha \tag{18.31}$$

となる．ここで $\sin\alpha=a/r$，$r=\sqrt{a^2+x^2}$ を用いると

$$B=\frac{\mu_0 Ia^2}{2(a^2+x^2)^{3/2}} \tag{18.32}$$

となる．なお，円の中心では

$$B=\frac{\mu_0 I}{2a} \tag{18.33}$$

である．また，円電流から遠方の点 $x\gg a$ では

$$B=\frac{\mu_0 Ia^2}{2x^3} \tag{18.34}$$

となる．ここで，円の面積を $S=\pi a^2$ を使うと

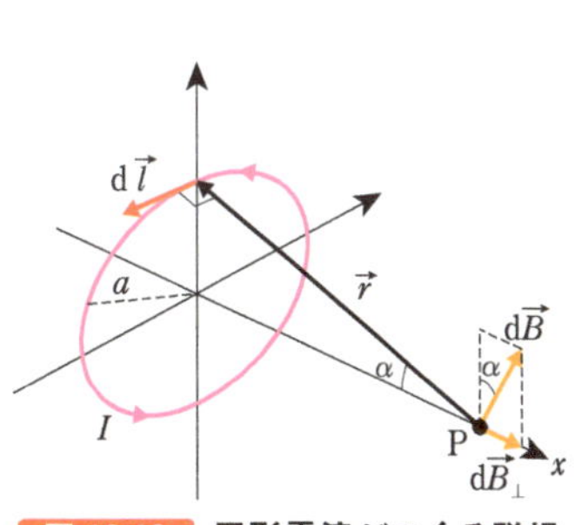

図 18.13　円形電流がつくる磁場

$$B=\frac{\mu_0 IS}{2\pi x^3} \tag{18.35}$$

と書ける．

例3 平行電流間の力

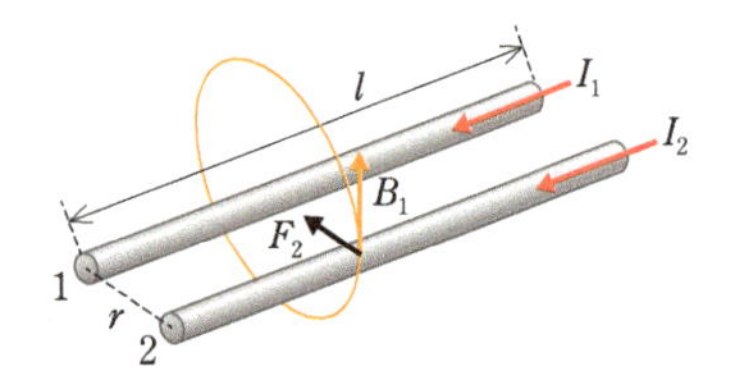

図 18.14　平行電流間の力

2本の無限に長い平行電流 I_1 と I_2 が距離 r だけ離れている（図 18.14）．電流 I_2 に対して電流 I_1 がつくる磁束密度の大きさは

$$B_1=\frac{\mu_0 I_1}{2\pi r} \tag{18.36}$$

である．この磁束密度の大きさ B_1 の中で電流 I_2 の長さ l の部分は

$$\vec{F}_2=I_2\vec{l}\times\vec{B}_1 \tag{18.37}$$

の力すなわち，

$$F_2=\frac{\mu_0 I_1 I_2}{2\pi r}l \tag{18.38}$$

の大きさの力を受ける．

なお，電流の単位である 1 A は，真空中で $r=1$ m 離れた平行導線に等しい電流を流し，導線 $l=1$ m あたり

$$F=\frac{\mu_0 I_1 I_2}{2\pi r}l=(4\pi\times10^{-7})\times\frac{I_1 I_2}{2\pi r}l=(2\times10^{-7})\times\frac{1\times1}{1}\times1=2\times10^{-7}\ \mathrm{N} \tag{18.39}$$

の力がはたらくときの電流と定義されている．1 A が定まれば，1 A の電流が 1 秒間に運ぶ電気量として 1 C が定まり，これから電気の諸単位が定められる．

解いてみよう！ 18.7　18.8

例4 有限の長さのソレノイドがつくる磁場

長い円筒面に沿って導線を密に巻いたコイルを**ソレノイド**という．ソレノイドを円形電流の集まりと考えると，ソレノイドがつくる磁束密度の向きは図 18.15 のようになる．半径 a，長さ l，単位長さあたりの巻き数が n のソレノイドに電流 I が流れているときの磁場を考えよう．

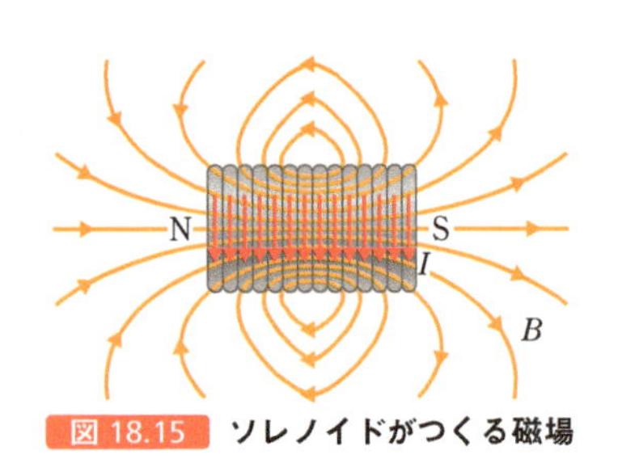

図 18.15　ソレノイドがつくる磁場

まず，中心軸上の磁場を考える．中心軸を x 軸とし中央を原点とする．ある点 P の座標を x とする．点 P から距離 x と $x+\mathrm{d}x$ の間にある円電流がつくる磁束密度の大きさ $\mathrm{d}B$ は，$\mathrm{d}x$ 内の巻き数が $n\mathrm{d}x$ であることから

$$\mathrm{d}B=\frac{\mu_0 Ia^2}{2(a^2+x^2)^{3/2}}n\mathrm{d}x \tag{18.40}$$

である．したがって，

$$B=\int_{-l/2}^{l/2}\frac{\mu_0 nIa^2}{2(a^2+x^2)^{3/2}}\mathrm{d}x \tag{18.41}$$

を計算すればよい．この積分をするために $x=a\cot\theta$ とおくと $(a^2+x^2)^{3/2}=a^3/\sin^3\theta$，$\mathrm{d}x=a\mathrm{d}\theta/\sin^2\theta$ となるので

$$B=\frac{1}{2}\mu_0 nI\int_{\theta_1}^{\theta_2}\sin\theta\,\mathrm{d}\theta \tag{18.42}$$

よって，中心軸上の点Pでの磁束密度の大きさは

$$B=\frac{1}{2}\mu_0 nI(\cos\theta_1-\cos\theta_2) \tag{18.43}$$

となる．

例5 円電流と磁気双極子

磁気双極子から遠方の点での磁束密度の大きさは $B_r=\frac{p_m}{4\pi}\frac{2\cos\theta}{r^3}$，$B_\theta=\frac{p_m}{4\pi}\frac{\sin\theta}{r^3}$ であった．よって，磁気双極子と同じ向き（すなわち $\theta=0$）の磁束密度の大きさは

$$B_r=\frac{p_m}{2\pi r^3} \tag{18.44}$$

である．一方，円電流から遠方の点での磁束密度の大きさは

$$B=\frac{\mu_0 IS}{2\pi x^3} \tag{18.45}$$

であった．

式(18.44)と式(18.45)とを比べると，円電流は磁気双極子モーメントが

$$p_m=IS \tag{18.46}$$

である磁気双極子と同じ磁場をつくる．言い換えれば，電流 I を流した面積 S の円電流は，遠方から見ると磁気双極子と区別はつかない．むしろ，実際には磁荷がないのだから磁気双極子は実在しない．磁気モーメントの大きさが $p_m=IS$ の磁気双極子として振る舞う物体の実体は，電流 I が流れている面積 S の円電流なのである．

解いてみよう！ 18.6

❷ アンペールの法則

直線電流が距離 a の点につくる磁束密度の大きさは

$$B=\frac{\mu_0}{2\pi}\frac{I}{a} \tag{18.47}$$

であった．このときの磁束密度は電流の軸を中心とした円上にあるので，

$$B\cdot 2\pi a=\mu_0 I \tag{18.48}$$

と書き換える．$2\pi a=\oint \mathrm{d}l$ は円周である．さらに磁束密度 $\vec{B}$ と円周上の線素 $\mathrm{d}\vec{l}$ は同じ向きであるから，円周上では B は一定である．これから，

$$\oint \vec{B}\cdot\mathrm{d}\vec{l}=\mu_0 I \tag{18.49}$$

が得られる．これを**アンペールの法則**という（図 18.16）*．この法則は直線電流のまわりの磁束密度だけではなく，一般的に成り立つ法則である．

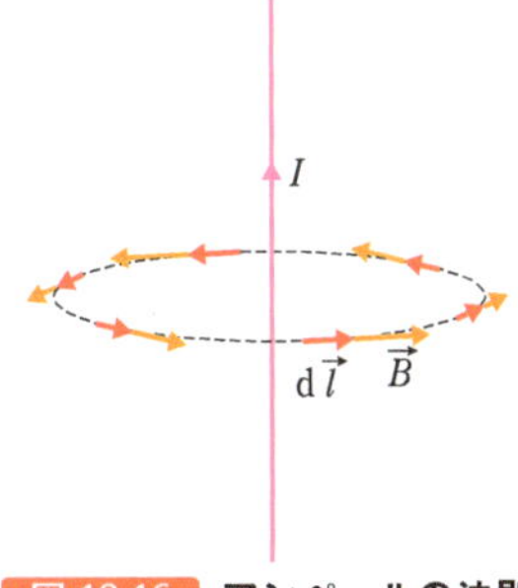

図 18.16　アンペールの法則

* アンドレ・マリ・アンペール（Andre Marie Ampere，1775～1836）フランスの物理学者．フランス革命の動乱により父親が処刑されるという悲劇の中でも学問を続けた．1821 年にアンペールの法則を発見．電流の単位であるアンペアはアンペールの名にちなんだものである．

アンペールの法則を用いる例をいくつか見てみよう．

例6　半径 a の導線内部の磁束密度

導線内部の磁束密度は一様とし，軸上の1点を中心とした面で半径 r $(r<a)$ の円を考える（図 18.17）．対称性により磁束密度 $\vec{B}$ の向きは円周の向きになる．アンペールの法則より

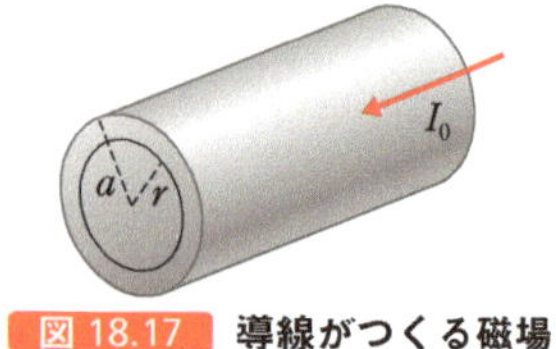

図 18.17　導線がつくる磁場

$$\oint \vec{B}\cdot d\vec{l}=\oint B\cdot dl=B\oint dl=2\pi rB=\mu_0 I \qquad (18.50)$$

全電流を I_0 とすると，いま考えている円内の電流は $I=I_0(r/a)^2$ である．よって磁束密度の大きさは

$$B=\frac{\mu_0 I_0}{2\pi a^2}r \qquad (18.51)$$

となる．

例7　無限に長いソレノイドがつくる磁場

まず，中心軸上の磁場を求めよう．例4より，中心軸上の点Pにおける磁束密度の大きさ B は，ソレノイドが充分長いときに θ が π から0まで変わるので

$$B=\int dB=\frac{1}{2}\mu_0 nI\int_0^{\pi}\sin\theta\, d\theta=\mu_0 nI \qquad (18.52)$$

である．したがって，無限に長いソレノイドの中心軸上の磁束密度の大きさは $B=\mu_0 nI$ であり，向きは右手の法則によって求めることができる．図 18.18 の場合には中心軸に沿って右向きである．

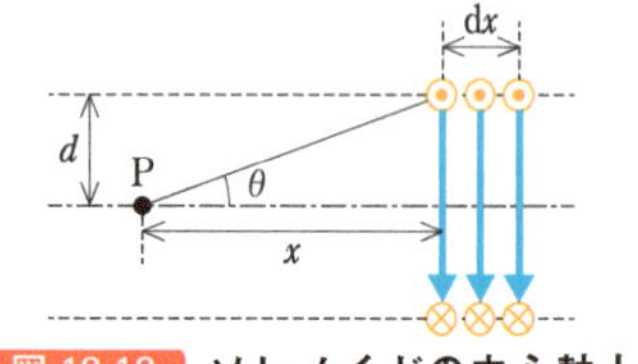

図 18.18　ソレノイドの中心軸上の磁場

この結果は中心軸上だけではなく，中心軸からずれた点でも成り立つことを示そう（図 18.19）．中心軸から離れた点P′の磁束密度の大きさを B' とすると，この磁束密度も軸に平行である．いま，ソレノイドの中心軸上に1辺があり，その反対の1辺が点P′を通るような長方形の閉曲線にアンペールの法則を適用する．

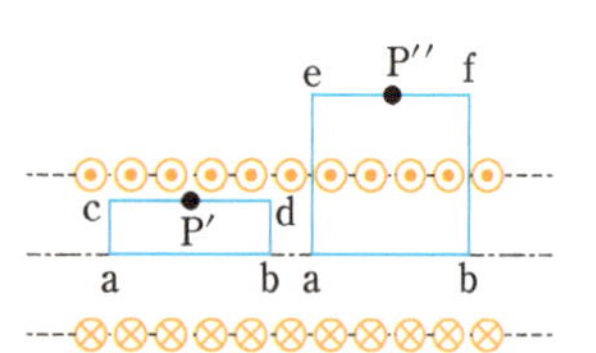

図 18.19　無限に長いソレノイドがつくる磁場

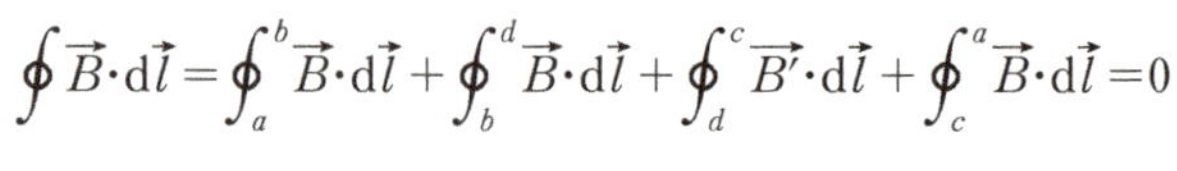

$$\oint \vec{B}\cdot d\vec{l}=\oint_a^b \vec{B}\cdot d\vec{l}+\oint_b^d \vec{B}\cdot d\vec{l}+\oint_d^c \vec{B'}\cdot d\vec{l}+\oint_c^a \vec{B}\cdot d\vec{l}=0 \qquad (18.53)$$

ここで，第2項と第4項は $\vec{B}$ と $d\vec{l}$ が直交するので0になる．残りの第1項は $B(b-a)$，第3項は $B'(c-d)=-B'(b-a)$ となる．したがって

$$B(b-a)-B'(b-a)=0 \qquad (18.54)$$

であることから，次の結果を得る．

$$B'=B=\mu_0 nI \qquad (18.55)$$

このように，中心軸からずれた場所での磁束密度の大きさは，中心軸上の磁束密度の大きさと等しい．したがって，ソレノイド内部で磁場は一様で

ある．

解いてみよう！
18.10 18.11

最後に，無限に長いソレノイドの外部では磁場が0になることを示す．このために，ソレノイドの外部の点P″の磁束密度の大きさをB''とし，ソレノイドの内部の点Pと外部の点P″を通る長方形の閉曲線にアンペールの法則を適用する（図18.19）．

$$\oint \vec{B}\cdot d\vec{l} = \oint_a^b \vec{B}\cdot d\vec{l} + \oint_b^f \vec{B}\cdot d\vec{l} + \oint_f^e \vec{B''}\cdot d\vec{l} + \oint_e^a \vec{B}\cdot d\vec{l} = \mu_0 n(b-a)I \tag{18.56}$$

第2項と第4項は$\vec{B}$と$d\vec{l}$が直交するので0になる．残りの第1項は$B(b-a)$，第3項は$B''(e-f)=-B''(b-a)$となる．したがって$B(b-a)-B''(b-a)=\mu_0 n(b-a)I$より

$$B''=B-\mu_0 nI=0 \tag{18.57}$$

を得る．このように，無限に長いソレノイドの外部では磁場は0である．無限に長くなくても，充分に長いソレノイドは棒磁石と同じで，ソレノイドの両端以外では磁場がない．

§ 18.4 磁性体

❶ 磁化

物質を磁場の中に入れると，その物質が磁石のように振る舞うことがある．これを**磁化**という．また，磁化が起こる物体を**磁性体**という．磁化が起こるメカニズムは複雑である（磁気の本質を理解するためには量子力学の知識が必要である）が，大雑把に言えば，物質内の電子の運動に関連している．電子は原子核のまわりを公転しながら，自転もしている．これらの回転運動が円電流を生み出すため，電子は小さな磁気双極子，すなわち小さな磁石と同等である．よって，物質の中には小さな磁石がたくさん入っていると考えてよい．この小さな磁石が外部磁場に反応して磁化が起こる．

物質内にある単位体積あたりの磁気モーメント$\vec{M}$は，磁化の強さとか単に磁化といわれている．磁化$\vec{M}$は磁性体の磁化の程度を表しており，誘電体の分極ベクトル$\vec{P}$に相当する物理量である．$\vec{M}\neq 0$のとき，磁性体は磁化されている．

磁化の様子は物質によって異なり，**強磁性体**，**常磁性体**，**反磁性体**がある．強磁性体は，外部からかけられた磁場（外部磁場）の向きに強く磁化される．常磁性体も外部磁場の向きに磁化されるが，強磁性体と比べて弱

く磁化される．反磁性体では外部磁場と逆向きに弱く磁化される．強磁性体の例は鉄やニッケル，常磁性体の例はアルミニウムや白金，反磁性体の例は金，銀，銅や亜鉛である．

❷ 磁化電流

誘電体の性質を学ぶときには，一様な電場を作り出す平行平板コンデンサーの内部に入れた誘電体を考えた．同様にして，磁性体の性質を学ぶときには，一様な磁場を作り出す無限に長いソレノイドの内部に入れた磁性体を考えるとよい．また，誘電体と磁性体の類似点を見ると双方の理解も深まる．

磁性体を巻き数 n のソレノイドの中に入れる．ソレノイドに電流を流すと，磁性体は一様な大きさ $B=\mu_0 nI$ の磁束密度の中に置かれて磁化する．磁化の原因は磁性体の内部にある微小な円電流であった（磁性体は微小な円電流が無数に詰まった状態であると見なすことができる）．これらの微細な円電流の面積を S とすると，1つ1つの円電流は IS の大きさの磁気モーメントをもった磁気双極子と同等である．

隣り合う円電流を流れる電流の向きは逆向きになるから，微小な円電流が接している部分の電流は互いに打ち消し合う．よって，残るのは磁性体の表面の，ソレノイドに接しているところを流れる電流のみである．これから，一様に磁化した円筒形の磁性体の磁化の様子は，表面を流れる（外部磁場によって生み出された仮想的な）電流で表される．この電流を**磁化電流**という（図 18.20）．磁化電流は，誘電体を電場内に置いたときに現れる分極電荷に対応している．

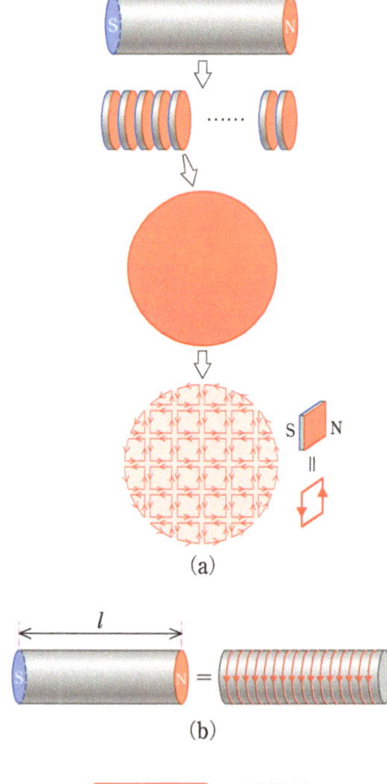

図 18.20　磁化電流

誘電体の分極電荷密度は誘電体の分極ベクトル $\vec{P}$（すなわち単位体積あたりの電気双極子モーメント）の大きさと等しかった．同様に，磁性体の，それと垂直な単位長さあたりの磁化電流 I_m の大きさは磁化 $\vec{M}$（すなわち単位体積あたりの磁気モーメント）の大きさに等しくなる．

$$I_m = M \tag{18.58}$$

これは次のように導かれる．磁化 $\vec{M}$，断面積 S，長さ l の円筒形の磁性体を厚さ $\mathrm{d}l$ の微小円盤の集まりだと考える．この微小円盤の磁気モーメントは $\mathrm{d}p_m = MS\mathrm{d}l$ である．一方，この磁気モーメントは，微小円盤のフチの円電流を $\mathrm{d}I_m$ とすると，$\mathrm{d}p_m = \mathrm{d}I_m \cdot S$ とも書ける（18.3 節例 5 参照）．これから $\mathrm{d}I_m = M\mathrm{d}l$ である．この微小円盤の円電流を集めると，円筒形磁性体の表面を流れる磁化電流になる．長さ l の円筒形には Ml の磁化電流が流れるので，単位長さあたりの磁化電流は $I_m = M$ となる．

❸ 磁場の強さ

磁性体が入っていないときのソレノイド内部の磁束密度の大きさは，$B=\mu_0 nI$ である．ここで nI は単位長さあたりのソレノイドの電流である．

磁性体が入ると磁化電流 I_m が加わり，磁束密度の大きさは

$$B=\mu_0(nI+I_m) \tag{18.59}$$

となる．

誘電体では，真電荷（$\sigma=\varepsilon E$）のみを実在する電荷と見なし，電束密度（真電荷の密度）$\vec{D}=\varepsilon\vec{E}$ を考えた．これに対して磁性体では，真電流 I だけがあると考えたときの磁場は「磁場の強さ $\vec{H}$」で表せる．このとき，電束密度が $\vec{D}=\varepsilon_0\vec{E}+\vec{P}$ と電場と分極ベクトルで書かれたように，磁束密度を

$$\vec{B}=\mu_0(\vec{H}+\vec{M}) \tag{18.60}$$

と書くことができる．真空中であれば磁化はないので

$$\vec{B}=\mu_0\vec{H} \tag{18.61}$$

である（18.1 節参照）．

❹ 磁束密度に関するガウスの法則

磁力線は，はじめも終わりもなく閉曲線を形成する．よって，その磁場が真電流からつくられているか磁化電流からつくられているかにかかわらず，電場（電束密度）に関するガウスの法則と同様に任意の閉曲面を考えると，閉曲面に入った磁束は必ず閉曲面の別の場所から出ていく．したがって，**磁束密度に関するガウスの法則**

$$\oint B_n \mathrm{d}S=0 \tag{18.62}$$

が得られる．右辺が 0 になることは，磁気単極子が存在しないと解釈してもよい．電場（電束密度）に関するガウスの法則と同様に，磁束密度に関するガウスの法則は電磁気学の基本法則の 1 つである．

❺ 磁化率

磁性体が等方性をもっていれば，磁化 $\vec{M}$ の向きは磁場の強さ $\vec{H}$ の向きと同じになる．磁化があまり大きくなければ，磁化 $\vec{M}$ は磁場の強さに比例する

$$\vec{M}=\chi_m\vec{H} \tag{18.63}$$

このときの比例定数 χ_m を**磁化率**という．これは誘電体の電気感受率に対応している．この場合には磁束密度を

$$\vec{B}=\mu_0(1+\chi_m)\vec{H} \tag{18.64}$$

と書くことができる．ここで**比透磁率**

$$\mu_r = 1 + \chi_m \tag{18.65}$$

と**透磁率**

$$\mu = \mu_r \mu_0 = (1 + \chi_m)\mu_0 \tag{18.66}$$

を定義する．これから磁束密度が

$$\vec{B} = \mu \vec{H} \tag{18.67}$$

となる．比透磁率や透磁率，磁束密度と磁場の強さの関係も，誘電体における比誘電率や誘電率，電束密度と電場の関係に類似していることがわかるであろう．

❻ 磁場の強さに関するアンペールの法則

磁束密度で書いたアンペールの法則は $\oint \vec{B} \cdot d\vec{l} = \mu_0 I$ であった．磁性体がある場合には右辺の電流には真電流と磁化電流の両方を考えなければならない．したがって

$$\oint \vec{B} \cdot d\vec{l} = \mu_0 (I + I_m) \tag{18.68}$$

である．ここで $\vec{B} = \mu_0(\vec{H} + \vec{M}) = \mu_0(\vec{H} + \vec{I}_m)$ であるから，左辺は

$$\oint \mu_0(\vec{H} + \vec{M}) \cdot d\vec{l} = \oint \mu_0 \vec{H} \cdot d\vec{l} + \oint \mu_0 \vec{I}_m \cdot d\vec{l} = \oint \mu_0 \vec{H} \cdot d\vec{l} + \mu_0 I_m \tag{18.69}$$

となり，結局

$$\oint \vec{H} \cdot d\vec{l} = I \tag{18.70}$$

を得る．すなわち，磁性体があってもなくても，磁場の強さ $\vec{H}$ に関するガウスの法則は真電流のみを考えればよい．これは，誘電体があってもなくても，電束密度 $\vec{D}$ に関するガウスの法則は真電荷のみを考えればよかったことに対応している．このように，磁性体を考えるときには，磁束密度 $\vec{B}$ よりも磁場の強さ $\vec{H}$ のほうが便利である場合も多い．真電流 I がわかれば磁場の強さに関するガウスの法則から磁場の強さ $\vec{H}$ が求まる．磁束密度や磁化が知りたければ，$\vec{B} = \mu \vec{H}$，$\vec{M} = \chi_m \vec{H}$ を用いて求めればよい．

« 章 末 問 題 »

18.1 基礎 磁場中の荷電粒子の運動と比電荷

初速度0の電子を電圧 V で加速し，磁束密度 B [Wb/m²] の一様な磁場の中に磁場と垂直に入射させると，電子が半径 r の半円を描いた．このとき，電子の比電荷（電荷と質量の比）を求めよ．

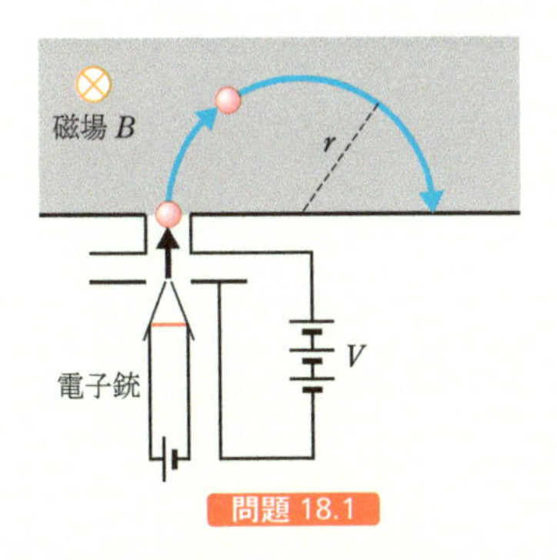

問題 18.1

18.2 発展 磁場中の荷電粒子の運動

磁束密度 B の一様な磁場に質量 m，電荷 q の正電荷が角度 θ の向きに速さ v で入射した．この粒子はその後らせん運動する．入射点Oを出てから，最初に x 軸を横切るまでの時間を求めよ．また，そのときの粒子の x 座標を求めよ．

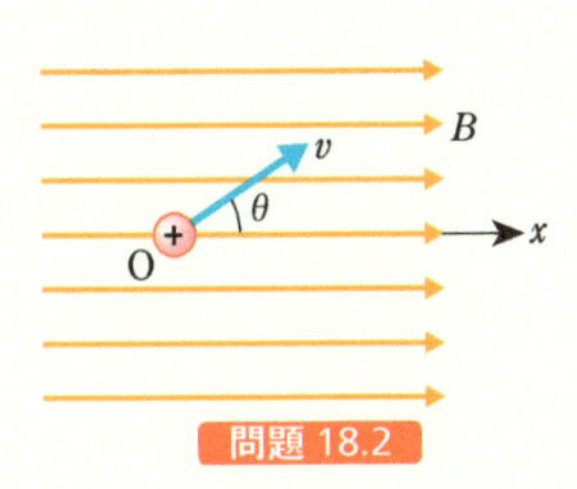

問題 18.2

18.3 基礎 電場と磁場中の荷電粒子の運動

互いに垂直な一定の電場 E と一定の磁場 B の中に，質量 m，電荷 e の粒子が電場と磁場に垂直に入射した．このとき，粒子を一定の速度で進ませるための入射速度を求めよ．

18.4 発展 磁場中の荷電粒子の運動

領域 I には一様な磁束密度 B の磁場が，領域 II には一様な磁束密度 $2B$ の磁場がある．点Oから質量 m，電荷 q の正電荷が速さ v で領域 I へ垂直に入射した．

(1) 粒子が描く軌道を求めよ．

(2) 再び領域 I と II の境界面を通過するまでの時間を求めよ．

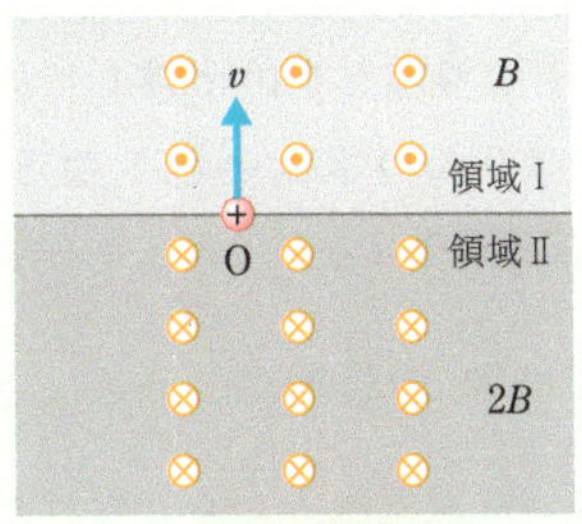

問題 18.4

18.5 基礎 ホール効果

鉛直下向きの一様な磁場 B の中に置かれた直方体の金属がある．この金属に電流 I を図の向きに流すと XY 間に電圧 V が生じた．

(1) X と Y の電位はどちらが高いか．

(2) 電子の速さを求めよ．

(3) 自由電子の密度を求めよ．

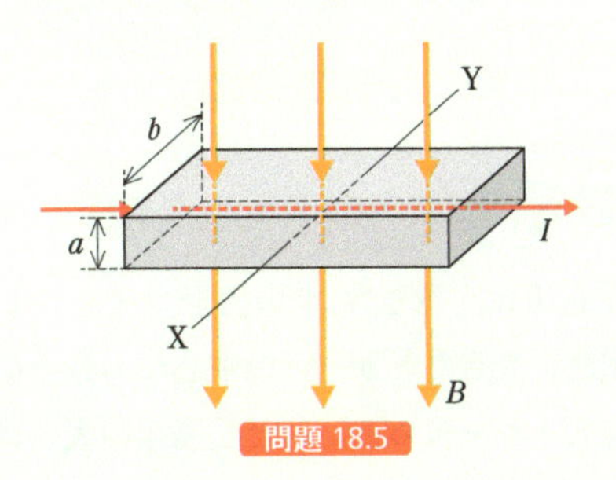

問題 18.5

18.6 基礎 電流による磁場の発生

長い直線状の導線に5.0 Aの電流を流すとき，導線から1.0 cm離れた点での磁束密度の大きさを求めよ．

18.7 基礎 電流にはたらく力

地磁気の方向に垂直に張った導線に5.0 Aの電流を流すとき，導線1 mあたりに作用する力の大きさを求めよ．ただし，地磁気の大きさを46.3 μTとする．

18.8 基礎 直線電流間の力

2本の平行な導線を0.10 m離して同じ向きに0.50 Aと1.0 Aの電流を流したとき，導線1.0 mの部分が受ける力の大きさを求めよ．

18.9 発展 電流間にはたらく力

無限に長い直線電流I_1からaだけ離れたところに，正方形電流I_2（各辺の長さはl）を置く．このとき，直線電流が正方形電流全体におよぼす力の大きさを求めよ．また，この正方形をさらにlだけ引き離すのに必要な仕事を求めよ．

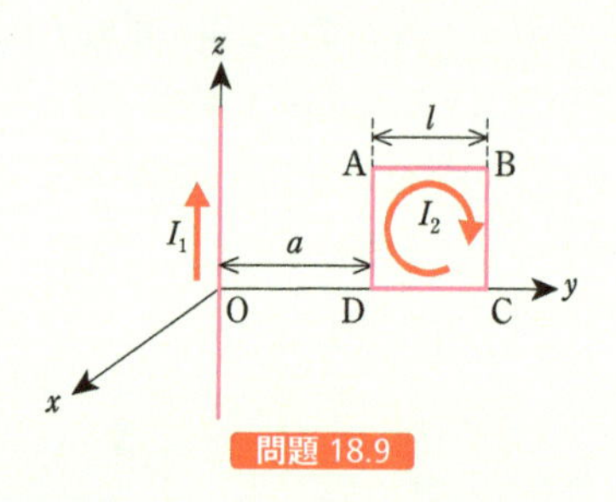

問題 18.9

18.10 基礎 円形コイルの磁場

半径0.10 m，巻き数10の円形コイルに0.50 Aの電流を流したとき，円の中心における磁束密度の大きさを求めよ．ただし導線の太さは無視できる．

18.11 基礎 ソレノイドの磁場

0.10 mあたり300回の巻き数のソレノイドに0.50 Aの電流を流したとき，ソレノイド内部の一様な磁場の磁束密度の大きさを求めよ．

18.12 発展 有限の長さのソレノイドの周辺磁場

半径a，長さl，巻き数nのソレノイドに電流Iを流したとき，中心軸上で一端から距離ξの点Pの磁束密度の大きさを求めよ．

第19章 電磁誘導

§ 19.1 電磁誘導

❶ 電磁誘導

コイルの近くで磁石を動かすとコイルに電流が生じる．このように，回路を貫く磁束の変化によって回路に電圧が生じる現象を**電磁誘導**という．生じた電圧を**誘導起電力**，流れる電流を**誘導電流**という．誘導起電力の向きは**レンツの法則***にしたがい，誘導起電力の大きさは**ファラデーの電磁誘導の法則**にしたがう．

* ハインリヒ・フリードリヒ・エーミール・レンツ（Heinrich Friedrich Emil Lenz，1804～1865）ロシアの物理学者．1833年にペテルブルグの学会でレンツの法則を発表．地球物理学の分野では，赤道の南北に海水の塩分の最大値があることを見出した．

❷ レンツの法則

レンツの法則は「誘導起電力の向きは，誘導電流のつくる磁束が，外から加えられた磁束の変化を打ち消す向きになる」というもので，図19.1のように磁石のN極が近づくときは上向きの磁場をつくるようにコイルには電流が流れ，N極が遠ざかるときには下向きの磁場をつくるように電流が流れる．

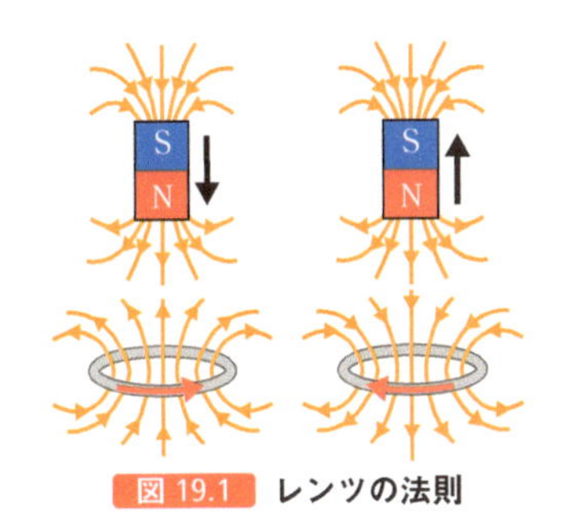

図 19.1 レンツの法則

❸ ファラデーの電磁誘導の法則

ファラデーの電磁誘導の法則は「誘導起電力の大きさは，コイルを貫く磁束の変化の割合に比例する」というもので，以下のように定式化できる．1巻きのコイルを貫く磁束が時間 $\mathrm{d}t$ に $\mathrm{d}\Phi$ だけ変化するとき，誘導起電力 V は

$$V = -\frac{\mathrm{d}\Phi}{\mathrm{d}t} \tag{19.1}$$

となる．負の符号はレンツの法則を表している．すなわち，磁束の変化と逆方向（磁束の変化を打ち消す向き）に誘導起電力が生じる．コイルが n 巻きの場合には，1巻きのコイルを n 個集めたのと同じであるので，誘導起電力も n 倍になり

$$V = -n\frac{\mathrm{d}\Phi}{\mathrm{d}t} \tag{19.2}$$

となる．

ファラデーの電磁誘導の法則 $V = -\frac{\mathrm{d}\Phi}{\mathrm{d}t}$ を磁場と電場で書き換えよう．

磁束は，磁束が貫く面の面積 dS と，磁束密度の面に垂直な向き（法線ベクトル $\vec{n}$ の方向）の成分 B_n との積で

$$\Phi=\int_{(s)}\mathrm{d}\Phi=\int_{(s)}\vec{B}\cdot\vec{n}\,\mathrm{d}S=\int_{(s)}B_n\mathrm{d}S \tag{19.3}$$

と書ける．また，閉回路の起電力 V は，その導体内の電場 $\vec{E}$ で

$$V=\oint\vec{E}\cdot\mathrm{d}\vec{l} \tag{19.4}$$

と書くことができる．したがって，磁場と電場で書いたファラデーの電磁誘導の法則は

$$\oint\vec{E}\cdot\mathrm{d}\vec{l}=-\frac{\mathrm{d}}{\mathrm{d}t}\int B_n\mathrm{d}S \tag{19.5}$$

となる．これからファラデーの電磁誘導の法則を「磁場が時間変化する（右辺）と電場がつくられる（左辺）」ということもできる．もともとのファラデーの法則はコイルを流れる電流と磁束関係を表していたが，コイルなどの物体がなくても成り立つのである．ファラデーの電磁誘導の法則は，電磁気学の基本法則の１つである．

❹ 磁場を横切る導線と誘導起電力

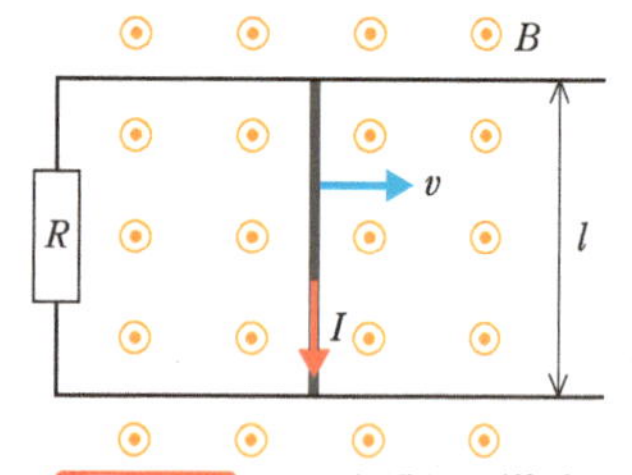

図 19.2　磁場を横切る導線

図 19.2 のような回路をつくり，一様な磁場の中で導線を磁場と垂直な向きに動かす場合も，回路を貫く磁束が時間変化するので導線に誘導起電力が生じる．このときの誘導起電力と誘導電流を求めてみよう．磁束密度 $\vec{B}$ の一様な磁場の中で長さ l の導線を磁場と垂直に速さ v で動かす．導線は時間 dt に vdt 動くので，面積 d$S=lv$dt に含まれる磁束 dΦ を横切る．コイルを貫く磁束は d$\Phi=B$d$S=Blv$dt 増加するので，誘導起電力の大きさ V は

$$V=\frac{\mathrm{d}\Phi}{\mathrm{d}t}=\frac{lvB\mathrm{d}t}{\mathrm{d}t}=lvB \tag{19.6}$$

となる．また，誘導電流はオームの法則より，回路の抵抗を R とすると

$$I=\frac{V}{R}=\frac{lvB}{R} \tag{19.7}$$

となる．

解いてみよう!
19.1　19.3

導線を磁場と角度 θ をなす向きに動かす場合の誘導起電力は

$$V=lvB\sin\theta \tag{19.8}$$

となる（図 19.3）．これから，導線が磁場と平行に動く場合には誘導起電力は生じない．磁束をまったく横切らないからである．

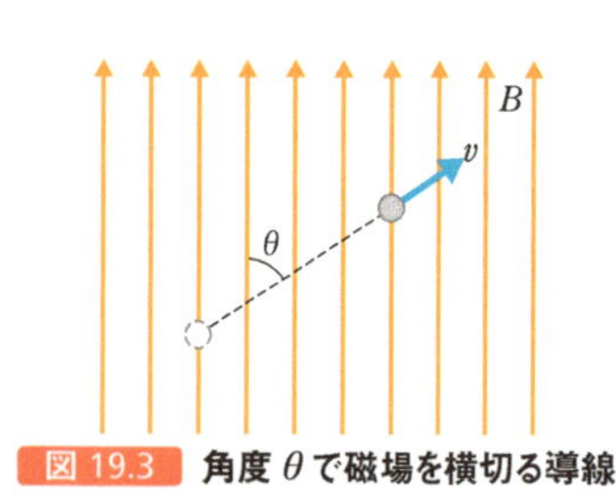

図 19.3　角度 θ で磁場を横切る導線

❺ ローレンツ力と誘導起電力

磁場を横切る導線に生じる誘導起電力は，導線内の電子が受けるローレンツ力からも求められる．磁束密度$\vec{B}$の磁場の中を速さvで移動する導線の中にある電子は，導線とともに磁束密度$\vec{B}$の磁場の中を速さvで移動している（図 19.4）．したがって電子は大きさ$F_L=evB$のローレンツ力を受け，電子は導線の一方に向かって移動を始める．その結果電子が集まる部分は負に帯電し，逆側は正に帯電することから電場$\vec{E}$が生じる．電子はこの電場から$\vec{F_E}=e\vec{E}$の静電気力を受ける．ローレンツ力によって集まった電子の数が増えると電場も大きくなり，$\vec{F_L}=\vec{F_E}$になると力がつり合って電子の移動が終わる．このとき$E=vB$となる．導線の長さをlとすると，導線の両端の電位差は$V=El$となる．よって，磁場を横切る導線の両端に生じる誘導起電力

$$V=lvB \tag{19.9}$$

を得る．

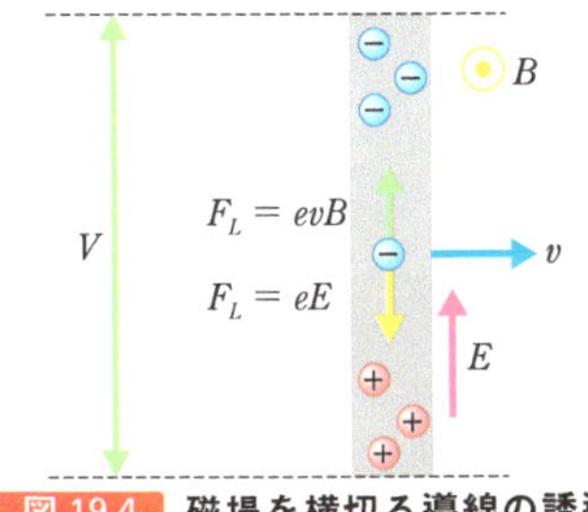

図 19.4 磁場を横切る導線の誘導起電力

❻ 渦電流

金属板の近くで磁石を動かすと金属板に誘導電流が流れる．この電流を**渦電流**という（図 19.5）．金属板に磁石のN極を向けて右に動かすと，磁石が遠ざかる金属板の部分ではN極が離れていくために金属板を下向きに貫く磁束が減る．レンツの法則により，その変化を打ち消す向き（下向きの磁束を増やす向き）である時計まわりに渦電流が生じる．磁石が近づいてくる金属板の部分ではN極が近づいてくるために金属板を下向きに貫く磁束が増える．レンツの法則により，その変化を打ち消す向きである反時計まわりの渦電流が生じる．よって，金属板上で磁石を動かすと渦電流が発生し，磁石の運動を妨げる向きに磁気力がはたらく．

この現象は磁気力によって生じるため，金属板と磁石が接触していなくても現れる．電磁調理器は金属製の鍋の底に流れる渦電流によって生じるジュール熱を利用している（図 19.6）．

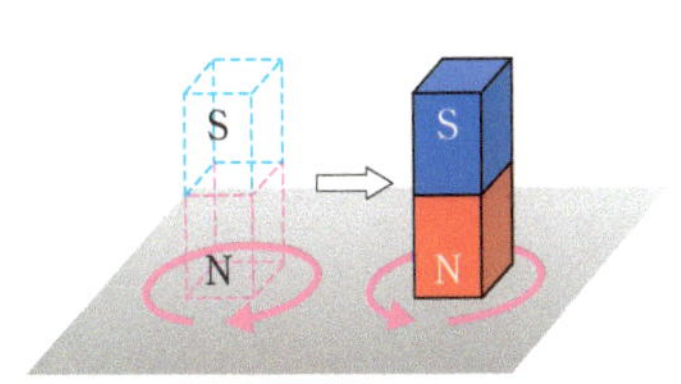

図 19.5 渦電流

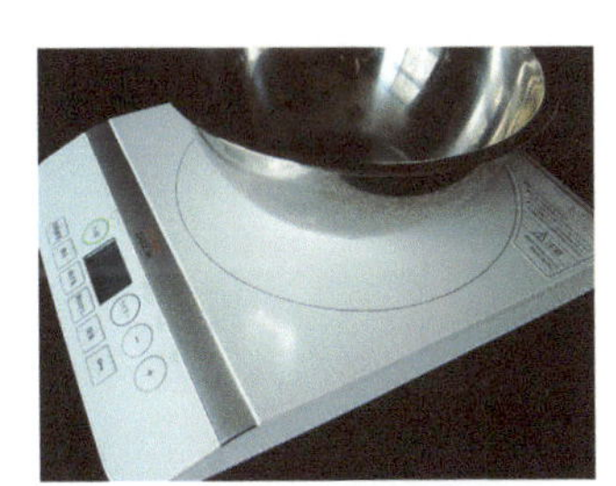
図 19.6 電磁調理器

§ 19.2 インダクタンス

❶ 自己誘導

コイルに流れる電流が変化すると，アンペールの法則によって磁場が発生する．この磁場は時間変化するので，電磁誘導により，その変化を打ち消す向きにコイルに誘導起電力が生じる．この現象を**自己誘導**という*．

* このように，磁石がなくても電磁誘導を生じさせることができる．

❷ 自己インダクタンス

単位長さあたりの巻き数が n で長さ l のコイルに電流 I を流すと，内部の磁束密度の大きさは $B=\mu_0 nI$ になる．コイルの断面積を S とすると，時間 $\mathrm{d}t$ にコイルを貫く磁束の変化は $\mathrm{d}\Phi=BS=\mu_0 n\mathrm{d}I\cdot S$ である．したがって，自己誘導でコイルに生じる誘導起電力は，ファラデーの電磁誘導の法則より

$$V=-nl\frac{\mathrm{d}\Phi}{\mathrm{d}t}=-nl\frac{\mu_0 nS\mathrm{d}I}{\mathrm{d}t} \tag{19.10}$$

となる．ここで $L=\mu_0 n^2 lS$ とおくと

$$V=-L\frac{\mathrm{d}I}{\mathrm{d}t} \tag{19.11}$$

となる．比例定数 L を**自己インダクタンス**という．自己インダクタンスはコイルの自己誘導の大きさを表している．インダクタンスの単位はヘンリー [H] である．

なお，コイルを貫く磁束 Φ は I に比例する．

$$\Phi=LI \tag{19.12}$$

この比例定数 L は自己インダクタンスである*．これから，インダクタンスの単位を [Wb/A] と書くことができる．この [H]=[Wb/A] より，透磁率 μ の単位を [Wb/(A·m)]=[H/m] と書くことができる．また，磁場の強さ $\vec{H}$ の単位を $[\vec{H}]=[\vec{B}/\mu_0]=\left[\frac{\mathrm{Wb/m^2}}{\mathrm{H/m}}\right]=\left[\frac{\mathrm{Wb}}{\mathrm{H\cdot m}}\right]=\left[\frac{\mathrm{Wb}}{\frac{\mathrm{Wb}}{\mathrm{A}}\cdot\mathrm{m}}\right]=[\mathrm{A/m}]$ と書くことができる（18.1 節参照）．

* ファラデーの電磁誘導の法則 $V=-\frac{\mathrm{d}\Phi}{\mathrm{d}t}$ に $\Phi=LI$ を代入すると，$V=-L\frac{\mathrm{d}I}{\mathrm{d}t}$ となり，式（19.11）が得られる．よって，$\Phi=LI$ の L は自己インダクタンスである．

解いてみよう！ 19.5

❸ コイルのエネルギー

自己インダクタンス L のコイルに電流を流すためには，誘導起電力に逆らって仕事をする必要がある．コイルに流れている電流が I のとき，時間 $\mathrm{d}t$ に電流を $\mathrm{d}I$ だけ増加させるための仕事 $\mathrm{d}W$ は

$$\mathrm{d}W=-IV\mathrm{d}t=-I\times\left(-L\frac{\mathrm{d}I}{\mathrm{d}t}\right)\mathrm{d}t=LI\mathrm{d}I \tag{19.13}$$

である．したがって，電流を 0 から I にするのに必要な仕事 $W=\int_0^I LI\mathrm{d}I$ が，コイル内に蓄えられるエネルギー

$$U=\frac{1}{2}LI^2 \tag{19.14}$$

となる．

❹ 相互誘導

コイル 1 とコイル 2 を近くに置く．コイル 1 のスイッチ S を開閉するとコイル 1 に流れる電流が変化するので，コイル 1 に自己誘導が起こる．

このときコイル1とコイル2の導線がつながっていなくても，同時にコイル2にも磁束の変化を打ち消す向きに誘導起電力 V_2 が生じる．この現象を**相互誘導**という（図 19.7）．これは，コイル1の周辺にできた磁束がコイル2を貫き，その磁束が時間変化することからコイル2にも誘導電流が流れるためである．

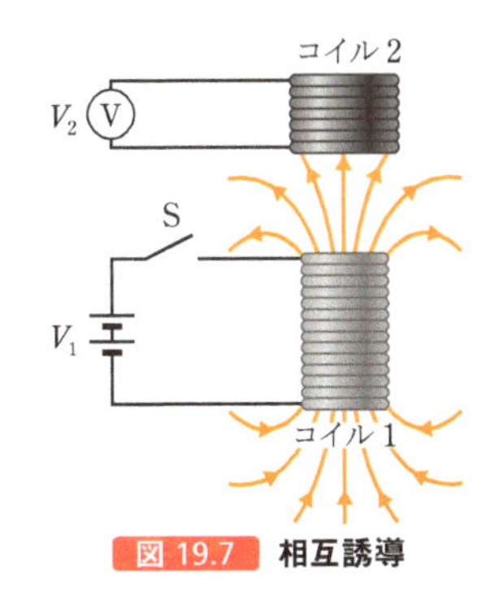

図 19.7 相互誘導

❺ 相互インダクタンス

コイル1を流れる電流 I_1 による磁束がコイル2にも通るから，V_2 は I_1 の変化の割合に比例する．

$$V_2 = -M \frac{\mathrm{d}I_1}{\mathrm{d}t} \tag{19.15}$$

この比例定数 M を**相互インダクタンス**という．相互インダクタンスは2つのコイルの巻き数の積が大きいほど，2つのコイルの位置が近いほど大きく，また，芯の物質の透磁率に比例して大きくなる．M の単位も [H] である．

自己誘導のときと同様に，磁束と相互インダクタンスの関係も見ておこう．電流 I_1 がコイル2につくる磁束を Φ_{12} と書くと，これは電流 I_1 に比例するので

$$\Phi_{12} = M_{12} I_1 \tag{19.16}$$

と書ける．一方，コイル2の電流 I_2 はコイル1に磁束 Φ_{21} を与えるので

$$\Phi_{21} = M_{21} I_2 \tag{19.17}$$

と書ける．

たとえば，断面積 S，長さ l，単位長さあたりの巻き数 n_1 のソレノイド（コイル1）の外側に，さらに単位長さあたりの巻き数 n_2 のコイル（コイル2）を同じ長さ巻いたものを考えよう．コイル1に電流 I を流すと，コイル1は磁束密度 $B = \mu_0 n_1 I$ をつくる．コイル2を通る磁束は1巻きあたり $\mu_0 n_1 IS$ であるから，コイル2全体を貫く磁束は

$$\Phi_{12} = \mu_0 n_1 n_2 ISl \tag{19.18}$$

となる．これから

$$M_{12} = \mu_0 n_1 n_2 Sl \tag{19.19}$$

を得る．コイル1とコイル2を入れ替えて考えても同じ結果を得るため，$M_{12} = M_{21}$ は明らかである．この

$$M_{12} = M_{21} = M \tag{19.20}$$

は一般的に成り立つことがわかっている．M は相互インダクタンスである．

19.6

❻ 変圧器

変圧器は，相互誘導を利用して交流（19 章参照）の電圧を変える装置である（図 19.8）．変圧器の 1 次コイルに交流電流が流れると，交流はつねに変化し，相互誘導が起きる．1 次コイルの巻き数を n_1，かける電圧を V_1，流れる電流を I_1 とし，2 次コイルの巻き数を n_2，誘導起電力を V_2，流れる電流を I_2 とする．磁束も磁束の変化も両方のコイルに共通なので

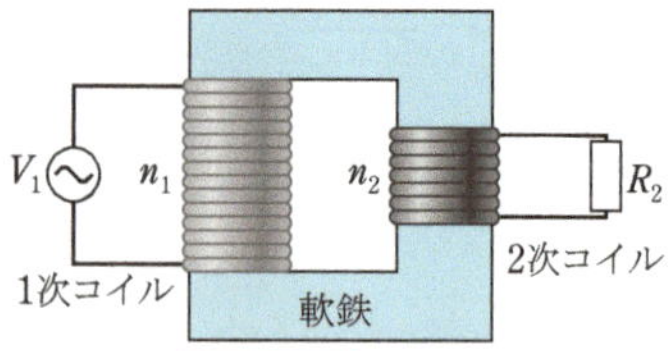

$$V_1=-n_1\frac{d\phi}{dt} \quad (19.21)$$

$$V_2=-n_2\frac{d\phi}{dt} \quad (19.22)$$

が成り立つ．したがって，V_1，V_2 の実効値を，V_{1e}，V_{2e} とすると

$$V_{1e} : V_{2e}=n_1 : n_2 \quad (19.23)$$

となり，交流電流の比は，コイルの巻き数の比に等しい．

図 19.8 変圧器

電力損失が無視できる理想的な変圧器では，1 次コイルの電力と 2 次コイルの電力が等しい．電流 I_1，I_2 の実効値を I_{1e}，I_{2e} とすると，電力は電流と電圧の積であるから，次の関係が成り立つ．

$$I_{1e} : V_{2e}=I_{2e} : V_{1e} \quad (19.24)$$

よって，2 次コイルの電圧を高くすると，2 次コイルの電流は小さくなる*．

* 2 次側に何も接続しない場合は $I_{2e}=0$ である．しかし，この場合でも 1 次側は $I_{1e}\neq 0$ となり，電流が流れる．よって，式（19.24）が成り立つのは，2 次側にも，電流が流れている場合である．

解いてみよう! 19.8

§ 19.3 磁場のエネルギー

コンデンサーには静電エネルギー

$$U_E=\frac{1}{2}Vq=\frac{q^2}{2C} \quad (19.25)$$

が蓄えられていて，電場のエネルギーは

$$u_E=\frac{1}{2}\varepsilon_0 E^2 \quad (19.26)$$

であった．同様に，ソレノイドにもエネルギー

$$U_B=\frac{1}{2}LI^2 \quad (19.27)$$

が蓄えられていた．「コンデンサーと電場」という関係と「ソレノイドと磁場」という関係が類似していることを考えれば，磁場もエネルギーをもっていると考えられる．実際，

$$U_B=\frac{1}{2}\mu_0 n^2 lS\left(\frac{B}{\mu_0 n}\right)^2=\frac{B^2}{2\mu_0}lS \tag{19.28}$$

と書くと，lS はソレノイドの体積であるから，単位体積あたりのエネルギーは

$$u_B=\frac{B^2}{2\mu_0} \tag{19.29}$$

となる．これが**磁場のエネルギー**である．電場のエネルギーで $\varepsilon_0 \to \mu_0^{-1}$, $E \to B$ と変えると磁場のエネルギーになっている．

《 章　末　問　題 》

19.1 基礎　電磁誘導

断面積 3.0×10^{-4} m^2，巻き数 1.0×10^2 のコイル内部の磁束密度が，図の b から a の向きに毎秒 2.0 Wb/m^2 で増加している．

(1) 1 秒間の磁束の変化量を求めよ．

(2) AB 間に生じる誘導起電力の大きさを求めよ．

(3) A と B のどちらの電位のほうが高いか．

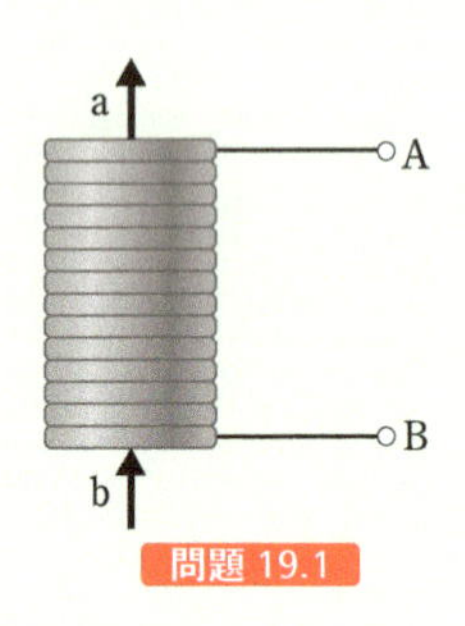

問題 19.1

19.2 発展　電磁誘導

抵抗 R の閉回路を貫く磁束が Φ_1 から Φ_2 まで変化した．このとき，回路に流れた電荷量を求めよ．

19.3 基礎　電磁誘導

コの字型（抵抗 R）の回路に軽い導体棒 PQ が置かれていて，回路と垂直に一様な磁束密度 B [Wb/m^2] の磁場がある．導体棒を矢印の向きに一定の速度 v [m/s] で動かした．ここで，摩擦はないとする．

(1) PQ 間に生じる誘導起電力の大きさを求めよ．

(2) 導体棒 PQ 間に流れる電流の向きと大きさを求めよ．

(3) 誘導電流により導体棒が磁場から受ける力の向きと大きさを求めよ．

(4) 導体棒 PQ を一定の速度 v で動かすために必要な力（糸の張力）を求めよ．

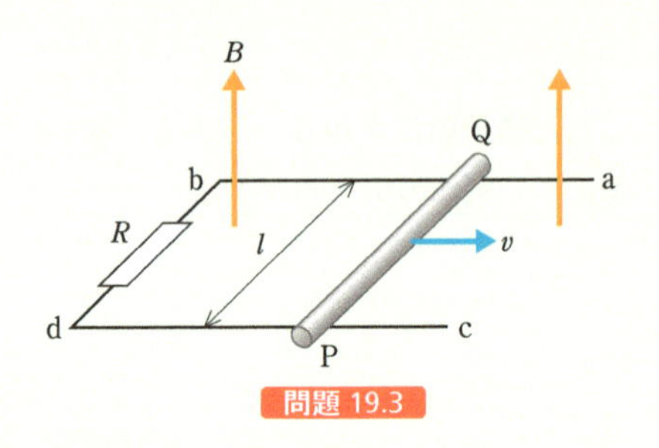

問題 19.3

19.4 基礎　渦電流

図のように導体板の近くで磁石の N 極を動かすと導体中には渦電流が流れる．この渦電流が磁石の運動を妨げるように生じることを示せ．

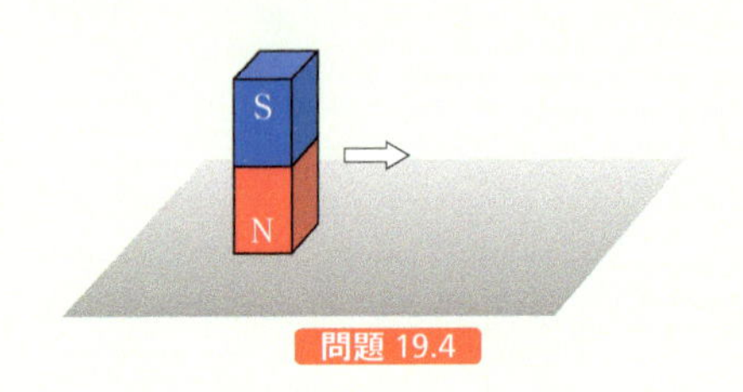

問題 19.4

19.5 基礎　自己誘導

20 H のコイルに流れる電流が 0.10 秒間に 0.30 A 減少した．このとき，誘導起電力の大きさを求めよ．

19.6 基礎　相互誘導

鉄芯（断面積 S，透磁率 μ）にコイル A（単位長さあたりの巻き数 n）が巻かれており，さらにコイル A の上にはコイル B（全巻き数 N）が巻かれている．コイル A に電流 I を流したとき，コイル内部の磁束密度を B，磁場を H とする．

(1) コイル A の断面を貫く磁束 Φ を求めよ．

(2) 一定割合で時間 t [s] の間に電流を 0 にしたとき，コイル B の両端間に生じる誘導

起電力の大きさ V を求めよ．

(3) 2つのコイルの相互インダクタンス M を求めよ．

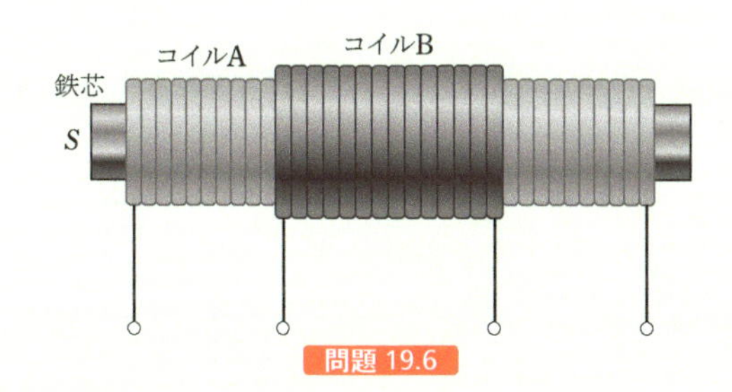

問題 19.6

19.7 発展　相互誘導

2つのコイル（自己インダクタンス L_1, L_2）の相互インダクタンス M が $M^2=k^2L_1L_2$ $(0\leqq k\leqq 1)$ を満たすことを示せ．

19.8 基礎　変圧器

図のような変圧器がある（1次コイルの巻き数200，2次コイルの巻き数1000）．1次コイルを100 V の交流電源につなぎ，2次コイルに100 Ω の抵抗をつなぐ．$I_1V_1=I_2V_2$ が成り立つとする．

(1) 抵抗に加わる電圧を求めよ．

(2) 抵抗を流れる電流を求めよ．

(3) 抵抗の消費電力を求めよ．

(4) 1次コイルを流れる電流を求めよ．

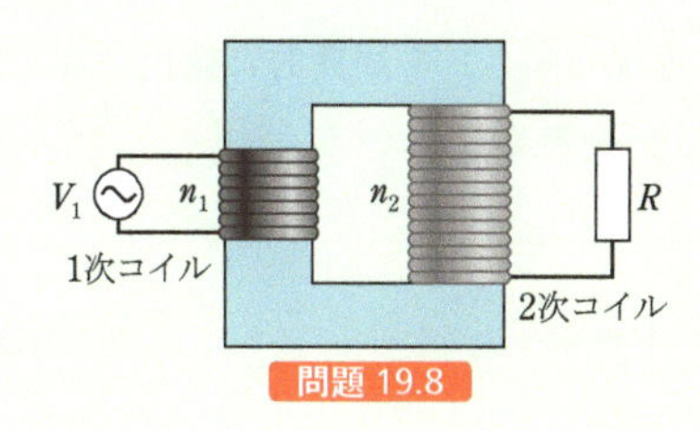

問題 19.8

第20章 交流

§ 20.1 交流

❶ 交流

一定の向きに流れ，時間とともに変わらない電流が直流であった（17章参照）．これに対して，電流の向きが時間とともに交互に入れ替わる電流が**交流**（**交流電流**）である．

交流は次のようにして作り出すことができる．一様な磁場の中でコイルを回転させると誘導起電力が発生する．たとえば，図 20.1 のように1辺が l の正方形のコイル ABCD を用意し，磁束密度 $\vec{B}$ の中を一定の角速度 ω で回転させる．このとき，辺 AB は速さ $v=r\omega=(l/2)\omega$ で磁場を横切る．辺 AB と磁場とのなす角はコイルの回転角と等しく $\theta=\omega t$ であるから，辺 AB に生じる誘導起電力は $vBl\sin\theta$ となる．誘導起電力の正の向きを A→B→C→D とすると，辺 CD にも辺 AB と同じ符号で同じ大きさの誘導起電力が生じる．残りの2辺については，磁場を横切らないために誘導起電力は生じない．よって，コイル全体に生じる誘導起電力は

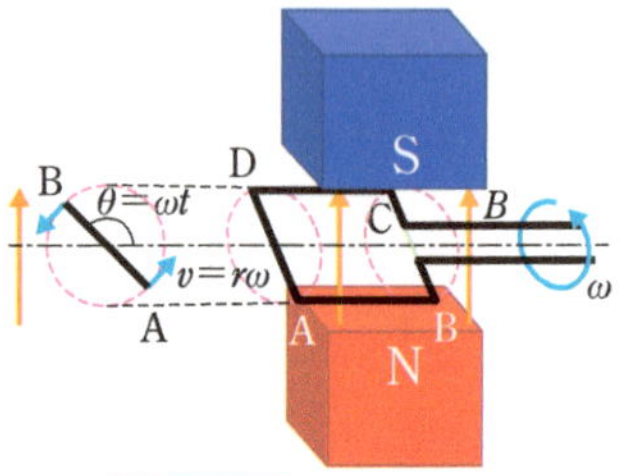

$$V=2vBl\sin\theta=\omega Bl^2\sin\omega t \tag{20.1}$$

となる．コイルが回転を続けると角度は $0\to\pi/2\to\pi\to3\pi/2\to2\pi\to\cdots$ と変化し，$\sin\theta$ は $0\to1\to0\to-1\to0\cdots$ と変化していく．これから，コイル全体の誘導起電力の符号（すなわち電流の向き）も周期的に変化する．このように周期的に向きが変わる電圧を**交流電圧**という（図 20.2）．$V_0=\omega Bl^2$ とおくと，交流電圧は

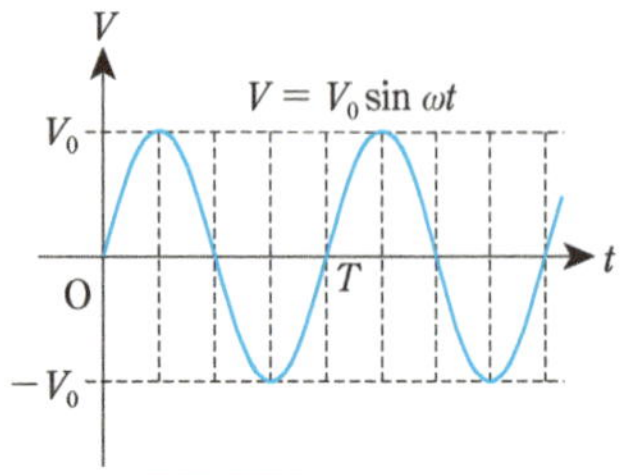

$$V=V_0\sin\omega t \tag{20.2}$$

と書ける．V_0 を交流電圧の最大値，ωt を位相という．

交流電圧を回路に加えると，流れる交流電流の周期 T は

$$T=\frac{2\pi}{\omega} \tag{20.3}$$

であり，振動数 f は

$$f=\frac{1}{T}=\frac{\omega}{2\pi} \tag{20.4}$$

図 20.1 交流の発生

図 20.2 交流電圧

である．なお，fを交流の周波数，$\omega=2\pi f$を交流の角周波数ともいう．ちなみに，電力会社が供給する電力の周波数は東日本では 50 Hz，西日本では 60 Hz である．

解いてみよう! 20.1

❷ 実効値

直流では電流 I と電圧 V が一定であるので，電力 IV も時間的に変化しない．しかし，交流の場合には電流が $I=I_0\sin\omega t$，電圧が $V=V_0\sin\omega t$ のように周期的に変化するため，電力 P も

$$P=IV=I_0\sin\omega t\times V_0\sin\omega t=I_0V_0\sin^2\omega t=\frac{1}{2}I_0V_0(1-\cos 2\omega t) \tag{20.5}$$

となり周期的に変化する．したがって，直流に比べて交流の電力の大小関係を直接比較することは困難である．そこで，変化する電力の大きさの目安として，1 周期の間の時間平均値

$$\overline{P}=\frac{1}{T}\int_0^T P\mathrm{d}t=\frac{I_0V_0}{2T}\int_0^T(1-\cos 2\omega t)\,\mathrm{d}t=\frac{1}{2}I_0V_0 \tag{20.6}$$

を考える．ここで，

$$I_e=\frac{1}{\sqrt{2}}I_0,\quad V_e=\frac{1}{\sqrt{2}}V_0 \tag{20.7}$$

として電力の平均値を

$$\overline{P}=\frac{1}{2}I_0V_0=\frac{1}{\sqrt{2}}I_0\times\frac{1}{\sqrt{2}}V_0=I_eV_e \tag{20.8}$$

と書き直すと，直流のときに電力を計算する式と同じ式で扱うことができる．この I_e を**交流電流の実効値**，V_e を**交流電圧の実効値**という．

実効値について，もう少し見ておこう．電流 $I=I_0\sin\omega t$ のままでは大きさが時間とともに周期的に変化し，正負も入れ替わるため大小関係を比較することは容易ではない．そこで，まず電流を 2 乗して正の値にし，周期 T で割って，1 周期あたりの値にすると

$$\overline{I^2}=\frac{1}{T}\int_0^T I_0^2\sin^2\omega t\,\mathrm{d}t=\frac{I_0^2}{2T}\int_0^T(1-\cos 2\omega t)\,\mathrm{d}t=\frac{1}{2}I_0^2 \tag{20.9}$$

が得られる．この平方根が電流の実効値である．したがって，交流電流の実効値は，変化する交流電流の時間平均値である．電圧の実効値についても同様である．

なお，交流電圧が 0 のときには交流電流も 0 になる．すなわち交流電圧と交流電流は同位相になる．これは，交流電圧 $V=V_0\sin\omega t$ を抵抗 R で割ると，抵抗を流れる交流電流 I が

$$I=\frac{V}{R}=\frac{V_0\sin\omega t}{R}=I_0\sin\omega t \tag{20.10}$$

となることからもわかる．

抵抗で発生するジュール熱の1周期の平均値は，時間 dt に発生するジュール熱が $I^2R\mathrm{d}t$ であるので，

$$\overline{Q}=\frac{1}{T}\int_0^T I^2R\mathrm{d}t=I_e^2R \tag{20.11}$$

解いてみよう! 20.2

となる．このようにジュール熱も実効値を用いると直流と同じ式で計算できる．

§ 20.2 インピーダンスとリアクタンス

❶ インピーダンス

交流に対する回路全体の抵抗を**インピーダンス**という．抵抗値 R の抵抗，自己インダクタンス L のコイル，電気容量 C のコンデンサーを直列に接続した ***RLC* 直列回路**（抵抗，コイル，コンデンサーの直列回路）（図 20.3）に交流電源をつなぎ，交流電圧

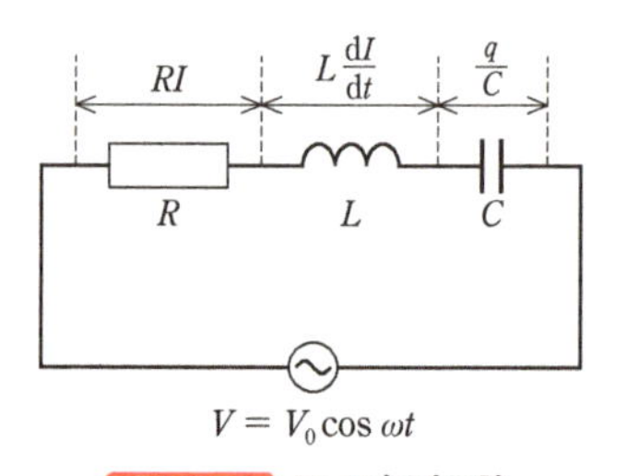

図 20.3 *RLC* 直列回路

$$V=V_0\cos\omega t \tag{20.12}$$

をかけたとしよう．キルヒホッフの法則より，回路に流れる電流は次の微分方程式を満たす．

$$L\frac{\mathrm{d}I}{\mathrm{d}t}+RI+\frac{q}{C}=V_0\cos\omega t \tag{20.13}$$

両辺を時間で微分して $I=\mathrm{d}q/\mathrm{d}t$ を代入すると

$$L\frac{\mathrm{d}^2I}{\mathrm{d}t^2}+R\frac{\mathrm{d}I}{\mathrm{d}t}+\frac{1}{C}I=-V_0\omega\sin\omega t=V_0\omega\cos\left(\omega t+\frac{\pi}{2}\right) \tag{20.14}$$

となる．これから

$$I=\frac{V_0}{Z}\cos(\omega t-\theta)=I_0\cos(\omega t-\theta) \tag{20.15}$$

が得られる．ここで

$$I_0=\frac{V_0}{Z} \tag{20.16}$$

$$Z=\sqrt{\left(\omega L-\frac{1}{\omega C}\right)^2+R^2} \tag{20.17}$$

$$\tan\theta=\frac{\omega L-1/(\omega C)}{R} \tag{20.18}$$

とおいた．Z が交流に対する抵抗としてはたらくインピーダンスである．電流の最大値 I_0 と電圧の最大値 V_0，およびインピーダンス Z の関係 $I_0=V_0/Z$ が，直流回路のオームの法則 $I=V/R$ と同じ形であることからも，インピーダンス Z が交流回路に対する抵抗であることがわかるであろう．

なお，図 20.3 のような RLC 直列回路では電圧と電流の位相が異なるので注意が必要である．実際に電力の実効値は

$$P=\frac{1}{T}\int_0^T IV\mathrm{d}t=\frac{1}{T}\int_0^T I_0V_0\cos(\omega t)\cos(\omega t-\theta)\,\mathrm{d}t$$

$$=\frac{I_0V_0}{2T}\int_0^T\{\cos(2\omega t-\theta)+\cos\theta\}\,\mathrm{d}t=\frac{I_0V_0}{2}\cos\theta \tag{20.19}$$

したがって

$$P=I_eV_e\cos\theta \tag{20.20}$$

となり，$\cos\theta$ を考慮する必要がある．この $\cos\theta$ を**力率**という．

抵抗が 0（$R=0$）の場合，すなわち LC 回路の場合には角度が $\theta=\pi/2$ となり*，電力も $P=0$ となるため外部電圧は仕事をしない．このときの電流を**無効電流**という．無効電流が発生する理由は，1 周期のうちの半分では電源電圧に対して電流が逆向きに流れるためである．すなわち，1 周期の半分では電源の放電，もう半分では電源の充電が行われるため，電源はエネルギーを失わない．電力が 0 になることは，LC 回路ではエネルギーが保存されることを表している．

* 式（20.18）より．

解いてみよう！
20.5

❷ リアクタンス

インピーダンス Z の式（20.17）から

$$X=\omega L-\frac{1}{\omega C} \tag{20.21}$$

が R と同様に抵抗としてはたらくことがわかる．この X を**リアクタンス**という．特に

$$X_L=\omega L \tag{20.22}$$

を**コイルのリアクタンス**といい，

$$X_C=\frac{1}{\omega C} \tag{20.23}$$

を**コンデンサーのリアクタンス**という．

コイルのリアクタンスは次のように理解できる．コイルと抵抗を直列につないだ回路に直流電圧を加えた場合と，実効値が同じ交流電圧を加えた場合とでは，交流電圧を加えた場合のほうが電流は流れにくい．これは，コイルの自己誘導によって電流の変化を妨げる向きに誘導起電力が生じ，電流が流れにくくなるからである．このように，コイルは交流に対して抵抗のはたらきをする．

コンデンサーのリアクタンスは次のように理解できる．コンデンサーと抵抗を直列につないだ回路に直流電圧を加えた場合には，はじめは電流が流れるがすぐに流れなくなる．コンデンサーの充電が終了したからであ

る．これに対して交流電圧を加えた場合には電流が流れ続ける．これは，電圧の向きが入れ替わるとコンデンサーの充電と放電も繰り返されるからである．このときコンデンサーの両端には電圧が生じており，コンデンサーは交流に対して抵抗のはたらきをする．

❸ リアクタンスと交流の周波数

コイルのリアクタンス $X_L=\omega L=2\pi fL$ は周波数に比例しているので，コイルは高い周波数の交流を流しにくい．一方，コンデンサーのリアクタンス $X_C=1/(\omega C)=1/(2\pi fC)$ は周波数に反比例しているので，コンデンサーは低い周波数の交流を流しにくい．この性質は，交流を低周波と高周波に分けるときに用いられている．一般に，低周波数成分のみを取り出す回路を**ローパスフィルタ**といい，高周波数成分のみを取り出す回路を**ハイパスフィルタ**という．

また，コイルは直流（$f=0$）に対してまったく抵抗としてはたらかないが（$X_L=0$），交流に対してはリアクタンスが0ではなく抵抗としてはたらく．このことから，直流と交流が混ざった電流から直流と交流を分ける（直流を取り出す）ことができる．このために使われるコイルは**チョークコイル**とよばれる．これに対して，コンデンサーは直流に対しては無限大の抵抗として振る舞うが（$X_C=\infty$），大きな周波数の交流に対しては無視できるリアクタンスしかもたない．

解いてみよう! 20.3 20.4

§ 20.3 過渡現象と共振

❶ *RC* 直流回路の過渡現象

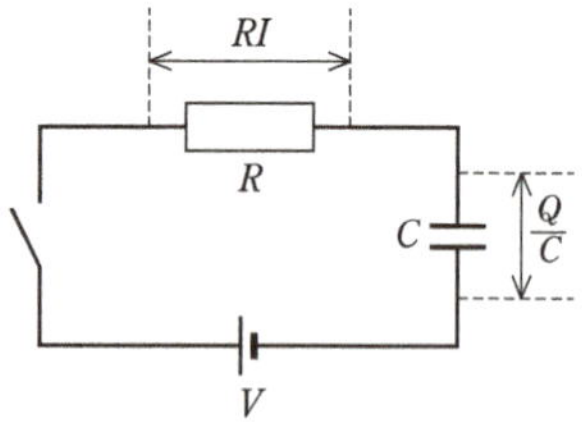

抵抗だけの直流回路では，スイッチを入れたあとは一定の電流が流れ続けるだけである．これに対して，抵抗とコンデンサーを電源 E につないだ直流回路（RC 直流回路，図 20.4）では，スイッチを入れた直後には電流 $I=E/R$ が流れるが，その後だんだんと電流が減っていき，やがて電流は流れなくなる（$I=0$）．これは，コンデンサーに電荷がたまっていき，満杯になるとそれ以上電荷が動けなくなるからである．これは直流回路での現象であるが，交流回路の共振を理解するための準備として，ここで紹介する．

図 20.4 *RC* 直流回路

(1) スイッチ ON

はじめのコンデンサーの蓄電量は0である（コンデンサーは抵抗0の抵抗と見なせる．言い換えれば，コンデンサーが存在しない回路と同等である）．よって，コンデンサーの極板間電圧も0である．スイッチが ON された瞬間，電池の起電力はすべて抵抗に加わり，回路の電流は $I=E/R$ となる．

(2) 充電中

コンデンサーには電池から流入した電荷が蓄えられていく．極板間の電圧を V とすると，抵抗に加わる電圧は $E-V$ となる．よって，回路を流れる電流は $I=(E-V)/R$ となる．

(3) 充電終了

コンデンサーの極板間電圧が電池の電圧 E と等しくなると，充電は終了する．このときの回路電流は $I=0$ であり，コンデンサーは抵抗無限大の抵抗と見なせる．

このように，ある状態（電流が流れている状態）からだんだんと何かが変化（電流が変化）していき，最終的にある状態（電流が流れない状態）に落ち着く現象を**過渡現象**という．

RC 直流回路にキルヒホッフの第 2 法則を用いると

$$RI+\frac{Q}{C}=V \tag{20.24}$$

が得られる．時間で微分し，$I=\mathrm{d}Q/\mathrm{d}t$ および直流なので $\mathrm{d}V/\mathrm{d}t=0$ の関係を用いると

$$\frac{\mathrm{d}I}{\mathrm{d}t}+\frac{1}{RC}I=0 \tag{20.25}$$

となる．この微分方程式を解くと，電流の時間変化

$$I=I_0\mathrm{e}^{-t/\tau_{RC}} \tag{20.26}$$

が求まる．ここで，$I_0=V/R$ はスイッチを入れた瞬間に流れていた電流（初期電流）である．また，

$$\tau_{RC}=RC \tag{20.27}$$

を RC 直流回路の**時定数**という．指数関数 $\mathrm{e}^{-t/\tau_{RC}}$ の部分が，電流が時間とともに急激に減少していく過渡現象を示している（図 20.5）．このように，<u>RC 回路の時定数は，電流が I_0/e になるまでの時間を表している</u>．なお，コンデンサーがない場合（C が無限大でいつまでも充電が完了せずに電流が流れ続ける場合）は時定数が無限大となる．このとき $I=I_0\mathrm{e}^{-t/\tau_{RC}}=I_0\mathrm{e}^{-t/\infty}=V/R$ となって，抵抗のみの回路で成り立っていたオームの法則が再現される．

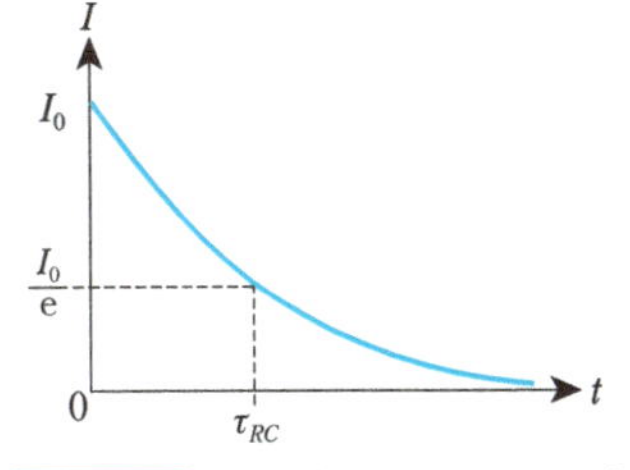

図 20.5 *RC* 直流回路の過渡曲線

❷ *RL* 直流回路の過渡現象

抵抗とコイルが入っている直流回路（RL 直流回路，図 20.6）では，スイッチを入れた直後には電流が流れないが，その後だんだんと電流が増

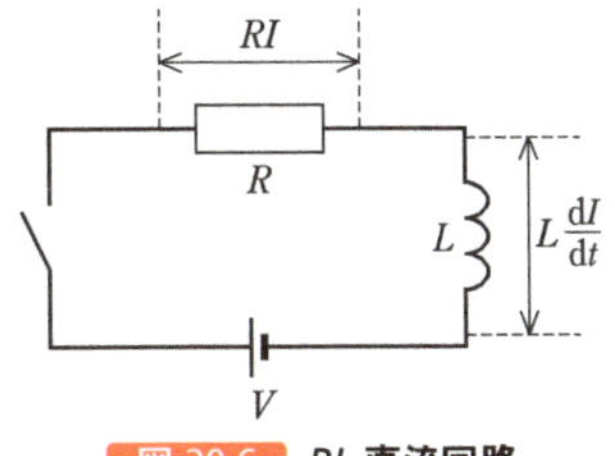

図 20.6 *RL* 直流回路

えていく．これは，コイルの自己誘導によって生じる現象である．スイッチを入れた瞬間には電流が0から変化するので大きな電流の変化がある．よってスイッチONの瞬間では，コイルの自己誘導による逆向きの電流も非常に大きく電流は流れにくい．しかし，電流が流れ始めると，電流の変化量が小さくなり自己誘導による逆向きの電流が減少し，電流は流れやすくなる．この過渡現象も直流回路での現象ではあるが，交流回路の共振の前に紹介する．

RL 直流回路にキルヒホッフの第2法則を用いると，

$$RI+L\frac{\mathrm{d}I}{\mathrm{d}t}=V \tag{20.28}$$

が得られる．この微分方程式を解くと，電流の時間変化

$$I=I_m\left(1-\mathrm{e}^{-t/\tau_{RL}}\right) \tag{20.29}$$

が求まる．ここで，$I_m=V/R$ はスイッチを入れてから充分に時間が経過したのちに流れる電流（最大電流）である．また，

$$\tau_{RL}=\frac{L}{R} \tag{20.30}$$

を *RL* 直流回路の**時定数**という．指数関数を含む $(1-\mathrm{e}^{-t/\tau_{RL}})$ の部分が，電流が時間とともに増加して行く過渡現象を示している（図 20.7）．このように，*RL* 回路の時定数は，電流が $I_m(1-1/\mathrm{e})$ になるまでの時間を表している．なお，コイルがない場合（$L=0$ で自己誘導による逆向きの電流がない場合）は時定数が0となる（より正確には，コイルのインダクタンスが限りなく0であり，時定数も限りなく0に近い場合を考える）．このとき $I=I_m(1-\mathrm{e}^{-t/\tau_{RC}})=I_m(1-\mathrm{e}^{-t/0})=V/R$ となって，抵抗のみの回路で成り立っていたオームの法則が再現される．

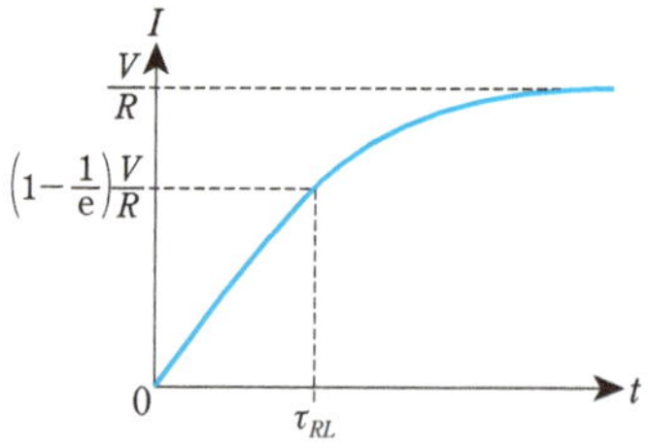

図 20.7　*RL* 直流回路の過渡曲線

❸ *RLC* 交流回路と共振

ここまで，*R* や *L* を含む直流回路の過渡現象について紹介した．交流の *RLC* 回路では，過渡現象ではなく共振現象が現れる．これを紹介しよう．*RLC* を直列に接続した交流回路（図 20.8）のインピーダンス

$$Z=\sqrt{\left(\omega L-\frac{1}{\omega C}\right)^2+R^2} \tag{20.31}$$

は交流電圧の角周波数によって変化するので，回路に流れる電流の最大値

$$I_0=\frac{V_0}{Z} \tag{20.32}$$

も変化する．ある周波数で最大電流が大きくなるので，この現象を ***RLC* 交流回路の共振**という．

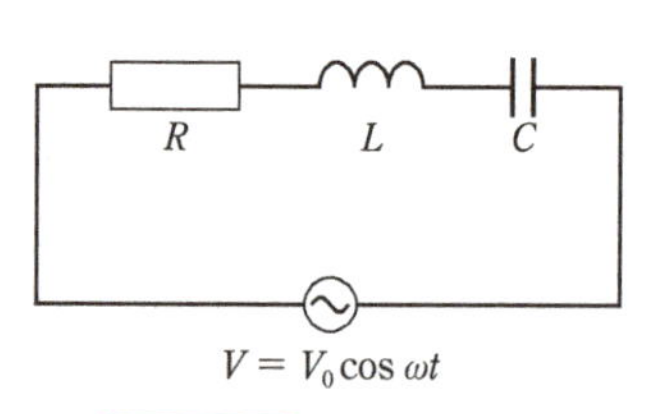

図 20.8　*RLC* 交流回路

最大電流がもっとも大きくなるのは $\omega L=1/\omega C$ が成り立つときである．すなわち，角周波数が

$$\omega = \frac{1}{\sqrt{LC}} = \omega_0 \tag{20.33}$$

の場合にインピーダンスは$Z=R$となり，位相の遅れもなくなって（$\theta=0$），電流の最大値も最大となる．このときの角周波数ω_0を**共振角周波数**といい，

$$f_0 = \frac{\omega_0}{2\pi} = \frac{1}{2\pi\sqrt{LC}} \tag{20.34}$$

を**共振周波数**という．このように，共振周波数で電流が大きくなる現象がRLC交流回路の共振である（図 20.9）．なお，Rが小さいほど高く鋭いピークが得られる．

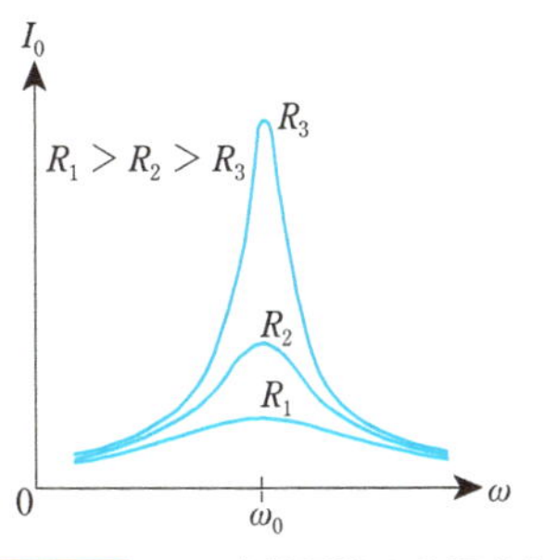

図 20.9 *RLC* 交流回路の共振曲線

《 章 末 問 題 》

20.1 基礎 交流の発生

一様な磁束密度 B の磁場の中で面積 S の1巻きのコイルを周波数 f で回転させる．発生する交流電圧の最大値を B, S, f で表せ．

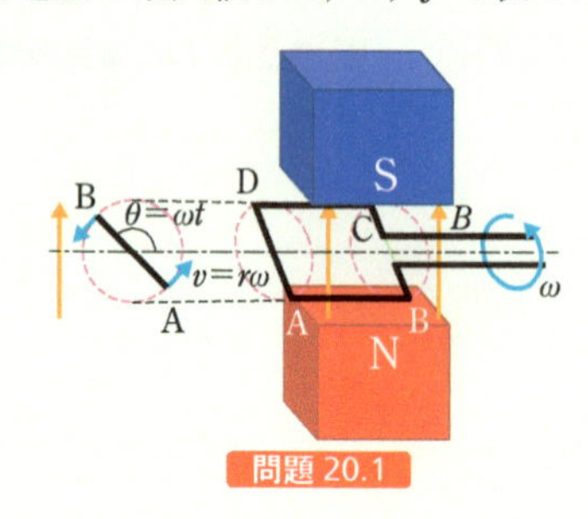

問題 20.1

20.2 基礎 実効値

次の場合に流れる電流の実効値を求めよ．

(1) 500 W の電気ヒーターに実効値 100 V の交流電圧を加えた．

(2) 自己インダクタンス 0.32 H のコイルに周波数 50 Hz，実効値 100 V の交流電圧を加えた．

(3) 電気容量 32 μF のコンデンサーに，周波数 50 Hz，実効値 100 V の交流電圧を加えた．

20.3 基礎 コイルのリアクタンス

自己インダクタンス 25 mH のコイルを，周波数を 100 Hz～10 kHz の範囲で変えることのできる 5.0 V の交流電源につないだ．

(1) コイルに流れる電流がもっとも大きくなる周波数を求めよ．

(2) (1)の周波数のリアクタンスを求めよ．

(3) (2)の周波数で流れる電流を求めよ．

20.4 基礎 コンデンサーのリアクタンス

電気容量 10 μF のコンデンサーを，周波数を 100 Hz～10 kHz の範囲で変えることのできる 5.0 V の交流電源につないだ．

(1) コンデンサーに流れる電流がもっとも大きくなる周波数を求めよ．

(2) (1)の周波数のリアクタンスを求めよ．

(3) (2)の周波数で流れる電流を求めよ．

20.5 基礎 インピーダンス

$R=500\,\Omega$，$L=0.200\,\mathrm{H}$，$C=0.198\,\mu\mathrm{F}$ の RLC 回路がある．

(1) 交流周波数が 400 Hz のときのインピーダンスを求めよ．

(2) 交流周波数が 1600 Hz のときのインピーダンスを求めよ．

(3) 共振周波数（インピーダンスが最小となる周波数）を求めよ．

(4) 共振周波数でのインピーダンスを求めよ．

20.6 発展 *RL* 回路

図のような RL 回路がある．ただし，はじめコンデンサーは放電されているとし，電池の内部抵抗は無視する．

(1) スイッチを A につないだあとに流れる電流を求めよ．

(2) 充分時間が経ってからスイッチを B につないだときに流れる電流を求めよ．

(3) (2)の場合に抵抗で発生する熱エネルギー（ジュール熱）を求めよ．

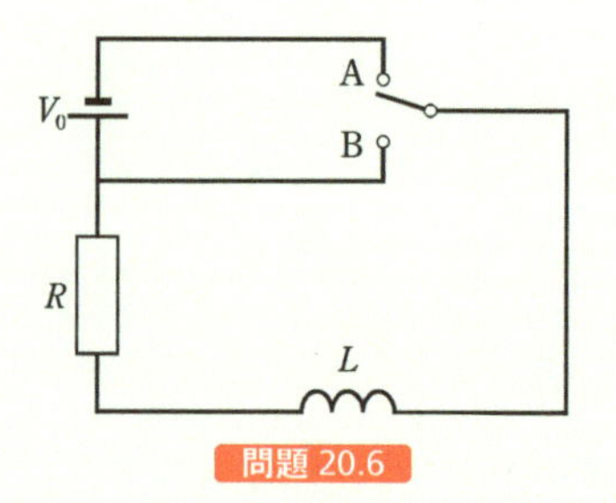

問題 20.6

第21章 マクスウェル方程式と電磁波

§ 21.1 アンペール–マクスウェルの法則

❶ 電束電流

18章で紹介したアンペールの法則

$$\oint H_l \mathrm{d}l = I$$

には難点がある．この法則にある電流 I は，閉曲線をふちとする曲面を通る電流である．この法則を充電中のコンデンサーを含む回路に応用してみよう．図 21.1 のように閉曲面Sをとると，実際に電流 I が通っているので問題はないが，コンデンサーの極板間まで閉曲面をのばして S′ とすると，実際に閉曲面を通過する電流がないので，アンペールの法則の I は0となる．閉曲面としてSをとるか，あるいはS′ をとるかで結果が異なり，アンペールの法則はどのような場合でも成立する法則ではないことになる．

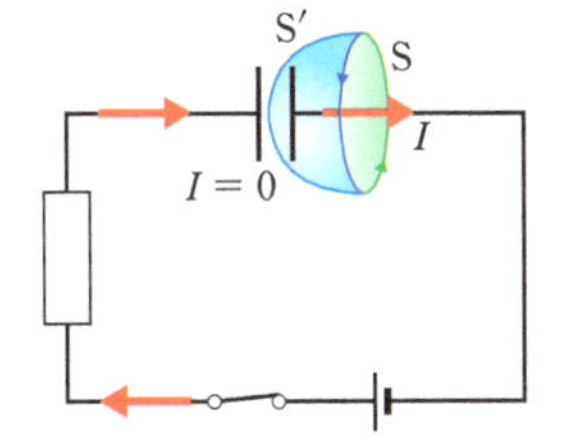

図 21.1 アンペールの法則の問題点

マクスウェル*は，コンデンサーの充電中には極板間の真空や誘電体にもある種の電流が流れていると考えた．時間 dt にコンデンサーの極板に電荷 $\pm q$ が充電されたとすると，このある種の電流の大きさは $I_D = \mathrm{d}q/\mathrm{d}t$ となる．また，この電荷移動によってコンデンサーの極板間の電場は変化するから，電束密度 $\vec{D}$ にも変化が生じる．$\vec{D}$ の向きは 図 21.2 の場合に右向きで大きさは $D = \sigma = q/S_0$ である（S_0 はコンデンサーの極板で面積である）．したがって

$$I_D = \frac{\mathrm{d}}{\mathrm{d}t}(\sigma S_0) = \frac{\mathrm{d}}{\mathrm{d}t}(DS_0) = \frac{\mathrm{d}\Phi_E}{\mathrm{d}t} \qquad (21.1)$$

が得られる．このように，電束 $\Phi_E = S_0 D$ の変化が生み出したある種の電流を**電束電流**もしくは**変位電流**という（電束密度 $\vec{D}$ の変化が電流密度と等価である）．

* ジェームズ・クラーク・マクスウェル (James Clerk Maxwell, 1831〜1879) イギリスの物理学者．天才少年であったマクスウェルは，10歳でエジンバラ・アカデミーの会合に出席，わずか14歳で卵形曲線の作図法に関する論文を発表した．数々の偉業を成し遂げた天才は48歳という若さでこの世を去った．もう少しこの世にいれたら，どんな大発見をしていたのだろうか．

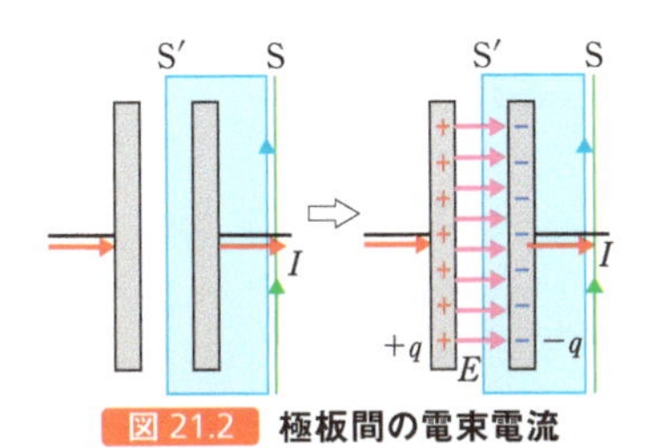

図 21.2 極板間の電束電流

解いてみよう!
21.1

❷ アンペール‐マクスウェルの法則

電束電流が存在すれば，電流はコンデンサーがあっても連続になる．電場はコンデンサーの極板間にほぼ存在するので[*1]，電束は曲面 S′ を用いて

$$\phi_E = \int_{(S')} D_n \mathrm{d}S \qquad (21.2)$$

となる．これから，アンペールの法則を

$$\oint H_l \mathrm{d}l = I + \frac{\mathrm{d}}{\mathrm{d}t}\int D_n \mathrm{d}S \qquad (21.3)$$

と拡張する．これを**アンペール‐マクスウェルの法則**という．コンデンサーの極板間では I が 0 になるので第 2 項のみとなり，それ以外では第 2 項が 0 で I のみが残り，従来のアンペールの法則が成立する．電束電流に対して，右辺第 1 項は実際の電荷の移動による電流であるので，**伝導電流**という．

実際に電束電流という考え方が正しいかどうかは実験によって確かめる必要がある．21.3 節で紹介する電磁波の存在は，電束電流が実在することを示している．

*1　極板の端の効果は無視できる．

§ 21.2 マクスウェル方程式

❶ 積分形

これまでに得られた次の 4 つの方程式が電磁気学の基本方程式であり，まとめて（**積分形の**）**マクスウェル方程式**という[*2]．

電場に関するガウスの法則	$\int D_n \mathrm{d}S = q$	(21.4)
磁場に関するガウスの法則	$\int B_n \mathrm{d}S = 0$	(21.5)
アンペール‐マクスウェルの法則	$\oint H_l \mathrm{d}l = I + \int \frac{\partial D_n}{\partial t}\mathrm{d}S$	(21.6)
ファラデーの電磁誘導の法則	$\oint E_l \mathrm{d}l = -\int \frac{\partial B_n}{\partial t}\mathrm{d}S$	(21.7)

*2　ベクトルの内積を用いると，

$$\begin{cases} \int \vec{D}\cdot \mathrm{d}\vec{S} = q \\ \int \vec{B}\cdot \mathrm{d}\vec{S} = 0 \\ \oint \vec{H}\cdot \mathrm{d}\vec{l} = I + \int \frac{\partial \vec{D}}{\partial t}\cdot \mathrm{d}\vec{S} \\ \oint \vec{E}\cdot \mathrm{d}\vec{l} = -\int \frac{\partial \vec{B}}{\partial t}\cdot \mathrm{d}\vec{S} \end{cases}$$

とも書ける．

ここで，電束密度と磁束密度は時間だけでなく空間の関数でもあるため，時間に関する偏微分記号を用いた．この方程式は真空中でも物質中でも成り立つ．また，電場や磁場がどのように時間的空間的変化をしてもよい．等方性をもつ物質中では

$$\vec{D}=\varepsilon\vec{E} \tag{21.8}$$

$$\vec{B}=\mu\vec{H} \tag{21.9}$$

の関係がある．ある種の結晶のように異方性があるときには，一般に $\vec{D}$ と $\vec{E}$（もしくは $\vec{B}$ と $\vec{H}$）の向きが異なるため，これらの関係はより複雑になる．なお，静電磁場に対する誘電率 ε や透磁率 μ は定数であるが，電場 $\vec{E}$ や磁場 $\vec{H}$ が時間的に振動するときには，一般に誘電率 ε や透磁率 μ は振動数の関数になる．

❷ 微分形

積分形のマクスウェル方程式はベクトル解析の手法を用いて，次の**微分形のマクスウェル方程式**に書き直すことができる（どのように書き換えるのかは③で示す）．

電場に関するガウスの法則 $$\mathrm{div}\,\vec{D}=\rho \tag{21.10}$$

磁場に関するガウスの法則 $$\mathrm{div}\,\vec{B}=0 \tag{21.11}$$

アンペール-マクスウェルの法則 $$\mathrm{rot}\,\vec{H}=\vec{j}+\frac{\partial\vec{D}}{\partial t} \tag{21.12}$$

ファラデーの電磁誘導の法則 $$\mathrm{rot}\,\vec{E}=-\frac{\partial\vec{B}}{\partial t} \tag{21.13}$$

微分形のマクスウェル方程式は，電場や磁場をある種の流体と見なし，電気力線や磁力線が流体の流れを表していると考えるとイメージしやすい．ベクトル解析では，div（ダイバージェンスもしくは発散と読む）は流体のわき出しと吸い込みを表している．電場に関するガウスの法則は，電束が正電荷からわき出し負電荷に吸い込まれていくことを表している．磁場に関するガウスの法則は，磁束がわき出したり吸い込まれたりする点がない，すなわち磁気単極子が存在しないことを表している．ベクトル解析では，rot（ローテーションもしくは回転と読む）は流体が渦のように回転しながら何かを取り囲んでいる様子を表している．アンペール-マクスウェルの法則は，伝導電流や電束電流のまわりを磁場が取り囲んでいることを表している．最後のファラデーの電磁誘導の法則は，時間変化している磁束のまわりを電場が取り囲んでいることを表している．

マクスウェル方程式を微分形で書くことによって，ベクトル解析で成り立つさまざまな公式が使えるようになる．問題によっては微分形のほうが数学的に扱いやすくなり，たとえば後述する電磁波の方程式などが導かれる．

❸ 積分形と微分形の変換

積分形のマクスウェル方程式を微分形に書き換えるためには，ベクトル解析で学ぶ次の2つの定理を用いればよい．

ガウスの定理　$$\int \mathrm{div}\,\vec{A}\mathrm{d}V=\int A_n\mathrm{d}S \tag{21.14}$$

ストークスの定理　$$\int (\mathrm{rot}\,\vec{A})_n\mathrm{d}S=\oint A_l\mathrm{d}l \tag{21.15}$$

ガウスの定理の右辺の面積分は左辺で積分する体積の表面についておこなう．またストークスの定理の線積分は左辺の面の辺についておこなう．

まず，積分形の電場に関するガウスの法則

$$\int D_n\mathrm{d}S=q \tag{21.16}$$

にガウスの定理を用いると

$$\int \mathrm{div}\,\vec{D}\mathrm{d}V=q=\int \rho\mathrm{d}V \tag{21.17}$$

となる．ここでρは電荷密度である．積分が任意の部分について成り立つためには

$$\mathrm{div}\,\vec{D}=\rho \tag{21.18}$$

であればよい．したがって，微分形の電場に関するガウスの法則が得られた．同様にして積分形の磁場に関するガウスの法則から，微分形の$\mathrm{div}\,\vec{B}=0$が得られる．

次に，積分形のアンペール-マクスウェルの法則

$$\oint H_l\mathrm{d}l=I+\int\frac{\partial D_n}{\partial t}\mathrm{d}S \tag{21.19}$$

にストークスの定理を用いると

$$\int (\mathrm{rot}\,\vec{H})_n\mathrm{d}S=\int j_n\mathrm{d}S+\int\frac{\partial D_n}{\partial t}\mathrm{d}S \tag{21.20}$$

と書くことができる．積分が任意の部分について成り立つためには

$$\mathrm{rot}\,\vec{H}=\vec{j}+\frac{\partial\vec{D}}{\partial t} \tag{21.22}$$

であればよい．したがって，微分形のアンペール-マクスウェルの法則が得られた．同様にして積分形のファラデーの電磁誘導の法則から，微分形の$\mathrm{rot}\,\vec{E}=-\dfrac{\partial\vec{B}}{\partial t}$が得られる．

❹ ポアソン方程式

微分形の電場に関するガウスの法則

$$\mathrm{div}\,\vec{D}=\rho \tag{21.23}$$

は，電場を静電ポテンシャルで $\vec{E}=-\vec{\nabla}\phi$ と表し，ナブラ演算子

$$\vec{\nabla}=\left(\frac{\partial}{\partial x},\ \frac{\partial}{\partial y},\ \frac{\partial}{\partial z}\right) \tag{21.24}$$

と $\mathrm{div}\,\vec{A}=\vec{\nabla}\cdot\vec{A}$ を用いると，**ポアソン方程式**

$$\nabla^2\phi=-\frac{\rho}{\varepsilon} \tag{21.25}$$

となる．特に電荷がない場合には，**ラプラス方程式**

$$\nabla^2\phi=0 \tag{21.26}$$

となる[*1].

ポアソン方程式を用いても，電荷分布が与えられたときの静電ポテンシャルを求めることができる．たとえば，真空中の点電荷 q から距離 r 離れた点の静電ポテンシャルは

$$\phi=\frac{1}{4\pi\varepsilon}\frac{q}{r} \tag{21.27}$$

であった．確かに $\nabla^2(1/r)=0$ を満たしている．なお，原点（$r=0$）では，ポアソン方程式の解は特異点[*2]になっている．

[*1] ピエール-シモン・ラプラス (Pierre-Simon Laplace, 1749～1827)　フランスの数学者・天文学者．1799 年から 1825 年にかけて全 5 巻の大著『天体力学』を刊行し，ニュートン以来の天文学の総括的な研究結果をまとめ上げた．ラプラス方程式やラプラシアンなど，天文学に限らず物理学の広い分野でもラプラスの名は頻繁に登場する．

[*2] たとえば，$\frac{3}{0}$ は計算できない．このように，数学的に計算できない点を特異点という．

§ 21.3 電磁波

❶ 電磁波

電場と磁場の振動が空間を伝わる波を**電磁波**という．磁場が周期的に変化すると，ファラデーの電磁誘導の法則

$$\mathrm{rot}\,\vec{E}=-\frac{\partial\vec{B}}{\partial t} \tag{21.28}$$

によって周囲に電場ができる．発生した電場は同じ振動数で周期的に変化する．この振動電場から，アンペール-マクスウェルの法則

$$\mathrm{rot}\,\vec{H}=\vec{j}+\frac{\partial\vec{D}}{\partial t} \tag{21.29}$$

にしたがって，周囲に周期的に変化する磁場が発生する．この変動する磁場の周囲には新たな振動電場が発生し，その振動電場の周囲にはさらに新たな振動磁場が発生する．このように，次々に発生する電場と磁場の振動がまわりの空間に電磁波として広がっていく．

❷ 電磁波の方程式

真空を伝搬する電磁波が満たす方程式はマクスウェル方程式から導くこ

とができる．$\vec{D}=\varepsilon_0\vec{E}$ と $\vec{B}=\mu_0\vec{H}$ を用いると，真空（$\rho=0, j=0$）での微分形のマクスウェル方程式は

電場に関するガウスの法則　$\mathrm{div}\,\vec{E}=0$　(21.30)

磁場に関するガウスの法則　$\mathrm{div}\,\vec{B}=0$　(21.31)

アンペール-マクスウェルの法則　$\mathrm{rot}\,\vec{B}=\mu_0\varepsilon_0\dfrac{\partial\vec{E}}{\partial t}$　(21.32)

ファラデーの電磁誘導の法則　$\mathrm{rot}\,\vec{E}=-\dfrac{\partial\vec{B}}{\partial t}$　(21.33)

となる．アンペール-マクスウェルの法則とファラデーの電磁誘導の法則からなる連立方程式の解を求めよう．磁束密度 $\vec{B}$ を消去するために，ファラデーの電磁誘導の法則の式の両辺の rot をとって

$$\mathrm{rot}\,(\mathrm{rot}\,\vec{E})=-\mathrm{rot}\left(\frac{\partial\vec{B}}{\partial t}\right)=-\frac{\partial}{\partial t}(\mathrm{rot}\,\vec{B}) \tag{21.34}$$

とする．この式の左辺はベクトル解析の公式より

$$\mathrm{rot}\,(\mathrm{rot}\,\vec{E})=\mathrm{grad}\,(\mathrm{div}\,\vec{E})-\nabla^2\vec{E} \tag{21.35}$$

となるが，$\mathrm{grad}\,(\mathrm{div}\,\vec{E})$ は電場に関するガウスの法則より 0 である．また右辺はアンペール-マクスウェルの法則より

$$-\frac{\partial}{\partial t}(\mathrm{rot}\,\vec{B})=-\mu_0\varepsilon_0\frac{\partial^2\vec{E}}{\partial t^2} \tag{21.36}$$

となる．ここで

$$c=\frac{1}{\sqrt{\varepsilon_0\mu_0}} \tag{21.37}$$

とすると，電場が満たす方程式

$$\frac{1}{c^2}\frac{\partial^2\vec{E}}{\partial t^2}=\nabla^2\vec{E} \tag{21.38}$$

が得られる．これは波動方程式の形をしており，電場の波が速さ c で真空を伝わることを示している．同様にして電場 $\vec{E}$ を消去すると，同じ形の方程式

$$\frac{1}{c^2}\frac{\partial^2\vec{B}}{\partial t^2}=\nabla^2\vec{B} \tag{21.39}$$

が磁束密度 $\vec{B}$ が満たす波動方程式として得られる．磁場の波は電場の波と同じ速さ c で伝搬する．

§ 21.4 電磁波の性質

❶ 電場と磁場の波

電場がない（$\vec{E}=0$）場合にはファラデーの電磁誘導の法則から，磁場 $\vec{B}$ は一定となり波にはならない．一方，磁場がない（$\vec{B}=0$）場合はアンペール-マクスウェルの法則から，電場 $\vec{E}$ は一定となり波にはならない．このように電場と磁場がともに存在してはじめて波として進行できる．電場のみや磁場のみでは波として伝搬できない．

❷ 横波

波の進行方向を x 軸方向にとり，$\vec{E}$ と $\vec{B}$ を座標 x と時間 t のみの関数とする（図 21.3）．

$$\vec{E}=\vec{E}(x, t) \tag{21.40}$$

$$\vec{B}=\vec{B}(x, t) \tag{21.41}$$

このとき x 軸に垂直な面内で E と B は一定であり，真空中での電場に関するガウスの法則

$$\mathrm{div}\,\vec{E}=\frac{\partial E_x}{\partial x}=0 \tag{21.42}$$

より，電場の x 成分 E_x は一定になる．変化しない電場は波と関係ないので，$E_x=0$ とおいてよい．同様に，磁場についてのガウスの法則から $B_x=0$ と考えてもよい．したがって，波の進行方向の電場と磁場の成分はどちらも 0 である．よって，電場も磁場も波の進行方向に垂直な成分しかない．すなわち，電磁波は横波である．

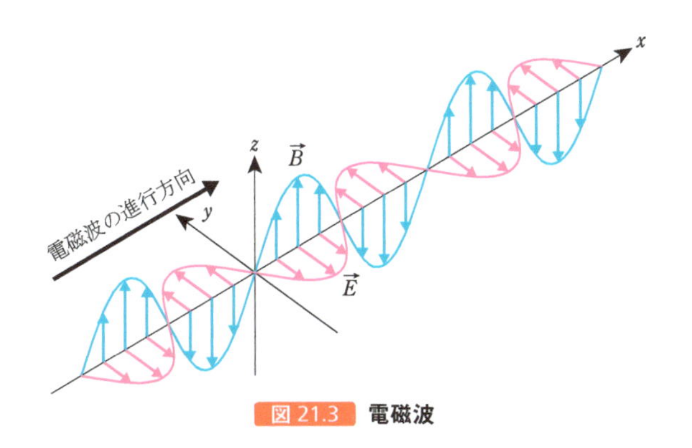

図 21.3 電磁波

❸ 直交する電場と磁場

電場の向きを y 軸方向にとると，ファラデーの電磁誘導の法則は

$$(\mathrm{rot}\,\vec{E})_x = -\frac{\partial B_x}{\partial t} = 0 \tag{21.43}$$

$$(\mathrm{rot}\,\vec{E})_y = -\frac{\partial B_y}{\partial t} = 0 \tag{21.44}$$

$$(\mathrm{rot}\,\vec{E})_z = \frac{\partial E_y}{\partial x} = -\frac{\partial B_z}{\partial t} \tag{21.45}$$

となり，磁場が z 方向を向いていることがわかる．このように電場と磁場は直交する．電磁波の伝搬方向は電場と磁場に垂直であること（電磁波が横波であること），および電場と磁場が直交していることから，$\vec{E}\times\vec{B}$ の向きが波の伝搬方向と同じになる．

電場 $\vec{E}$ の向きを電磁波の偏りの方向という．電磁波の送信装置と受信装置との間の角度を平行にすると電磁波はよく受信されるが，直角にすると電磁波を受信しにくくなる．これは，電磁波が一定の方向に振動する偏った横波であることを示している．

❹ 電場と磁場の強さ

x 軸の正の向きに伝搬している電磁波を考えよう．問題を単純化するために，$\vec{E}$ の向きを y 方向にとると，

$$E_y = E_0 \cos\left\{\omega\left(t - \frac{x}{c}\right)\right\} \tag{21.46}$$

と書ける．ここで $\omega = 2\pi\nu$ は角振動数である．このときの磁場は，真空中でのアンペール-マクスウェルの法則 $\mathrm{rot}\,\vec{B} = \mu_0\varepsilon_0 \dfrac{\partial \vec{E}}{\partial t}$ より

$$(\mathrm{rot}\,\vec{B})_y = -\frac{\partial B_z}{\partial x} = \frac{1}{c^2}\frac{\partial E_y}{\partial t} = -\frac{\omega}{c^2} E_0 \sin\left\{\omega\left(t - \frac{x}{c}\right)\right\} \tag{21.47}$$

であるので，これを x で積分して

$$B_z = \frac{1}{c} E_0 \cos\left\{\omega\left(t - \frac{x}{c}\right)\right\} + A(t) \tag{21.48}$$

と求まる．ここで $A(t)$ は時間 t だけの関数である．これから，電場と磁場の間には

$$E_y = E_0 \cos\left\{\omega\left(t - \frac{x}{c}\right)\right\} = cB_z - cA(t) \tag{21.49}$$

の関係がある．関数 $A(t)$ の値を決めるために，磁束密度 B_z をファラデーの電磁誘導の法則 $\mathrm{rot}\,\vec{E} = -\dfrac{\partial \vec{B}}{\partial t}$ に代入すると

$$\frac{\omega}{c} E_0 \sin\left\{\omega\left(t - \frac{x}{c}\right)\right\} = E_0 \frac{\omega}{c} \sin\left\{\omega\left(t - \frac{x}{c}\right)\right\} - \frac{\mathrm{d}A(t)}{\mathrm{d}t} \tag{21.50}$$

が得られる．この式が成り立つためには，$\mathrm{d}A(t)/\mathrm{d}t = 0$ すなわち $A(t)$ は定数でなければならない．式 (21.48) で磁束密度 $\vec{B}$ の振動項だけを考えて $A(t) = 0$ とすると，

$$E_y = cB_z \tag{21.51}$$

を得る．このように，電場の強さ E は磁束密度の大きさ B の c 倍である．また，電場と磁場は同位相となる．

❺ 光は電磁波

真空中での電磁波の速さは $c=\dfrac{1}{\sqrt{\varepsilon_0\mu_0}}$ である．これに真空の誘電率 $\varepsilon_0=8.85418784\times10^{-12}$ F/m と真空の透磁率 $\mu_0=4\pi\times10^{-7}$ を代入すると $c=2.99792458\times10^8$ m/s となる．これは真空中の光の速さと正確に一致している．

マクスウェルは1873年に「光は電磁波である」と提案した．その後の1888年にヘルツが電磁波の発生に成功し，電磁波に関する詳しい実験が可能になった．その結果，電磁波が光と同じ性質をもっていることが示されている．光（可視光）だけではなく，紫外線やX線，ガンマ線も波長の短い電磁波である．また赤外線や電波は波長の長い電磁波である．このようにさまざまな波長の電磁波が存在し，波長に応じて呼び名が異なっている（図21.4）．

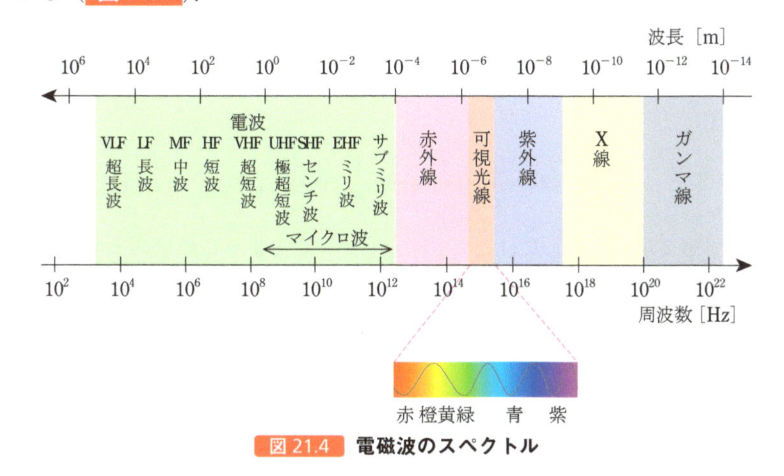

図21.4 電磁波のスペクトル

❻ 遮蔽，回折，反射，屈折

電磁波は光が示す**遮蔽**，**回折**，**反射**，**屈折**といった性質をもっている．

(a) 遮蔽，回折

送信装置と受信装置の間に大きな金属板を立てると電磁波は金属板で遮蔽されて受信できない．しかし，送信装置と受信装置の間に立てた金属板を小さくすると，電磁波は回折して受信できるようになる．

(b) 反射

電磁波は導体で反射される（たとえば，光は鏡で反射される）．

電荷密度が無限大（$\sigma=\infty$）の理想的な導体板が $x=0$ の面にあるとす

解いてみよう! 21.2 〜 21.4

る．この導体板に，x 軸の正の向きに伝搬する y 方向に偏った電磁波が入射したとする．電場は導体面に垂直になるので，$x=0$ では

$$E_y = E_z = 0 \tag{21.52}$$

である．y 方向に偏った電場 E_y は一般に

$$E_y = f(x-ct) + g(x+ct) \tag{21.53}$$

と書ける（波動方程式の一般解）．ここで，$f(x-ct)$ は x の正の方向に速さ c で進み波を表しており，$g(x+ct)$ は x の負の向きに速さ c で進み波を表している．$x=0$ では $E_y=0$ より $g(ct)=-f(-ct)$ であるので，$x \neq 0$ では

$$E_y = f(x-ct) - f(-x-ct) \tag{21.54}$$

となる．右辺の第1項は $x<0$ からの入射波を表し，第2項は反射波を表している．このように，電場の入射波と反射波は符号が異なるが波形は同じになる[*1]．

[*1] 完全な導体面は電場に対して固定端となる．

一方，磁束密度は $E_y = cB_z$ より，

$$B_z = \frac{1}{c} f(x-ct) - \frac{1}{c} f(-x-ct) \tag{21.55}$$

としたくなるが，$\vec{E}\times\vec{B}$ がつねに波の進行方向を向くことから（235ページ参照），

$$B_z = \frac{1}{c} f(x-ct) + \frac{1}{c} f(-x-ct) \tag{21.56}$$

として第2項を正にしなければならない[*2]．このように磁場の入射波と反射波は符号が等しい[*3]．$x=0$ では

[*2] このようにしないと，第2項で表される反射波の向きが x の負の方向にならないからである．

[*3] 完全な導体面は磁場に対して自由端となる．

$$B_z = \frac{2}{c} f(-ct) = 2\sqrt{\varepsilon_0 \mu_0} f(-ct) \tag{21.56}$$

である．導体内には波が入らないので，$\vec{B}=0$ である．このためには，入射波 $B_z = \frac{1}{c} f(-ct)$ を打ち消すように，導体の表面に沿って y 方向に電流が存在しなければならない．この電流の y 方向の単位長さあたりの値を I とするとアンペールの法則により，この電流がつくる磁場は，z 方向の長さ l について

$$\oint B_l \mathrm{d}l = 2B_z l = \mu_0 l I \tag{21.57}$$

$$B_z = \frac{1}{2}\mu_0 I \tag{21.58}$$

を満たす．この $B_z = \frac{1}{2}\mu_0 I$ が導体内で入射波を打ち消すことになる．したがって，電磁波の電場によって

$$I = \frac{2}{\mu_0} B_z = \frac{2}{\mu_0 c} f(-ct) \tag{21.59}$$

という表面電流が導体面に生じ，この表面電流が反射波をつくる．

(c) 屈折

真空中での電磁波の速さは $c=\dfrac{1}{\sqrt{\varepsilon_0\mu_0}}$ であり，物質中での電磁波の速さ $\dfrac{1}{\sqrt{\varepsilon\mu}}$ とは異なるので，電磁波は物質表面で屈折する．ここで，物質の屈折率は

$$n=c\sqrt{\varepsilon\mu}=\sqrt{\frac{\varepsilon}{\varepsilon_0}\frac{\mu}{\mu_0}}=\sqrt{\varepsilon_r\mu_r} \tag{21.60}$$

となる．ε_r と μ_r は物質の比誘電率と比透磁率である．強磁性体を除いて $\mu_r\approx 1$ であるので $n\approx\sqrt{\varepsilon_r}$ となり，屈折率は比誘電率でほぼ決まると考えてよい．一般に ε_r は振動数により変化するので，屈折率も波長によって異なる．

❼ 光圧

⑥(b)で紹介したように，電磁波が導体に当たると表面に電流が生じる．面上には磁束密度 B_z があるので，単位長さあたり電流 I は

$$\vec{F}=\vec{I}\times\vec{B} \tag{21.61}$$

の力を受ける．電流が y 軸の正の向きで，磁場が z 軸の正の向きの場合には力 $\vec{F}$ の向きは x 軸の正の向きである．したがって，導体の表面には単位面積あたりの力（圧力）

$$p=(\vec{I}\times\vec{B})_x=\frac{2}{\mu_0c^2}\{f(-ct)\}^2=2\varepsilon_0\{f(-ct)\}^2 \tag{21.62}$$

がはたらく．このように電磁波が導体板に垂直に入射して反射されると，導体板は $2\varepsilon_0 f^2$ の圧力を受ける．たとえば，電磁波 $E=f(x-ct)$ が物体で反射されるときには $2\varepsilon_0E^2$ の圧力をおよぼす．光は電磁波の一種であるから，光が金属板に当たって反射するときにも金属板に圧力をおよぼす．この光の圧力を**光圧**という．普通の強さの光ではこの圧力は極めて小さいが，微小な粒子に対しては無視できない効果を与える．また，彗星から放出された尾は光圧を受けてつねに太陽と反対の方向を向く．

❽ 熱放射

鉄を熱すると赤くなり，さらに熱すると白く光りだす．鉄に限らず，すべての物体からは温度に応じた光（電磁波）が放出される．温度によっては可視光ではなく，可視光よりも波長が長い赤外線（熱線ともよばれる）や，可視光より波長の短い紫外線などが放出される．この現象を**熱放射**という．熱放射の主な原因は，物体内部の電子の熱運動である．

どのような波長の電磁波が物体から放出されるかを観測すれば，遠く離れている物体の温度を調べることができる．この熱放射を利用した天文学上のさまざまな発見が今日でも続いている．また，可視光でみえない物体からも電磁波は出ているので，赤外線やX線などを使って可視光ではみえない物体の位置などを調べることが可能である．

§ 21.5 電磁波のエネルギー

ある点で発生した電磁波が空間を伝搬して離れた点に到達すると，到達点に電荷があればその電荷は揺さぶられる．このように，電磁波は空間を伝搬してエネルギーを運ぶことができる．

単位体積あたりの電場のエネルギーは $(\varepsilon/2)E^2=(1/2)\vec{E}\cdot\vec{D}$ であり，磁場のエネルギーは $B^2/2\mu=(1/2)\vec{H}\cdot\vec{B}$ であった．体積 V（表面積 S）の中の電場と磁場のエネルギーは

$$U=\frac{1}{2}\int(\vec{D}\cdot\vec{E}+\vec{B}\cdot\vec{H})\mathrm{d}V \tag{21.63}$$

である．このエネルギーの時間変化は

$$\frac{\mathrm{d}U}{\mathrm{d}t}=\int\left(\frac{\partial\vec{D}}{\partial t}\cdot\vec{E}+\frac{\partial\vec{B}}{\partial t}\cdot\vec{H}\right)\mathrm{d}V \tag{21.64}$$

となる*．ここで，アンペール-マクスウェルの法則とファラデーの電磁誘導の法則より

$$\frac{\mathrm{d}U}{\mathrm{d}t}=\int\{(\mathrm{rot}\,\vec{H}-\vec{j})\cdot\vec{E}-(\mathrm{rot}\,\vec{E})\cdot\vec{H}\}\mathrm{d}V \tag{21.65}$$

となり，ベクトル解析の公式を用いると

$$\mathrm{div}(\vec{H}\times\vec{E})=\vec{E}\cdot\mathrm{rot}\,\vec{H}-\vec{H}\cdot\mathrm{rot}\,\vec{E} \tag{21.66}$$

であるので，

$$\frac{\mathrm{d}U}{\mathrm{d}t}=-\int\sigma E^2\mathrm{d}V+\int\mathrm{div}(\vec{H}\times\vec{E})\mathrm{d}V \tag{21.67}$$

となる．ここでオームの法則 $\vec{j}=\sigma\vec{E}$ を用いた．式（21.67）の右辺第2項を，ベクトル解析のガウスの定理で面積分に書き換えると

$$\frac{\mathrm{d}U}{\mathrm{d}t}=-\int\sigma E^2\mathrm{d}V-\int(\vec{E}\times\vec{H})_n\mathrm{d}S \tag{21.68}$$

が得られる．$(\vec{E}\times\vec{H})_n$ はベクトル $\vec{E}\times\vec{H}$ の表面外向きの法線成分である．式（21.68）の右辺第1項はジュール熱によるエネルギー損失を表している．真空中ならば $\vec{j}=0$ なり，この項はないので，

$$\frac{\mathrm{d}U}{\mathrm{d}t}=-\int(\vec{E}\times\vec{H})_n\mathrm{d}S \tag{21.69}$$

となる．この式は面積 S の面の内部から外部へエネルギーが流出していくことを示している．このように，電磁波のエネルギーの流れの密度を表すベクトル

$$\vec{S}=\vec{E}\times\vec{H} \tag{21.70}$$

を**ポインティング・ベクトル**という．

* ここで，

$$\frac{\partial}{\partial t}(\vec{D}\cdot\vec{E})=\frac{\partial\vec{D}}{\partial t}\cdot\vec{E}+\vec{D}\cdot\frac{\partial\vec{E}}{\partial t}=\frac{\partial\vec{D}}{\partial t}\cdot\vec{E}+\varepsilon\vec{E}\cdot\frac{\partial\vec{E}}{\partial t}=\frac{\partial\vec{D}}{\partial t}\cdot\vec{E}+\vec{E}\cdot\frac{\partial(\varepsilon\vec{E})}{\partial t}=2\frac{\partial\vec{D}}{\partial t}\cdot\vec{E}$$

を用いた．$\vec{B}\cdot\vec{E}$ についても同様である．

解いてみよう！ 21.5

《 章 末 問 題 》

21.1 基礎 変位電流

平行円板コンデンサー（半径 a，円板間隔 d）に電圧 $V_0 \cos \omega t$ をかけた．

(1) 円板間にできる電場の変位電流密度を求めよ．

(2) 円板の中心から動径方向を r として，円板間にできる磁場を求めよ．

21.2 基礎 電磁波の波長と周波数

大きな壁に向かって送信用トランシーバーから電波を送信した．壁際から受信用トランシーバーを送信用トランシーバーに近づけていくと，受信が強いところと弱いところが交互に現れた．強く受信できるところの平均間隔は平均 1.85 m であった．ただし，電波の伝わる速さを 3.00×10^8 m/s とする．

(1) 電波の波長 λ を求めよ．

(2) 電波の周波数を求めよ．

21.3 基礎 電磁波の屈折

水（屈折率 1.33）の中での電磁波（光）の速さを求めよ．

21.4 基礎 電磁波の振幅

真空中を伝搬する電磁波の電場と磁場の振幅の比を求めよ．

21.5 基礎 電磁波のエネルギー

x 方向に進む y 方向に直線偏光した電磁波 $E_y = A \sin k(x - ct)$ のポインティング・ベクトルを求めよ．

21.6 発展 電磁波のエネルギー

晴れた日に日本を照らす太陽光線（電磁波）の電場の振幅を求めよ．ただし，太陽からの電磁波は真空中の平面正弦波であるとし，日本を垂直な面 1 m^3 につき 750 W で照らしているとする．

≪　章末問題解答：1 章　≫

1.1　(1) 3 桁　(2) 4 桁　(3) 3 桁　(4) 2 桁

1.2　(1) 10　(2) 10.4　(3) 5.00　(4) 0.50　(5) 1.17

1.3　(1) 3.00×10^{8}（光速度）　(2) 6.67×10^{-11}（万有引力定数）　(3) 6.02×10^{23}（アボガドロ数）　(4) 1.60×10^{-19}（電気素量）　(5) 2.73×10^{2}

1.4　(1) 1.0×10^{-2}　(2) 27.8　(3) 9.80　(4) 1.013

1.5　$(6\times10^{23})/(380\times60\times24\times365)=3\times10^{15}$ 年（3000 兆年）　※1 分間に 380 個とした．

1.6　$4.3\times10^{17}/6.3\times10^{8}=6.8\times10^{8}$ 倍（6 億 8 千万倍）

1.7　$6\times10^{23}/5.3\times10^{4}=1\times10^{19}$ kg/10^{10} kg/年 $=10^{9}$ 年（10 億年）

1.8　$2.0\times10^{22}/(3.00\times10^{8}\times60\times60\times24\times365)=2.1\times10^{6}$ 年後（210 万年後）

1.9　$(r,\ \theta)=\left(\sqrt{x^2+y^2},\ \tan^{-1}\left(\dfrac{y}{x}\right)\right)=(4, 30^\circ)$

1.10　$(x, y, z)=\left(\dfrac{\sqrt{2}}{2},\ \dfrac{\sqrt{2}}{2},\ \sqrt{3}\right)$

1.11　(1) $\Delta x=8$ m　(2) $\bar{v}=\dfrac{\Delta x}{\Delta t}=4$ m/s　(3) $v=4t-4=4$ m/s

1.12　(1) $\bar{a}=\dfrac{\Delta v}{\Delta t}=-8$ m/s^2　(2) $a=-4t=-12$ m/s^2

1.13　$\bar{a}=\dfrac{\Delta v}{\Delta t}=-15$ m/s^2

1.14　$v=4t+10=18$ m/s,　$a=4$ m/s^2

1.15　(1) $v=at=12$ m/s　(2) $t=\dfrac{v}{a}=7.0$ s　(3) $x=\dfrac{1}{2}at^2=2.0\times10^2$ m

1.16　(1) $v=v_0+at=30$ m/s　(2) $t=\dfrac{v-v_0}{a}=3.0$ s　(3) $x=v_0t+\dfrac{1}{2}at^2=83$ m

1.17　$a=\dfrac{v^2-v_0{}^2}{2(x-x_0)}=2.5$ m/s^2

1.18　$v=\sqrt{2a(x-x_0)}=2.2$ m/s

1.19　(1) $y=x^2+C$　(2) $y=\dfrac{1}{-x^2+C}$　(3) $y=Ce^{x^2}$

1.20　一般解：$v=-gt+C$，条件を満たす解：$v=v_0-gt$

≪　章末問題解答：2 章　≫

2.1　(1) $T_1\cos\theta_1-T_2\cos\theta_2=0$, $T_1\sin\theta_1+T_2\sin\theta_2-mg=0$

(2) $T_1=\dfrac{mg\cos\theta_2}{\sin\theta_1\cos\theta_2+\sin\theta_2\cos\theta_1}=85$ N,

$T_2=\dfrac{mg\cos\theta_1}{\sin\theta_1\cos\theta_2+\sin\theta_2\cos\theta_1}=49$ N

2.2　(1) $F=Ma$,　$N-Mg=0$

(2) $a=F/M=1.5$ m/s^2,　$N=Mg=98$ N

2.3　(1) $F\cos\theta=Ma$,　$N+F\sin\theta-Mg=0$

(2) $a=\dfrac{F\cos\theta}{M}=1.3$ m/s^2,　$N=Mg-F\sin\theta=91$ N

2.4　(1) $T-m_1g=m_1a$,　$T-m_2g=-m_2a$

(2) $a=\dfrac{(m_2-m_1)g}{m_1+m_2}=4.2$ m/s^2,

$T=m_1(g+a)=\dfrac{2m_1m_2g}{m_1+m_2}=28$ N

2.5　(1) $T=m_1a$,　$N-m_1g=0$,　$m_2g-T=m_2a$

(2) $N=m_1g=49\,\mathrm{N}$, $a=\dfrac{m_2g}{m_1+m_2}=2.8\,\mathrm{m/s^2}$,

$$T=m_1a=\frac{m_1m_2g}{m_1+m_2}=14\,\mathrm{N}$$

2.6 $N=m_1g=49\,\mathrm{N}$,

$$a=\frac{F-m_2g}{m_1+m_2}=11\,\mathrm{m/s^2}\,(=11.5\,\mathrm{m/s^2}),$$

$$T=m_2(g+a)=\frac{m_2F+m_1m_2g}{m_1+m_2}=43\,\mathrm{N}$$

2.7 $N=m_1g-F\sin\theta=42\,\mathrm{N}$,

$$a=\frac{m_2g-F\cos\theta}{m_1+m_2}=1.8\,\mathrm{m/s^2},$$

$$T=m_2(g-a)=\frac{m_2(F\cos\theta+m_1g)}{m_1+m_2}=16\,\mathrm{N}$$

2.8 △ABC と△DAC において ∠C は共通，∠A＝∠D＝90°．よって，重力と斜面に垂直な方向とのなす角は θ となる．

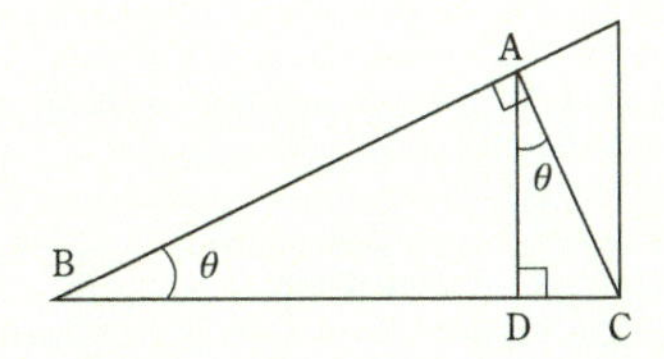

2.9 (1) $mg\sin\theta=ma$, $N-mg\cos\theta=0$

(2) $a=g\sin\theta=4.9\,\mathrm{m/s^2}$, $N=mg\cos\theta=85\,\mathrm{N}$

(3) $x-x_0=v_0t+\dfrac{1}{2}at^2$ より，

$$t=\sqrt{\frac{2L}{g\sin\theta}}=0.64\,\mathrm{s}$$

(4) $v^2=v_0{}^2+2a(x-x_0)$ より，

$v=\sqrt{2Lg\sin\theta}=3.1\,\mathrm{m/s}$

2.10 (1)・m_1 の物体

$m_1g\sin\theta-T=m_1a$, $N-m_1g\cos\theta=0$

・m_2 の物体

$T-m_2g=m_2a$

(2) $N=m_1g\cos\theta=1.7\times10^2\,\mathrm{N}$

(3) $a=\dfrac{(m_1\sin\theta-m_2)g}{m_1+m_2}=3.6\,\mathrm{m/s^2}$

(4) $T=m_2(g+a)=\dfrac{m_1m_2g(1+\sin\theta)}{m_1+m_2}=27\,\mathrm{N}$

2.11 (1) $F>mg\sin\theta=49\,\mathrm{N}$

(2) 斜面上方に $a=\dfrac{F-mg\sin\theta}{m}=5.0\,\mathrm{m/s^2}$

(3) 斜面下方に $a=\dfrac{mg\sin\theta-F}{m}=1.9\,\mathrm{m/s^2}$

(4) $t=\sqrt{\dfrac{2L}{a}}=\sqrt{\dfrac{2mL}{mg\sin\theta-F}}=1.5\,\mathrm{s}$

(5) $v=\sqrt{2aL}=\sqrt{\dfrac{2(mg\sin\theta-F)L}{m}}=1.9\,\mathrm{m/s}$

2.12 (1) $N-mg=0$ より，$N=98\,\mathrm{N}$

(2) $F-\mu N=ma$ より，$a=5.1\,\mathrm{m/s^2}$

2.13 (1) $N=mg-F\sin\theta=73\,\mathrm{N}$

(2) $a=\dfrac{F\cos\theta-\mu(mg-F\sin\theta)}{m}=0.68\,\mathrm{m/s^2}$

2.14 (1) $mg\sin\theta-\mu N=ma$,

$N-mg\cos\theta=0$

(2) $N=mg\cos\theta=42\,\mathrm{N}\,(=42.4\,\mathrm{N})$,

$a=(\sin\theta-\mu\cos\theta)g=0.66\,\mathrm{m/s^2}$

2.15 (1) m_1 の物体

$m_1g\sin\theta-T-\mu N=m_1a$, $N-m_1g\cos\theta=0$

・m_2 の物体

$T-m_2g=m_2a$

(2) $N=m_1g\cos\theta=1.7\times10^2\,\mathrm{N}$,

$$a=\frac{\{m_1(\sin\theta-\mu\cos\theta)-m_2\}g}{m_1+m_2}=0.16\,\mathrm{m/s^2},$$

$$T=m_2(g+a)=\frac{m_1m_2g\{(\sin\theta-\mu\cos\theta)+1\}}{m_1+m_2}$$

$=10\,\mathrm{N}$

2.16 (1)・m_1 の物体

$F\cos\theta-T-\mu N=m_1a$, $N+F\sin\theta-m_1g=0$

・m_2 の物体

$T-m_2g=m_2a$

(2) $N=m_1g-F\sin\theta=14\,\mathrm{N}$,

$$a=\frac{F\cos\theta-m_2g-\mu(m_1g-F\sin\theta)}{m_1+m_2}=1.3\,\mathrm{m/s^2},$$

$T=m_2(g+a)$

$=\dfrac{m_2\{F\cos\theta+m_1g-\mu(m_1g-F\sin\theta)\}}{m_1+m_2}$

$=22\ \mathrm{N}$

2.17　(1) $mg\sin\theta_s-\mu_sN=0$, $N-mg\cos\theta_s=0$

(2) $\mu_s=\tan\theta_s$

(3) $mg\sin\theta_k-\mu_kN=0$, $N-mg\cos\theta_k=0$

(4) $\mu_k=\tan\theta_k$

2.18　まず垂直抗力を考える．物体Bにはたらく垂直抗力は物体Aから受ける垂直抗力 $N=m_Bg$ である．一方，物体Aにはたらく垂直抗力は，物体Bから受ける垂直抗力（Nの反作用）$N'=N=m_Bg$ と重力 m_Ag の合力 $R=N'+m_Ag=g(m_B+m_A)$ となる．

次に物体Bにはたらく力を考える．物体Aが右に動くと物体Bも右へ動く．このとき，物体Bを右に動かす力は，物体Bが物体Aから受ける右向きの摩擦力fである．これから，物体Bの加速度 a_B は，$f=\mu_BN=m_Ba_B$ より $a_B=\mu_Bg$ で右向きとなる．

同様に，物体Aにはたらく力は，地球の重力 m_Ag，右向きの外力 F，物体Bからの垂直抗力 $N'=N=m_Bg$，物体Bからの左向きの摩擦力（fの反作用）$f'=f$，床からの垂直抗力 $R=N'+m_Ag=g(m_B+m_A)$，床からの左向きの摩擦力 $f''=\mu_AR$ である．物体Aの水平方向の運動方程式：$m_Aa_A=F-f'-f''$ より，物体Aの加速度は $a_A=\dfrac{1}{m_A}\{F-\mu_Bm_Bg-\mu_A(m_B+m_A)g\}$ で右向きとなる．

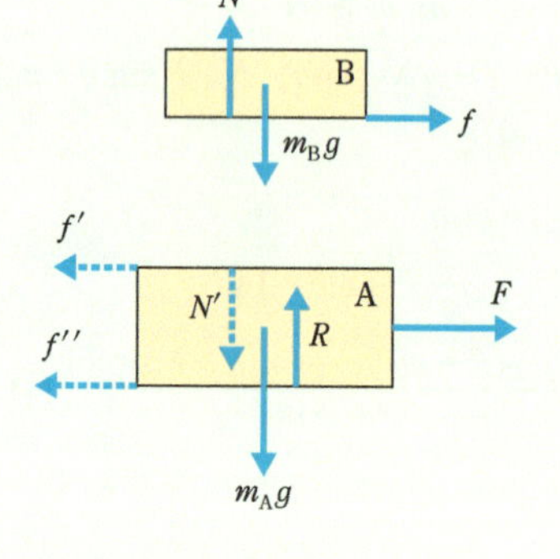

2.19　(1) AB間のひもの張力を T_1，BC間のひもの張力を T_2，生じる加速度を a とすれば，物体A，B，Cそれぞれの運動方程式は

A：$F-T_1=ma$　…①

B：$T_1-T_2=ma$　…②

C：$T_2=ma$　…③

となる．①，③を②に代入して張力 T_1，T_2 を消去すれば，$a=\dfrac{F}{3m}$ となる．

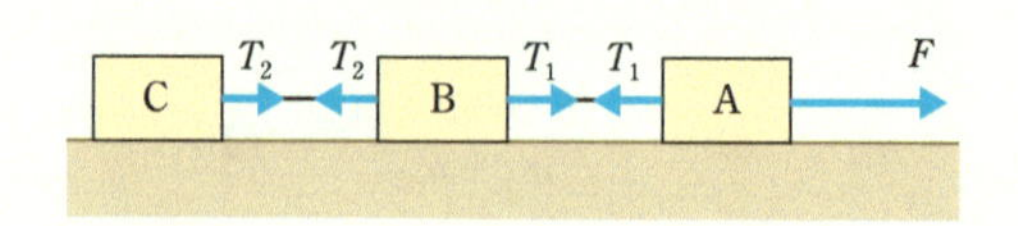

(2) (1)の結果を①，③にそれぞれ代入して，$T_1=\dfrac{2}{3}F$，$T_2=\dfrac{1}{3}F$ となる．

(3) 摩擦がはたらく場合の運動方程式は，それぞれ

A：$F-T_1-\mu mg=ma$　…④

B：$T_1-T_2-\mu mg=ma$　…⑤

C：$T_2-\mu mg=ma$　…⑥

となる．④，⑥を⑤に代入して張力 T_1，T_2 を消去すれば，$a=\dfrac{F-3\mu mg}{3m}$ となる．

(4) (3)の結果を④，⑥にそれぞれ代入して，$T_1=\dfrac{2}{3}F$，$T_2=\dfrac{1}{3}F$ となる．

≪　章末問題解答：3 章　≫

3.1 (1) $v=-gt$ より，$v=-29$ m/s

(2) $y=y_0-\frac{1}{2}gt^2$ より，$y=5.9$ m

(3) $v^2=-2g(y-y_0)$ より，$v=\pm\sqrt{98}=\pm9.9$
下方に落下しているので，$v=-9.9$ m/s

3.2 (1) $t=\sqrt{\frac{2y_0}{g}}=3.2$ 秒後

(2) $v=-\sqrt{2gy_0}=-31$ m/s

3.3 (1) $v=v_0-gt=-11$ m/s

(2) $y=y_0-v_0t-\frac{1}{2}gt^2=4.1$ m

(3) $v=-\sqrt{{v_0}^2-2g(y-y_0)}=-9.9$ m/s

(4) $v=-\sqrt{{v_0}^2+2gy_0}=-14$ m/s

(5) $t=\frac{v_0+\sqrt{{v_0}^2+2gy_0}}{g}=1.3$ s

3.4 月での落下時間は地球での落下時間の
$\sqrt{\frac{g}{g'}}=2.46$ 倍

3.5 (1) $v=v_0-gt$ より，最高点は $v=0$ の点
だから $t=\frac{v_0}{g}=1.5$ s

(2) $t=\frac{v_0}{g}$ を $y=y_0+v_0t-\frac{1}{2}gt^2$ に代入して，

$y=y_0+\frac{{v_0}^2}{2g}=21$ m

別解 $v^2={v_0}^2-2g(y-y_0)$ に $v=0$ を代入しても求まる．

(3) $y=y_0+v_0t-\frac{1}{2}gt^2$ に $y=y_0$ を代入して，$t=\frac{2v_0}{g}=3.1$ s

(4) $t=\frac{2v_0}{g}$ を $v=v_0-gt$ に代入して，$v=-v_0=-15$ m/s となる．

別解 $v^2={v_0}^2-2g(y-y_0)$ に $y=y_0$ を代入して $v=\pm v_0$．下方に落下しているので -15 m/s となる．

3.6 (1) $t=\frac{v_0}{g}=1.0$ s　(2) $y=\frac{{v_0}^2}{2g}=5.1$ m

(3) $t=\frac{2v_0}{g}=2.0$ s　(4) $v=-v_0=-10$ m/s

3.7 $t=\frac{v_0+\sqrt{{v_0}^2+2gy_0}}{g}=3.6$ 秒後，

$v=-\sqrt{{v_0}^2+2gy_0}=-21$ m/s

3.8 (1) $v_0=\frac{1}{2}gt=9.8$ m/s

(2) $y=\frac{{v_0}^2}{2g}=\frac{gt^2}{8}=4.9$ m

3.9 (1) $v_{0x}=v_0\cos\theta=35$ m/s,
$v_{0y}=v_0\sin\theta=20$ m/s

(2) $v_x=v_{0x}=35$ m/s，$v_y=v_{0y}-gt=10$ m/s,
$x=v_xt=35$ m，$y=v_{0y}t-gt^2/2=15$ m

(3) $v_y=v_{0y}-gt=0$ より，$t_{\max}=\frac{v_0\sin\theta}{g}=2.0$ s

(4) $y=v_{0y}t-\frac{1}{2}gt^2$ より，

$y_{\max}=v_0\sin\theta\times t_{\max}-\frac{1}{2}gt_{\max}^2=20$ m

(5) $x_{\max}=v_0\cos\theta\times2t_{\max}=1.4\times10^2$ m

3.10 (1) $v_{0x}=v_0\cos\theta=10$ m/s,
$v_{0y}=v_0\sin\theta=17$ m/s (=17.3 m/s)

(2) $v_x=v_0\cos\theta=10$ m/s，$v_y=v_0\sin\theta-gt=7.5$ m/s，$x=(v_0\cos\theta)t=10$ m,

$y=y_0+(v_0\sin\theta)t-\frac{1}{2}gt^2=22$ m

(3) $t_{\max}=\frac{v_0\sin\theta}{g}=1.8$ s

(4) $y_{\max}=y_0+(v_0\sin\theta)t_{\max}-\frac{1}{2}gt_{\max}^2=25$ m

(5) $x_{\max}=v_0\cos\theta\left(\dfrac{v_0\sin\theta+\sqrt{v_0{}^2\sin^2\theta+2gy_0}}{g}\right)$

$=40\,\mathrm{m}$

3.11 (1) $t=\sqrt{\dfrac{2y_0}{g}}=1.4\,\mathrm{s}$

(2) $x=v_0t=v_0\sqrt{\dfrac{2y_0}{g}}=14\,\mathrm{m}$

(3) $v=\sqrt{v_0{}^2+(-\sqrt{2gy_0})^2}=17\,\mathrm{m/s}$

3.12 $x=(v_0\cos\theta)t$，$y=(v_0\sin\theta)t-\dfrac{1}{2}gt^2$ より，t を消去すれば $y=-\dfrac{g}{2v_0{}^2\cos^2\theta}x^2+(\tan\theta)x$

3.13 (1) $x=v_0t$，$y=-\dfrac{1}{2}gt^2$ より，t を消去すれば $y=-\dfrac{g}{2v_0{}^2}x^2$

(2) $v_0=\sqrt{-\dfrac{g}{2y}}x=19\,\mathrm{m/s}$

3.14 速度が増すにつれて抵抗力が大きくなり，やがて抵抗力が重力とつり合う．すなわち，加速度が 0 となることを用いて，終速度を求めることができる．

(1) $v_{終}=\dfrac{mg}{b}$　(2) $v_{終}=\sqrt{\dfrac{mg}{b}}$

3.15 (1) $v=\dfrac{mg}{b}\left(1-\mathrm{e}^{-\frac{b}{m}t}\right)=4.3\,\mathrm{m/s}$

(2) $v=\dfrac{\sqrt{\dfrac{mg}{b}}\left(1-\mathrm{e}^{-2\sqrt{\frac{bg}{m}}t}\right)}{1+\mathrm{e}^{-2\sqrt{\frac{bg}{m}}t}}=3.6\,\mathrm{m/s}$

3.16 (1) $x=\dfrac{mg}{b}\left[t+\dfrac{m}{b}\left(\mathrm{e}^{-\frac{b}{m}t}-1\right)\right]$

(2) $x=\dfrac{m}{b}\left[\sqrt{\dfrac{bg}{m}}t+\log_e\dfrac{1}{2}\left(\mathrm{e}^{-2\sqrt{\frac{bg}{m}}t}+1\right)\right]$

3.17 運動方程式：$m\dfrac{\mathrm{d}v}{\mathrm{d}t}=mg-mbv^n$ より，$\dfrac{\mathrm{d}v}{\mathrm{d}t}=g-bv^n$ となる．終速度は一定であるので速度の変化（加速度）は 0 である．したがって $g-bv^n=0$ より，$v=\sqrt[n]{\dfrac{g}{b}}$ が終速度である．

3.18 (1) 物体 A は衝突までに $(t+T)$ 秒間運動するので，2 つの物体が衝突したときの物体 A の高さは $y_{\mathrm{A}}=v_0(t+T)-\dfrac{1}{2}g(t+T)^2$ となる．一方，物体 B は衝突までに t 秒間運動するので，そのときの物体 B の高さは $y_{\mathrm{B}}=v_0t-\dfrac{1}{2}gt^2$ である．ここで，2 つの物体は衝突しているのだから，どちらも同じ高さである．したがって $y_{\mathrm{A}}=y_{\mathrm{B}}$ より，$t=\dfrac{v_0}{g}-\dfrac{T}{2}$ となる．

(2) $y=y_{\mathrm{A}}=y_{\mathrm{B}}=v_0t-\dfrac{1}{2}gt^2$ に (1) の結果を代入して，$y=v_0\left(\dfrac{v_0}{g}-\dfrac{T}{2}\right)-\dfrac{1}{2}g\left(\dfrac{v_0}{g}-\dfrac{T}{2}\right)^2=\dfrac{v_0{}^2}{2g}-\dfrac{gT^2}{8}$ となる．

3.19 (1) $x=v_{0x}t$ より，$x=v_0t$

(2) $y=v_{0y}t-\dfrac{1}{2}gt^2$ より，$y=-\dfrac{1}{2}gt^2$

(3) (1), (2) の結果より，t を消去すると $y=-\dfrac{g}{2v_0{}^2}x^2$ となる．ここで，$x=d\cos\theta$，$y=-d\sin\theta$ であるから，代入して $d=\dfrac{2v_0{}^2\sin\theta}{g\cos^2\theta}$

(4) $x=d\cos\theta$，$y=-d\sin\theta$ に (3) の結果を代入すれば，$x=\dfrac{2v_0{}^2\sin\theta}{g\cos\theta}=\dfrac{2v_0{}^2}{g}\tan\theta$，$y=-\dfrac{2v_0{}^2}{g}\tan^2\theta$

3.20 (1) 運動を x 方向と y 方向に分解し，$v_y=v_{0y}-gt$ を使って時間を求めればよい．初速度の成分は $v_{0x}=v_0\cos\theta$，$v_{0y}=v_0\sin\theta$ となり，衝突時の速度の成分は $v_x=v_{0x}$，$v_y=-\dfrac{v_x}{\tan\theta}=$

$-\dfrac{v_{0x}}{\tan\theta}$ と求まるので，$-\dfrac{v_{0x}}{\tan\theta}=v_{0y}-gt$ より，

$t=\dfrac{v_0}{g\sin\theta}$

(2) $x=v_{0x}t=v_0\cos\theta\times\dfrac{v_0}{g\sin\theta}=\dfrac{v_0^2}{g\tan\theta}$

(3) $y=v_{0y}t-\dfrac{1}{2}gt^2$

$$=v_0\sin\theta\left(\frac{v_0}{g\sin\theta}\right)-\frac{1}{2}g\left(\frac{v_0}{g\sin\theta}\right)^2$$

$$=\frac{v_0^2}{g}\left(1-\frac{1}{2\sin^2\theta}\right)$$

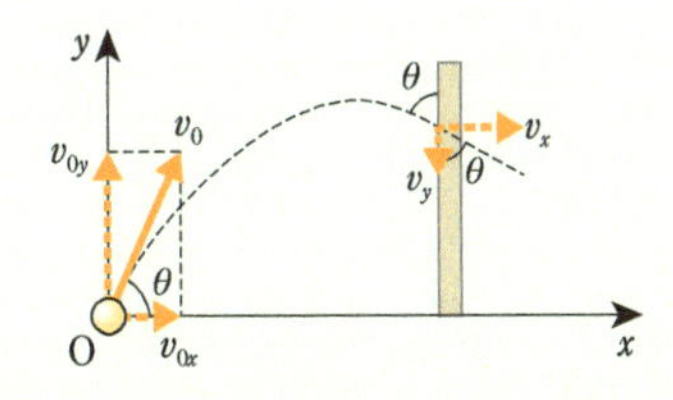

3.21 (1) 初速度 v_0 の x 成分は $v_{0x}=v_0\cos\theta$ であり，$\mathrm{OP}=x=\dfrac{h}{\tan\theta}$ であるから，$x=v_{0x}t$ より，$t=\dfrac{x}{v_{0x}}=\dfrac{h}{\tan\theta}\times\dfrac{1}{v_0\cos\theta}=\dfrac{h}{v_0\sin\theta}$

(2) 初速度 v_0 の y 成分は $v_{0y}=v_0\sin\theta$ であるから，$y=v_{0y}t-\dfrac{1}{2}gt^2$ より，$y_{\mathrm{B}}=v_0\sin\theta\times\dfrac{h}{v_0\sin\theta}-\dfrac{1}{2}g\left(\dfrac{h}{v_0\sin\theta}\right)^2=h-\dfrac{1}{2}g\left(\dfrac{h}{v_0\sin\theta}\right)^2$

(3) $y=y_0-\dfrac{1}{2}gt^2$ より，$y_{\mathrm{A}}=h-\dfrac{1}{2}g\left(\dfrac{h}{v_0\sin\theta}\right)^2$

(4) $y_{\mathrm{B}}=y_{\mathrm{A}}$ であるので，A と B は衝突する．

3.22 (1) 壁 A の頂点が放物線の最高点となるためには，物体が壁 A の高さ h に到達できるだけの初速度の y 成分が必要である．ここで，最高点に到達するまでの時間を t とすると，$h=\dfrac{1}{2}gt^2$ より $t=\sqrt{\dfrac{2h}{g}}$ であるので，初速度の y 成分は $v_y=v_{0y}-gt=0$ より ${v_{0y}}^2=2gh$ となる．

一方，速度の x 成分は $v_{0x}=\dfrac{l}{t}=l\sqrt{\dfrac{g}{2h}}$ である．

以上から，壁 A の頂点が放物線の最高点となるためには，初速度の大きさを $v_0=\sqrt{{v_{0x}}^2+{v_{0y}}^2}=\sqrt{\dfrac{g(l^2+4h^2)}{2h}}$ とし，投げる角度 $\theta=\tan^{-1}\left(\dfrac{v_{0y}}{v_{0x}}\right)=\tan^{-1}\left(\dfrac{2h}{l}\right)$ とすればよい．

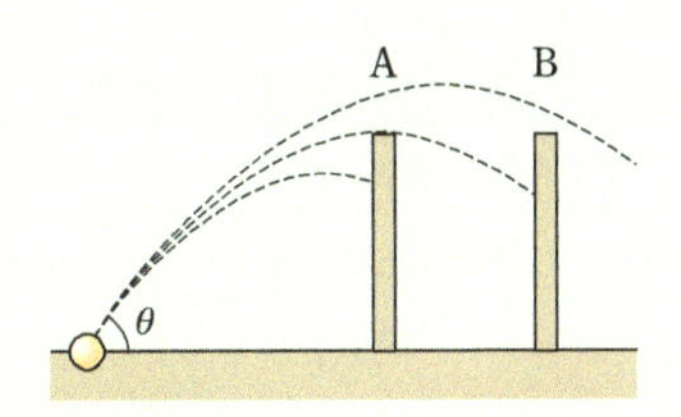

(2) 投げる角度を固定した場合，投げる速さが遅すぎれば物体は壁 A を越えられず，逆に速すぎれば壁 B を越えてしまう．したがって，落下地点が壁 A の上端となるときの速さを v_{A} とし，落下地点が壁 B の上端となるときの速さを v_{B} とすると，求める速度 v_0 は $v_{\mathrm{A}}<v_0<v_{\mathrm{B}}$ の範囲に入る必要がある．ここで，

$(v_{\mathrm{A}}\cos\theta)t=l$，$(v_{\mathrm{A}}\sin\theta)t-\dfrac{1}{2}gt^2=h$ より，

$v_{\mathrm{A}}=\dfrac{l}{\cos\theta}\sqrt{\dfrac{g}{2(l\tan\theta-h)}}$ であり，

$(v_{\mathrm{B}}\cos\theta)t=l+a$，$(v_{\mathrm{B}}\sin\theta)t-\dfrac{1}{2}gt^2=h$ より，

$v_{\mathrm{B}}=\dfrac{l+a}{\cos\theta}\sqrt{\dfrac{g}{2\{(l+a)\tan\theta-h\}}}$ であるので，

$$\frac{l}{\cos\theta}\sqrt{\frac{g}{2(l\tan\theta-h)}}<v_0<\frac{l+a}{\cos\theta}\sqrt{\frac{g}{2\{(l+a)\tan\theta-h\}}}$$

となる．

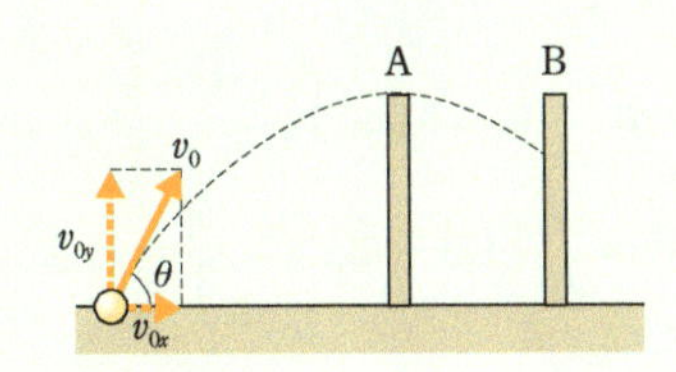

《　章末問題解答：4章　》

4.1 $W=Fx=20\ \mathrm{J}$

4.2 $W=Fx\cos\theta=17\ \mathrm{J}$

4.3 $W=-\mu mgx=-20\ \mathrm{J}$

4.4 $W=-mgx=-59\ \mathrm{J}$

4.5 (1) (a) $W_F=FL=1.0\ \mathrm{J}$,
(b) $W_F=FL\cos\theta=0.87\ \mathrm{J}$
(2) (a) $W_f=-\mu mgL=-0.49\ \mathrm{J}$,
(b) $W_f=-\mu(mg-F\sin\theta)L=-0.24\ \mathrm{J}$
(3) (a) $W=W_F+W_f=0.51\ \mathrm{J}$,
(b) $W=W_F+W_f=0.63\ \mathrm{J}$

4.6 (1) $W=\vec{F}\cdot\vec{x}=11\ \mathrm{J}$
(2) $\theta=\cos^{-1}\dfrac{\vec{F}\cdot\vec{x}}{|\vec{F}||\vec{x}|}=10^\circ$

4.7 $W=-mg\sin\theta\times\dfrac{h}{\sin\theta}=-29\ \mathrm{J}$

4.8 $W=\dfrac{1}{2}kx^2=0.20\ \mathrm{J}$

4.9 (1) $W_s=\dfrac{1}{2}kx^2=0.45\ \mathrm{J}$
(2) $W_f=-\mu mgx=-0.15\ \mathrm{J}$　(3) $W=W_s+W_f=0.30\ \mathrm{J}$

4.10 $W=\displaystyle\int_{0.10}^{0.04}(-kx)\mathrm{d}x=0.42\ \mathrm{J}$

4.11 $W=\displaystyle\int_{0.10}^{0.10}(-kx)\mathrm{d}x=0\ \mathrm{J}$

4.12 (1) $k=\dfrac{mg}{x}=2.5\times10^2\ \mathrm{N/m}\ (=245\ \mathrm{N/m})$
(2) $W_g=mgx=0.098\ \mathrm{J}$
(3) $W_s=-\dfrac{1}{2}kx^2=-0.049\ \mathrm{J}$
$\left(=-\dfrac{1}{2}mgx=-0.049\ \mathrm{J}\right)$
(4) $W=W_g+W_s=0.049\ \mathrm{J}$

4.13 $W=\displaystyle\int_{1.0}^{3.0}(2x^2-3)\mathrm{d}x=\frac{34}{3}=11\ \mathrm{J}$

4.14 $W=\dfrac{1}{2}mv^2-0=24\ \mathrm{J}$

4.15 $v=\sqrt{\dfrac{2W}{m}}=2.0\ \mathrm{m/s}$

4.16 (1) $W=(F-\mu mg)L=68\ \mathrm{J}$
(2) $v=\sqrt{\dfrac{2(F-\mu mg)L}{m}}=6.7\ \mathrm{m/s}$

4.17 (1) $W_F=FL\cos\theta=65\ \mathrm{J}$
(2) $K_i=\dfrac{1}{2}mv_i^2=1.0\times10^2\ \mathrm{J}$
(3) $v_f=\sqrt{\dfrac{2(W_F+K_i)}{m}}=13\ \mathrm{m/s}$

4.18 $F=\dfrac{m}{2L}(v_f^2-v_i^2)=25\ \mathrm{N}$

4.19 (1) $W_s=\dfrac{1}{2}kx^2=1.3\ \mathrm{J}$
(2) $v_f=\sqrt{\dfrac{2W_s}{m}}=1.1\ \mathrm{m/s}$

4.20 $v=\sqrt{\dfrac{k}{m}x^2-2\mu gx}=0.78\ \mathrm{m/s}$

4.21 (1) $U_g=mgh=980\ \mathrm{J}$
(2) $U_g=mgh=-1.96\times10^3\ \mathrm{J}$
(3) $W=mg(h_i-h_f)=2.94\times10^3\ \mathrm{J}$　(4) 100倍

4.22 (1) $U_s=\dfrac{1}{2}kx^2=3.75\ \mathrm{J}$
(2) $U_s=\dfrac{1}{2}kx^2=0.600\ \mathrm{J}$
(3) $W=\dfrac{1}{2}k(x_i^2-x_f^2)=3.15\ \mathrm{J}$　(4) 4倍

4.23 (1) 点A：$U_\mathrm{A}=-mgL=-59\ \mathrm{J}$,
点B：$U_\mathrm{B}=-mgL\cos\theta=-29\ \mathrm{J}$
(2) 点A：$U_\mathrm{A}=-mgL(1-\cos\theta)=-29\ \mathrm{J}$,
点B：$U_\mathrm{B}=0\ \mathrm{J}$
(3) 点A：$U_\mathrm{A}=0\ \mathrm{J}$,
点B：$U_\mathrm{B}=mgL(1-\cos\theta)=29\ \mathrm{J}$

4.24 (1) $x=\dfrac{mg\sin\theta}{k}=4.9\times10^{-2}\,\mathrm{m}$

(2) $U_s=\dfrac{1}{2}kx^2=3.6\times10^{-2}\,\mathrm{J}$

(3) $U_g=mg(L-x)\sin\theta=0.37\,\mathrm{J}$

4.25 (1) $F=-\dfrac{\mathrm{d}U}{\mathrm{d}y}=-mg$

(2) $F=-\dfrac{\mathrm{d}U}{\mathrm{d}x}=-kx$

(3) $F=-\dfrac{\mathrm{d}U}{\mathrm{d}r}=-\dfrac{a}{r^2}$

(4) $F=-\dfrac{\mathrm{d}U}{\mathrm{d}r}=\left(\dfrac{1}{r}+k\right)\dfrac{a}{r}\mathrm{e}^{-kr}$

4.26 (1) $K=\dfrac{1}{2}mv^2=2.00\times10^3\,\mathrm{J}$

(2) $U=mgh=3.92\times10^3\,\mathrm{J}$

(3) $E=K+U=5.92\times10^3\,\mathrm{J}$

(4) $v_f=\sqrt{\dfrac{2(E-mgh_f)}{m}}=33.0\,\mathrm{m/s}$

4.27 (1) $U=\dfrac{1}{2}kx^2=0.125\,\mathrm{J}$

(2) $K=\dfrac{1}{2}mv^2=0\,\mathrm{J}$ (3) $E=K+U=0.125\,\mathrm{J}$

(4) $v=\sqrt{\dfrac{2E}{m}}=\sqrt{\dfrac{k}{m}}x=0.500\,\mathrm{m/s}$

4.28 (1) $v=\sqrt{2gh}=3.1\,\mathrm{m/s}$

(2) $v=\sqrt{2gh\left(1-\dfrac{\mu}{\tan\theta}\right)}=1.1\,\mathrm{m/s}$

4.29 (1) $x=\sqrt{\dfrac{m}{k}}v=15\,\mathrm{cm}$

(2) $x=\dfrac{-\mu mg+\sqrt{(\mu mg)^2+kmv^2}}{k}=5.6\,\mathrm{cm}$

4.30 (1) 物体がはじめにもつ力学的エネルギーは，ばねのポテンシャルエネルギー $U=\dfrac{1}{2}kx^2$ のみであり，最高点での力学的エネルギーは，重力のポテンシャルエネルギー $U=mgh$ のみであるから，力学的エネルギー保存則より，$\dfrac{1}{2}kx^2=mgh$ となる．よって，

$k=\dfrac{2mgh}{x^2}$

(2) 自然長の位置での力学的エネルギーは，$U+U_g=\dfrac{1}{2}mv^2+mgx$ であるから，力学的エネルギー保存則より，$\dfrac{1}{2}mv^2+mgx=mgh$ となる．よって，$v=\sqrt{2g(h-x)}$

(3) 力学的エネルギー保存則より，$\dfrac{1}{2}k(x')^2=2mgh$ となる．よって，$x'=\sqrt{\dfrac{4mgh}{k}}=\sqrt{2}x$

4.31 (1) 点Cの高さを h_C，そのときの速さを v_C とすると，力学的エネルギー保存則より，$\dfrac{1}{2}mv_0{}^2=\dfrac{1}{2}mv_\mathrm{C}{}^2+mgh_\mathrm{C}$ が成り立つ．物体がちょうど点Cに到達したときに $v_\mathrm{C}=0$ となるような初速度は，$h_\mathrm{C}=r(1-\cos\theta)$ を用いて，$v_0=\sqrt{2gr(1-\cos\theta)}$ となるから，物体が空中に飛び出すためにはこの初速度よりも大きければよい．よって，$v_0>\sqrt{2gr(1-\cos\theta)}$

(2) 力学的エネルギー保存則 $\dfrac{1}{2}mv_0{}^2=\dfrac{1}{2}mv_\mathrm{C}{}^2+mgr(1-\cos\theta)$ および (1)の結果から $v_0=4\sqrt{2gr(1-\cos\theta)}$ を用いて，$v_\mathrm{C}=\sqrt{30gr(1-\cos\theta)}$

(3) 物体は点Cを速度 v_C，角度 θ で飛び出すから，最高点Dでの速度 v_D は点Cでの速度の水平成分 $v_\mathrm{D}=v_\mathrm{C}\cos\theta=\sqrt{30gr(1-\cos\theta)}\cos\theta$ となる．力学的エネルギー保存則 $\dfrac{1}{2}mv_0{}^2=\dfrac{1}{2}mv_\mathrm{D}{}^2+mgh_\mathrm{D}$ に v_0，v_D を代入して，$h_\mathrm{D}=r(1-\cos\theta)(16-15\cos^2\theta)$

≪　章末問題解答：5章　≫

5.1　(1) $p_i = mv_i = 1.0 \times 10^2$ kg·m/s，$p_f = mv_f = 60$ kg·m/s　(2) $I = p_f - p_i = -40$ kg·m/s

(3) $F = \dfrac{I}{\Delta t} = -20$ N

5.2　$I = mv_f - mv_i = 2.93 \times 10^4$ kg·m/s，$F = 1.95 \times 10^5$ N

5.3　$v_{2f} = \dfrac{m_1}{m_2}(v_{1i} - v_{1f}) + v_{2i} = 1.75$ m/s

5.4　$v = -\dfrac{M}{m}V = 200$ m/s

5.5　$a = \dfrac{Nv}{M} = 50$ m/s^2

5.6　(1) $v_{1f} = \left(\dfrac{m_1 - m_2}{m_1 + m_2}\right)v_{1i} + \left(\dfrac{2m_2}{m_1 + m_2}\right)v_{2i} = -8.7$ m/s，

$v_{2f} = \left(\dfrac{2m_1}{m_1 + m_2}\right)v_{1i} + \left(\dfrac{m_2 - m_1}{m_1 + m_2}\right)v_{2i} = 5.3$ m/s

(2) $v_{1f} = \left(\dfrac{m_1 - m_2}{m_1 + m_2}\right)v_{1i} + \left(\dfrac{2m_2}{m_1 + m_2}\right)v_{2i} = -3.3$ m/s，

$v_{2f} = \left(\dfrac{2m_1}{m_1 + m_2}\right)v_{1i} + \left(\dfrac{m_2 - m_1}{m_1 + m_2}\right)v_{2i} = 6.7$ m/s

5.7　$v_{1f} = \left(\dfrac{m_1 - m_2}{m_1 + m_2}\right)v_{1i} = 20$ m/s，

$v_{2f} = \left(\dfrac{2m_1}{m_1 + m_2}\right)v_{1i} = 40$ m/s，

重い質量 m_1 の物体の速度は衝突前とほとんど変わらず $v_{1f} = \left(\dfrac{m_1 - m_2}{m_1 + m_2}\right)v_{1i} \approx v_{1i}$，軽い質量 m_2 の物体は m_1 の物体の 2 倍の速度 $v_{2f} = \left(\dfrac{2m_1}{m_1 + m_2}\right)v_{1i} \approx 2v_{1i}$ で跳ね飛ばされる．

5.8　(1) $v_{1i} + v_{2i} = v_{1f} + v_{2f}$

(2) $v_{1i}^2 + v_{2i}^2 = v_{1f}^2 + v_{2f}^2$

(3) $v_{1f} = v_{2i} = -4.0$ m/s，$v_{2f} = v_{1i} = 10$ m/s

5.9　(1) $v_{2i} = v_{1f} + v_{2f}$　(2) $v_{2i}^2 = v_{1f}^2 + v_{2f}^2$

(3) $v_{1f} = v_{2i} = 5.0$ m/s，$v_{2f} = v_{1i} = 0$ m/s

5.10　$v_f = \dfrac{m_1 v_{1i} + m_2 v_{2i}}{m_1 + m_2} = 0.67$ m/s

5.11　(1) $V = \dfrac{m}{M + m}v = 4.7$ m/s (=4.66 m/s)

(2) $K = \dfrac{1}{2}mv^2 - \dfrac{1}{2}(M + m)V^2 = \dfrac{mM}{2(M + m)}v^2$

$= 7.0 \times 10^4$ J

5.12　$V = \dfrac{m}{M_e + m}v = 1.00 \times 10^{-19}$ m/s

5.13　(1) $v_{1i} + v_{2i} = v_{1f} + v_{2f}$

(2) $e = \dfrac{-(v_{1f} - v_{2f})}{v_{1i} - v_{2i}}$

(3) $v_{1f} = \dfrac{1}{2}\{(1 - e)v_{1i} + (1 + e)v_{2i}\} = -2.6$ m/s，

$v_{2f} = \dfrac{1}{2}\{(1 + e)v_{1i} + (1 - e)v_{2i}\} = 8.6$ m/s

5.14　(1) $mV_0 = mV_1\cos\theta + mV_2\cos\phi$

(2) $0 = mV_1\sin\theta + mV_2\sin\phi$

(3) $\dfrac{1}{2}mV_0^2 = \dfrac{1}{2}mV_1^2 + \dfrac{1}{2}mV_2^2$

(4) $V_1 = V_0\cos\theta = 1.7$ m/s，
$V_2 = V_0\sin\theta = 1.0$ m/s

(5) $\phi = 90° - \theta = 60°$

5.15　高さ h_0 から落して床に衝突する直前の速さを v_0 とし，跳ね返った直後の速さを v_1 とする．v_1 で跳ね返った後，小球が高さ h_1 まで上がったので，はねかえり係数は $e = \dfrac{v_1}{v_0} = \dfrac{\sqrt{2gh_1}}{\sqrt{2gh_0}} = \sqrt{\dfrac{h_1}{h_0}} = 0.80$ である．また，高さ h_0 から床に衝突するまでの時間は，$h_0 = \dfrac{1}{2}gt_0^2$ より，

$t_0=\sqrt{\dfrac{2h_0}{g}}=0.45$ s である．同様にして，高さ h_1 から床に衝突するまでの時間は，$t_1=\sqrt{\dfrac{2h_1}{g}}$ となるが，$\dfrac{t_1}{t_0}=\sqrt{\dfrac{h_1}{h_0}}=e$ から $t_1=et_0$ となる．したがって，小球が床に静止するまでの時間は

$$T=t_0+2t_1+2t_2+\cdots=t_0+2et_0+2e^2t_0+\cdots$$
$$=t_0(1+2e(1+e+\cdots))=t_0\left(1+\frac{2e}{1-e}\right)$$
$$=4.1\ \text{s}$$

《　章末問題解答：6 章　》

6.1　$a=\dfrac{v^2}{r}=6.0\ \text{m/s}^2$，$F=m\dfrac{v^2}{r}=12\ \text{N}$

6.2　$\bar{\omega}=\dfrac{\Delta\theta}{\Delta t}=3.0\ \text{rad/s}$

6.3　$\bar{\alpha}=\dfrac{\Delta\omega}{\Delta t}=3.0\ \text{rad/s}^2$

6.4　(1) $\vec{v}=\vec{\omega}\times\vec{r}=-9.0\vec{i}+6.0\vec{j}\ \text{m/s}$
(2) $\vec{F}=m\vec{\omega}\times\vec{v}=-36\vec{i}-54\vec{j}\ \text{N}$

6.5　(1) $T=m\dfrac{v^2}{r}$　(2) $T=8.0\ \text{N}$

(3) $T_p=\dfrac{2\pi r}{v}=1.6\ \text{s}$

6.6　(1) $T\cos\theta=mg$，$T\sin\theta=m\dfrac{v^2}{L\sin\theta}$

(2) $v=\sqrt{Lg\sin\theta\tan\theta}=1.7\ \text{m/s}$（$=1.68\ \text{m/s}$）

(3) $T_p=\dfrac{2\pi L\sin\theta}{v}=2\pi\sqrt{\dfrac{L\cos\theta}{g}}=1.9\ \text{s}$

6.7　(1) $f_s=m\dfrac{v^2}{r}$

(2) $f_{s,\max}=\mu mg=5.9\times10^3\ \text{N}$

(3) $v_{\max}=\sqrt{\mu rg}=12\ \text{m/s}$

6.8　(1) $a_r=\dfrac{v^2}{L}=9.0\ \text{m/s}^2$

(2) $a_t=g\sin\theta=4.9\ \text{m/s}^2$

(3) $a=\sqrt{\left(\dfrac{v^2}{L}\right)^2+(g\sin\theta)^2}=10\ \text{m/s}^2$

6.9　(1) $a_r=\dfrac{v^2}{r}$，$a_t=g\sin\theta$，

$a=\sqrt{\left(\dfrac{v^2}{r}\right)^2+(g\sin\theta)^2}$　(2) $T-mg\cos\theta=\dfrac{mv^2}{r}$

(3) $T_t=m\left(\dfrac{v_t^2}{r}-g\right)$　(4) $T_b=m\left(\dfrac{v_b^2}{r}+g\right)$

6.10　$a=g\tan\theta=5.7\ \text{m/s}^2$

6.11　(1) 右方に傾く　(2) $\theta=\tan^{-1}\left(\dfrac{a}{g}\right)=27°$

6.12　(1) 左方にはたらく　(2) $\mu=\dfrac{a}{g}=0.50$

6.13　$F=\dfrac{mv^2}{r}=3.9\times10^2\ \text{N}$

6.14　(1) $a=\dfrac{4\pi^2 r}{T_p^2}=0.53\ \text{m/s}^2$

(2) $f=ma=21\ \text{N}$　(3) $\mu=\dfrac{a}{g}=0.054$

6.15　エレベーターが加速すると慣性力がはたらき，見かけの加速度が $g+a$ となる．したがって，加速中の振り子の周期は $T_p=2\pi\sqrt{\dfrac{l}{g+a}}$

《　章末問題解答：7 章　》

7.1　(1) $A=6.0\ \text{m}$

(2) $\omega=10\pi\ \text{rad/s}=31\ \text{rad/s}$　(3) $\delta=0\ \text{rad}$

(4) $T=\dfrac{2\pi}{\omega}=0.20\ \text{s}$　(5) $f=\dfrac{1}{T}=5.0\ \text{Hz}$

(6) $v=\dfrac{\mathrm{d}x}{\mathrm{d}t}=-60\pi\sin(10\pi t)\ \text{m/s}$，

$v_{\max}=60\pi=1.9\times10^2\ \text{m/s}$

(7) $a=\dfrac{dv}{dt}=-600\pi^2\cos(10\pi t)$ m/s^2,

$a_{max}=600\pi^2=5.9\times10^3$ m/s^2

7.2 (1) $x_1=4.0\cos\left(\dfrac{5\pi}{4}\right)=-2.8$ m,

$v_1=-4.0\pi\sin\left(\dfrac{5\pi}{4}\right)=8.9$ m/s,

$a_1=-4.0\pi^2\cos\left(\dfrac{5\pi}{4}\right)=28$ m/s^2

(2) $\Delta x=4.0\left\{\cos\left(\dfrac{5\pi}{4}\right)-\cos\left(\dfrac{\pi}{4}\right)\right\}=-5.7$ m

(3) $2\pi+\dfrac{\pi}{4}=7.1$ rad

7.3 $\dfrac{d^2x}{dt^2}=-\omega^2A\cos(\omega t+\delta)=-\omega^2x$

7.4 (1) $\omega=\sqrt{\dfrac{k}{m}}=2.0$ rad/s

(2) $T=\dfrac{2\pi}{\omega}=3.1$ s　(3) $f=\dfrac{1}{T}=0.32$ Hz

7.5 (1) $k=\dfrac{4\pi^2m}{T^2}=6.2$ N/m

(2) $f=\dfrac{1}{T}=1.3$ Hz

7.6 (1) $f=\dfrac{1}{2\pi}\sqrt{\dfrac{2k}{(M+m)}}=1.90$ Hz

(2) $t=\dfrac{2}{f}=1.05$ s

7.7 (1) $E=\dfrac{1}{2}kA^2=0.100$ J

(2) $v=\pm\sqrt{\dfrac{k}{m}(A^2-x^2)}=\pm0.219$ m/s

(3) $K=\dfrac{1}{2}mv^2=9.60\times10^{-2}$ J

(4) $U=\dfrac{1}{2}kx^2=4.00\times10^{-3}$ J

7.8 (1) $v_{max}=\sqrt{\dfrac{k}{m}}A=0.134$ m/s

(2) $x=\pm\sqrt{A^2-\dfrac{m}{k}v^2}=\pm2.99$ cm

7.9 (1) $\omega=\sqrt{\dfrac{g}{L}}=3.1$ rad/s

(2) $T=2\pi\sqrt{\dfrac{L}{g}}=2.0$ s

7.10 (1) $h=g\left(\dfrac{T}{2\pi}\right)^2=35.8$ m

(2) $T_m=2\pi\sqrt{\dfrac{h}{g_m}}=29.1$ s

《　章末問題解答：8章　》

8.1 (1) $F=G\dfrac{m_1m_2}{r^2}=8.01\times10^{-7}$ N

(2) $F=G\dfrac{mM_e}{R_e^2}=1.97\times10^5$ N

(3) $F=G\dfrac{M_mM_e}{r^2}=1.99\times10^{20}$ N

8.2 (1) $g=G\dfrac{M_e}{R_e^2}=9.83$ m/s^2

(2) $g_h=G\dfrac{M_e}{(R_e+h)^2}=7.34$ m/s^2

(3) $g_h=G\dfrac{M_e}{(R_e+h)^2}=2.61$ m/s^2

8.3 $v=\sqrt{\dfrac{GM_e}{R_e+h}}=7.68\times10^3$ m/s,

$T=2\pi\sqrt{\dfrac{(R_e+h)^3}{GM_e}}=5.54\times10^3$ s$=92$ min

8.4 $\dfrac{GM_sM_e}{r^2}=\dfrac{M_ev^2}{r}$ および $v=\dfrac{2\pi r}{T}$ から,

$M_s=\dfrac{4\pi^2r^3}{GT^2}=2.00\times10^{30}$ kg

8.5 $M_e=\dfrac{4\pi^2r^3}{GT^2}=6.02\times10^{24}$ kg

8.6 $K=\dfrac{4\pi^2}{GM_s}=2.97\times10^{-19}$ s^2/m^3

8.7 $\dfrac{\dfrac{GM_e m}{R_e}}{\dfrac{GM_e m}{R_e+2R_e}}$ より，3倍

8.8 $v_e=\sqrt{\dfrac{2GM_e}{R_e}}=1.12\times10^4$ m/s,

$v_j=\sqrt{\dfrac{2GM_j}{R_j}}=6.02\times10^4$ m/s

8.9 (1) 地球の質量は地球の密度を用いて $M_e=\dfrac{4}{3}\pi R_e^3\rho$ と表されるから，$\rho=\dfrac{3M_e}{4\pi R_e^3}$

(2) 列車は半径 x の球内の質量から万有引力を受ける．半径 x の球の質量は $M=\dfrac{4}{3}\pi x^3\rho=\dfrac{M_e}{R_e^3}x^3$ であるから，$F=\dfrac{GMm}{x^2}=\dfrac{GM_e m}{R_e^3}x$

(3) 運動方程式は(2)で求めた力が引力であることに注意して，$m\dfrac{d^2x}{dt^2}=-\dfrac{GM_e m}{R_e^3}x$ となる．

すなわち，$\dfrac{d^2x}{dt^2}=-\dfrac{GM_e}{R_e^3}x$ となり，角振動数 $\omega=\sqrt{\dfrac{GM_e}{R_e^3}}$ の単振動をすることがわかる．

(4) 1往復する時間は，この単振動の周期であるから，$T=\dfrac{2\pi}{\omega}=2\pi\sqrt{\dfrac{R_e^3}{GM_e}}=5.06\times10^3$ s $=$ 84.3 min

(5) (2)と同様に列車にはたらく力は $F=\dfrac{GM_e m}{R_e^3}r$ であるから，進行方向の力の成分は

$F'=\dfrac{GM_e m}{R_e^3}r\cos\theta$

(6) あらためて，x 軸をトンネル内に設定すると，$r\cos\theta=x$ であるから，運動方程式は $\dfrac{d^2x}{dt^2}=-\dfrac{GM_e}{R_e^3}x$ となり，(3)の結果と一致し，角振動数 $\omega=\sqrt{\dfrac{GM_e}{R_e^3}}$ の単振動をすることがわかる．よって，1往復する時間 T' は，地球の中心を通るトンネルを1往復する時間 $T=5.06\times10^3$ s $=84.3$ min と同じになる．

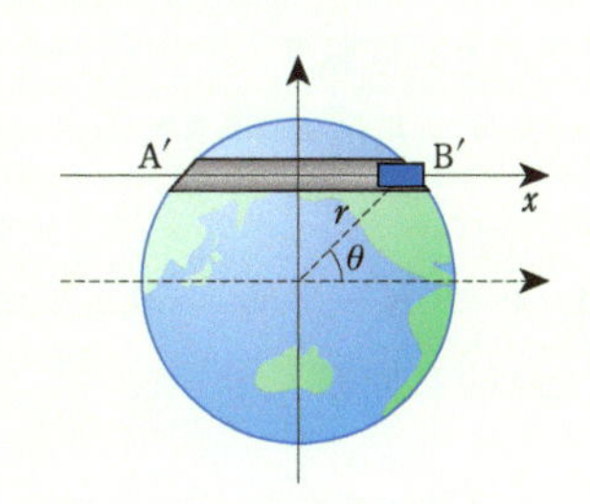

《 章末問題解答：9章 》

9.1 (1) $v_1=r_1\omega=1.5$ m/s, $a_1=\dfrac{{v_1}^2}{r_1}=4.5$ m/s^2

(2) $v_2=r_2\omega=3.0$ m/s, $a_2=\dfrac{{v_2}^2}{r_2}=9.0$ m/s^2

9.2 $a_t=r\alpha=7.5$ m/s^2

9.3 (1) $\omega=\omega_0+\alpha t=5.5$ rad/s

(2) $t=\dfrac{-\omega_0+\sqrt{{\omega_0}^2+2\alpha\theta}}{\alpha}=2.6$ s

(3) $\dfrac{\theta-\theta_0}{2\pi}=\dfrac{\omega_0 t+\dfrac{1}{2}\alpha t^2}{2\pi}=10$ 回転

9.4 (1) $\omega_0=3.5$ rad/s

(2) $\alpha=-\dfrac{\omega_0}{t}=-0.23$ rad/s^2

(3) $\dfrac{\theta-\theta_0}{2\pi}=\dfrac{\omega_0 t+\dfrac{1}{2}\alpha t^2}{2\pi}=4.1$ 回転

(4) $a_t=r\alpha=-3.5\times10^{-2}$ m/s^2,
$a_r=r{\omega_0}^2=1.8$ m/s^2

9.5 $K=\dfrac{1}{2}I\omega^2=3.90\times10^{-22}$ J

9.6　(1) $I=m_1\left(\frac{L}{2}\right)^2+m_2\left(\frac{L}{2}\right)^2=0.19\ \mathrm{kg\cdot m^2}$

(2) $I=m_2L^2=0.50\ \mathrm{kg\cdot m^2}$

(3) $I=m_1\left(\frac{2L}{3}\right)^2+m_2\left(\frac{L}{3}\right)^2=0.17\ \mathrm{kg\cdot m^2}$

9.7　$I=\int_{-\frac{L}{2}}^{\frac{L}{2}} x^2\lambda\mathrm{d}x=\frac{1}{12}\lambda L^3$ および $M=\lambda L$ より，$I=\frac{1}{12}ML^2$

9.8　$I=\frac{1}{3}ML^2$

9.9　$I=I_\mathrm{C}+M\left(\frac{L}{2}\right)^2$ より，$I=\frac{1}{3}ML^2$

9.10　$\tau=Fd=1.0\ \mathrm{N\cdot m}$

9.11　(1) $\vec{\tau}=\vec{r}\times\vec{F}=-17\vec{k}\,[\mathrm{N\cdot m}]$

(2) $\theta=\sin^{-1}\frac{|\vec{r}\times\vec{F}|}{|\vec{r}||\vec{F}|}=71°$

(3) 時計まわりに回転

9.12　$\tau=F_1d_1-F_2d_2=-0.5\ \mathrm{N\cdot m}$，時計まわりに回転

9.13　(1) $\tau=F_1R_1-F_2R_2=-0.4\ \mathrm{N\cdot m}$

(2) 時計まわりに回転

9.14　$\tau=\frac{1}{12}ML^2\alpha=8.3\times10^{-3}\ \mathrm{N\cdot m}$

9.15　(1) $RT=I\alpha$，$mg-T=ma$

(2) $\alpha=\frac{mg}{\left(\frac{1}{2}M+m\right)R}=49\ \mathrm{rad/s^2}$

(3) $a=\frac{mg}{\frac{1}{2}M+m}=4.9\ \mathrm{m/s^2}$

(4) $T=m(g-a)=2.5\ \mathrm{N}$

9.16　(1) $0=\frac{1}{2}I\omega^2+\frac{1}{2}mv^2-mgh$

(2) $v=R\omega$，$I=\frac{1}{2}MR^2$ および力学的エネルギー保存則の式より，$v=\sqrt{\frac{4mgh}{M+2m}}=2.6\ \mathrm{m/s}$

(3) 等加速度運動であるので，$v^2=2ah$ より，$a=\frac{2mg}{M+2m}=6.5\ \mathrm{m/s^2}$

(4) $v=R\omega$ より，$\omega=\sqrt{\frac{4mgh}{(M+2m)R^2}}=13\ \mathrm{rad/s}$

(5) 等角加速度運動であるので，$\omega^2=2\alpha\theta$ となる．おもりが h 落下する間に $R\theta=h$ より滑車は $\theta=\frac{h}{R}$ だけ回転する．よって，$\alpha=\frac{2mg}{(M+2m)R}=33\ \mathrm{rad/s^2}$

9.17　(1) $\tau=\frac{MgL}{2}=0.49\ \mathrm{N\cdot m}$

(2) $\alpha=\frac{3g}{2L}=29\ \mathrm{rad/s^2}$　(3) $a=\frac{3g}{2}=15\ \mathrm{m/s^2}$

9.18　(1) おもりにはたらく張力を T とすると，運動方程式は $T-m_1g=m_1a$，$m_2g-T=m_2a$ だから，連立して張力 T を消去すれば，

$a=\frac{(m_2-m_1)g}{m_1+m_2}$

(2) 質量 m_1，m_2 のおもりにはたらく張力をそれぞれ T_1，T_2 とすると，滑車に作用するトルクは，時計まわりを正として，$-RT_1+RT_2$ だから，回転運動の運動方程式は $-RT_1+RT_2=I\alpha$ となる．よって，滑車の角加速度は

$\alpha=\frac{R(-T_1+T_2)}{I}$ ……………………… ①

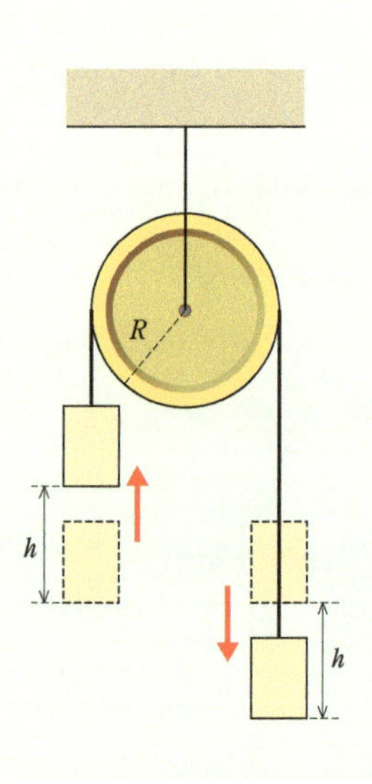

と表される．

一方，おもりの運動方程式は，$T_1-m_1g=m_1a$，$m_2g-T_2=m_2a$ だから，張力 T_1，T_2 はそれぞれ $T_1=m_1a+m_1g$，$T_2=m_2g-m_2a$ と表されるから，①に代入して，

$$\alpha=\frac{R\{-(m_1+m_2)a+(m_2-m_1)g\}}{I} \quad \cdots\cdots\cdots②$$

となる．ここで，$a=R\alpha$ の関係を用いて，α を消去すれば，$a=\dfrac{R^2(m_2-m_1)g}{R^2(m_1+m_2)+I}$

(3) 滑車の角速度を ω として，力学的エネルギー保存則を用いて，

$$0=\frac{1}{2}m_1v^2+m_1gh+\frac{1}{2}m_2v^2-m_2gh+\frac{1}{2}I\omega^2$$

となる．また，$v=R\omega$ であるから，ω を消去し整理すれば，$v=\sqrt{\dfrac{2R^2(m_2-m_1)gh}{R^2(m_1+m_2)+I}}$

別解 (2) の結果 $a=\dfrac{R^2(m_2-m_1)g}{R^2(m_1+m_2)+I}$ を運動学的方程式 $v^2=2ah$ に代入して，

$$v=\sqrt{\frac{2R^2(m_2-m_1)gh}{R^2(m_1+m_2)+I}}$$

《 章末問題解答：10 章 》

10.1 $T=2\pi\sqrt{\dfrac{2L}{3g}}=1.6\ \mathrm{s}$

10.2 $I=mgl\left(\dfrac{T}{2\pi}\right)^2=0.56\ \mathrm{kg\cdot m^2}$

10.3 全運動エネルギーは質量中心の速さ v_C を用いて，$K=\dfrac{1}{2}\left(\dfrac{I_C}{R^2}+M\right)v_C{}^2=\dfrac{3}{2}\left(\dfrac{1}{2}Mv_C{}^2\right)$ となり，3/2 倍

10.4 $K=\dfrac{7}{5}\left(\dfrac{1}{2}Mv_C{}^2\right)$ より，$\dfrac{7}{5}=1.4$ 倍

10.5 $v_C=\sqrt{\dfrac{4gh}{3}}=5.1\ \mathrm{m/s}$

10.6 斜面の長さを x と仮定して，質量中心の速さを求め，運動学的方程式を用いて，

$$a_C=\frac{5}{7}g\sin\theta=3.5\ \mathrm{m/s^2}$$

10.7 $L=mr^2\omega=6.0\times10^2\ \mathrm{kg\cdot m^2/s}$

10.8 (1) $\vec{L}=m\vec{r}\times\vec{v}=14\vec{k}$

(2) $\theta=\sin^{-1}\dfrac{|\vec{r}\times\vec{p}|}{|\vec{r}||\vec{p}|}=82°$

10.9 $L=I\omega=4.5\ \mathrm{kg\cdot m^2/s}$

10.10 $L=\dfrac{2}{5}MR^2\omega=36\ \mathrm{kg\cdot m^2/s}$

10.11 (1) $I=\dfrac{l^2}{4}\left(\dfrac{M}{3}+m_1+m_2\right)$

(2) $L=\dfrac{l^2}{4}\left(\dfrac{M}{3}+m_1+m_2\right)\omega$

(3) $\alpha=\dfrac{2(m_1-m_2)g\cos\theta}{l\left(\dfrac{M}{3}+m_1+m_2\right)}$

10.12 $\omega_f=2\omega_i=6.0\ \mathrm{rad/s}$

10.13 $\omega_f=n\omega_i$ より，角速度は n 倍

10.14 (1) $L=mv_0x$　(2) $I=\left(\dfrac{1}{2}M+m\right)R^2$

(3) $\omega=\dfrac{mv_0x}{\left(\dfrac{1}{2}M+m\right)R^2}$

10.15 (1) はじめに棒がもつ重力ポテンシャルエネルギーは $\dfrac{L}{2}Mg(1+\sin\theta)$ で，このエネルギーが回転のエネルギーに変わるから，エネルギー保存則より，$\dfrac{L}{2}Mg(1+\sin\theta)=\dfrac{1}{2}I\omega^2$ となる．よって，慣性モーメント $I=\dfrac{ML^2}{3}$ を代入して整理すれば，$\omega=\sqrt{\dfrac{3g(1+\sin\theta)}{L}}$

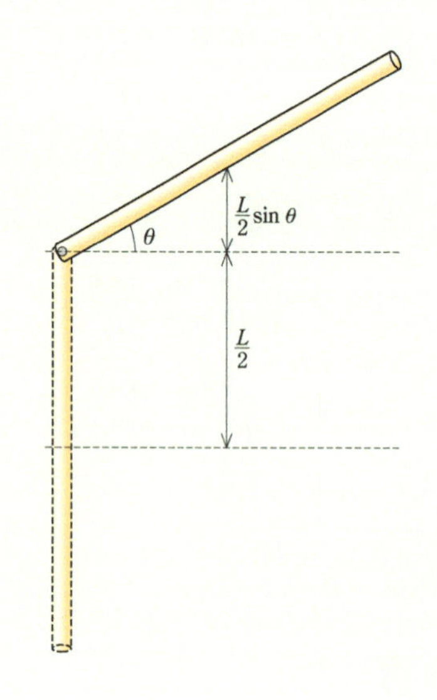

(2) 質量中心の速度 v_C は $v=r\omega$ より,

$v_C=\frac{1}{2}\sqrt{3g(1+\sin\theta)L}$

(3) (2)と同様に，棒の端の速度は
$v=\sqrt{3g(1+\sin\theta)L}=2v_C$

《 章末問題解答：11 章 》

11.1 $T=t+273.15$ より，293 K，−270 ℃

11.2 $Q=mc\Delta T=1.0\times10^4$ J，$W=mgh=Q$ より，$h=1.1\times10^3$ m

11.3 $Q=\frac{1}{2}mv^2=450$ J，$Q=mc\Delta T$ より，$\Delta T=0.537$ K

11.4 $Q=C\Delta T$ より，$C=25$ J/K

11.5 $W=20\times2mgh=470.4$ J，$W=Q=C\Delta T$ より，$\Delta T=0.56$ K

11.6 $C=mc=45$ J/K，$Q=C\Delta T=1.8\times10^3$ J

11.7 $Q=W=\frac{1}{2}mv^2=2.1\times10^5$ J，$Q=mc\Delta T$ より，$\Delta T=50$ K．よって，60 ℃

11.8 $0.447\times200(100-t)=4.2\times50(t-10)$ より，$t=37$ ℃

11.9 熱量の保存より，物体が失った熱量 $M c(T-T')$ と，水が受け取った熱量 $mc_w(T'-t)$ が等しい．したがって $Mc(T-T')=mc_w(T'-t)$ より，$c=\frac{mc_w(T'-t)}{M(T-T')}$ J/(g·K)

11.10 $(84+120\times4.2)(30-20)=100c(100-30)$ より，$c=0.84$ J/(g·K)

11.11 $\Delta\ell=\ell_0(1+\alpha t)-\ell_0=1.4\times10^{-2}$ m

11.12 $V=\ell^3$ の両辺の対数をとり，T で微分すると，$\frac{1}{V}\frac{dV}{dT}=3\frac{1}{\ell}\frac{d\ell}{dT}$．よって，$\beta=3\alpha$

11.13 $334\times20=6.7\times10^3$ J

11.14 $\{334+4.2(100-0)+2257\}\times30=9.0\times10^4$ J

11.15 クラウジウス−クラペイロンの式より（$T=273$ K，$Q=80$ cal/g$=3.35\times10^5$ J/kg），

$\frac{dT}{dp}=\frac{T(v_L-v_S)}{Q}=-7.42\times10^{-8}$ K·m²/N

を得る．したがって，1 気圧（1.013×10^5 Pa）ごとに 7.5×10^{-3} K の割合で氷点は低下する．（水の場合，$v_L<v_S$ なので $\frac{dT}{dp}<0$ となり，圧力を増すと氷点は低くなる（氷点降下）．

《 章末問題解答：12 章 》

12.1 $p_1V_1=p_2V_2$ より，$\frac{V_2}{V_1}=\frac{p_1}{p_2}=\frac{p_1}{0.8p_1}=1.25$．よって，25 %

12.2 $\dfrac{T_1}{V_1}=\dfrac{T_2}{V_2}$より，$V_2=\dfrac{T_2}{T_1}V_1=1.2\ \mathrm{m^3}$

12.3 $p=p_0+\dfrac{mg}{S}$

12.4 (1) $F=PS=5.0\times10^2\ \mathrm{N}$

(2) $\dfrac{V_1}{T_1}=\dfrac{V_2}{T_2}$より，$V_2=1.20\times10^{-3}\ \mathrm{m^3}$

(3) $\Delta V=\Delta\ell\cdot s$より，$\Delta\ell=4.0\times10^{-2}\ \mathrm{m}$

(4) $W=F\Delta\ell=20\ \mathrm{J}$

12.5 気球と気球内の空気にはたらく重力の大きさは$(M+\rho V)g$である．気球にはたらく浮力$\rho_0 Vg$の大きさが重力の大きさ以上ならば，気球は浮上する．すなわち，浮上する条件は$M+\rho V<\rho_0 V$である．ここで，気球中の空気の温度をT，密度をρとする．気球内外の気圧は等しいので，シャルルの法則より$\rho T=\rho_0 T_0$が成り立つ．以上から$\dfrac{\rho_0 T_0 V}{\rho_0 V-M}\leq T$のとき，気球は浮上する．これから，最低400 Kまで熱する必要がある．

12.6 $p=\dfrac{1}{3}\dfrac{N}{V}m\overline{v^2}=\dfrac{1}{3}\rho\overline{v^2}$

12.7 $p=\dfrac{1}{3}\rho\overline{v^2}$より，$\sqrt{\overline{v^2}}=4.7\times10^2\ \mathrm{m/s}$

12.8 $\sqrt{\overline{v^2}}=\sqrt{\dfrac{3RT}{M\times10^{-3}}}=4.7\times10^2\ \mathrm{m/s}$

12.9 $\sqrt{\dfrac{M_{\mathrm{Ne}}}{M_{\mathrm{He}}}}=\sqrt{5}$倍

12.10 $U=\dfrac{3}{2}nRT=1.1\times10^4\ \mathrm{J}$

≪ 章末問題解答：13章 ≫

13.1 $\mathrm{d}U=\mathrm{d}Q+\mathrm{d}W=5.0\times10^2-2.0\times10^2$
$=3.0\times10^2\ \mathrm{J}$

13.2 $\mathrm{d}U=\mathrm{d}Q=8.3\times10^2\ \mathrm{J}$，$\mathrm{d}U=\dfrac{3}{2}nR\mathrm{d}T$より，$\mathrm{d}T=67\ \mathrm{K}$

13.3 $pV=nRT$より，$\Delta W=p\Delta V=nR\Delta T$

13.4 $\mathrm{d}W=p\mathrm{d}V=2.0\times10^2\ \mathrm{J}$，
$\mathrm{d}U=\mathrm{d}Q+\mathrm{d}W=-3.0\times10^2\ \mathrm{J}$

13.5 (1) $\mathrm{d}W=p\mathrm{d}V=2.4\times10^2\ \mathrm{J}$（外部にした仕事）

(2) $\mathrm{d}U=\mathrm{d}Q+\mathrm{d}W=3.6\times10^2\ \mathrm{J}$

(3) $\mathrm{d}U=\dfrac{3}{2}nR\mathrm{d}T$より，$\mathrm{d}T=29\ \mathrm{K}$

(4) $C_p=\left(\dfrac{\mathrm{d}Q}{\mathrm{d}T}\right)_p=\dfrac{6.0\times10^2}{29}=21\ \mathrm{J/(mol\cdot K)}$

(5) $C_V=C_p-R=12\ \mathrm{J/(mol\cdot K)}$

13.6 (1) B→C，D→A

(2) A→B，C→D

(3) A→B，$p_1(V_2-V_1)$

(4) C→D，$p_2(V_2-V_1)$

13.7 $\mathrm{d}U=\dfrac{3}{2}nR\mathrm{d}T$より，0 J，
$\mathrm{d}Q=-\mathrm{d}W=2.0\times10^2\ \mathrm{J}$（放出）

13.8 (1) 過程Ⅰ：定積過程，過程Ⅱ：等温過程，過程Ⅲ：定圧過程

(2) Ⅰ：V一定，$\dfrac{p_{\mathrm{A}}}{T_{\mathrm{A}}}=\dfrac{p_{\mathrm{B}}}{T_{\mathrm{B}}}$より，$T_{\mathrm{B}}=660\ \mathrm{K}$

Ⅱ：T一定より，$T_{\mathrm{C}}=T_{\mathrm{B}}=660\ \mathrm{K}$

(3) $p_{\mathrm{A}}V_{\mathrm{A}}=nRT_{\mathrm{A}}$より，$n=0.16\ \mathrm{mol}$

Ⅰ：$\mathrm{d}U=\dfrac{3}{2}nR\mathrm{d}T=7.2\times10^2\ \mathrm{J}$（増加）

Ⅱ：$\mathrm{d}T=0$より，0 J

Ⅲ：$-7.2\times10^2\ \mathrm{J}$（減少）

(4) $W=p\mathrm{d}V$

Ⅰ：$\mathrm{d}V=0$より，0 J

Ⅱ：$\mathrm{d}W=\mathrm{d}Q=6.9\times10^2\ \mathrm{J}$（仕事をした）

Ⅲ：$\mathrm{d}W=p\mathrm{d}V=-4.8\times10^2\ \mathrm{J}$（仕事をされた）

(5) Ⅰ：$\mathrm{d}Q=\mathrm{d}V=7.2\times10^2\ \mathrm{J}$（熱を得た）

Ⅲ：$\mathrm{d}Q=\mathrm{d}U+\mathrm{d}W=-1.2\times10^3\ \mathrm{J}$（熱を放出した）

13.9 容器A，B内の気体のモル数をn_{A}，n_{B}とする．内部エネルギーは一定に保たれるので

$\frac{3}{2}n_ART_A+\frac{3}{2}n_BRT_B=\frac{3}{2}(n_A+n_B)RT$ が成り立つ．これから $T=\frac{n_AT_A+n_BT_B}{n_A+n_B}$ となる．ここで，モル数は状態方程式より $n_A=\frac{p_AV_A}{RT_A}$，$n_B=\frac{p_BV_B}{RT_B}$ となり，これから $T=\frac{p_AV_A+p_BV_B}{\frac{p_AV_A}{T_A}+\frac{p_BV_B}{T_B}}$ を得る．

また，気体の量は変化しないので $n_A+n_B=\frac{p(V_A+V_B)}{RT}$ となり，これから $p=\frac{p_AV_A+p_BV_B}{V_A+V_B}$ を得る．

13.10　理想気体の状態方程式 $pV=nRT$ から，$T\left(\frac{\partial V}{\partial T}\right)_p-V=T\left(\frac{R}{p}\right)-V=0$．これから $\left(\frac{\partial T}{\partial p}\right)_H=0$ を得る．

《　章末問題解答：14 章　》

14.1　$W=500-425=75$ J，$\eta=\frac{Q_1-Q_2}{Q_1}=\frac{500-425}{500}=0.15$．よって，15 %

14.2　(1)　ボイル-シャルルの法則より，$T_B=2T_A=2T$ [K]，$T_C=2T_B=4T$ [K]，

$T_D=\frac{1}{2}T_C=2T$ [K]

(2)　$dU_{AB}=\frac{3}{2}nR(T_B-T_A)=\frac{3}{2}nRT$ [J]，

$W_{AB}=0$ J(定積変化)，

$Q_{AB}=dU_{AB}-W_{AB}=\frac{3}{2}nRT$ [J]

(3)　$dU_{BC}=\frac{3}{2}nR(T_C-T_B)=3nRT$ [J]，

仕事は気体に外からする仕事

$W_{BC}=-p_BdV=-2p(2V-V)=-2nRT$ [J]，

$Q_{BC}=dU_{BC}-W_{BC}=3nRT+2nRT=5nRT$ [J]，

$dU_{CD}=\frac{3}{2}nR(T_D-T_C)=-3nRT$ [J]，

$W_{CD}=0$ J，

$Q_{CD}=dU_{CD}-W_{CD}=-3nRT$ [J]，

$dU_{DA}=\frac{3}{2}nR(T_A-T_D)=-\frac{3}{2}nRT$ [J]，

$W_{DA}=-p_DdV=-p(V-2V)=nRT$ [J]，

$Q_{DA}=dU_{DA}-W_{DA}=-\frac{3}{2}nRT-nRT$

$=-\frac{5}{2}nRT$ [J]

(4)　$\eta=\frac{W}{Q_1}=\frac{-(W_{BC}+W_{DA})}{Q_{AB}+Q_{BC}}$

$=\frac{-(-2nRT+nRT)}{\frac{3}{2}nRT+5nRT}=\frac{2}{13}=0.15$

14.3　$\eta=\frac{T_1-T_2}{T_1}$ より，50 %

14.4　$\eta=1-\left(\frac{V_B}{V_A}\right)^{\gamma-1}$ より，50 %

14.5　$\eta=1-\frac{1}{\gamma}\frac{\left(\frac{V_C}{V_B}\right)^{\gamma}-1}{\left(\frac{V_A}{V_B}\right)^{\gamma-1}\left(\frac{V_C}{V_B}-1\right)}$ より，61 %

14.6　(1)「水の気化」以外はすべて不可逆

14.7　クラウジウスの原理で否定される装置の存在が，トムソンの原理と矛盾することを示せばよい（背理法）．クラウジウスの原理に反するサイクルを C_1 とする（図）．サイクル C_1 は低熱源から受け取った熱 Q を外部に何も変化を残さずに高熱源にすべて渡すことができる．このとき，カルノー・サイクル C を低熱源と高熱源の間で動かし，高熱源から熱量 Q を受け取って仕事 W をおこない，残った熱 Q' を低熱源に排熱するとする．熱力学第 1 法則より $Q=W+Q'$ である．いま，2 つのサイクル

C_1 と C をまとめて 1 つの装置だと考えると，高熱源はまったく変化せず（すなわち高熱源を不要として），低熱源が失った熱 $Q-Q'=W>0$ が仕事 W になったように見えるが，これはトムソンの原理に反している．

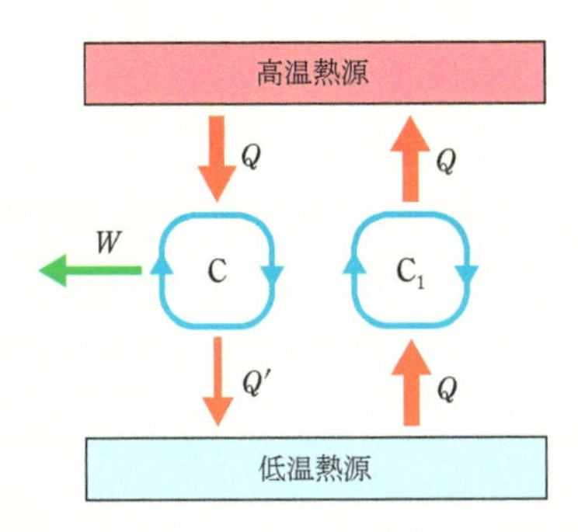

14.8 等温圧縮過程以外の状態変化は摩擦がないカルノー・サイクルと同じである．よって，高温熱源から受け取った熱量は $Q_1=nRT_1\log_e\left(\dfrac{V_B}{V_A}\right)$ で与えられる．シリンダー軸に沿った気体の長さを l とすれば，圧縮の場合 dl は負となる．dV も同様である．よって等温圧縮時の仕事は $W_{CD}=-\displaystyle\int_{V_C}^{V_D}p\,dV-F\int_{l_C}^{l_D}dl=-nRT_2\log_e\left(\dfrac{V_D}{V_C}\right)-\dfrac{f}{S}(V_D-V_C)$ となる．理想気体の等温変化では内部エネルギーが一定であるので，熱量は $Q_2=nRT_2\log_e\left(\dfrac{V_D}{V_C}\right)+\dfrac{f}{S}(V_D-V_C)$ となる．体積に関する関係式 $\dfrac{V_B}{V_A}=\dfrac{V_C}{V_D}$ はこの場合にも成り立つので，熱効率は

$$\eta=\frac{Q_1+Q_2}{Q_1}=\frac{T_1-T_2}{T_1}-\frac{f(V_C-V_D)}{SnRT_1\log_e\left(\dfrac{V_B}{V_A}\right)}$$

となる．$V_B>V_A$，$V_C>V_D$ であるから，摩擦のあるカルノー・サイクルの熱効率は，摩擦がないときの熱効率よりも小さい．

14.9 $dQ=c\,dT$ より，エントロピーの増加量は $dS=\displaystyle\int_{273}^{373}c\frac{dT}{T}=\log_e\frac{373}{273}$ cal/K である．$1\text{ cal}=4.19\text{ J}$ から，$\Delta S=1.31\text{ J/K}$ となる．

14.10 体積を温度と圧力の関数 $V=V(T,p)$ として，温度 T を一定にして両辺を V で微分すると，$1=\left(\dfrac{\partial V}{\partial p}\right)_T\left(\dfrac{\partial p}{\partial V}\right)_T$ を得る．これから $\dfrac{1}{\kappa}=-V\left(\dfrac{\partial p}{\partial V}\right)_T$ となる．ここで，一般に $p=-\left(\dfrac{\partial F}{\partial V}\right)_T$ であるので，$\dfrac{1}{\kappa}=V\left(\dfrac{\partial^2 F}{\partial V^2}\right)_T$ が得られる．

14.11 $V=V(T,p)$ の微分をとると，$dV=\left(\dfrac{\partial V}{\partial T}\right)_p dT+\left(\dfrac{\partial V}{\partial p}\right)_T dp$ となる．ここで体積 V を一定にして微分すると，$0=\left(\dfrac{\partial V}{\partial T}\right)_p+\left(\dfrac{\partial V}{\partial p}\right)_T\left(\dfrac{\partial p}{\partial T}\right)_V$ となる．よって，$\beta=-\dfrac{1}{V}\left(\dfrac{\partial V}{\partial p}\right)_T\left(\dfrac{\partial p}{\partial T}\right)_V=\kappa\left(\dfrac{\partial p}{\partial T}\right)_V=-\kappa\dfrac{\partial^2 F}{\partial T\partial V}$ が得られる．

14.12 エンタルピーの定義式の微分は $dH=dU+p\,dV+V\,dp$ となる．熱力学の第 1 法則 $dU=-p\,dV+dQ$ を代入すると，$dH=V\,dp+dQ$ が得られる．また単位質量の場合に定圧過程（$dp=0$）を考えると，$dh=dq$ が成り立つので $C_p=\left(\dfrac{dq}{dT}\right)_p=\left(\dfrac{\partial h}{\partial T}\right)_p$ が得られる．

14.13 $dh=du+p\,dv+v\,dp$ である．これに $du=-p\,dv+T\,ds$ を代入すると，$dh=T\,ds+v\,dp$ を得る．これから p を一定にすれば $\left(\dfrac{\partial h}{\partial s}\right)_p=T$ となる．同様に，s を一定にすれば $\left(\dfrac{\partial h}{\partial p}\right)_s=v$ が得られる．

《 章末問題解答：15 章 》

15.1 $F=k\dfrac{|q_1|\,|q_2|}{r^2}=2.7\times10^{-2}\,\mathrm{N}$

15.2 $q_\mathrm{B}=-\dfrac{r^2F}{kq_\mathrm{A}}=-4.0\times10^{-7}\,\mathrm{C}$

15.3 $F=k\dfrac{|q_1|\,|q_2|}{r^2}=0.14\,\mathrm{N}$

15.4 $F=\sqrt{2}k\dfrac{|q_1|\,|q_2|}{r^2}=0.20\mathrm{N}$，向き $-135°$

15.5 力ベクトルの重ね合わせより，0 N

15.6 $\dfrac{k|q_1|\,|q_2|}{Gm_1m_2}=2.3\times10^{39}$ 倍

15.7 $F=57\times10^{-3}\,\mathrm{N}$，$q_\mathrm{B}=-1.6\times10^{-6}\,\mathrm{C}$

15.8 (1) $T\sin\theta-k\dfrac{q^2}{(2a)^2}=0,\ T\cos\theta-mg=0$

(2) $T=\dfrac{mg}{\cos\theta}$　(3) $q=2a\sqrt{\dfrac{mg\tan\theta}{k}}$

15.9 $E=k\dfrac{q}{r^2}=9.0\times10^9\,\mathrm{N/C}$

15.10 $E=\sqrt{2}\times9.0\times10^5=1.3\times10^6\,\mathrm{N/C}$，向き 45°

15.11 (1) $F=k\dfrac{|q_\mathrm{A}|\,|q_\mathrm{B}|}{r^2}=0.10\,\mathrm{N}$

(2) $E=k\dfrac{q_\mathrm{A}}{r^2}+k\dfrac{q_\mathrm{B}}{r^2}=5.0\times10^5\,\mathrm{N/C}$，向き A から B への方向

15.12 $2E\dfrac{4}{5}=4.6\times10^2\,\mathrm{N/C}$，AB に平行で右向き

15.13 原点　$E=0$

点 A　$E=\sqrt{2}k\dfrac{q}{2r^2}=0.51\times10^5\,\mathrm{N/C}$

y 軸方向上向き

15.14 $E=\dfrac{m_eg}{e}=5.6\times10^{-11}\,\mathrm{N/C}$

15.15 $E=k\dfrac{q}{r^2}=2.0\times10^2\,\mathrm{N/C}$，$F=qE=6.0\times10^{-7}\,\mathrm{N}$，電荷 A への方向

15.16 (1) $(-6,\,0)$　(2) 13 N/C　(3) $(0,\,0)$

15.17 $\phi_\mathrm{A}=k\dfrac{q}{r_\mathrm{A}}=-18\times10^3\,\mathrm{V}$

$\phi_\mathrm{A}-\phi_\mathrm{B}=k\dfrac{q}{r_\mathrm{A}}-k\dfrac{q}{r_\mathrm{B}}=\dfrac{1}{3}k|q|=9.0\times10^3\,\mathrm{V}$

15.18 点 A：電場 $1.8\times10^4\,\mathrm{N/C}$，電位 0 V

点 B：電場 $5.1\times10^4\,\mathrm{N/C}$，電位 0 V

原点：電場 $1.4\times10^5\,\mathrm{N/C}$，電位 0 V

15.19 (1) $E=\dfrac{V}{d}=2.0\times10^4\,\mathrm{N/C}$

(2) $F=qE=3.2\times10^{-15}\,\mathrm{N}$

(3) $W=qV=9.6\times10^{-16}\,\mathrm{J}$

(4) $W=qV=\dfrac{1}{2}mv^2$ より $4.0\times10^5\,\mathrm{m/s}$

15.20 ガウスの法則より，

$E=\dfrac{1}{4\pi\varepsilon_0}\dfrac{q}{r^2}=1.4\times10^{11}\,\mathrm{N/C}$

15.21 ガウスの法則より，

$E=\dfrac{1}{2\pi\varepsilon_0}\dfrac{\lambda}{r}=29\,\mathrm{N/C}$

15.22 ガウスの法則より，

$E=\dfrac{\sigma}{2\varepsilon_0}=9.0\times10^{-9}\,\mathrm{N/C}$

15.23 (1) $r<a$ のとき

ガウスの法則より，

$E=\dfrac{\rho r}{3\varepsilon_0}$

(2) $r\geq a$ のとき

ガウスの法則より，

$E=\dfrac{a^3\rho}{3\varepsilon_0}\dfrac{1}{r^2}$，$E=\dfrac{Q}{4\pi\varepsilon_0a^2}=1.4\times10^{11}\,\mathrm{N/C}$

15.24 (1) $r\geq a$ のとき

ガウスの法則より，

$E=\dfrac{1}{4\pi\varepsilon_0}\dfrac{Q}{r^2}$，$E=1.4\times10^{11}\,\mathrm{N/C}$

(2) $r<a$ のとき

ガウスの法則より，$E=0$

15.25 $E=-\vec{\nabla}\phi$ より $\mathrm{rot}\,\vec{E}=-\vec{\nabla}\times(\vec{\nabla}\phi)=0$

15.26 ガウスの法則より，

$$E(r)=\begin{cases}\dfrac{1}{4\pi\varepsilon_0 r^2}(Q_1+Q_2+Q_3) & c\leq r\\ \dfrac{1}{4\pi\varepsilon_0 r^2}(Q_1+Q_2) & b\leq r<c\\ \dfrac{1}{4\pi\varepsilon_0 r^2}Q_1 & a\leq r<b\\ 0 & r<a\end{cases}$$

である．$V(\infty)=0$ として

$$V_3=\frac{Q_1+Q_2+Q_3}{4\pi\varepsilon_0 c},\quad V_2=\frac{1}{4\pi\varepsilon_0}\left(\frac{Q_1+Q_2}{b}+\frac{Q_3}{c}\right),$$

$$V_1=\frac{1}{4\pi\varepsilon_0}\left(\frac{Q_1}{a}+\frac{Q_2}{b}+\frac{Q_3}{c}\right)$$

15.27 電気双極子 D_1 の位置を原点にとる．D_1 による x 軸上の点 $(r, 0, 0)$ の電位は，$\phi(r, 0, 0)=\dfrac{p_1}{4\pi\varepsilon_0}\dfrac{1}{r^2}$ である．電気双極子 D_2 の電気双極子モーメントを $p_2=Q_2\delta_2$ $(\delta_2\ll r)$ とし，この双極子モーメントが $(r+\delta_2, 0, 0)$ に置かれた $+Q_2$ と $(r, 0, 0)$ に置かれた $-Q_2$ からできているとする．

これから，ポテンシャルエネルギーは

$$\frac{p_1}{4\pi\varepsilon_0}\left\{\frac{Q_2}{(r+\delta_2)^2}-\frac{Q_2}{r^2}\right\}=-\frac{p_1p_2}{2\pi\varepsilon_0 r^3}$$

« 章末問題解答：16 章 »

16.1 $Q=CV=5.8\times10^{-6}\,\mathrm{C}$

16.2 $C=\dfrac{\varepsilon_0 S}{d}=2.8\times10^{-12}\,\mathrm{F}$

16.3 $C=\varepsilon_r C_0=12\times10^{-3}\,\mathrm{F}$

16.4 (1) $C_0=\varepsilon_0\dfrac{S}{d}=30\times10^{-12}\,\mathrm{F}$

(2) $Q=C_0V=1.5\times10^{-7}\,\mathrm{C}$

(3) $C=1.5\times10^{-7}\,\mathrm{F}$

(4) $C=2.1\times10^{-10}\,\mathrm{F}$，(2)の Q を利用して $V=7.1\times10^2\,\mathrm{V}$

16.5 $U=\dfrac{1}{2}CV^2=9.0\times10^{-2}\,\mathrm{J}$

16.6 (1) $U=\dfrac{Q^2d}{2\varepsilon S}$ (2) $\Delta U=\dfrac{Q^2}{2\varepsilon S}\Delta d$

(3) $F=\left|-\dfrac{\Delta U}{\Delta d}\right|=\dfrac{Q^2}{2\varepsilon S}$

16.7 $V=\dfrac{Q}{2\pi\varepsilon_0 l}\log_e\dfrac{b}{a}$ より $C=\dfrac{2\pi\varepsilon_0 l}{\log_e\dfrac{b}{a}}$

16.8 導体 1 の電荷は $Q_1=C_1V_1$，導体 2 の電荷は $Q_2=C_2V_2$ である．1 から 2 に流れた電荷を q，つないだあとの電位を V とすると，$V=\dfrac{Q_1-q}{C_1}=\dfrac{Q_2+q}{C_2}$ が成り立つ．これから $q=\dfrac{C_1C_2(V_1-V_2)}{C_1+C_2}$，

$$V=\frac{C_1V_1+C_2V_2}{C_1+C_2}$$

q は負でも成り立つ．その場合は導体 2 から導体 1 に流れるときである．

16.9 1 mol の NaCl は 58.5 g であるので，$1\,\mathrm{m^3}$ の NaCl は 3.71×10^4 mol である．これに電荷 e とアボガドロ数をかけると，Na^+ の密度 $\rho=3.6\times10^9\,\mathrm{C/m^3}$ を得る．正負電荷のずれの距離を Δ とすると $\sigma'=\rho\Delta$ である．これを $(\varepsilon_r-1)\varepsilon_0E$ と等しいとおくと，$\Delta=(\varepsilon_r-1)\varepsilon_0E/\rho=3.2\times10^{-21}E\,[\mathrm{m}]$ を得る．

参考 隣り合う Na^+ と Cl^- の距離は 2.8×10^{-10} m であるので，$E=10^6\,\mathrm{V/m}$ の電場をかけても，ずれ Δ はイオン間距離の 10 万分の 1 程度にしかならない．

16.10 $E_1=\dfrac{V}{d_1+\dfrac{\varepsilon_1}{\varepsilon_2}d_2}$，$E_2=\dfrac{V}{\dfrac{\varepsilon_2}{\varepsilon_1}d_1+d_2}$

$$D_1=D_2=\sigma=\frac{V}{\dfrac{d_1}{\varepsilon_1}+\dfrac{d_2}{\varepsilon_2}}$$

$$P_1=\left(1-\frac{\varepsilon_0}{\varepsilon_1}\right)\frac{V}{\dfrac{d_1}{\varepsilon_1}+\dfrac{d_2}{\varepsilon_2}},\quad P_2=\left(1-\frac{\varepsilon_0}{\varepsilon_2}\right)\frac{V}{\dfrac{d_1}{\varepsilon_1}+\dfrac{d_2}{\varepsilon_2}}$$

《　章末問題解答：17 章　》

17.1　$R=\dfrac{V^2}{Q}t=20\ \Omega$

17.2　$v=\dfrac{I}{ne\pi r^2}=2.3\times10^{-4}\ \mathrm{m/s}$

17.3　$R=\dfrac{V}{I}=0.88\ \Omega,\ \rho=\dfrac{SV}{lI}=1.6\times10^{-8}\ \Omega\cdot\mathrm{m}$

17.4　(1) B　(2) A

17.5　(1) $\dfrac{R_1R_2}{R_1+R_2}=12\ \Omega$

(2) $\dfrac{R_1R_2}{R_1+R_2}+R_3=60\ \Omega$

17.6　$\dfrac{1}{R}=\dfrac{1}{2r}+\dfrac{1}{2r}+\dfrac{1}{r}$ より，$R=\dfrac{1}{2}r$

17.7　$\dfrac{1}{R}=\dfrac{1}{r}+\dfrac{1}{2r+R}$ より，$R=(\sqrt{3}-1)r$

17.8　電流を I とすると $2\pi rl\sigma E(r)=I$ であるので，電圧は $V(a)-V(b)=\displaystyle\int_a^b E(r)\mathrm{d}r=\frac{I}{2\pi l\sigma}\log_e\frac{b}{a}$ となる．よって $R=\dfrac{\log_e(b/a)}{2\pi\sigma l}$

17.9　各抵抗に流れる電流の向きと大きさを図のように仮定する．キルヒホッフの第 1 法則を点 a に適用すると，$I_1+I_2=I_3$ となる．キルヒホッフの第 2 法則を経路 1 と経路 2 に適用すると，$2.0=1.0\times I_1+3.0\times I_3$，$7.0=2.0\times I_2+3.0\times I_3$ となる．この 3 つの式を連立方程式として解くと，$I_1=-1.0$ A，$I_2=2.0$ A，$I_3=1.0$ A となる．よって，1.0 Ω の抵抗を流れる電流は右向きに 1.0 A

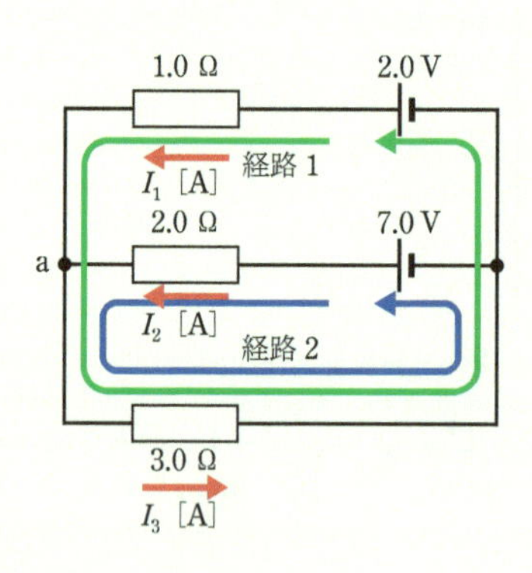

17.10　(1) $V_{\mathrm{AB}}=9.6$ V

(2) $I=2.0$ A

(3) $R=8.0\ \Omega$

(4) 上から下へ $I=2.5$ A

17.11　(1) $\dfrac{1}{C_{\mathrm{AB}}}=\dfrac{1}{C_1}+\dfrac{1}{C_2+C_3}$ より，$C_{\mathrm{AB}}=2\ \mu\mathrm{F}$

(2) $C_1V_{\mathrm{P}}=C_{\mathrm{AB}}V_{\mathrm{B}}$ より $V_{\mathrm{P}}=800$ V

(3) C_1 の電荷 $Q_1=2.4\times10^{-3}$ C，C_2 の電荷 $Q_2=1.6\times10^{-3}$ C，C_3 の電荷 $Q_3=0.8\times10^{-3}$ C

17.12　(1) $V_2=\dfrac{C_1}{C_1+C_2}V=\dfrac{1}{3}V$

(2) $V_2=\dfrac{C_1C_2}{(C_1+C_2)(C_2+C_3)}V=\dfrac{2}{15}V$

17.13　(1) スイッチ閉じた直後コンデンサーに電流がすべて流れるため，2.0 Ω の抵抗に流れる電流は 0 A

(2) スイッチ閉じて充分時間がたったあと，充電されたコンデンサーに電流は流れない．2.0 Ω の抵抗に流れる電流は $I=1.0$ A

17.14　(1) $I=1.0\times10^{-3}$ A

(2) $I=5.0\times10^{-4}$ A

(3) C_1 は C_2 の 1.5 倍

17.15　$R_{\mathrm{s}}=0.20\ \Omega$

17.16 $R_{\mathrm{m}}=9.0\ \mathrm{k\Omega}$

《 章末問題解答：18 章 》

18.1 電子にはローレンツ力 evB が向心力としてはたらくので，運動方程式は $m\dfrac{v^2}{r}=evB$ となる．これから電子は速さ $v=\dfrac{eBr}{m}$ で等速円運動をする．ここで $eV=\dfrac{1}{2}mv^2$ より，比電荷は $\dfrac{e}{m}=\dfrac{2V}{r^2B^2}$

18.2 $T=\dfrac{2\pi m}{qB}$，$x=\dfrac{2\pi mv}{qB}\cos\theta$

18.3 ローレンツ力 $\vec{F}=e(\vec{E}+\vec{v}\times\vec{B})=0$ ならばよい．よって，$\vec{E}\times\vec{B}$ と同じ向きに $v=E/B$ となる．

18.4 (1) 領域 I 半径 $r=\dfrac{mv}{qB}$ の半円時計回り，領域 II 半径 $r=\dfrac{mv}{2qB}$ の半円反時計回り

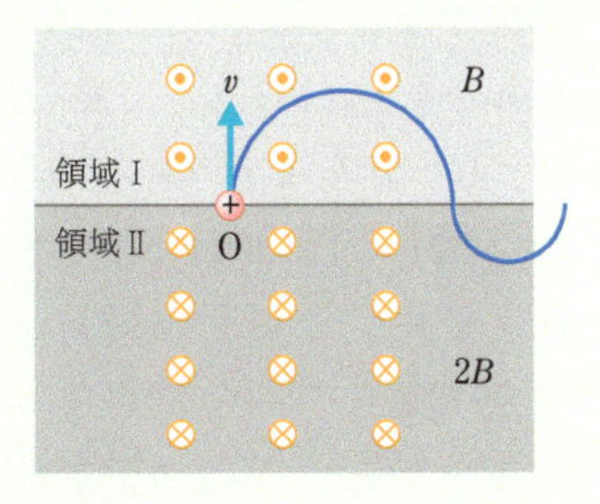

(2) $t=\dfrac{3}{2}\dfrac{\pi m}{qB}$

18.5 (1) X 側が高い　(2) $v=\dfrac{V}{bB}$

(3) $n=\dfrac{IB}{aeV}$

18.6 $B=\dfrac{\mu_0 I}{2\pi r}=1.0\times10^{-4}\ \mathrm{Wb/m^2}$

18.7 $\dfrac{F}{l}=IB=2.3\times10^{-4}\ \mathrm{N/m}$

18.8 $F=\dfrac{\mu_0 I_1 I_2}{2\pi r}l=1.0\times10^{-6}\ \mathrm{N}$

18.9 $F_y=-\dfrac{\mu_0 I_1 I_2}{2\pi}l\left(\dfrac{1}{a}-\dfrac{1}{a+l}\right)$

大きさ　$\dfrac{\mu_0 I_1 I_2}{2\pi}l\left(\dfrac{1}{a}-\dfrac{1}{a+l}\right)$

$W=\dfrac{\mu_0 I_1 I_2}{2\pi}l\log_e\dfrac{(a+l)^2}{a(a+2l)}$

18.10 $B=\dfrac{\mu_0 nI}{2a}=3.1\times10^{-5}\ \mathrm{Wb/m^2}$

18.11 1 m あたり 3000 回巻き数なので　$B=\mu_0 nI=1.9\times10^{-3}\ \mathrm{Wb/m^2}$

18.12 ソレノイドの一端から x と $x+\mathrm{d}s$ の間にある部分を円電流と見なす．円電流の中心軸上 R の距離にある点の磁束密度は $B=\dfrac{\mu_0 Ia^2}{2(a^2+R^2)^{3/2}}$ である．いま，そこを流れる電流は $nI\mathrm{d}x$ であるから，これが点 P につくる磁束密度は $\mathrm{d}B=\dfrac{\mu_0 nIa^2\mathrm{d}x}{2\{a^2+(x-\xi)^2\}^{3/2}}$ となる．x を 0 から l まで積分するために，変数変換 $x-\xi=a\cot\phi$ を用いると，$\mathrm{d}x=\dfrac{-a}{\sin^2\phi}\mathrm{d}\phi$，$\{a^2+(x-\xi)^2\}^{-3/2}=\dfrac{1}{a^3}\sin^3\phi$ となり，よって，

$$B=\frac{\mu_0 nI}{2}\int_\alpha^\beta(-\sin\phi)\,\mathrm{d}\phi$$

$$=\frac{\mu_0 nI}{2}\left\{-\frac{\xi}{\sqrt{a^2+\xi^2}}+\frac{l-\xi}{\sqrt{a^2+(l-\xi)^2}}\right\}$$

ここで，$\cot\alpha=\dfrac{-\xi}{a}$，$\cot\beta=\dfrac{l-\xi}{a}$ を用いた．

《　章末問題解答：19 章　》

19.1　(1) $\Delta\Phi=\Delta B\cdot S=6.0\times10^{-4}$ Wb

(2) $V=N\dfrac{\Delta\Phi}{\Delta t}=6.0\times10^{-2}$ V

(3) AB 間に抵抗をつなぐと，コイルでは，外からの磁束の変化を打ち消す向き（下向き）に磁束を生じるような向き（A→B の向き）に電流が流れる．よって A の電位のほうが高い．

19.2　誘導起電力は $V(t)=-\dfrac{d\Phi}{dt}$ である．よって，電荷量は $Q=\displaystyle\int_{t_1}^{t_2}I(t)dt=-\dfrac{1}{R}\int_{t_1}^{t_2}\dfrac{d\Phi}{dt}dt$

$=-\dfrac{1}{R}\displaystyle\int_{\Phi_1}^{\Phi_2}d\Phi=\dfrac{\Phi_1-\Phi_2}{R}$

19.3　(1) $V=vBl$

(2)　Q→P の向きに，大きさ $I=\dfrac{V}{R}=\dfrac{vBl}{R}$

(3)　左向きに，大きさ $F=IBl=\dfrac{vB^2l^2}{R}$

(4) (3)の力とつり合えばよいので，$\dfrac{vB^2l^2}{R}$

19.4　上向きを正の向きとすると，磁束の変化は，右側では $d\phi/dt<0$ で，左側では $d\phi/dt>0$ である（磁石の動きにともなって，磁石の右側では下向きの磁束が増加し左側では減少する）．よって，図のような向きに渦電流が生じる．この電流による磁場は，右側では上向き，左側では下向きになり，磁石の N 極の位置では左向きであるので，磁石の運動が妨げられる．仮りに下を正の向きにしても，同じ結果となる．

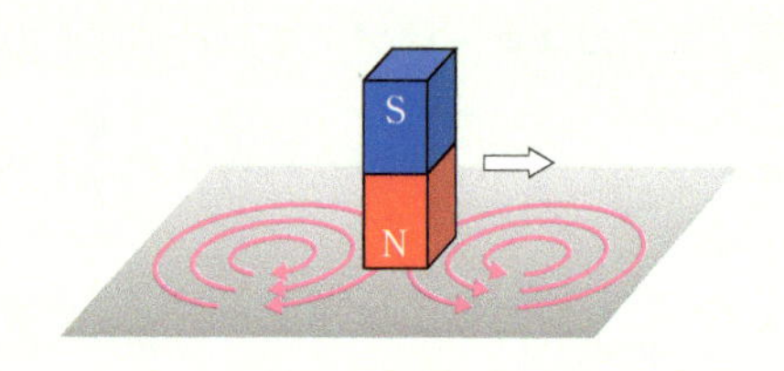

19.5　$V=L\dfrac{dI}{dt}=60$ V

19.6　(1) $\Phi=BS=\mu HS=\mu nIS$

(2) $V=\left|-N\cdot\dfrac{\Delta\Phi}{\Delta t}\right|=\left|-N\cdot\dfrac{0-\mu nIS}{t}\right|=\dfrac{\mu NnIS}{t}$

(3) $V=\left|-M\cdot\dfrac{\Delta I}{\Delta t}\right|=\left|-M\cdot\dfrac{0-I}{t}\right|=\dfrac{MI}{t}$ となり，(2)の結果より $M=\mu NnS$

19.7　コイル 1 に電流 I_1 を流すと，コイル 1 を貫く磁束は $\Phi_1=L_1I_1$ となる．このうちの一部の $\Phi_2'=k_1\Phi_1$ がコイルを通過すると，I_1 によってコイル 2 に $\Phi_2'=k_1\Phi_1=k_1L_1I_1$ だけの磁束が通ることになる．相互インダクタンスの定義より，$\Phi_2'=MI_1$ すなわち $M=k_1L_1$ である．コイル 1 とコイル 2 を入れ替えると，$M=k_2L_2$ となる．よって，$M^2=k_1L_1\cdot k_2L_2=k_1k_2L_1L_2$ となる．ここで，$0\leqq k_1\leqq1$ および $0\leqq k_2\leqq1$ であるので，$0\leqq k_1k_2\leqq1$ とできる．よって，$k^2=k_1k_2$ として，$M^2=k^2L_1L_2$ を得る．

19.8　(1) $V_1:V_2=n_1:n_2$ より，$V_2=500$ V　(2) $V_2=I_2R$ より，$I_2=5.0$ A　(3) $P=I_2V_2=2.5\times10^3$ W　(4) $I_1V_1=I_2V_2$ より，$I_1=25$ A

《　章末問題解答：20 章　》

20.1　$V_0=2\pi fBS$ [V]

20.2　(1) $P=I_0V_0$ より，$I=\dfrac{P}{V}=5.00$ A

(2) $I_0=\dfrac{V_0}{Z}$，$Z=X_L=\omega L$ より，$I_0=1.0$ A

(3) $I_0=\dfrac{V_0}{Z}$，$Z=X_C=\dfrac{1}{\omega C}$ より，$I_0=1.0$ A

20.3　(1) $X_L=\omega L$ より，ω が小さいほど X_L が小さいので，1.0×10^2 Hz

(2) $X_L=\omega L=16\ \Omega\ (=15.7\ \Omega)$

(3) $I_0=\dfrac{V_0}{Z}=\dfrac{V_0}{X_L}=0.32\ \mathrm{A}$

20.4 (1) $X_C=\dfrac{1}{\omega C}$ より，ω が大きいほど X_C が小さいので，1.0×10^4 Hz

(2) $X_C=\dfrac{1}{\omega C}=1.6\ \Omega$

(3) $I_0=\dfrac{V_0}{Z}=\dfrac{V_0}{X_C}=3.1\ \mathrm{A}$

20.5 (1) $Z=\sqrt{\left(\omega L-\dfrac{1}{\omega C}\right)^2+R^2}$ より，$1.59\times10^3\ \Omega$ (2) (1)と同様にして，$1.59\times10^3\ \Omega$

(3) $f_0=\dfrac{1}{2\pi\sqrt{LC}}=800$ Hz

(4) $\omega_0 L-\dfrac{1}{\omega_0 C}=0$ より $Z=R=500\ \Omega$

20.6 (1) $V_0-L\dfrac{\mathrm{d}I}{\mathrm{d}t}=IR$ より，$\dfrac{\mathrm{d}I}{\mathrm{d}t}=-\dfrac{R}{L}\left(I-\dfrac{V_0}{R}\right)$ である．$I(0)=0$ とすると，$I(t)=\dfrac{V_0}{R}(1-\mathrm{e}^{-Rt/L})$

(2) $-L\dfrac{\mathrm{d}I}{\mathrm{d}t}=IR$ である．スイッチをBにつないだ時刻をあらためて $t=0$ とすると，$I(0)=V_0/R$ より，$I(t)=\dfrac{V_0}{R}\mathrm{e}^{-Rt/L}$

(3) $\displaystyle\int_0^\infty I^2R\mathrm{d}t=\frac{V_0^2}{R}\int_0^\infty \mathrm{e}^{-2Rt/L}\mathrm{d}t=\frac{1}{2}L\left(\frac{V_0}{R}\right)^2$ となる．これは，コイル内の磁場に蓄えられていたエネルギーに等しい．

《 章末問題解答：21 章 》

21.1 (1) 電束密度は $D=\sigma=Q/\pi a^2=(\varepsilon_0 V_0/d)\cos\omega t$ である．よって，$\dfrac{\partial D}{\partial t}=-\dfrac{\varepsilon_0\omega V_0}{d}\sin\omega t$

(2) $\displaystyle\oint\vec{H}\cdot\mathrm{d}\vec{r}=2\pi rH(r)=\pi r^2\frac{\partial D}{\partial t}$ より，$H(r)=-\dfrac{r}{2}\dfrac{\varepsilon_0\omega V_0}{d}\sin\omega t$ となる．このように磁場は同心円状にできる．

21.2 (1) 波の強度は振幅の 2 乗に比例するので，この場合は半波長ごとに強くなる．よって，$2\times1.85=3.70$ m

(2) $f=\dfrac{c}{\lambda}=8.11\times10^7$ Hz

21.3 $c=3\times10^8/1.33=2.26\times10^8$ m/s

21.4 $B_0=\dfrac{E_0}{c}=\mu_0 H_0$ より，$\dfrac{E_0}{H_0}=c\mu_0=\sqrt{\dfrac{\mu_0}{\varepsilon_0}}=3.77\times10^2\ \Omega$

21.5 $H_x=H_y=E_x=E_z=0$ より，$S_y=S_z=0$

$S_x=E_yH_z=E_y\dfrac{B_z}{\mu}=E_y\dfrac{E_y}{c\mu}=\sqrt{\dfrac{\varepsilon}{\mu}}A^2\sin^2 k(x-ct)$

21.6 $S_x=\sqrt{\dfrac{\mu_0}{\varepsilon_0}}E_0^2\sin^2 k(x-ct)$ の時間平均 $\langle S_x\rangle=\dfrac{1}{2}\sqrt{\dfrac{\mu_0}{\varepsilon_0}}E_0^2=\dfrac{E_0^2}{2\times3.77\times10^2}$ W/m² が 750 W/m² と等しいとすると，$E_0=7.5\times10^2$ V/m

§ 付録A　数学公式

● 2次方程式

(a) 2次方程式の解の公式

$ax^2+bx+c=0$ の解は $x=\dfrac{-b\pm\sqrt{b^2-4ac}}{2a}$

● 三角関数

(a) 三角関数の定義

正弦関数 sin（サイン） $\sin\theta=\dfrac{\mathrm{PQ}}{\mathrm{OP}}$

余弦関数 cos（コサイン） $\cos\theta=\dfrac{\mathrm{OQ}}{\mathrm{OP}}$

正接関数 tan（タンジェント） $\tan\theta=\dfrac{\sin\theta}{\cos\theta}=\dfrac{\mathrm{PQ}}{\mathrm{OQ}}$

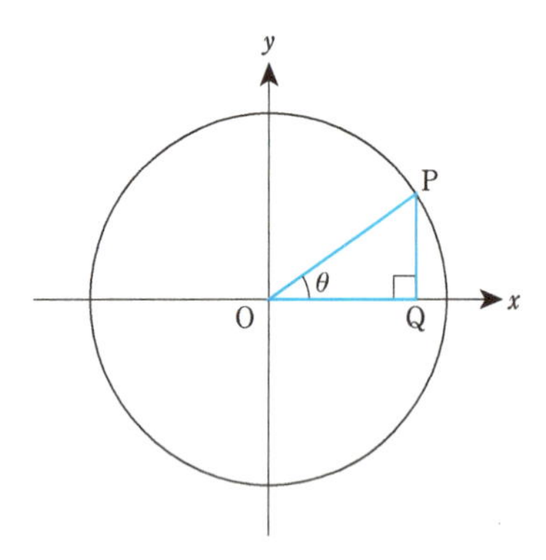

(b) 三角関数の基本公式

$\sin^2\theta+\cos^2\theta=1,\quad \tan\theta=\dfrac{\sin\theta}{\cos\theta}$

$\mathrm{cosec}\,\theta=\dfrac{1}{\sin\theta},\quad \sec\theta=\dfrac{1}{\cos\theta},\quad \cot\theta=\dfrac{1}{\tan\theta}=\dfrac{\cos\theta}{\sin\theta}$

$1+\tan^2\theta=\sec^2\theta,\quad 1+\cot^2\theta=\mathrm{cosec}^2\,\theta$

(c) 三角関数の加法定理

$\sin(\alpha\pm\beta)=\sin\alpha\cos\beta\pm\cos\alpha\sin\beta$

$\cos(\alpha\pm\beta)=\cos\alpha\cos\beta\mp\sin\alpha\sin\beta$

$\tan(\alpha\pm\beta)=\dfrac{\tan\alpha\pm\tan\beta}{1\mp\tan\alpha\tan\beta}$

(b) 2倍角の公式

$\sin 2\theta=2\sin\theta\cos\theta$

$\cos 2\theta=1-2\sin^2\theta=2\cos^2\theta-1=\cos^2\theta-\sin^2\theta$

$\tan 2\theta=\dfrac{2\tan\theta}{1-\tan^2\theta}$

$\sin^2\theta=\dfrac{1-\cos 2\theta}{2},\quad \cos^2\theta=\dfrac{1+\cos 2\theta}{2}$

(e) 半角の公式

$\sin\dfrac{\theta}{2}=\sqrt{\dfrac{1-\cos\theta}{2}},\quad \cos\dfrac{\theta}{2}=\sqrt{\dfrac{1+\cos\theta}{2}}$

$\tan\dfrac{\theta}{2}=\sqrt{\dfrac{1-\cos\theta}{1+\cos\theta}}$

(f) 和・差 → 積

$\sin\alpha\pm\sin\beta=2\sin\dfrac{\alpha\pm\beta}{2}\cos\dfrac{\alpha\mp\beta}{2}$

$\cos\alpha+\cos\beta=2\cos\dfrac{\alpha+\beta}{2}\cos\dfrac{\alpha-\beta}{2}$

$\cos\alpha-\cos\beta=-2\sin\dfrac{\alpha+\beta}{2}\cos\dfrac{\alpha-\beta}{2}$

(g) 積 → 和・差

$\sin\alpha\cos\beta=\dfrac{1}{2}\{\sin(\alpha+\beta)+\sin(\alpha-\beta)\}$

$\sin\alpha\sin\beta=-\dfrac{1}{2}\{\cos(\alpha+\beta)-\cos(\alpha-\beta)\}$

$\cos\alpha\cos\beta=\dfrac{1}{2}\{\cos(\alpha+\beta)+\cos(\alpha-\beta)\}$

(h) 三角関数の合成

$a\sin\theta+b\cos\theta=\sqrt{a^2+b^2}\sin(\theta+\alpha)$

ここで，$\sin\alpha=\dfrac{b}{\sqrt{a^2+b^2}}$，$\cos\alpha=\dfrac{a}{\sqrt{a^2+b^2}}$ である．

(i) 逆三角関数

逆正弦関数　$\sin^{-1}$［アーク・サイン］

$y=\sin x$ $\left(-\dfrac{\pi}{2}\leq x\leq\dfrac{\pi}{2}\right)$ の逆関数 $x=\sin y$ を $y=\sin^{-1}x$ と表し，逆正弦関数（の主値）という．

逆余弦関数　$\cos^{-1}$［アーク・コサイン］

$y=\cos x$ $(0\leq x\leq\pi)$ の逆関数 $x=\cos y$ を $y=\cos^{-1}x$ と表し，逆余弦関数（の主値）という．

逆正接関数　$\tan^{-1}$［アーク・タンジェント］

$y=\tan x\ \left(-\frac{\pi}{2}<x<\frac{\pi}{2}\right)$ の逆関数 $x=\tan y$ を $y=\tan^{-1}x$ と表し，逆正接関数（の主値）という．

(j) オイラーの公式

$e^{\pm ix}=\cos x\pm i\sin x$

(k) ド・モアブルの定理

$(\cos x+i\sin x)^n=e^{inx}=\cos nx+i\sin nx$

(l) 三角関数の近似

三角関数をマクローリン展開すれば，以下のように展開できる．

$$\sin x=x-\frac{x^3}{3!}+\frac{x^5}{5!}+\cdots\cdots+(-1)^n\frac{x^{2n+1}}{(2n+1)!}+\cdots\cdots$$

$$\cos x=1-\frac{x^2}{2!}+\frac{x^4}{4!}+\cdots\cdots+(-1)^n\frac{x^{2n}}{(2n)!}+\cdots\cdots$$

x が充分に小さいとき ($x\ll 1$) は，2次以上の項が無視できるから，以下のように近似できる．

$\sin x\approx x$，$\cos x\approx 1$，$\tan x\approx x$

指数関数と対数関数

(a) 指数関数

$f(x)=a^x$ の形の関数を指数関数といい，a を指数関数の底（てい）という．自然科学においては，底が e の指数関数 $f(x)=e^x$ がよく現れる．この e をネイピア数という．

$$e=\lim_{x\to\pm\infty}\left(1+\frac{1}{x}\right)^x=1+1+\frac{1}{2!}+\frac{1}{3!}+\cdots\cdots=2.71828\cdots\cdots$$

また，指数関数 $e^{f(x)}$ を $\exp[f(x)]$ と書くことがある．

指数法則

$$a^m a^n=a^{m+n},\quad \frac{a^m}{a^n}=a^{m-n},\quad (a^m)^n=a^{mn},\quad (ab)^m=a^m b^m$$

分数の指数

$$a^{m/n}=\sqrt[n]{a^m}=\left(\sqrt[n]{a}\right)^m \quad とくに \quad a^{1/n}=\sqrt[n]{a}$$

(b) 対数関数

指数関数 $f(x)=a^x$，$f(x)=10^x$，$f(x)=e^x$ などの逆関数 $f^{-1}(x)=\log_a x$，$f^{-1}(x)=\log_{10}x$，$f^{-1}(x)=\log_e x$ を対数関数という．a，10，e などを対数の底という．また，底が 10 である対数 $\log_{10}x$ を常用対数，底が e である対数 $\log_e x$ を自然対数という．常用対数の底を省略して単に $\log x$ と書くことがあるが，自然科学では自然対数の底を省略して $\log x$ と書く．常用対数と自然対数が混在するような場合は混乱を避けるため，自然対数を $\log_e x=\ln x$（エル・エヌもしくはナチュラルログと読む）と書くこともある．

対数の性質

$$\log(ab)=\log a+\log b,\quad \log\left(\frac{a}{b}\right)=\log a-\log b,$$

$$\log(a^n)=n\log a$$

$$\log e=\ln e=1,\quad \log e^a=\ln e^a=a,$$

$$\log\left(\frac{1}{a}\right)=\ln\left(\frac{1}{a}\right)=-\ln a$$

底の変換

$$\log_{10}x=\log_{10}e\times\log_e x=0.43429\log_e x=0.43429\ln x$$

$$\ln x=\log_e x=\frac{\log_{10}x}{\log_{10}e}=2.30259\log_{10}x$$

微分

(a) 積の微分

$$(f(x)g(x))'=f'(x)g(x)+f(x)g'(x)$$

(b) 商の微分

$$\left(\frac{f(x)}{g(x)}\right)'=\frac{f'(x)g(x)-f(x)g'(x)}{g^2(x)}$$

(c) 微分公式

$$(x^a)'=ax^{a-1},\quad [(f(x))^a]'=af'(x)(f(x))^{a-1}$$

$$(e^x)'=e^x,\quad (e^{f(x)})'=f'(x)e^{f(x)}$$

$$(a^x)'=a^x\log a,\quad (\log|x|)'=\frac{1}{x}$$

$$(\log|ax|)'=\frac{1}{x},\quad (\log_a|x|)'=\frac{1}{x\log a}$$

$$(\sin x)'=\cos x,\quad (\sin f(x))'=f'(x)\cos f(x)$$

$$(\cos x)'=-\sin x,\quad (\cos f(x))'=-f'(x)\sin f(x)$$

$$(\tan x)'=\sec^2 x,\quad (\tan f(x))'=f'(x)\sec^2 f(x)$$

$$(\cot x)'=-\mathrm{cosec}^2 x,\quad (\cot f(x))'=-f'(x)\,\mathrm{cosec}^2 f(x)$$

$$(\sec x)'=\tan x\sec x,\quad (\mathrm{cosec}\,x)'=-\cot x\,\mathrm{cosec}\,x$$

$$(\sin^{-1}x)'=\frac{1}{\sqrt{1-x^2}},\quad (\cos^{-1}x)'=-\frac{1}{\sqrt{1-x^2}}$$

$$(\tan^{-1}x)'=\frac{1}{1+x^2},\quad (\cot^{-1}x)'=-\frac{1}{1+x^2}$$

積分

(a) 部分積分法

$$\int f'(x)g(x)\,dx=f(x)g(x)-\int f(x)g'(x)\,dx$$

(b) 積分公式

$$\int x^n dx = \begin{cases} \dfrac{x^{n+1}}{n+1} + C & (n \neq -1) \\ \log|x| + C & (n = -1) \end{cases}$$

$$\int (ax+b)^n dx = \begin{cases} \dfrac{1}{(ax+b)'}\dfrac{(ax+b)^{n+1}}{n+1} + C \\ \quad = \dfrac{1}{a}\dfrac{(ax+b)^{n+1}}{n+1} + C & (n \neq -1) \\ \dfrac{1}{(ax+b)'}\log|ax+b| + C \\ \quad = \dfrac{1}{a}\log|ax+b| + C & (n = -1) \end{cases}$$

$$\int \frac{f'(x)}{f(x)} dx = \log|f(x)| + C$$

$$\int e^x dx = e^x + C$$

$$\int e^{ax+b} dx = \frac{1}{a} e^{ax+b} + C$$

$$\int x e^{ax} dx = \frac{e^{ax}}{a^2}(ax-1) + C$$

$$\int a^x dx = \frac{1}{\log a} a^x + C \quad (a>0,\ a \neq 1)$$

$$\int \frac{1}{x} dx = \log|x| + C, \quad \int \frac{1}{ax+b} dx = \frac{1}{a}\log|ax+b| + C$$

$$\int \log x\, dx = x\log x - x + C$$

$$\int \log ax\, dx = x\log ax - x + C$$

$$\int \sin x\, dx = -\cos x + C, \quad \int \sin ax\, dx = -\frac{1}{a}\cos ax + C$$

$$\int \cos x\, dx = \sin x + C, \quad \int \cos ax\, dx = \frac{1}{a}\sin ax + C$$

$$\int \tan x\, dx = -\log|\cos x| + C$$

$$\int \tan ax\, dx = -\frac{1}{a}\log|\cos ax| + C = \frac{1}{a}\log|\sec ax| + C$$

$$\int \cot x\, dx = \log|\sin x| + C$$

$$\int \cot ax\, dx = \frac{1}{a}\log|\sin ax| + C$$

$$\int \sec x\, dx = \log|\sec x + \tan x| + C$$

$$= \log\left|\tan\left(\frac{x}{2} + \frac{\pi}{4}\right)\right| + C$$

$$\int \sec ax\, dx = \frac{1}{a}\log|\sec ax + \tan ax| + C$$

$$= \frac{1}{a}\log\left|\tan\left(\frac{ax}{2} + \frac{\pi}{4}\right)\right| + C$$

$$\int \mathrm{cosec}\, x\, dx = \log|\mathrm{cosec}\, x - \cot x| + C$$

$$= \log\left|\tan\frac{x}{2}\right| + C$$

$$\int \mathrm{cosec}\, ax\, dx = \frac{1}{a}\log|\mathrm{cosec}\, ax - \cot ax| + C$$

$$= \frac{1}{a}\log\left|\tan\frac{ax}{2}\right| + C$$

$$\int \sec^2 x\, dx = \tan x + C, \quad \int \sec^2 ax\, dx = \frac{1}{a}\tan ax + C$$

$$\int \mathrm{cosec}^2 x\, dx = -\cot x + C$$

$$\int \mathrm{cosec}^2 ax\, dx = -\frac{1}{a}\cot ax + C$$

$$\int \sin^2 x\, dx = \frac{x}{2} - \frac{\sin 2x}{4} + C$$

$$\int \sin^2 ax\, dx = \frac{x}{2} - \frac{\sin 2ax}{4a} + C$$

$$\int \cos^2 x\, dx = \frac{x}{2} + \frac{\sin 2x}{4} + C$$

$$\int \cos^2 ax\, dx = \frac{x}{2} + \frac{\sin 2ax}{4a} + C$$

$$\int \tan^2 x\, dx = \tan x - x + C$$

$$\int \tan^2 ax\, dx = \frac{1}{a}\tan ax - x + C$$

$$\int \cot^2 x\, dx = -\cot x - x + C$$

$$\int \cot^2 ax\, dx = -\frac{1}{a}\cot ax - x + C$$

$$\int \sin^{-1} ax\, dx = x\sin^{-1} ax + \frac{\sqrt{1-a^2x^2}}{a} + C$$

$$\int \cos^{-1} ax\, dx = x\cos^{-1} ax - \frac{\sqrt{1-a^2x^2}}{a} + C$$

$$\int e^{ax}\sin bx\, dx = \frac{e^{ax}}{a^2+b^2}(a\sin bx - b\cos bx) + C$$

$$\int e^{ax}\cos bx\, dx = \frac{e^{ax}}{a^2+b^2}(a\sin bx + b\cos bx) + C$$

$$\int \frac{1}{x^2+a^2} dx = \frac{1}{a}\tan^{-1}\frac{x}{a} + C$$

$$\int \frac{1}{x^2-a^2} dx = \frac{1}{2a}\log\left|\frac{x-a}{x+a}\right| + C \quad (a \neq 0)$$

$$\int \frac{1}{\sqrt{1-x^2}}\,dx=\sin^{-1} x+C=-\cos^{-1} x+C$$

$$\int \frac{1}{\sqrt{a^2-x^2}}\,dx=\sin^{-1}\frac{x}{a}+C=-\cos^{-1}\frac{x}{a}+C \quad (a>0)$$

$$\int \frac{1}{\sqrt{x^2\pm a}}\,dx=\log\left|x+\sqrt{x^2\pm a}\right|+C$$

$$\int \sqrt{x^2\pm a}\,dx=\frac{1}{2}x\sqrt{x^2\pm a}\pm\frac{a}{2}\log\left|x+\sqrt{x^2\pm a}\right|+C$$

$$\int \sqrt{a^2-x^2}\,dx=\frac{1}{2}x\sqrt{a^2-x^2}+\frac{a^2}{2}\sin^{-1}\frac{x}{a}+C \quad (a>0)$$

$$\int \frac{x}{x^2\pm a^2}\,dx=\pm\frac{1}{2}\log\left|x^2\pm a^2\right|+C$$

$$\int \frac{x}{\sqrt{a^2-x^2}}\,dx=-\sqrt{a^2-x^2}+C$$

$$\int \frac{x}{\sqrt{x^2\pm a}}\,dx=\sqrt{x^2\pm a}+C$$

$$\int x\sqrt{a^2-x^2}\,dx=-\frac{1}{3}(a^2-x^2)^{\frac{3}{2}}+C$$

$$\int x\sqrt{x^2\pm a}\,dx=\frac{1}{3}(x^2\pm a)^{\frac{3}{2}}+C$$

§ 付録B　慣性モーメント

(a) 長さ L，質量 M の細い棒の中点を通り，棒に垂直な軸まわりの慣性モーメント

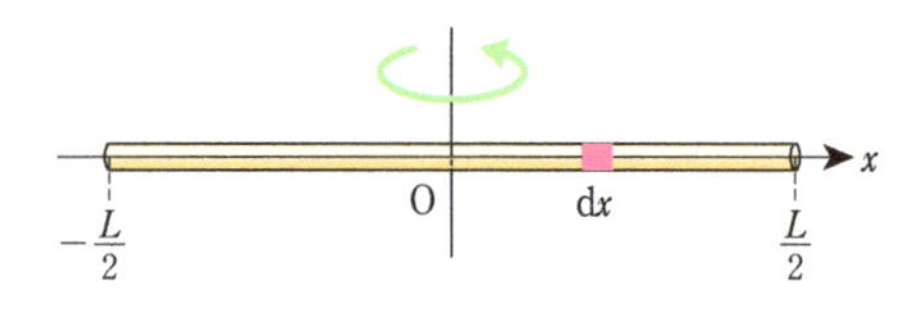

$$I=\int r^2\lambda\,\mathrm{d}L=\int_{-\frac{L}{2}}^{\frac{L}{2}}x^2\lambda\,\mathrm{d}x$$

$$=\lambda\left[\frac{1}{3}x^3\right]_{-\frac{L}{2}}^{\frac{L}{2}}=\frac{1}{3}\lambda\left[\left(\frac{L}{2}\right)^3-\left(-\frac{L}{2}\right)^3\right]$$

$$=\frac{1}{12}\lambda L^3=\frac{1}{12}\lambda LL^2=\frac{1}{12}ML^2$$

(b) 長さ L，質量 M の細い棒の端を通り，棒に垂直な軸まわりの慣性モーメント

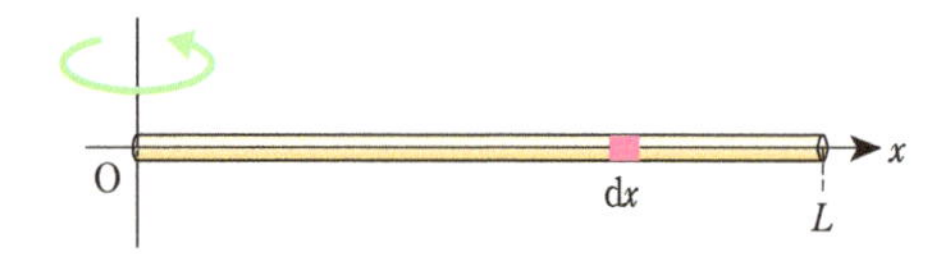

$$I=\int r^2\lambda\,\mathrm{d}L=\int_0^L x^2\lambda\,\mathrm{d}x$$

$$=\lambda\left[\frac{1}{3}x^3\right]_0^L=\frac{1}{3}\lambda L^3=\frac{1}{3}\lambda LL^2=\frac{1}{3}ML^2$$

※この慣性モーメントは，平行軸線定理 $I=I_C+MD^2$ を用いて，

$$I=I_C+MD^2=\frac{1}{12}ML^2+M\left(\frac{L}{2}\right)^2=\frac{1}{3}ML^2$$

と計算できる．同様に，任意の軸に対する慣性モーメントを求めることができる．

(c) 縦の長さが a，横の長さが L，質量 M の薄い長方形の板の中心を通り辺に平行な軸まわりの慣性モーメント

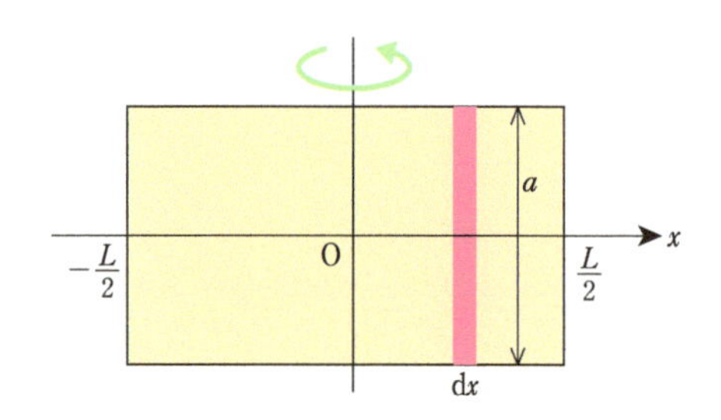

回転軸からの距離が x の微小部分 $\mathrm{d}x$ の面積要素は $\mathrm{d}S=a\mathrm{d}x$ であるから，

$$I=\int r^2\sigma\,\mathrm{d}S=\int_{-\frac{L}{2}}^{\frac{L}{2}}x^2\sigma a\,\mathrm{d}x=\sigma a\int_{-\frac{L}{2}}^{\frac{L}{2}}x^2\,\mathrm{d}x$$

$$=\sigma a\left[\frac{1}{3}x^3\right]_{-\frac{L}{2}}^{\frac{L}{2}}=\frac{1}{3}\sigma a\left[\left(\frac{L}{2}\right)^3-\left(-\frac{L}{2}\right)^3\right]$$

$$=\frac{1}{12}\sigma aL^3=\frac{1}{12}\sigma aLL^2=\frac{1}{12}ML^2$$

(d) 縦の長さが a，横の長さが b，質量 M の薄い長方形の板の中心を通り面に垂直な軸まわりの慣性モーメント

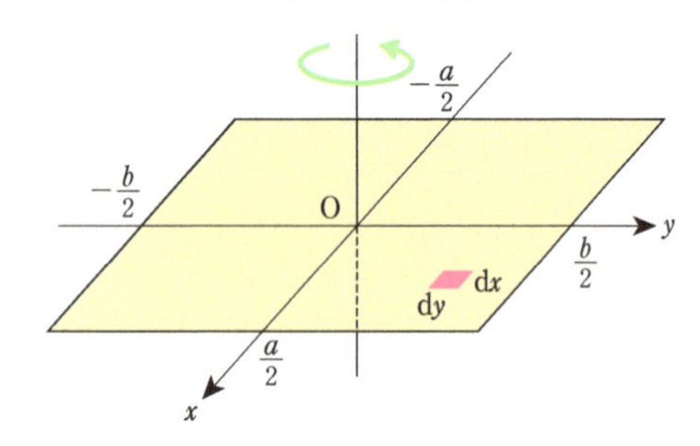

回転軸からの距離がそれぞれ x，y，すなわち，$r=\sqrt{x^2+y^2}$ の微小部分 $\mathrm{d}x$，$\mathrm{d}y$ の面積要素は $\mathrm{d}S=\mathrm{d}x\mathrm{d}y$ であるから，

$$I=\int r^2\sigma\,\mathrm{d}S=\iint(x^2+y^2)\sigma\,\mathrm{d}x\mathrm{d}y$$

$$=\int_{x=-\frac{a}{2}}^{\frac{a}{2}}\int_{y=-\frac{b}{2}}^{\frac{b}{2}}(x^2+y^2)\sigma\,\mathrm{d}x\mathrm{d}y$$

$$=\sigma\int_{x=-\frac{a}{2}}^{\frac{a}{2}}\left[x^2y+\frac{1}{3}y^3\right]_{-\frac{b}{2}}^{\frac{b}{2}}\mathrm{d}x=\sigma\int_{x=-\frac{a}{2}}^{\frac{a}{2}}\left[x^2b+\frac{1}{12}b^3\right]\mathrm{d}x$$

$$=\sigma\left[\frac{1}{3}x^3b+\frac{1}{12}b^3x\right]_{-\frac{a}{2}}^{\frac{a}{2}}$$

$$=\sigma\left[\frac{1}{12}a^3b+\frac{1}{12}b^3a\right]$$

$$=\frac{1}{12}\sigma ab(a^2+b^2)=\frac{1}{12}M(a^2+b^2)$$

(e) 縦の長さが a，横の長さが b，高さが c，質量 M の直方体の中心を通る軸まわりの慣性モーメント

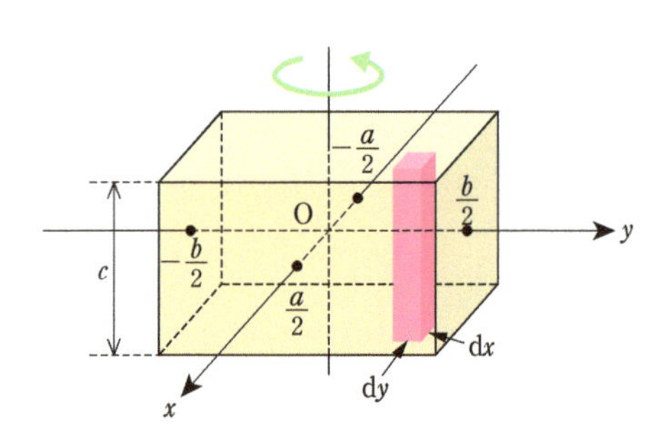

回転軸からの距離がそれぞれ x，y，すなわち，$r=\sqrt{x^2+y^2}$ の微小部分 $\mathrm{d}x$，$\mathrm{d}y$ の体積要素は $\mathrm{d}V=c\mathrm{d}x\mathrm{d}y$ であるから，

$$I=\int r^2\rho\,\mathrm{d}V=\iint(x^2+y^2)\rho\,c\,\mathrm{d}x\mathrm{d}y$$

$$=\int_{x=-\frac{a}{2}}^{\frac{a}{2}}\int_{y=-\frac{b}{2}}^{\frac{b}{2}}(x^2+y^2)\rho\,c\mathrm{d}x\mathrm{d}y$$

$$=\rho c\int_{x=-\frac{a}{2}}^{\frac{a}{2}}\left[x^2y+\frac{1}{3}y^3\right]_{-\frac{b}{2}}^{\frac{b}{2}}\mathrm{d}x=\rho c\int_{x=-\frac{a}{2}}^{\frac{a}{2}}\left[x^2b+\frac{1}{12}b^3\right]\mathrm{d}x$$

$$=\rho c\left[\frac{1}{3}x^3b+\frac{1}{12}b^3x\right]_{-\frac{a}{2}}^{\frac{a}{2}}$$

$$=\rho c\left[\frac{1}{12}a^3b+\frac{1}{12}b^3a\right]$$

$$=\frac{1}{12}\rho cab(a^2+b^2)=\frac{1}{12}M(a^2+b^2)$$

(f) 半径 a，質量 M の細い円環の中心を通り，円環に平行な軸まわりの慣性モーメント

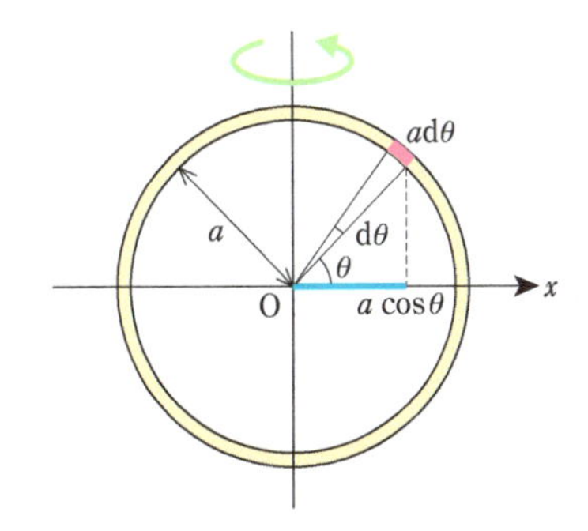

微小な角度 $\mathrm{d}\theta$ に対する円環の微小な長さは円の弧の長さであるから，$\mathrm{d}L=a\mathrm{d}\theta$．また，この部分の回転軸からの距離は $x=r\cos\theta$ であるから，

$$I=\int x^2\lambda\,\mathrm{d}L=\int(a\cos\theta)^2\lambda a\mathrm{d}\theta$$

$$=\lambda a^3\int_{\theta=0}^{2\pi}\cos^2\theta\mathrm{d}\theta$$

$$=\lambda a^3\int_{\theta=0}^{2\pi}\frac{1}{2}(\cos 2\theta+1)\,d\theta$$

$$=\lambda a^3\left[\frac{1}{2}\left(\frac{1}{2}\sin 2\theta+\theta\right)\right]_0^{2\pi}=\lambda a^3\times\frac{2\pi}{2}$$

$$=\pi\lambda a^3=2\pi a\lambda\times\frac{1}{2}a^2=\frac{1}{2}Ma^2$$

(g) 半径 a，質量 M の細い円環の中心を通り，円環に垂直な軸まわりの慣性モーメント

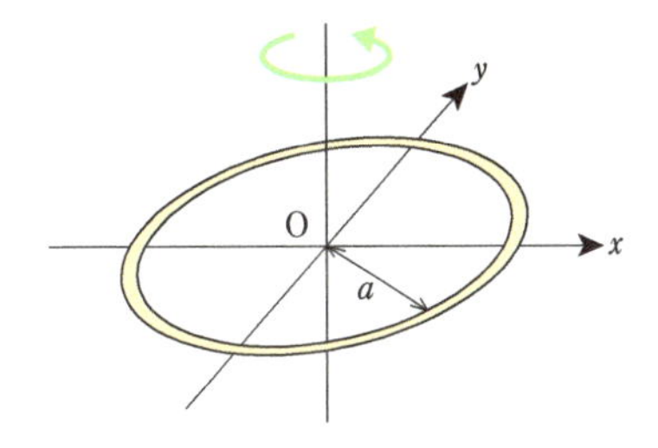

円環は回転軸から等距離 $r=a$ にあるから，

$$I=\int r^2\lambda\,\mathrm{d}L=\int a^2\lambda\,\mathrm{d}L=a^2\lambda\int\mathrm{d}L$$

$\int\mathrm{d}L$ は円周の長さであるから，$\int\mathrm{d}L=2\pi a$

よって，$I=a^2\lambda\times 2\pi a=2\pi a\lambda a^2=Ma^2$

(h) 半径 a，質量 M の薄い円盤の中心を通り，円盤に垂直な軸まわりの慣性モーメント

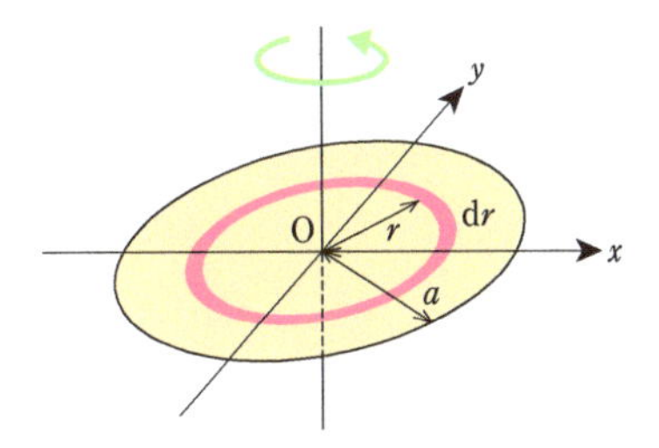

原点から r の距離にある厚さ $\mathrm{d}r$ の円環を考えると，面積要素は $\mathrm{d}S=2\pi r\mathrm{d}r$ となるから※，

$$I=\int r^2\sigma\,\mathrm{d}S=\int r^2\sigma\,2\pi r\mathrm{d}r=2\pi\sigma\int_0^a r^3\mathrm{d}r$$

$$=2\pi\sigma\left[\frac{1}{4}r^4\right]_0^a=2\pi\sigma\times\frac{1}{4}a^4=\frac{1}{2}\sigma\pi a^4$$

$$=\frac{1}{2}\sigma\pi a^2a^2=\frac{1}{2}Ma^2$$

※面積要素について補足する．図のように円盤上で半径 r の位置を考え，微小な距離 $\mathrm{d}r$，微小な角度 $\mathrm{d}\theta$ によってつくられる面積を考える．

半径 r の扇形の弧の長さは $r\mathrm{d}\theta$ であるから，この部分の面積は $r\mathrm{d}\theta\mathrm{d}r$ で与えられる．これを θ について $0\sim2\pi$ まで積分すれば，面積要素（図の円環部分の面積）が求まる．すなわち，

$$\mathrm{d}S=\int_{\theta=0}^{2\pi}r\mathrm{d}r\mathrm{d}\theta=r\mathrm{d}r\int_{\theta=0}^{2\pi}\mathrm{d}\theta$$

$$=r\mathrm{d}r[\theta]_0^{2\pi}=r\mathrm{d}r\times 2\pi=2\pi r\mathrm{d}r$$

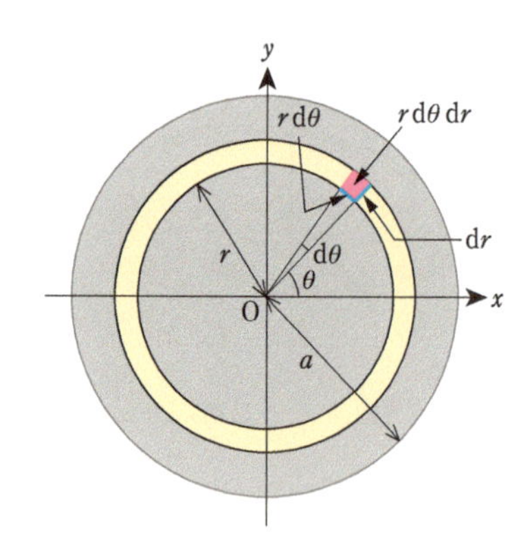

(i) 半径 a，質量 M の薄い円盤の中心を通り，円盤に平行な軸まわりの慣性モーメント

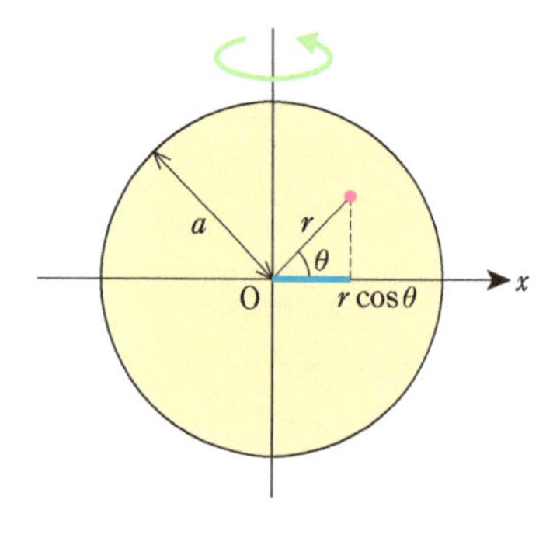

回転軸からの距離は $x=r\cos\theta$ であるから，

$$I=\int x^2\,\sigma\,\mathrm{d}S=\iint(r\cos\theta)^2\,\sigma\,r\,\mathrm{d}r\mathrm{d}\theta$$

$$=\int_{r=0}^{a}\int_{\theta=0}^{2\pi}\sigma r^3\cos^2\theta\,\mathrm{d}r\mathrm{d}\theta$$

$$=\sigma\left[\frac{1}{4}r^4\right]_0^a\times\int_{\theta=0}^{2\pi}\frac{1}{2}(\cos 2\theta+1)\,\mathrm{d}\theta$$

$$=\frac{1}{4}\sigma a^4\left[\frac{1}{2}\left(\frac{1}{2}\sin 2\theta+\theta\right)\right]_0^{2\pi}=\frac{1}{4}\sigma a^4\times\frac{2\pi}{2}$$

$$=\frac{1}{4}\pi\sigma a^4=\frac{1}{4}\sigma\pi a^2a^2=\frac{1}{4}Ma^2$$

(j) 半径 a，高さ b，質量 M の円柱の中心を通る軸まわりの慣性モーメント

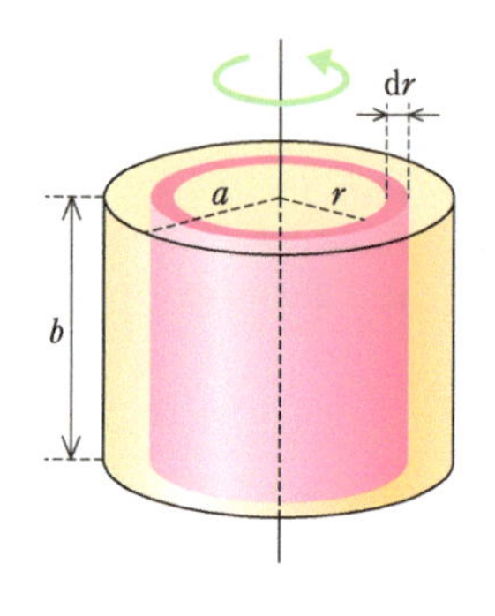

原点から r の距離にある厚さ $\mathrm{d}r$ の円筒を考えると，体積要素は $\mathrm{d}V=2\pi r\mathrm{d}r\times b$ となるから，

$$I=\int r^2\,\rho\,\mathrm{d}V=\int r^2\,\rho\,2\pi br\mathrm{d}r=2\pi\rho b\int_0^a r^3\mathrm{d}r$$

$$=2\pi\rho b\left[\frac{1}{4}r^4\right]_0^a=2\pi\rho b\times\frac{1}{4}a^4=\frac{1}{2}\pi\rho ba^4$$

$$=\frac{1}{2}\rho\pi a^2ba^2=\frac{1}{2}Ma^2$$

(k) 半径 a，高さ b，質量 M の薄い円筒の中心を通る軸まわりの慣性モーメント

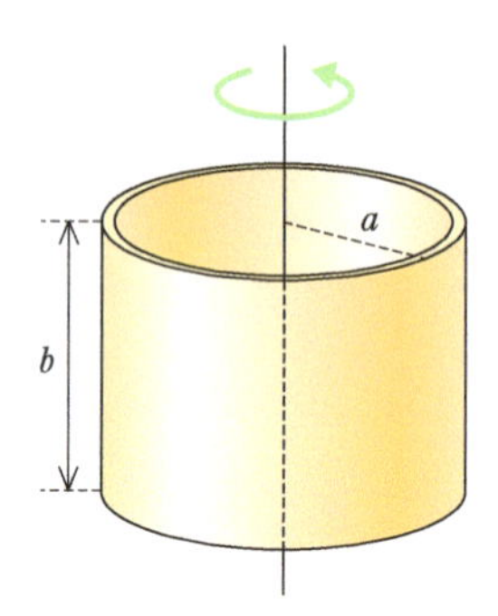

円筒は回転軸から等距離 $r=a$ にあり，薄い円筒の面積は $\int\mathrm{d}S=2\pi ab$ であるから，

$$I=\int r^2\sigma\,\mathrm{d}S=\int a^2\sigma\,\mathrm{d}S$$

$$=a^2\sigma\int\mathrm{d}S=a^2\sigma\times 2\pi ab$$

$$=2\pi ab\sigma a^2=Ma^2$$

(l) 外径 a，内径 c，高さ b，質量 M の円筒の中心を通る軸まわりの慣性モーメント

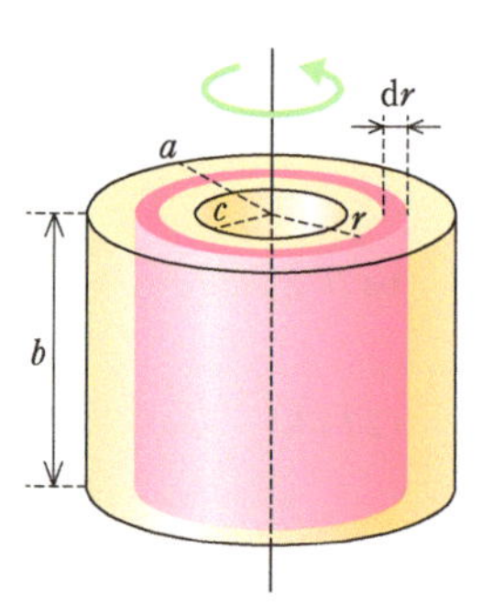

原点から r の距離にある厚さ $\mathrm{d}r$ の円筒を考えると，体積要素は $\mathrm{d}V=2\pi r\mathrm{d}r\times b$ となるから，

$$I=\int r^2\,\rho\,\mathrm{d}V=\int r^2\,\rho\,2\pi br\mathrm{d}r$$

$$=2\pi\rho b\int_c^a r^3\mathrm{d}r$$

$$=2\pi\rho b\left[\frac{1}{4}r^4\right]_c^a=2\pi\rho b\times\frac{1}{4}(a^4-c^4)$$

$$=\frac{1}{2}\pi\rho b(a^4-c^4)$$

$$=\frac{1}{2}\pi\rho b(a^2-c^2)(a^2+c^2)$$

$$=\frac{1}{2}\pi(a^2-c^2)b\rho(a^2+c^2)=\frac{1}{2}M(a^2+c^2)$$

(m) 半径a，質量Mの薄い球殻のz軸まわりの慣性モーメント

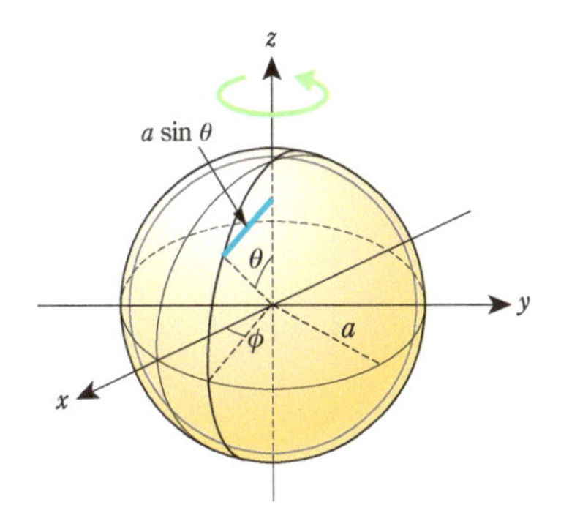

回転軸からの距離は$r=a\sin\theta$であり，面積要素※は$\mathrm{d}S=a^2\sin\theta\mathrm{d}\theta\mathrm{d}\phi$であるから，

$$I=\int r^2\sigma\,\mathrm{d}S$$

$$=\iint(a\sin\theta)^2\sigma\,a^2\sin\theta\mathrm{d}\theta\mathrm{d}\phi$$

$$=\sigma\int_{\theta=0}^{\pi}\int_{\phi=0}^{2\pi}a^4\sin^3\theta\mathrm{d}\theta\mathrm{d}\phi$$

ここで，θの積分範囲には注意が必要である．θを$0\sim2\pi$まで積分し，ϕも$0\sim2\pi$まで積分すると，2重に積分してしまうことになる．すなわち，θの積分範囲は$0\sim\pi$までとしなければならない．

$$I=\sigma a^4\times[\phi]_0^{2\pi}\times\int_{\theta=0}^{\pi}\frac{1}{4}(3\sin\theta-\sin3\theta)\,\mathrm{d}\theta$$

$$=\sigma a^4\times2\pi\times\frac{1}{4}\left[-3\cos\theta+\frac{1}{3}\cos3\theta\right]_0^{\pi}$$

$$=2\pi\sigma a^4\times\frac{1}{4}\times\frac{16}{3}=\frac{2}{3}\times4\pi\rho a^2a^2=\frac{2}{3}Ma^2$$

※球の面積要素について補足する．図のように半径aの球面上で，微小な角度$\mathrm{d}\theta$，$\mathrm{d}\phi$によって切り取られる部分の面積を考える．

$\mathrm{d}\theta$に対する半径aの扇形の弧の長さは$a\mathrm{d}\theta$であり，$\mathrm{d}\phi$に対する半径$a\sin\theta$の扇形の弧の長さは$a\sin\theta\mathrm{d}\phi$であるから，この部分の面積は$a^2\sin\theta\mathrm{d}\theta\mathrm{d}\phi$で与えられる．

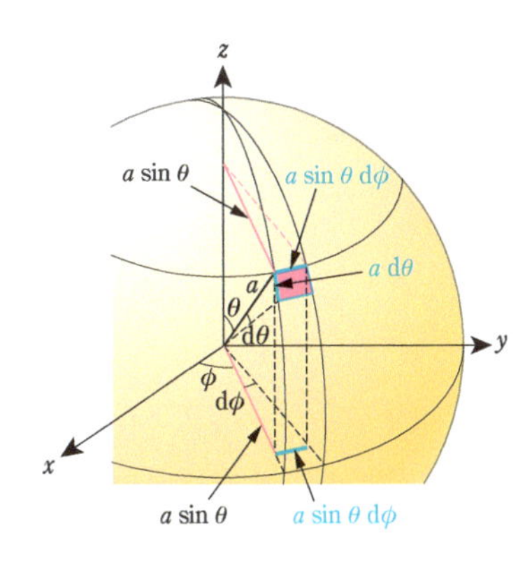

(n) 半径a，質量Mの球のz軸まわりの慣性モーメント

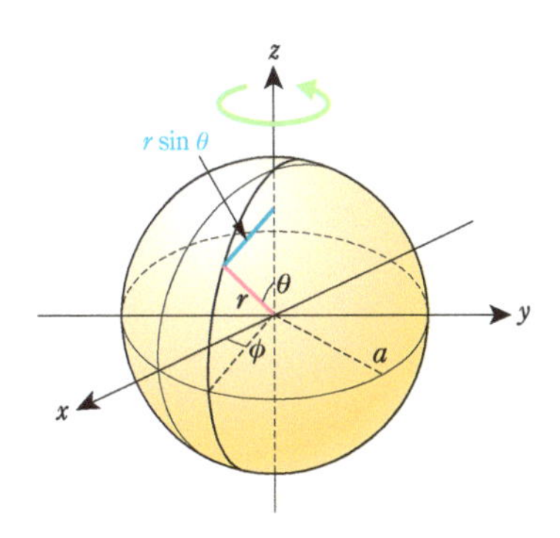

回転軸からの距離は$R=r\sin\theta$であり，体積要素※は$\mathrm{d}V=r^2\sin\theta\mathrm{d}r\mathrm{d}\theta\mathrm{d}\phi$であるから，

$$I=\int R^2\rho\,\mathrm{d}V$$

$$=\iiint(r\sin\theta)^2\rho\,r^2\sin\theta\mathrm{d}r\mathrm{d}\theta\mathrm{d}\phi$$

$$=\rho\int_{r=0}^{a}\int_{\theta=0}^{\pi}\int_{\phi=0}^{2\pi}r^4\sin^3\theta\mathrm{d}r\mathrm{d}\theta\mathrm{d}\phi$$

$$=\rho\left[\frac{1}{5}r^5\right]_0^a\times[\phi]_0^{2\pi}\times\int_{\theta=0}^{\pi}\frac{1}{4}(3\sin\theta-\sin3\theta)\,\mathrm{d}\theta$$

$$=\rho\times\frac{1}{5}a^5\times2\pi\times\frac{1}{4}\left[-3\cos\theta+\frac{1}{3}\cos3\theta\right]_0^{\pi}$$

$$=\frac{2\pi}{5}\rho a^5\times\frac{1}{4}\times\frac{16}{3}=\frac{2}{5}\times\frac{4\pi}{3}a^3\rho a^2=\frac{2}{5}Ma^2$$

※球の体積要素について補足する．図のように半径rの位置の球面を考え，半径方向の微小な距離$\mathrm{d}r$，微小な角度$\mathrm{d}\theta$，$\mathrm{d}\phi$によってつくられる部分の体積を考える．

$\mathrm{d}\theta$に対する半径rの扇形の弧の長さは$r\mathrm{d}\theta$であり，$\mathrm{d}\phi$に対する半径$r\sin\theta$の扇形の弧の長さは$r\sin\theta\mathrm{d}\phi$であるから，この部分の面積は$r^2\sin\theta\mathrm{d}\theta\mathrm{d}\phi$となり，これに厚み$\mathrm{d}r$をか

ければ体積要素は $\mathrm{d}V=r^2\sin\theta\mathrm{d}r\mathrm{d}\theta\mathrm{d}\phi$ となる．

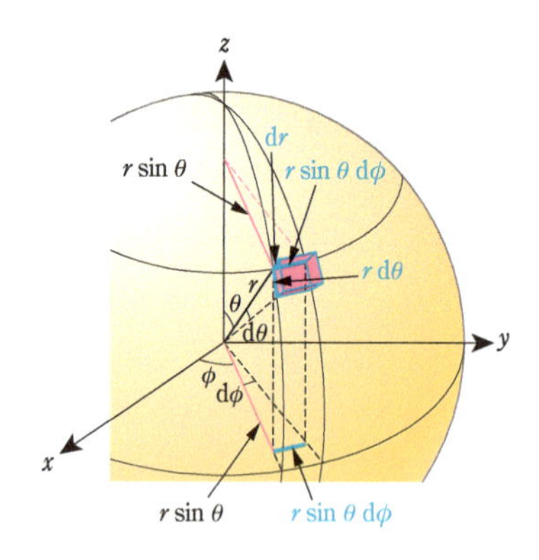

(o)　外半径 a，内半径 b，質量 M の球殻の z 軸まわりの慣性モーメント

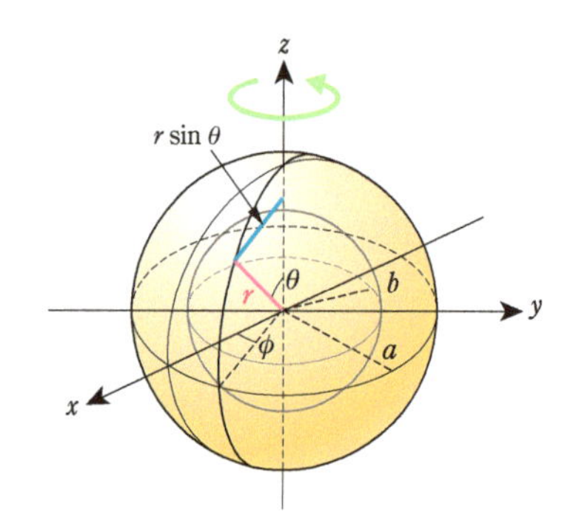

$$I=\iiint(r\sin\theta)^2\rho r^2\sin\theta\mathrm{d}r\mathrm{d}\theta\mathrm{d}\phi$$

$$=\rho\int_{r=b}^{a}\int_{\theta=0}^{\pi}\int_{\phi=0}^{2\pi}r^4\sin^3\theta\mathrm{d}r\mathrm{d}\theta\mathrm{d}\phi$$

$$=\rho\left[\frac{1}{5}r^5\right]_b^a\times[\phi]_0^{2\pi}\times\int_{\theta=0}^{\pi}\frac{1}{4}(3\sin\theta-\sin 3\theta)\,\mathrm{d}\theta$$

$$=\rho\times\frac{1}{5}(a^5-b^5)\times 2\pi\times\frac{1}{4}\left[-3\cos\theta+\frac{1}{3}\cos 3\theta\right]_0^{\pi}$$

$$=\frac{2\pi}{5}\rho(a^5-b^5)\times\frac{1}{4}\times\frac{16}{3}$$

$$=\frac{2}{5}\times\frac{4\pi}{3}\rho(a^3-b^3)\times\frac{a^5-b^5}{a^3-b^3}=\frac{2}{5}\frac{a^5-b^5}{a^3-b^3}M$$

§ 付表C

❶ 主な物理定数

真空中の光速	$c=2.99792458\times10^{8}$ m/s
万有引力定数	$G=6.67408(31)\times10^{-11}$ N·m²/kg²
重力加速度	$g=9.80665$ m/s²（国際標準） $=9.80619920$ m/s²（緯度 45°海面上）
電気素量（素電荷）	$e=1.6021766208(98)\times10^{-19}$ C
真空の誘電率	$\varepsilon_0=8.854187817\times10^{-12}$ F/m
真空の透磁率	$\mu_0=4\pi\times10^{-7}=1.2566370614\times10^{-6}$ H/m
アボガドロ定数	$N_A=6.022140857(74)\times10^{23}$ /mol
ボルツマン定数	$k_B=1.38064852(79)\times10^{-23}$ J/K
1 mol の気体定数	$R=8.3144598(48)$ J/(mol·K)

（ ）内の２桁の数字は表示されている値の標準不確かさであり，値の最後の２桁に対応する．例えば，万有引力定数 G の数値は，$(6.67408\pm0.00031)\times10^{-11}$ を意味する．
（出典：理科年表　平成 26（2014）年，平成 30（2018）年）

❷ 主な物理量と単位

物理量	主な記号	単位の名称	記号	他の単位との関係
長さ	r, l	メートル オングストローム	m Å	 $=10^{-10}$ m
角度	θ	ラジアン	rad	$=(180/\pi)°$
面積	S, A	平方メートル	m²	
体積	V	立方メートル	m³	
質量	m, M	キログラム	kg	
密度	ρ	キログラム毎立方メートル	kg/m³	
時間	t	秒	s	
速度，速さ	v, V	メートル毎秒	m/s	
加速度	a	メートル毎秒毎秒	m/s²	
角速度	ω	ラジアン毎秒	rad/s	
振動数，周波数	f, ν	ヘルツ	Hz	$=1$/s
力	F, f	ニュートン	N	$=$kg·m/s²
運動量	p	キログラムメートル毎秒	kg·m/s	
圧力	p	パスカル 気圧	Pa atm	$=$N/m² $=$kg/(m·s²) $=101325$ Pa
エネルギー	E	ジュール 電子ボルト	J eV	$=$N·m$=$kg·m²/s² $=1.602176\times10^{-19}$ J
仕事率，電力	P	ワット	W	$=$J/s$=$kg·m²/s³
絶対温度	T	ケルビン	K	
熱容量	C	ジュール毎ケルビン	J/K	$=$kg·m²/(s²·K)
物質量	n	モル	mol	
電流	I	アンペア	A	
電気量	q	クーロン	C	$=$s·A
電位，電圧	V	ボルト	V	$=$W/A
電場の強さ	E	ボルト毎メートル	V/m	$=$N/C
電気容量	C	ファラド	F	$=$C/V
電気抵抗	R	オーム	Ω	$=$V/A
磁束	Φ	ウェーバー	Wb	$=$V·s
磁束密度	B	テスラ	T	$=$Wb/m²
磁場の強さ	H	アンペア毎メートル	A/m	
インダクタンス	L	ヘンリー	H	$=$Wb/A

§ 参考文献

本書を執筆するにあたり，次の文献を参考にした．

高校教科書

・物理基礎，数研出版（2015）
・物理，啓林館（2015）

大学教科書

・金原寿郎（編），基礎物理学　上巻・下巻，裳華房（1963, 1964）
・小出昭一郎，兵藤申一，阿部龍蔵，物理概論　上巻・下巻，裳華房（1983）
・松平升，大槻義彦，和田正信，理工教養　物理学Ⅰ，Ⅱ（改訂版），培風館（1986）
・R. A. Serway（著），松村博之（訳），科学者と技術者のための物理学（1a）（1b）（2）（3），学術図書出版社（1997, 1997, 1998, 1997）
・藤原邦男，物理学序論としての力学，東京大学出版会（1984）
・押田勇雄，藤城敏幸，熱力学（基礎物理学選書），裳華房（1970）
・熊谷寛夫，荒川泰二，電磁気学（朝倉物理学講座），朝倉書店（1965）

科学史

・三省堂編修所（編），コンサイス外国人名事典　改訂版，三省堂（1985）
・長田好弘，近代科学を築いた人々（中），新日本出版社（2003）
・Issac Asimov（著），小山慶太，輪湖博（訳），アイザック・アシモフの科学の発見の年表　コンパクトサイズ，丸善（1996）
・岩波　理化学辞典　第4版，岩波書店（1987）
・物理学辞典，培風館（1986）

推薦図書

多数の良書があるが，その中からいくつかを紹介する．

・原康夫，第5版　物理学基礎，学術図書出版社（2016）
・副島雄児，杉山忠男，力学（講談社基礎物理学シリーズ），講談社（2009）
・松下貢，物理学講義　熱力学，裳華房（2009）
・原康夫，電磁気学Ⅰ，Ⅱ（裳華房フィジックスライブラリー），裳華房（2001）

§ 索引

た行

な行

は行

ま行

や行

ら行

著者紹介

北林照幸(きたばやしてるゆき)　博士（理学）
1996年　東海大学大学院理学研究科博士課程前期修了
現　在　東海大学理学部物理学科　教授

藤城武彦(ふじしろたけひこ)　博士（理学）
1991年　東海大学大学院理学研究科博士課程後期修了
現　在　東海大学理学部物理学科　教授

滝内賢一(たきうちけんいち)　博士（理学）
2000年　東海大学大学院理学研究科博士課程後期修了
現　在　東海大学理系教育センター　講師

NDC423　287p　26 cm

カラー入門(にゅうもん)　基礎(きそ)から学(まな)ぶ物理学(ぶつりがく)

2018年6月29日　第1刷発行
2025年1月23日　第9刷発行

著　者　北林照幸(きたばやしてるゆき)・藤城武彦(ふじしろたけひこ)・滝内賢一(たきうちけんいち)

発行者　篠木和久

発行所　株式会社　講談社
〒112-8001　東京都文京区音羽 2-12-21
販売　(03)5395-5817
業務　(03)5395-3615

KODANSHA

編　集　株式会社　講談社サイエンティフィク
代表　堀越俊一
〒162-0825　東京都新宿区神楽坂 2-14　ノービィビル
編集　(03)3235-3701

本文データ制作　美研プリンティング株式会社
印刷・製本　株式会社 KPS プロダクツ

落丁本・乱丁本は購入書店名を明記のうえ、講談社業務宛にお送りください。送料小社負担にてお取替えします。なお、この本の内容についてのお問い合わせは、講談社サイエンティフィク宛にお願いいたします。定価はカバーに表示してあります。

Printed in Japan

ISBN978-4-06-511755-2